广联达算量计价软件实用操作指南

毛银德　李成金　时常青　主　编

中国建材工业出版社

图书在版编目（CIP）数据

广联达算量计价软件实用操作指南/毛银德，李成金，时常青主编．--北京：中国建材工业出版社，2021.3（2024.1重印）

ISBN 978-7-5160-3138-4

Ⅰ.①广…　Ⅱ.①毛…　②李…　③时…　Ⅲ.①建筑工程—工程造价—应用软件—指南　Ⅳ.①TU723.32－39

中国版本图书馆CIP数据核字（2020）第257951号

广联达算量计价软件实用操作指南

Guanglianda Suanliang Jijia Ruanjian Shiyong Caozuo Zhinan

毛银德　李成金　时常青　主编

出版发行：中国建材工业出版社

地　　址：北京市海淀区三里河路11号

邮　　编：100831

经　　销：全国各地新华书店

印　　刷：北京印刷集团有限责任公司

开　　本：787mm×1092mm　1/16

印　　张：18.25

字　　数：410千字

版　　次：2021年3月第1版

印　　次：2024年1月第3次

定　　价：78.00元

本社网址：www.jccbs.com，微信公众号：zgjcgycbs

本书编写人员

主　　编：毛银德

李成金　新乡学院

时常青　中建中原建筑设计院有限公司

副 主 编：马　楠　华北科技学院

陈逸飞　巩义市荣达建设工程检测有限公司

李政朝　河南正九工程造价咨询有限公司

参编人员：李晋阳　曹艳艳　张艳红　郝松芳　李　芳

李海霞　程玉梅　宋志萍　赵小锋　张治敏

（河南惠德工程咨询有限公司）

审　　核：闫梦然　樊成昆　姜川珂

（广联达科技股份有限公司河南分公司）

前　言

广联达工程造价软件已在全国 30 多个省市广泛使用，占有很大市场。各种结构形式的建筑，通过电子版导入施工图纸、识别纠错、智能布置，全程无纸化操作，形成完整的工程造价和人、材、机分析预算文件。

广联达软件技术先进，功能强大，但要学会并熟练应用并非易事，需投入较多的精力学习使用。《广联达算量计价软件实用操作指南》一书可手把手教你学会该软件操作，省时省力。本书的主要特点是指导读者学会使用软件的电子版导入、识别纠错、智能布置等功能，可作为高等院校专业教科书和自学教材。

为紧跟时代步伐，在每节前面是“2013 版”的操作方法，后边是“2018 版”筋量合一的操作方法，让读者新老版本都会使用。以后即便是软件升级，也能在原有的基础上局部优化改进，其基本操作方法都是相同的，掌握了基本操作方法，再用新版本会很容易。“2018 版”虽然先进，但有些功能（如【新建设计变更】版块）没有，并且新老版本又不能互相导入操作，更重要的是“2018 版”电脑必须是 Windows 7 系统，对于有些电脑无法升级到 Windows 7 系统又不愿意更换电脑的单位或者个人，只能继续使用老版本。

当前在软件使用、培训方面也有一些教材、操作手册，但大都停留在图形输入、建模的初级阶段，还没有系统地讲解电子版导入、识别纠错、智能布置等前沿操作方法，本书便是一本全面、系统描述如何运用先进技术方法的实用操作教材。无论操作人员的基础高低，只要能看懂图纸，都能按照本书的指引，一步步学会操作。本书在广联达软件的实际使用中，对钢筋计量、土建计量、精装修、计价软件使用等每个有代表性的操作步骤均有详细的描述，可让其使用功能最大化。对想掌握广联达算量、计价软件的读者，本书真正做到了手把手教你如何学会算量，并还可以在教学授课方面大量减少备课的时间、精力，达到事半功倍的效果。

对软件使用比较熟练、手算经验不足的读者，本书还设了手算技巧用于对量的章节，读者可以在识别或绘制构件图元后，使用软件的→【工程量】→【汇总选中图元】→【查看工程量】→在【查看构件图元工程量】页面，对软件计算的工程量做手工算量对比，操作方法清晰明了，可详见有关章节描述。

本书得到了广联达科技股份有限公司河南分公司的大力支持，闫梦然先生、樊成昆先生和姜川珂女士对本书进行了审核，为保证本书质量提供了帮助，在此谨表衷心感谢！

本书涵盖了广联达算量、计价软件新老版本操作全过程的所有先进使用功能。由于时间仓促，作者能力有限，有些地方可能存在不足或缺陷，欢迎读者批评指正。致函邮箱：1368810752@qq. com。

编者

2021 年 1 月

目　录

总说明 …… 1
1　识别构件前的准备 …… 3
1.1　进入软件创建工程 …… 3
1.2　电子版图纸导入 …… 5
1.3　识别构件前的主要操作过程 …… 8
1.4　手动分割 …… 9
1.5　手动分割方案 …… 12
1.6　转换（钢筋）符号 …… 13
2　识别及绘制构件 …… 15
2.1　识别楼层表、设置错层 …… 15
2.2　识别轴网、建立组合轴网 …… 18
2.3　绘制轴网技巧 …… 22
2.4　对应楼层、对应构件 …… 23
2.5　手动定位纠错设置轴网定位原点 …… 25
3　识别柱大样生成柱构件 …… 26
3.1　识别柱大样（含识别框架柱表） …… 26
3.2　柱大样纠错 …… 32
3.3　箍筋纠错特例、编辑异型截面柱 …… 39
3.4　增设约束边缘暗柱非阴影区箍筋 …… 41
3.5　“2018版筋量合一”柱（等）构件属性定义选做法 …… 42
4　平面图上识别柱，生成柱构件图元 …… 45
4.1　平面图上按填充识别柱（含KZ） …… 45
4.2　平面图上无填充识别柱 …… 48
4.3　墙柱平面图上识别柱后纠错 …… 50
5　识别剪力墙 …… 56
5.1　识别剪力墙 …… 56
5.2　识别剪力墙纠错 …… 61
5.3　装配式建筑预制剪力墙与后浇柱的计算 …… 63
6　识别梁 …… 67
6.1　识别LL：连梁 …… 67
6.2　梁的识别 …… 68

6.3 梁跨纠错 …… 73
6.4 未使用的梁集中标注（含补画梁边线）纠错 …… 75
6.5 梁原位标注纠错 …… 78
6.6 提取主次梁相交处增加箍筋、吊筋 …… 79
7 识别砌体墙 …… 83
7.1 识别砌体墙、设置砌体墙接缝钢丝网片 …… 83
7.2 识别门窗表 …… 87
7.3 平面图上识别门窗洞、绘制飘窗和转角窗 …… 90
8 布置过梁、圈梁、构造柱 …… 96
8.1 布置过梁 …… 96
8.2 布置圈梁 …… 98
8.3 布置（一、L、T、十字形）构造柱 …… 100
8.4 无轴线交点任意位置布置构造柱 …… 104
8.5 按墙位置绘制构造柱 …… 105
8.6 布置构造柱、框架柱的砌体拉结筋 …… 106
9 布置楼板 …… 110
9.1 识别板及板洞 …… 110
9.2 智能布板、手工画板洞 …… 112
9.3 识别板受力筋；布置板受力筋 …… 113
9.4 识别板负筋、布置板负筋 …… 120
9.5 分割、合并板，设置有梁板、无梁板 …… 129
9.6 手动、智能布置 X Y 方向板筋 …… 131
9.7 图形输入绘制板受力筋 …… 133
9.8 图形输入绘制板负筋 …… 136
9.9 画任意长度线段内钢筋，布置任意范围内板负筋 …… 137
9.10 绘制装配式建筑的预制楼板＋后浇叠合层 …… 138
10 阳台 …… 140
10.1 绘制实体阳台与面式阳台 …… 140
10.2 【构件做法】界面：添加清单、添加定额的更多功能 …… 142
11 绘制楼梯用于计算混凝土工程量 …… 144
12 识别与绘制基础 …… 147
12.1 识别独立基础表格 …… 147
12.2 建立独立基础构件 …… 147
12.3 识别独立基础、纠错；布置独立基础垫层、土方 …… 152
12.4 绘制筏板基础 …… 159
12.5 绘制筏板基础梁或单独基础梁 …… 164
12.6 绘制条形基础、垫层，生成基槽土方 …… 165
12.7 地沟，创新方法生成地沟基槽土方 …… 174
12.8 大开挖土方设置不同工作面、放坡系数 …… 177

12.9　识别桩、绘制桩承台自动生成基坑土方 …… 180
12.10　(优选) 单构件输入计算桩钢筋 …… 185
13　单构件与表格输入 …… 188
13.1　单构件输入的范围 …… 188
13.2　《2018版》表格输入计算楼梯钢筋量 …… 188
13.3　单构件输入阳台等更多功能 …… 189
13.4　《2018版》筋量合一：表格输入（只能）计算钢筋量、钢筋定额 …… 190
14　图形输入绘制坡屋面 …… 192
14.1　图形输入绘制斜梁坡屋面、老虎窗 …… 192
14.2　图形输入绘制无斜梁坡屋面 …… 195
14.3　按标高批量布置多坡屋面 …… 195
15　图形输入车辆坡道、螺旋板 …… 197
16　屋面工程 …… 199
16.1　平屋面铺装 …… 199
16.2　用自定义线绘制挑檐、天沟 …… 201
17　装修工程 …… 204
17.1　识别装修表 …… 204
17.2　房间装修 …… 207
17.3　外墙面装修、外墙面保温 …… 210
17.4　独立柱装修 …… 213
18　后续的导出、导入功能 …… 216
18.1　把老版钢筋软件计算的钢筋定额导出为Excel文件，并导入计价软件 …… 216
18.2　《老版本》把钢筋计量软件产生的构件图元导入土建计量软件 …… 217
19　老版本：新建变更 …… 219
19.1　计量软件新建变更操作 …… 219
19.2　设计变更包括现场签证商务、法律必读 …… 221
20　通用、共性问题 …… 223
20.1　通用、共性（公有、私有属性） …… 223
20.2　共性问题二（查找备份） …… 227
21　综合操作方法 …… 230
21.1　台阶、散水、场地平整、建筑面积 …… 230
21.2　删除识别不成功、有错误的构件图元并重新识别 …… 233
21.3　《2016定额》最新预算软件安装 …… 235
21.4　加QQ好友→邀请对方远程协助 …… 238
21.5　在天正制图软件批量转换图纸格式为t3 …… 239
21.6　报表设置预览 …… 241
21.7　【做法刷】与【批量自动套做法】 …… 242
21.8　把《土建计量》或者《2018筋量合一》计量结果导入计价软件 …… 243

22 计价软件的操作方法 …… 245
广联达云计价平台：GCCP5.0 计价软件操作 …… 245
23 手算技巧用于对量 …… 273

总说明

凡写在【 】内的均是功能窗口、菜单；箭头“→”表示下一步；【》】表示：光标放到【》】，窗口上显示更多功能菜单。

凡章节前有“图纸楼层对照表”或“图纸文件列表”的均为老版本操作方法。老版本指 2013 年及以前版本。凡（ ）内的文字如什么功能窗口在什么位置等，多为提示、说明的内容，无须操作。如果老版本与新版本某些操作方法只在极少、个别部位不同的，作者把这部分内容加在括号内，以示区别。

凡插图左上角有【T】标志的均为《2018 版》筋量合一的配图。

在各章节后边有《2018 版》标志的内容均为 2018 版筋量合一最新补充的操作内容，有些段落没有注明老版本、新版本标志的，说明老版本、新版本操作方法基本相同，不再赘述。

广联达工程计量软件操作使用路线指引：

老版本：在 GGJ2013 钢筋计量软件计取的工程结果文件，也即产生的全部构件图元按本书 18.2 节的操作方法，导入老版本土建计量软件，与钢筋混凝土构件无关的构件，如房间内外装修、保温等按本书第 17 章各节操作，各种基础垫层、土方等可按本书第 12 章各节操作，在本书各章节的【构件做法】界面选择清单、定额，按本书 21.7 节的操作方法导入计价软件，可全程无纸化操作形成完整的工程造价文件。

《2018 版》筋量合一：按本书各章节后半部分有《2018 版》标志的操作方法产生的全部清单、定额结果文件，在退出前必须经过汇总计算，产生数据文件→按 21.8 节的操作方法导入工程计价软件，全程无纸化操作生成完整的工程造价文件。

《2018 版》筋量合一，就是把老版本的钢筋计量软件与老版本土建计量软件组合成一个软件，把老版本钢筋计量的构件属性参数与老版本土建计量的构件属性参数组合成一个属性编辑页面，并增加了【构件做法】界面：选择清单、定额，详见 3.4 节，省去了相互导入的操作，提高了效率，只是有些功能菜单窗口位置有所调整，操作方法基本相同，因本书已包括了老版本土建计量软件的操作描述，所以不再专门设老版本土建计量软件的章节，避免重复。

常用快捷键有（在大写状态）：

Z：可隐藏、显示暗柱、框架柱、构造柱构件图元。

Q：可隐藏、显示剪力墙、砌体墙构件图元。

E：可隐藏、显示圈梁构件图元。

G：可隐藏、显示连梁的构件图元。

X：可隐藏、显示飘窗构件图元。

M：可以让门的构件图元透明。

N：可以让楼板洞口的构件图元透明。

F：可隐藏、显示板负筋构件图元。

S：可隐藏、显示板受力筋构件图元。

R：可隐藏、显示各型楼梯构件图元。

在识别或绘制梁画面，L是显示和隐藏梁构件图元的快捷键。

Ctrl+F10：显示、隐藏CAD图快捷键。

双击滚轮：全屏快捷键。

F10：查看构件图元工程量快捷键。

F11：查看计算式快捷键。

GD：梁查看吊筋快捷键。

DJ：梁生成吊筋快捷键。

CM：梁生成侧面筋快捷键。

W：尺寸标注显示、隐藏快捷键。

Y：有【隐藏】【显示】砌体加筋构件图元快捷键功能。

以下正文部分，版权所有，翻印必究。

1　识别构件前的准备

1.1　进入软件创建工程

老版本：插入加密锁→（如提示没有检测到加密锁需要激活，操作方法见第 21.3 节），双击钢筋算量软件（或右键打开）→【X】关闭新版特性页面→在欢迎使用页面新建向导，如图 1-1-1 所示。

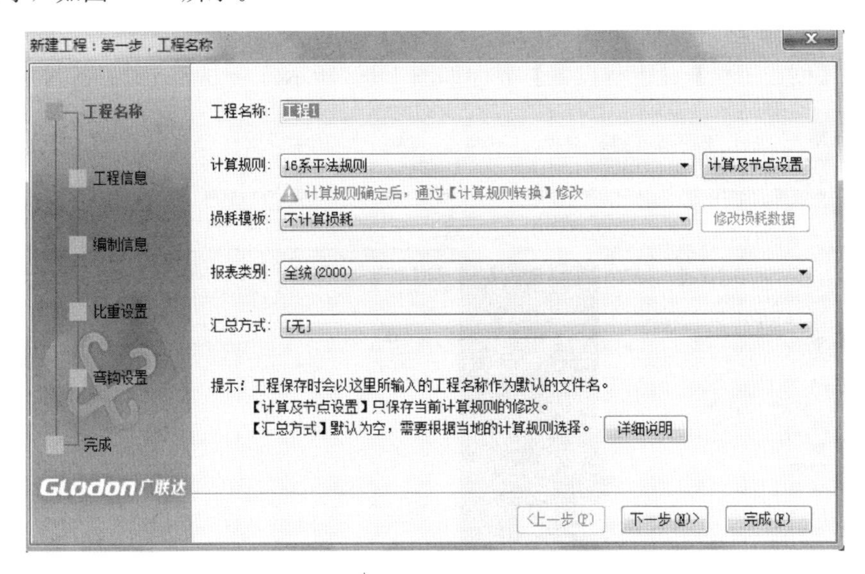

图 1-1-1　新建工程（老版本）

如需要在已有工程上继续操作，单击【打开工程】，找到并打开已有工程，继续操作已有工程。

在“工程名称”栏输入工程名称→在“计算规则”栏单击下拉按钮▼→选择《混凝土结构施工图平面整体表示方法制图规则和构造详图》的图集编号（按结构设计所选用的图集号，简称 11 系平法规则或 16 系平法规则）→单击【损耗模板】行尾的下拉按钮选择是否计算损耗，因定额子目已含有损耗，故选择“不计算损耗”。

在【报表类别】栏单击下拉按钮选择定额版本。软件可按照所选择的定额版本自动选套定额子目，如只统计各种规格的钢筋用量，软件提供有各省钢筋的损耗模板供选择→按所在省区选择 N 年报表（作用是选择定额版本）→【下一步】→进入工程信息页面；按各栏名称输入工程信息，蓝色字体行为必输内容，对计量结果有影响→【下一步】→【下一步】→【下一步】→【完成】。

进入模块导航栏→【楼层设置】→输入楼层各层名称、层高等，如电子版导入则不必操作此内容。

单击【绘图输入】进入图形输入【建模】或电子版导入操作。

《2018版》从此开始：进入软件后，单击左上角的【新建工程】→在弹出的【新建工程】页面按各行要求输入工程名称→单击【清单规则】行尾部的▼→（以河南地区为例，全国各地也需要参照此法操作）选择“房屋建筑与装饰工程计量规范计算规则（2013-河南）”→单击【定额规则】行尾部的▼→选择“河南省房屋建筑与装饰工程预算定额计算规则（2016）。下边的【清单库】【定额库】选择方法同上。

单击【平法规则】行尾部的▼，根据设计需要选择11或16系列《混凝土结构施工图平面整体表示方法制图规则和构造详图》，简称11系平法规则或16系平法规则。同样方法选择清单规则、选择定额库（因为《2018版》是筋量合一，在此选择的定额库只用于土建计量套取定额子目，凡钢筋统计计取的钢筋规格、数量，软件有自动套取定额子目功能，需在【工程设置】的【工程信息】页面查看，见下述），在【汇总方式】栏：钢筋长度选择“按照钢筋图示尺寸-外皮汇总”。

单击【创建工程】，【工程设置】界面如图1-1-2所示。

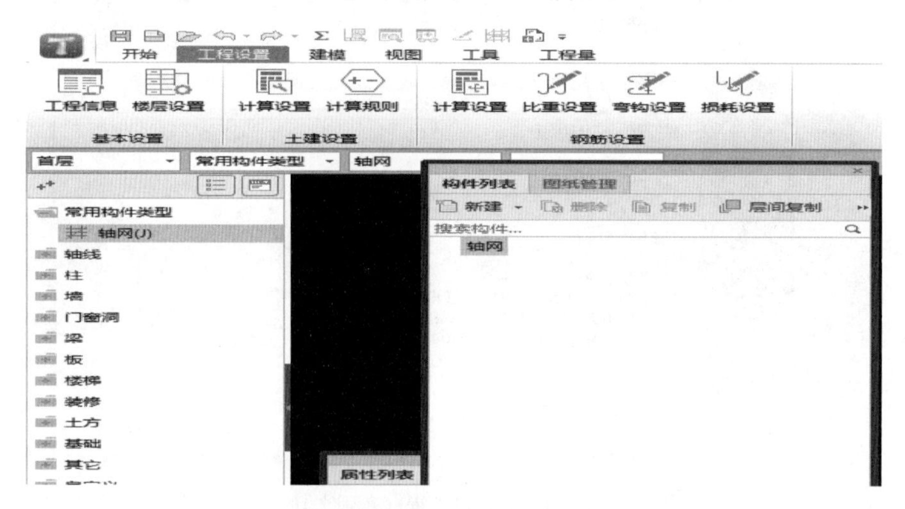

图1-1-2　工程设置界面电脑屏幕功能窗口位置排列图

从【工程信息】开始，在此页面从上向下逐行选择或输入各行参数→单击【项目所在地】行的▼→选择项目所在地区、城市；输入工程详细地址；输入【地上建筑面积】【地下建筑面积】→按Enter键，程序可自动计算并显示总【建筑面积】，在最后汇总计算结果时，程序可以自动分析并显示按照每平方米建筑面积计算出的单方造价。此页面的蓝色字体为必输入的内容。比如：输入檐高→按Enter键，程序可以自动计算并显示建筑的抗震等级。在【基础形式】栏：选择基础形式，还可以选择筏板基础→十字形独立基础。与老版本不同之处在于：【工程信息】页面多了地震参数，需按《建筑抗震设计规范》GB 50011—2001的3.2.2条输入，地震分组需按此规范附录A输入。还增加了【环境类别】【施工信息】“地下水位线相对±0.00标高”，单击【实施阶段】行尾的▼→选择【招投标】【施工过程】【开工日期】【竣工日期】【竣工结算】等内容。一个页面各行信息输入完毕。直接从左向右选择下个功能窗口即可。还需要在【工程信息】页面，单击此页面上部的【计算规则】进入【计算规则】选择页面，在【钢筋报表】行单击选择各省区（如河南地区）：选择河南 2016，否则计算出的钢筋工程量程序自动选择套用的是其他地区或者本地区其他版本的定额子目。在【钢筋损耗】行单击→选择是否计算损耗，因钢筋定额子目已包括有损耗量，选择不计算损耗，如果是单纯统计钢筋用量，软件提供有全国各省市、地区的钢筋损耗模板可选择（在新建工程时如果计算规则选错：单击左上角的软件图标【T】→在下拉菜单中选择【导出工程】，在弹出的【导出】页面中重新选择计算规则、定额库，方法同上述）。

单击【楼层设置】建立楼层表（如电子版导入可不操作此内容，详见第 2.1 节描述）→【计算设置】→【计算规则】，进入【清单规则】【定额规则】选择、设置界面；【计算设置】（有钢筋软件图标的）如图 1-1-3 所示。

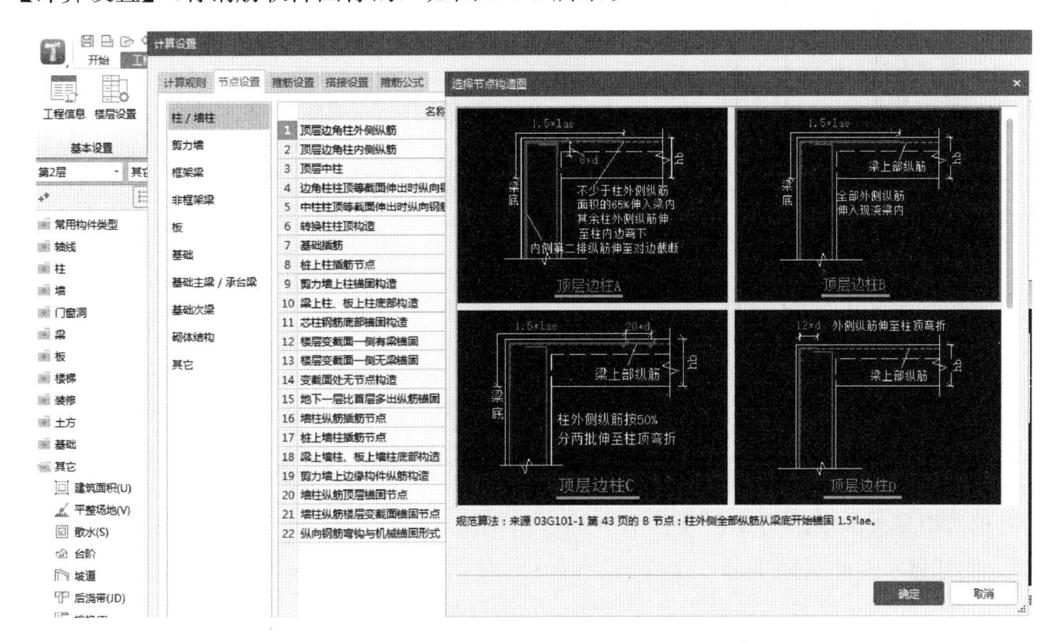

图 1-1-3　在节点设置页面设置钢筋接头形式

单击【计算设置】，在显示的【计算设置】界面上部的【节点设置】页面还增加了钢筋接头形式，有节点大样配筋图，一般按照结构设计总说明中设计者给出的节点大样详图，在此页面左侧根据需要分别选择主要构件类型→在右侧主栏按照所在行→双击显示▼→单击▼，选择节点大样详图，在此凡绿色字体、参数，单击可修改（程序是按规范、图集设置，无专门要求可不需选择、修改），在此设置的都在整个工程中起主控作用，可显示在相对构件属性中，以后在局部构件属性中可修改，设置完毕→进入【楼层设置】操作。

1.2　电子版图纸导入

结构图纸、建筑图纸可一次导入。

老版本电子版导入：在导航栏下部单击【绘图输入】→展开【CAD 识别】→单击【CAD 草图】→单击【添加图纸】→在弹出的“批量添加 CAD 图纸文件”页面，单击“我的电脑”（有的是“计算机”）→找到并双击拟导入工程电子版图纸文件所存放的某盘（如D盘、E盘或桌面或U盘）→盘名已显示在此页面上部的“查找范围”行，下面主栏内即是上部盘名内所保存的全部文件，下拉滚动条找到需要导入的工程文件，如需要导入的工程文件有上级文件名，同上述方法双击使其显示在上部“查找范围”行，如图1-2-1所示。

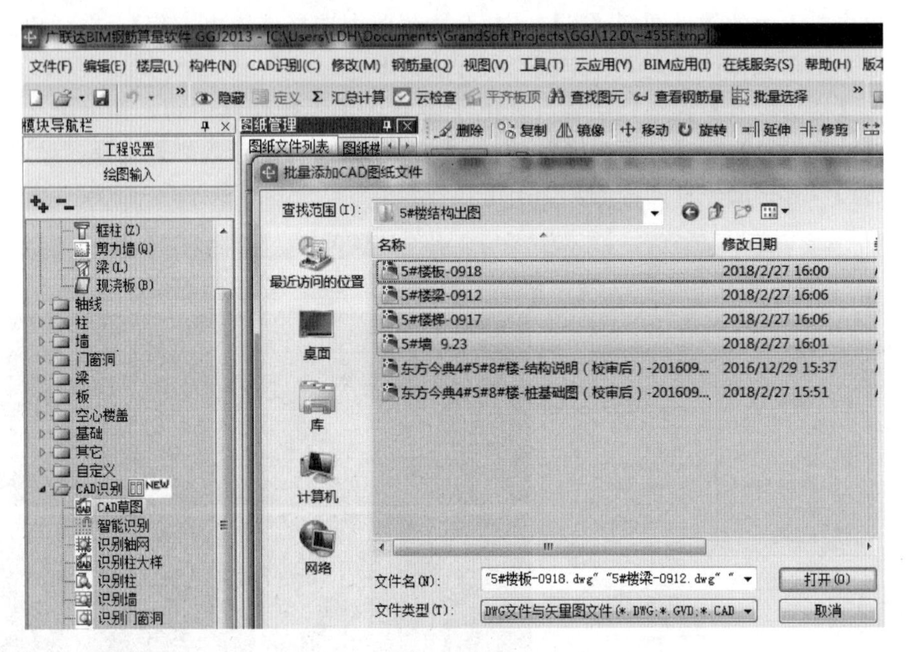

图1-2-1　导入电子版图（老版本）

单击拟导入的电子版工程文件名（如有结构施工图、建筑施工图，可Ctrl＋左键多选），使其显示在此页面下部“文件名”行→单击“打开”按钮→运行，单击【打开】按钮后如长时间运行停滞不能导入电子版图，是电子版图格式不对，需转换为t3格式，按后边21.5节操作→【整理图纸】→运行，按提示区提示内容操作：单击已导入的电子版图框线待全部各图框线变蓝→确认，提示：图纸整理完毕→任意放大某图→单击此图的图纸名称→图名变蓝→确认→运行，提示：正在整理图纸→提示：图纸整理完毕，分割成功的图纸在绘图界面用红色图框线显示（此时主屏幕左侧的“图纸文件列表”和“图纸楼层对照表”下部，两个界面已有分割成功的图纸名称显示）→“确认”。

用【设置比例】菜单设置比例：在主屏幕显示有全部多个电子版图状态，任选一图放大，光标呈“米”字形，选择轴线第一点，从此点移动光标拉出线条→选择轴线第二点并单击，在弹出的输入实际尺寸对话框中，观察电子版图纸的轴线间距与显示间距是否一致，有误时输入实际尺寸→确认→右键，结束设置比例→【定位图纸】→适合于全楼各层图纸的轴网，共有并且是唯一的、比较在左下角的、首个轴线交点比较明显的工况。定位图纸后各图左下角首个轴线交点有红色X形标志，否则需在后续操作中用顶行【工具】下拉菜单中的【设置原点】功能，在对应楼层，选择全楼各层共有并且是唯一的一个位置比较在左下角的轴线交点手动定位。

《2018版》电子版导入，在【建模】界面（在【构件列表】右侧）：【图纸管理】→【添加图纸】。在显示的“添加图纸”页面（如果是再次导入→【插入图纸】）：单击“我的电脑”或者“计算机”或“桌面”，找到需要导入的电子版工程图纸文件所保存盘的盘名，并双击使此盘名称显示在上部第一行，下部显示的就是此盘的全部文件内容，找到电子版图纸工程文件名并单击使此文件名显示在下部【文件名】行，如果没有显示在下部【文件名】行，说明此文件有上级文件名称→双击此文件名使其显示在上部第一行，再单击此工程文件的下级文件名，使其显示在下部文件名行，如果此单位工程分结构、建筑两个文件名，需先单击结构图纸文件名使其显示在下部文件名行→Ctrl＋左键→选择建筑图纸文件名，＋左键可多次选择、使多个图纸文件名同时显示在下部文件名行，如图 1-2-2 所示。

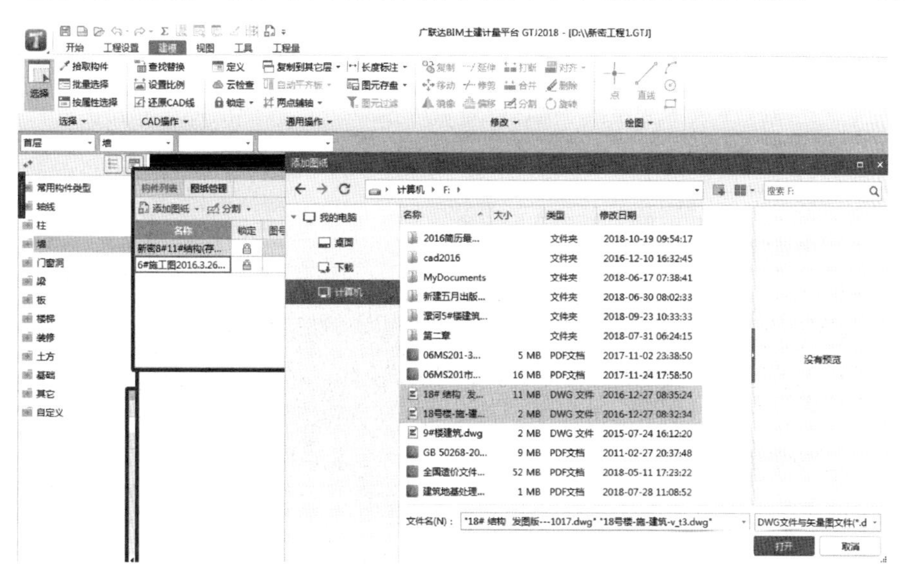

图 1-2-2 电子版图纸导入

单击【打开】按钮运行，导入的建筑、结构数个工程图纸文件名已显示在【图纸管理】页面下部。双击此结构或建筑工程图纸总文件名行尾部“锁”图形后边的空格，此总工程文件图纸名下所属全部电子版各图已显示在主屏幕。

在【建模】界面：当主屏幕有多个电子版图时，任意选择主屏幕上的一张电子版图放大→（在主屏幕左上角【建模】窗口的下部隔一行）【设置比例】（作用是检查、核对电子版图纸的绘图比例）→单击轴线交点的首点，向右或者向下移动光标拉出线条→选择下一个轴线交点→弹出“设置比例”对话框，显示所测量轴线两点间的距离，需要与图纸应有尺寸核对，有错误时修改为正确尺寸→确认→右键结束“设置比例”操作。需要分别在主屏幕上有结构或者建筑的全部多个电子版图时进行【设置比例】，再【分割】▼→【手动分割】的操作。

【分割】▼→（先）【自动分割】→运行，正在拆分图纸，分割完成，自动分割后每个自然电子版图用蓝色图框线围合，并且结构、建筑分割后的电子版图纸名称可自动显示在【图纸管理】页面下的各自所属的结构或建筑的总图名称的下部，识别时不会混淆。如果蓝色图框线内有两个图，常见的有墙（柱）平面图与柱大样详图表绘制在一张自然图上，自动分割后由蓝色图框线围合在一张自然图上，为避免识别时相互干扰，需要进一步手动分割，详细操作见 1.4 节、1.5 节描述。手动分割后（在【图纸管理】页面首行右边尾部单击“两个横向小三角”）→【定位】（又称自动定位图纸）图纸。

《2018 版》大部分图纸都能够实现自动分割，详见 1.4 节。墙柱平面图与柱大样详图用外围边框线围合绘制在一张图内的情况，用下述方法【解锁】后→单击外围边框线，变蓝色→右键→删除，再自动分割即可。

《2018 版》筋量合一，不需要转换图纸为 t3 格式。但计算机必须是 Windows 7 系统。

修改电子版图纸的操作：添加、导入图纸后，→单击主屏幕左上角的"锁"图形，其下部有【锁定】→解锁后可修改全部电子版图纸。如果只需要修改单独一个电子版图纸的内容，在【图纸管理】栏下部，找到此图纸名称，双击其行尾部"锁"图形后的空格，使此电子版图显示在主屏幕，单击此图纸名称行尾部的"锁"图形为开启状态，如图 1-2-3 所示，即可修改主屏幕上的电子版图。

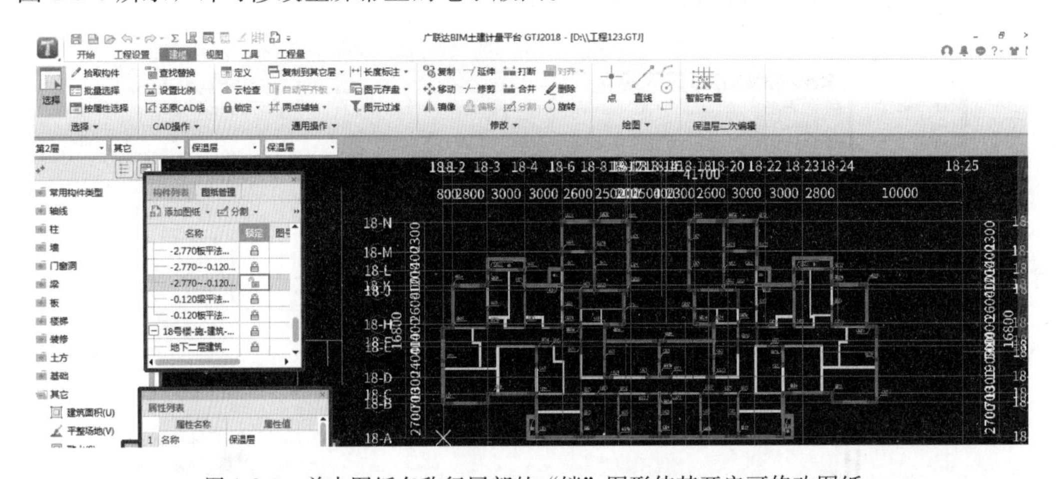

图 1-2-3　单击图纸名称行尾部的"锁"图形使其开启可修改图纸

CAD 图纸导入后→【图纸管理】→【定位】，可自动定位图纸。自动定位后，已分割成功的结构、建筑图轴网左下角有"×"形定位标志。

《2018 版》同一个楼层 X、Y 梁的名称和标注分别标在两张电子版图上，把它们拼接到一张图上，方法一：先导入其中一个方向的图，正确定位，然后在【CAD 草图】界面插入另一方向的 CAD 图。提示：插入的图不能再定位，要选中此图→右键→【移动】把两张图拼接到一张图上。

方法二：当 X、Y 方向两个图在一个图中，可先导入全部 CAD 图，选中其中一张图→右键→【移动】→把两张图拼接定位在一起→【手动分割】。

1.3　识别构件前的主要操作过程

老版本与新版本不同之处标注在括号内：【CAD 草图】→【添加图纸】（又称【导入图纸】）→【整理图纸】（《2018 版》无须此操作）→（结构、建筑电子版图纸均需要）在主屏幕同时有多个电子版图纸时→【设置比例】→【手动分割】（《2018 版》先【自动分割】后【手动分割】）（可在分割过程中修改图纸名称，并能够显示在所对应的楼层的各层）→【定位图纸】（属于自动定位）→【识别楼层表】→【识别轴网】→【对应楼层/对应构件】（《2018 版》不需要此操作）→【识别柱大样】→【识别柱】，在平面图上识别柱前需检查各平面图轴网左下角红色（《2018 版》是白色）X 形定位标志的定位点是否正确，如有错误可用【设置原点】功能纠正。

《2018 版》各功能窗口位置有较大有规律性变动，【CAD 识别】各功能窗口显示在【建模】界面各主要构件的下部，例如柱子的识别窗口位置，在导航栏上部【建模】界面：展开导航栏下部的柱→【柱】（Z）（或【墙】【梁】等）→有【识别柱表】【校核柱大样】【填充识别柱】【识别柱大样】【校核柱图元】【识别柱】【生成柱边线】等。如图 1-3-1 所示。

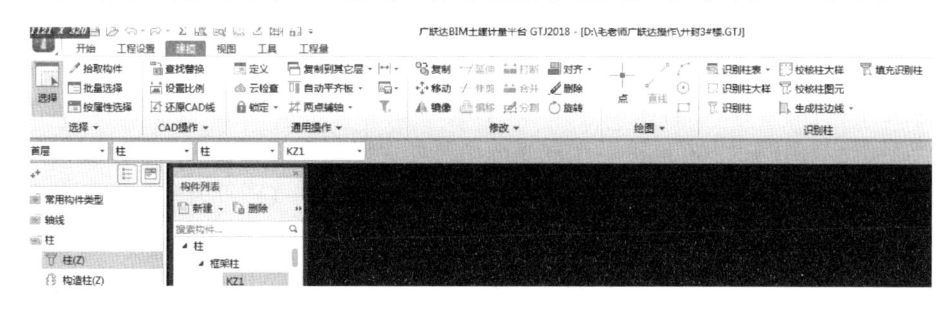

图 1-3-1 识别柱各功能窗口位置图

在【定义】页面：有【属性列表】【构件列表】【构件做法】，还有批量【添加（构件名）前后缀】【层间复制】等多种功能。

1.4 手动分割

老版本【手动分割】：【CAD 草图】→在“图纸文件列表”界面操作，双击“图纸文件列表”栏下部首行总图纸文件名，此工程已导入的全部各图均显示在主屏幕。

需手动分割的几种情形：从基础层开始向上逐层逐图依次分割。已显示在主屏幕的电子版图，某张图双边框线全为蓝色，无红色边框线，在“图纸文件列表”下找不到此图名。凡内外侧双边框线无一条红色边框线的都需手动分割。

《2018 版》改为【分割】▼→先【自动分割】后【手动分割】，分割后的图纸《2018 版》为用黄色图框线围合，老版本为由红色图框线围合，如图 1-4-1 中，框线内有两个图纸，需要手动分割为两个图。

老版本：需要手动分割的情况，如图 1-4-1 所示。

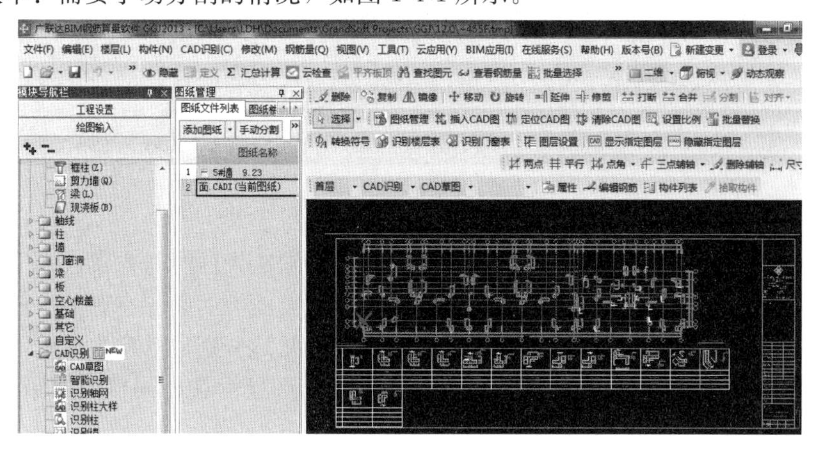

图 1-4-1 一个图框线内有两个图，需手动分割为两个图（老版本）

《2018 版》需要先【自动分割】→运行，提示“正在拆分图纸”，分割完成，提示可自动消失，凡自动分割后的每个自然电子版图纸均有黄色粗图框线围合。自动分割适用于一个图框线中只有一种如墙柱平面图或柱大样或梁或板平面图的工况，如有墙柱图和柱大样详图表等两种以上图布置在一个图框线内，在识别过程中相互有干扰，需要最后分别操作【手动分割】为两个图纸。

分割成功的结构或建筑图纸文件名，按分割的先后排序，分别显示在【图纸管理】页面各自结构或建筑总图名称的下部。如在结构总图纸名下显示为“连梁及暗柱平法施工图”（是不应该有的图纸名称）→双击此图纸名称行尾部的空格，此图已显示在主屏幕，经观察此双图框线内有结构的墙柱平面图与柱大样详图绘制在一个自然图内，识别时会有干扰，手动分割为两张图后→单击【删除】按钮（在【图纸管理】页面右上角），可删除当前操作的多余图纸。

老版本：凡在“图纸楼层对照表”界面下，包括未对应的图纸（显示为红色），找不到名称的图纸都需手动分割兼排序，按分割的先后顺序排列显示在“图纸楼层对照表”下。

《2018 版》因【手动分割】功能只能矩形框选，有时连梁表突入布置在柱大样详图的一角，如图 1-4-2 所示。

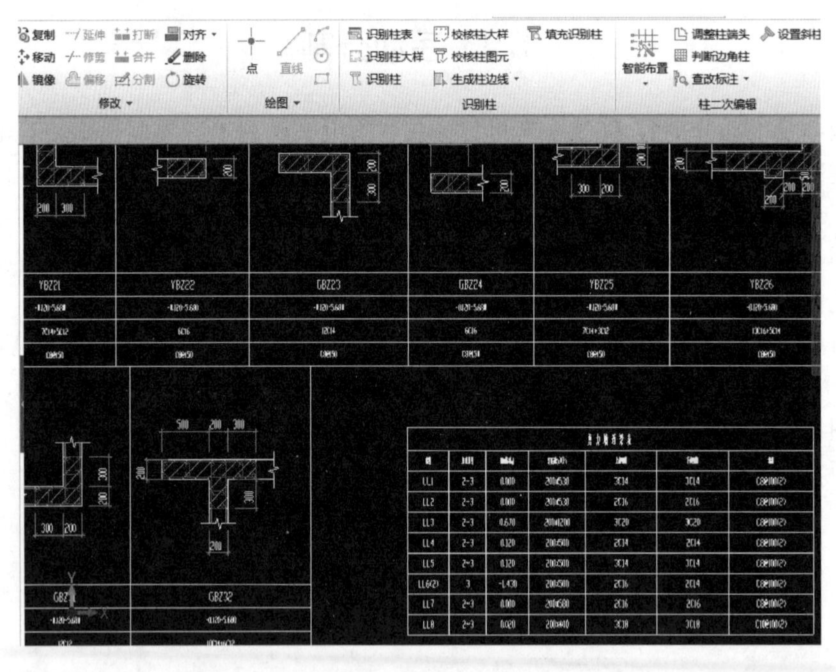

图 1-4-2　连梁表突入布置在柱大样详图的一角

如果柱大样与连梁表【手动分割】为一个图，识别柱大样时与连梁表有干扰，需要把柱大样图表做二次手动分割，这样在【图纸管理】页面下的某层会有数个柱大样图名文件，可分别双击此柱大样图纸文件名行尾部空格，使其分别显示在主屏幕，需要分别识别柱大样，数次识别成功的构件名称、构件属性均可显示在相同楼层的暗柱、KZ 构件列表下。

手动分割特例，如图 1-4-3 所示。

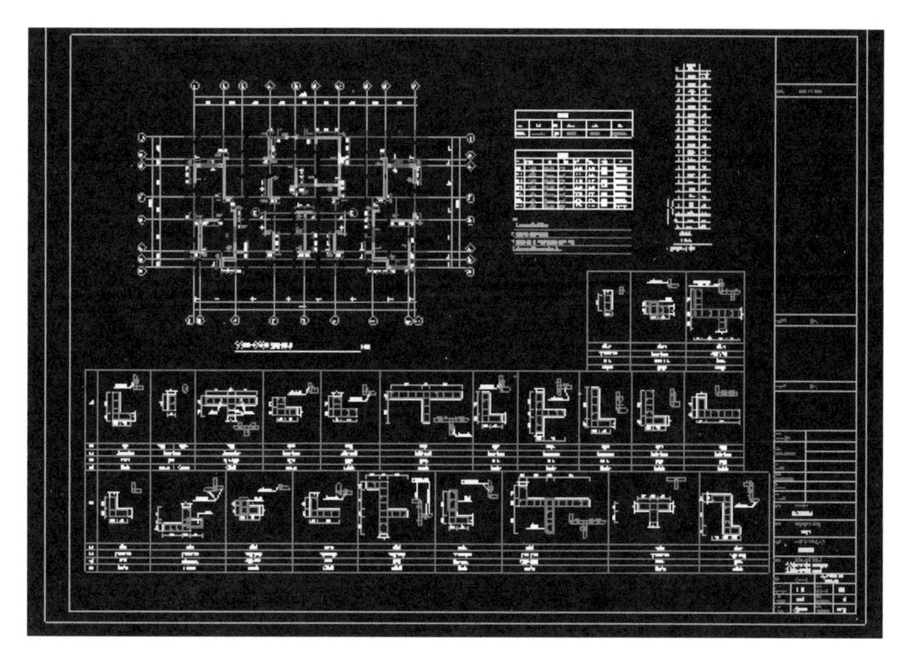

图 1-4-3 需要做二次手动分割的示意图

如果一个图纸双边框线内有两张图，分割一次不行，需分别各分割一次，先分割墙柱平面图，再一次性全部框选墙柱平面＋柱大样图，手动分割。

老版本手动分割方法：【图纸文件列表】→如找不到【手动分割】窗口，在图纸楼层对照表下邻行右角→【》】→找到并单击【手动分割】菜单，按提示单击左键，按住左键拖动框选需要分割图纸的全部→释放左键，所选图纸变蓝→右键确认，弹出“请输入图纸名”页面→如此页面覆盖图纸名称，可按住此页面上部拖动移开，光标放到图纸名称上箭头变回字形并单击左键→所选择图纸名称已显示在此页面的图纸名称行，在此可修改图纸名称→【确定】→修改后的图纸文件名称已显示在图纸管理栏下的图纸列表下。继续分割下个图纸。

《2018 版》【手动分割】方法：在主屏幕上部【建模】界面的【构件列表】右侧的【图纸管理】，找到已经导入并显示在下部的某工程建筑或者结构总图纸文件名称，双击此图纸文件名称行尾部的空格，此建筑或者结构的全部多个电子版图已显示在主屏幕，在使用【设置比例】功能检查绘图比例之后→【分割】▼→【手动分割】，找到墙柱平面图与柱大样截面详图（或者其他两张电子版图纸）用图框线围合绘在一张图上的图纸，光标显示为十字形，在左上角单击左键→向右下对角框选此图→单击左键，所选图纸被黄色线条框住→单击右键，弹出“手动分割”页面，在此默认显示的是此工程的总图纸名称→从已经手动分割的图纸中选择正确的图纸名称并单击，所选的图纸名称可自动显示在【图纸名称】栏，还可以修改完善此图纸名称→确定。按照分割的先后次序，此图纸名称已经分别显示在【图纸管理】页面应该归属的建筑总图或结构总图的最下行，选择图纸时建筑与结构图纸不会搞错，此图纸名称还可以继续修改。按照上述方法继续分割下一个图纸。

提示：在构件做法无变化时，无地下室的基础层可用复制构件图元的功能复制到基础层，否则动态观察全部或相邻楼层的三维立体图时，从基础至首层之间为空档，构件图元上下不连续。

老版本操作方法：【楼层】→【复制选定图元到其他层】(F)，如图 1-4-4 所示。

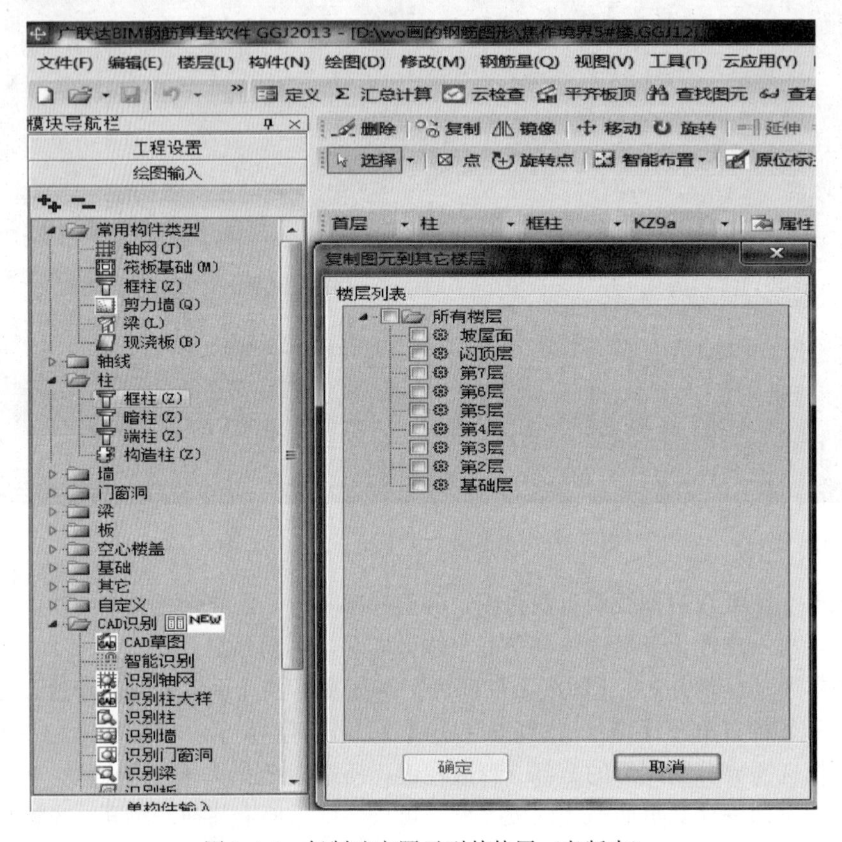

图 1-4-4　复制选定图元到其他层（老版本）

框选全平面图→右键→弹出“复制选定图元到其他层”页面，选择目标层→确定→弹出“同名构件处理方式”页面→只复制图元，保留目标层同名构件属性→确定→提示：图元复制成功→确定→【动态观察】观察构件图元竖向已连续。注意：一次只能复制一类主要构件。

1.5　手动分割方案

在手动分割前需考虑分割的先后顺序，包括各楼层图纸的组合，有时还需要在分割过程中对图纸名称进行修改，并对楼层图纸进行组合，也叫分割方案。

1. 需从头至尾认真看图，搞清楚各层是由哪几页图（指结构、建筑施工图纸）组成一个完整的楼层。有墙柱平面图、柱大样或柱截面列表，梁平面图、楼板平面图等。

2. 很多情况下，施工图的设计（也称图纸排列组合方式）不符合预算软件识别步骤的先后次序的要求，就是说图纸设计有穿插乱层的，如结构图柱大样配筋详图和柱的电子版图，是 1～5 层相同为 1 页图，而梁的结构（配筋）平面图 3～6 层相同为同一页电子版图，楼板结构图每层各不相同，并不是按预算软件的识别程序，按某一层或按 1

至 n 层为一个标准层竖向分段，在这一层或几层的层底至层顶标高范围内，没有按柱大样配筋（详图）表、墙柱平面图、梁平面图、楼板平面图的顺序排列布图，这就需要按结构施工图的层高表（一般结构图都有），记住这个层、段的竖向层底至层顶标高范围，首先返回到导航栏上部的工程设置→楼层设置界面，用【删除】【插入】进行修改，使对应的层数相一致。再用手动分割功能（操作方法按前述）框选某一柱大样、墙柱平面图……释放左键所选图变蓝→右键→弹出“请输入图纸名称”页面，如图 1-5-1 所示。

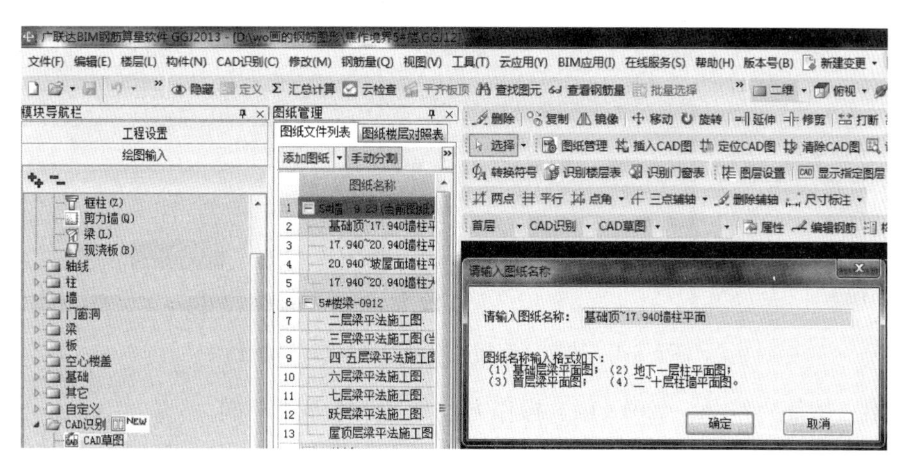

图 1-5-1　手动分割（老版本）

如此页面覆盖手动分割的电子版图，光标单点此页面上部蓝色带可拖动移开→放大此电子版图→找到此图的图名称并单击此图纸名称，此图名已显示在弹出页面的图名称行内→把此图名修改为应有的某层的图纸名称→确定。修改后的图纸文件名已显示在图纸文件列表下，再用对应楼层功能把它对应到应有的楼层。继续用上述方法，把该层所需的墙柱、梁、楼板图手动分割对应到应有楼层。

柱大样、墙、柱等竖向构件在其构件的属性页面的起止标高（连梁除外），是由楼层表中的层高起控制作用，对应到某层识别后生成构件后，其属性页面的标高值会按其应有标高随之变动，不需要修改。

1.6　转换（钢筋）符号

老版本：转换钢筋级别符号，本软件只能用 A、B、C 代表一级、二级、三级钢筋，不能用 A（一级钢筋）、B（二级钢筋）、C（三级钢筋）符号，如某张电子版图中的钢筋直径前的钢筋级别等级符号是“?”号表示，与设计不相符，在识别此张电子版上的含钢筋的构件前需先：【转换符号】→弹出“转换符号”页面，在其上部“CAD 原始符号行”需要输入待识别的电子版图上原有显示的“?”号或错误的需要更正的字符后，在此页面下部“钢筋软件（指应有的）符号”行→单击其行尾的▼可在下拉菜单中选择正确的，A 表示 HPB300；B 表示 HRB335；C 表示 HRB400；D 表示 RRB400；L 表示冷轧带肋钢筋；N 表示冷轧扭钢筋；E 表示 HRB500；EF 表示 HRBF500；BF 表示 HRBF335；CF 表示 HRBF400；BE 表示 HRB335E 等；CE、EE、BFE、CFE、EFE 选择完毕→【转换】→在显示的“确认”页面；是否将当前符号“?”转换成钢筋软件的如“CHRB400”→是，已转换→结束→电子版图上的“?”已转为正确符号。

《2018 版》在【建模】左上角二行（建模下邻行）有【查找替换】功能菜单，如图 1-6-1 所示。

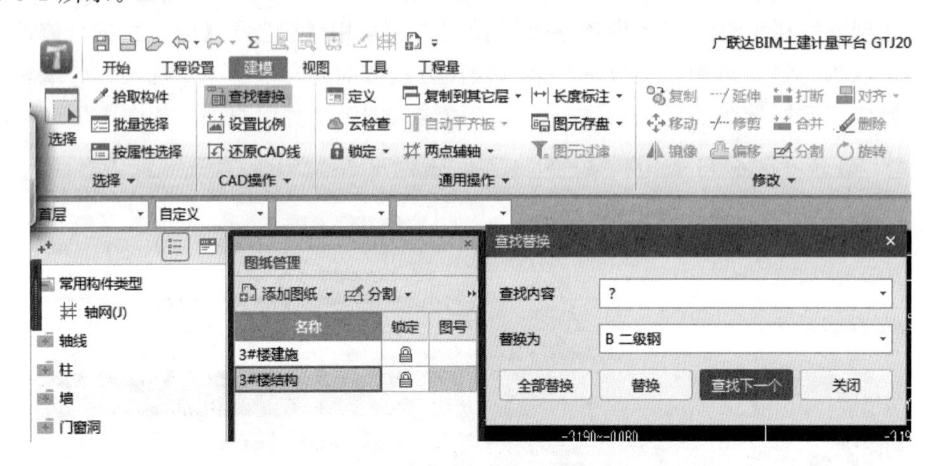

图 1-6-1　转换（钢筋）符号功能窗口位置图示

转换（钢筋）符号，《2018 版》操作方法与老版本基本相同。

2　识别及绘制构件

2.1　识别楼层表、设置错层

提示：不能识别楼层表的处理方法，老版本、《2018 版》操作方法基本相同。

【识别楼层表】→提示：已建有楼层，需删除已有楼层才能识别→回到【工程设置】界面下的【楼层设置】页面，只有基础层、负一层，一、二层且不能删除（【删除楼层】菜单为灰色不能使用）。解决方法：【绘图输入】→在绘图界面→“首层”→【工程设置】→在楼层信息页面→单击负一层前的序号数字使负 1 层成为当前层→【删除楼层】→负一层已可删除→【绘图输入】→展开【CAD 识别】→“图纸楼层对照表”→【识别楼层表】→【识别楼层表】→已可识别楼层表。

识别楼层表：

老版本、新版本操作方法基本相同：手动分割后识别楼层表：【CAD 草图】（《2018 版》改为在【建模】界面：其下邻行有【识别楼层表】）→【图纸楼层对照表】（《2018 版》无【图纸楼层对照表】改在“图纸管理”页面下部）→左键双击结构图纸中的某层有楼层表的图纸文件名称行尾部的空格→此图已显示在主屏幕，并且此时主屏幕上只能有一张电子版图，如图 2-1-1 所示。

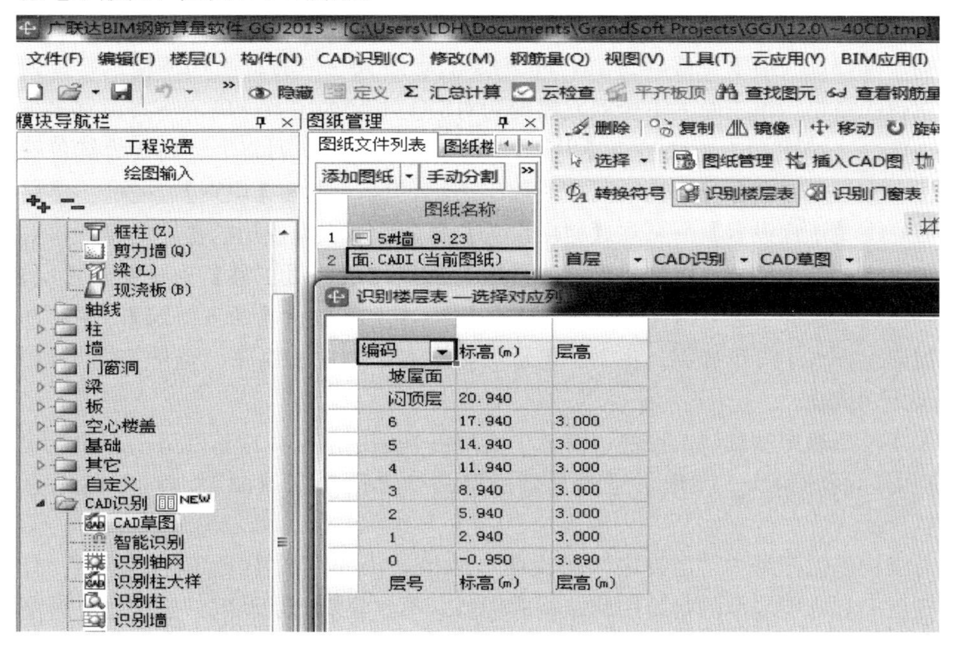

图 2-1-1　识别楼层表功能窗口位置图（老版本）

《2018 版》【识别楼层表】位置改在：主屏幕最上部【建模】的下邻行有【识别楼层表】(注意，不要与右上角的【识别剪力墙表】搞混)，光标放在上面有小视频显示。

老版本、新版本操作方法基本相同：【识别楼层表】→光标呈“+”字，楼层表左上角单击→框选结构图上的楼层表→单击左键，结构图上的楼层表已被黄色图框粗线条围合框住→单击右键，弹出“识别楼层表”页面，如图 2-1-2 所示。

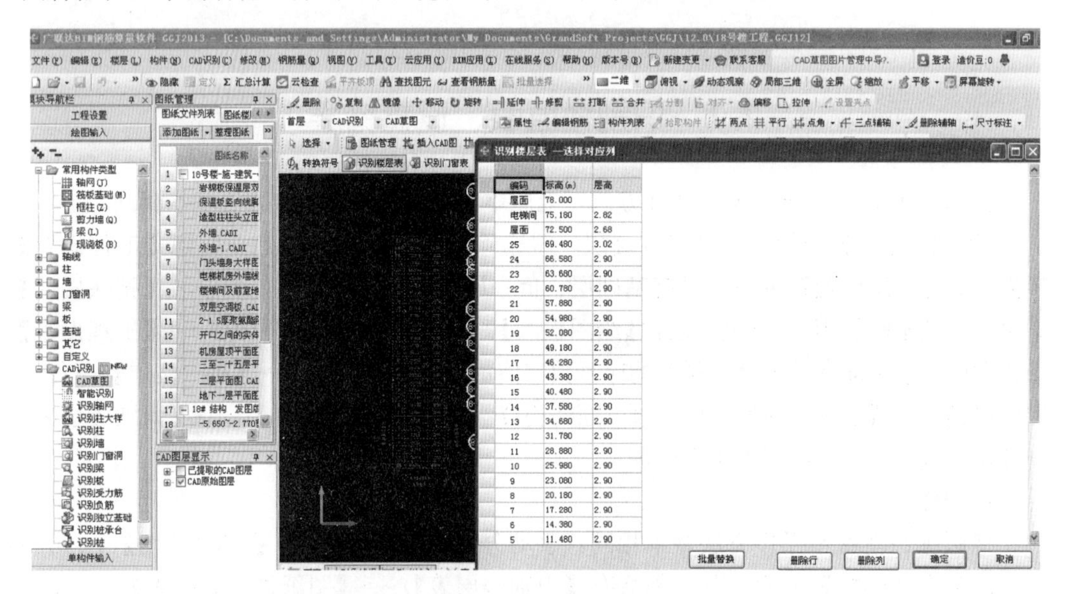

图 2-1-2　识别楼层表功能窗口位置图

框选的楼层表已显示在此页面，因老版本程序不能识别中文汉字（《2018 版》可以识别无须删除汉字，直接→【识别】)，老版本需把楼层号行顶部的“屋面”“机房”的汉字删除，输入阿拉伯数字，方法是：单击楼层号列中的中文汉字，把其按向上修改为应有的序号，如当前下一楼层为 15，向上层号为 16 层→（按此页面下提示）逐列顺序单击顶行的空格，单击时上下全列发黑即为对应上下竖列关系→确定→共识别多少个楼层→确定（《2018 版》方法是→【识别】，如果“楼层号”列整个竖列变为红色→逐行双击用中文表示的楼层号→输入阿拉伯数字表示的楼层数→【识别】，提示：楼层表识别完成）→【工程设置】→可在【楼层设置】页面看到识别成功的楼层信息→核对可修改，如果需要增加楼层→单击需增加的楼层为当前楼层→【下移】→【插入楼层】，在选择的当前楼层向下插入（增加）了 1 个楼层→【上移】→【插入楼层】，在选择的当前楼层向上插入了 1 个楼层。提示：电子版楼层表中的中文汉字“地下室”不改为－1 层也可识别成功。

关于楼层表中基础层的层高：有地下室时，基础层的层高指基础垫层顶面至地下室室内地面标高的距离；无地下室时基础层层高指基础垫层顶面至±0.00 的垂直距离(单位：m)。

对结构施工图纸中“层高表”的说明：结构施工图多数图纸都有层高表，有楼层号，在层底标高中表示的是每层的结构底标高，不含建筑面层厚度，建筑面层厚度需要在房间装修地面铺装中操作设置，层高很好理解。另外在新、老版本的主屏幕多数操作画面的左下角，显示有当前楼层的底标高（是含建筑面层的底标高)、本楼层的层顶标高（单位：米），供操作时使用。

原位复制整个楼层的构件图元：

1. 整个楼层含构件、图元全部复制，此办法可用于首层以上（因为首层不能做标准层，首层除外）的各层。前提是需要把拟复制之源楼层的全部构件图元绘制完成→【工程设置】→【楼层设置】→在“相同楼层”栏：输入 n 个相同楼层数即可→【动态观察】→查看三维立体图，钢筋、土建模块操作方法相同。

2. 如果需要把首层的全部构件图元原位置复制到其他层，可以使用【复制到其他层】或【从其他层复制】功能，操作方法见 9.4 节图 9-4-7 所示。

3. 整个楼层全部或大部分构件图元有选择地复制到其他（目标）楼层：先进入目标楼层→（顶横行一级菜单）【楼层】（下拉菜单）→【从其他楼层复制构件图元】→选择来源楼层、选择构件→选择欲复制的目标层，可选择 n 个层→确定。必须是在平面图中原位置复制构件图元。

4.《2018 版》因首层不能做标准层，在楼层设置页面不能设置 n 个相同层数在【定义】页面，由【层间复制】代替【复制选定图元到其他层】，一次只能原位置复制在“常用构件类型”下的一个类别构件，操作方法为：【砌体墙】→主屏幕上部显示【复制到其他层】（光标放到上面有小视频）→框选全平面图→右键→在弹出的“复制图元到其他层”页面勾选需复制到的目标层→确定，提示“图元复制成功”→确定。一次只能原位复制【常用构件类型】下部并且是在主构件展开状态下的一种主要构件，如需要可再选择下一个常用主要构件类型继续上述操作，如图 2-1-3 所示。

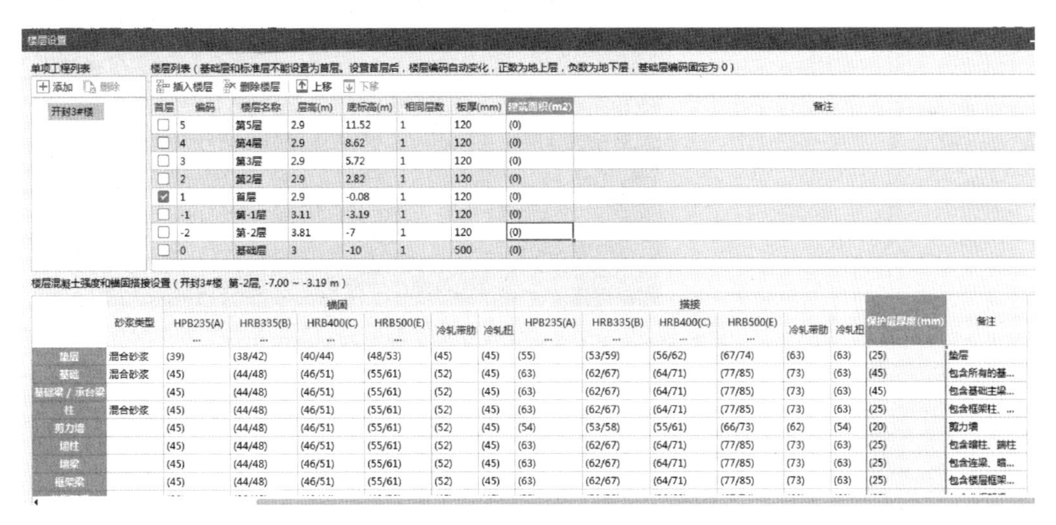

楼层设置

单项工程列表：开封3#楼

楼层列表（基础层和标准层不能设置为首层。设置首层后，楼层编码自动变化，正数为地上层，负数为地下层，基础层编码固定为 0）

首层	编码	楼层名称	层高(m)	底标高(m)	相同层数	板厚(mm)	建筑面积(m2)	备注
☐	5	第5层	2.9	11.52	1	120	(0)	
☐	4	第4层	2.9	8.62	1	120	(0)	
☐	3	第3层	2.9	5.72	1	120	(0)	
☐	2	第2层	2.9	2.82	1	120	(0)	
☑	1	首层	2.9	-0.08	1	120	(0)	
☐	-1	第-1层	3.11	-3.19	1	120	(0)	
☐	-2	第-2层	3.81	-7	1	120	(0)	
☐	0	基础层	3	-10	1	500	(0)	

楼层混凝土强度和锚固搭接设置（开封3#楼 第-2层, -7.00 ~ -3.19 m）

	砂浆类型	锚固 HPB235(A)	锚固 HRB335(B)	锚固 HRB400(C)	锚固 HRB500(E)	锚固 冷轧带肋	锚固 冷轧扭	搭接 HPB235(A)	搭接 HRB335(B)	搭接 HRB400(C)	搭接 HRB500(E)	搭接 冷轧带肋	搭接 冷轧扭	保护层厚度(mm)	备注
垫层	混合砂浆	(39)	(38/42)	(40/44)	(48/53)	(45)	(45)	(55)	(53/59)	(56/62)	(67/74)	(63)	(63)	(25)	垫层
基础	混合砂浆	(45)	(44/48)	(46/51)	(55/61)	(52)	(45)	(63)	(62/67)	(64/71)	(77/85)	(73)	(63)	(45)	包含所有的基...
基础梁 / 承台梁		(45)	(44/48)	(46/51)	(55/61)	(52)	(45)	(63)	(62/67)	(64/71)	(77/85)	(73)	(63)	(45)	包含基础主梁...
柱	混合砂浆	(45)	(44/48)	(46/51)	(55/61)	(52)	(45)	(63)	(62/67)	(64/71)	(77/85)	(73)	(63)	(25)	包含框架柱、...
剪力墙		(45)	(44/48)	(46/51)	(55/61)	(52)	(45)	(54)	(53/58)	(55/61)	(66/73)	(62)	(54)	(20)	剪力墙
墙柱		(45)	(44/48)	(46/51)	(55/61)	(52)	(45)	(63)	(62/67)	(64/71)	(77/85)	(73)	(63)	(25)	包含暗柱、端柱
墙梁		(45)	(44/48)	(46/51)	(55/61)	(52)	(45)	(63)	(62/67)	(64/71)	(77/85)	(73)	(63)	(25)	包含连梁、暗...
框架梁		(45)	(44/48)	(46/51)	(55/61)	(52)	(45)	(63)	(62/67)	(64/71)	(77/85)	(73)	(63)	(25)	包含楼层框架...

图 2-1-3 批量修改各种构件保护层厚度

《2018 版》设置保护层厚度：

1. 可针对整个楼层设置，在【工程设置】→【楼层设置】页面的下部倒数第二竖列有【保护层】栏，程序有默认值（可修改）可复制到选定楼层或全楼。

2. 还可以在后续操作中单独修改某个构件或图元的属性参数，在构件的属性页面上部展开钢筋业务属性，有保护层厚度可修改。

3. 把已有工程或已完工工程的构件属性信息应用到其他工程，前提条件是：一个项目或其他项目有近似单位工程并对已定义的构件执行【构件存档】（在【层间复制构件】菜单右邻）。在新建下一个工程时执行【构件提取】，可把存档的构件属性信息复制到下一个工程上。

4. 不同层高或错层在一个工程中的绘制方法：先按一种标高【识别楼层表】，个别构件标高不同时，修改构件【属性列表】中的底、顶标高。如果图纸设计的是区域错层，在识别楼层表后，→【工程设置】→【楼层设置】，在弹出的“楼层设置”页面：主栏内选择已经识别生成楼层表的有错层的楼层，单击使此楼层成为当前楼层→在此页面左上角的【单项工程列表】下邻行单击【添加】，已在当前正在操作的工程名称下产生一个【单项工程-1】（选择并单击此处的各个工程名称，可在右侧主栏内显示各自的楼层表）→单击产生的【单项工程-1】，在右侧主栏内的楼层表选择一个楼层（单击【插入】，可增加 1 个楼层），按照图纸设计修改层高（单位：米）→按 Enter 键，其上邻层的底标高会自动按照计算出的应有数值更正。关闭“楼层设置”页面→在“常用构件类型”栏下展开【轴网】→【轴网】（J），此时在主屏幕显示红色已有轴网→在主屏幕左上角单击【工程名称】→选择新增加的【单项工程-1】→在最上部的一级功能窗口【建模】界面→在“常用构件类型”栏下→【柱】（Z）→在【构件列表】页面→【新建矩形柱】，可以按照图形输入的方法绘制【柱】【墙】【梁】等，如图 2-1-4 所示。

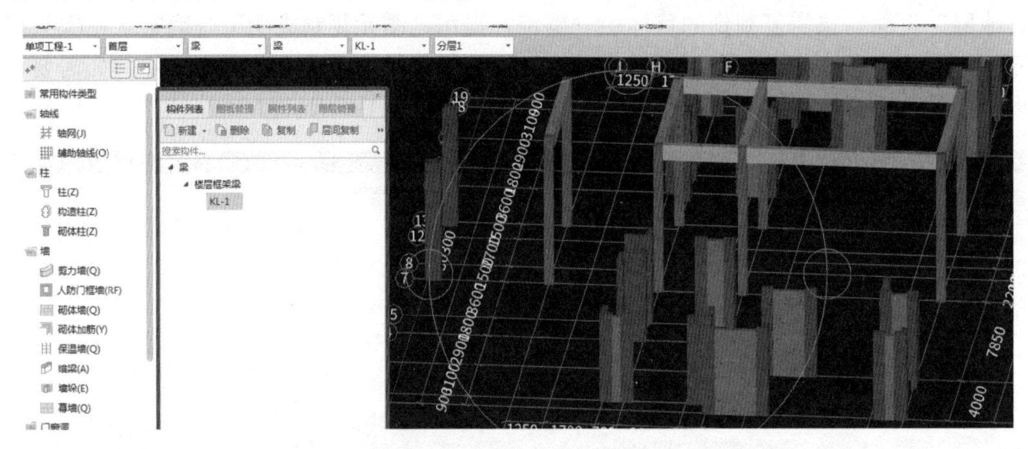

图 2-1-4　用【新建单项工程】功能绘制不同层高的错层构件

2.2　识别轴网、建立组合轴网

老版本：识别楼层表后→【识别轴网】，需选一张已分割成功的，在电子版原图上只有一张梁或墙柱平面图（原图不要和柱大样同在一张图上，分割后识别也会有干扰），也可以是梁、板平面图，并且是轴网轴号最齐全的图→“图纸楼层对照表”（《2018 版》改为在“图纸管理”页面），如图 2-2-1 所示。

双击某楼层下的符合上述条件的墙柱、或者梁平面图的图名，此（单独一张）图已显示在主屏幕→【识别轴网】。

《2018 版》需要在【建模】界面识别轴网：在常用构件类型下部展开【轴线】→【轴网】（J），【识别轴网】功能窗口在主屏幕上部，光标放在此窗口上有小视频，单击

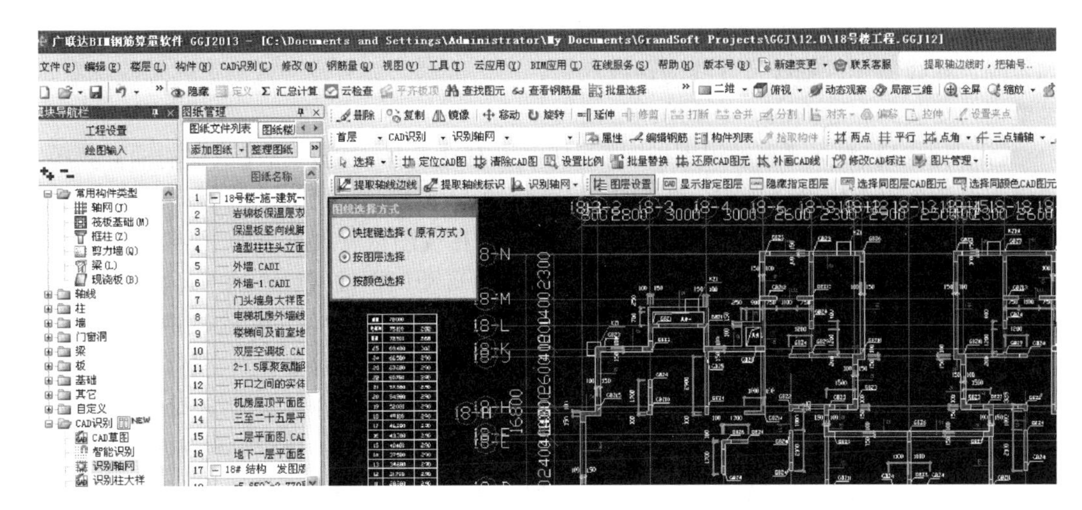

图 2-2-1　识别轴网各功能窗口位置图示（老版本）

【识别轴网】，其下属识别菜单显示在主屏幕左上角，如被【属性列表】【图纸管理】【构件列表】页面覆盖可拖动移开，需要选择一页轴线、轴号最全的电子版图，按【识别轴网】的下级菜单，从上向下依次识别，操作方法同老版本。

老版本、新版本识别轴网操作方法基本相同，如图 2-2-2 所示。

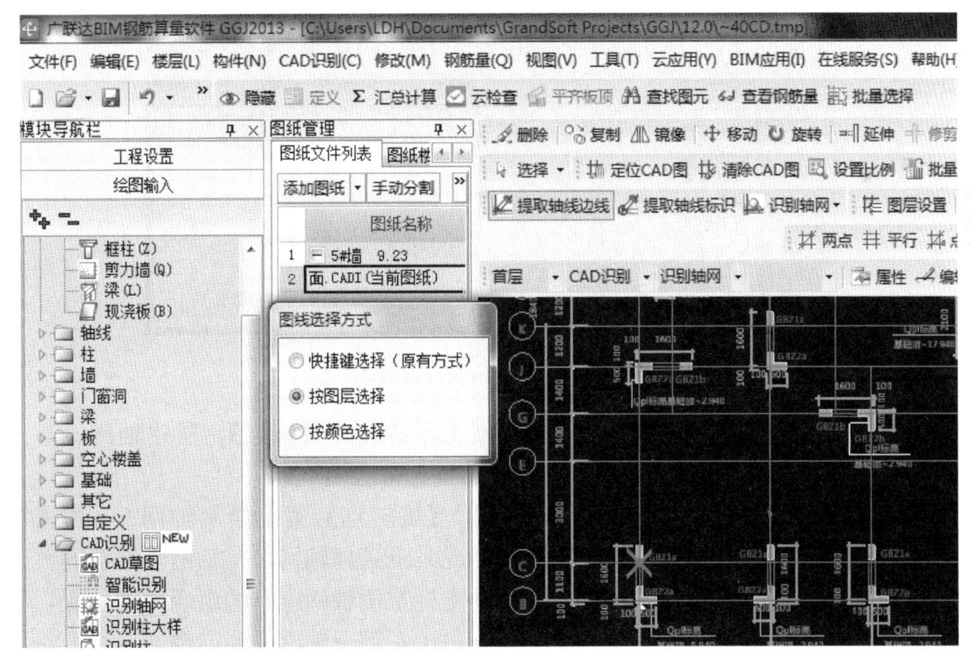

图 2-2-2　识别轴网功能窗口位置图（老版本插图）

【提取轴线边线】（《2018 版》改为【提取轴线】下拉菜单均显示在主屏幕左上角）（重要提示：如“图纸管理”页面盖住了上述功能菜单可拖动移开），单击轴线（不能单击绿色轴线延长线），光标由箭头变为回字形为有效，单击左键轴线全部变蓝，有没变蓝的轴线可再选择、单击→最后确认，变蓝的轴网图层全部消失。

【提取轴线标志】(《2018版》改为【提取标注】),单击没消失的绿色轴线延长线、轴号圈、轴线编号、轴线尺寸线为轴线标志,单击变蓝,如有没变蓝的上述轴线标志可再单击、变蓝→右键确认,变蓝的图层消失。

【识别轴网】▼→【自动识别轴网】(其中另有【选择识别】和【识别辅轴】菜单,适用于由两个以上轴网拼接成一个交叉组合轴网的情形)→已消失的轴网、轴线标志恢复,再次双击"图纸文件列表"(《2018版》改为在【图纸管理】页面下部)下的此图纸名称,主屏幕图纸已全部(刷新=更新)恢复。自动识别轴网后,轴网可由蓝色变红色。【识别轴网】▼→【选择识别】功能应用于两个以上轴网拼接的组合轴网。

先建轴网1:【轴网】→【定义】→【新建】▼有正交、圆弧、斜交轴网→如【新建正交轴网】→在常用构件类型栏下产生轴网1,并且在右邻的下开间输入或选择软件提供的常用轴线距离→【添加】→……→【左进深】→选择软件提供的轴线间距,也可根据需要输入任意数据→【添加】→……,轴网建立完毕→【轴号自动排序】(有【反向排序】功能)→【绘图】→主屏幕弹出"请输入角度"页面,如图2-2-3所示。

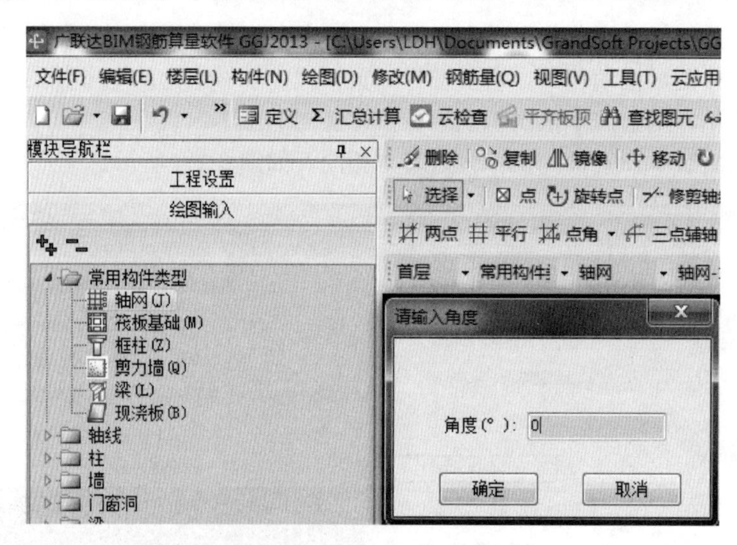

图2-2-3 建立轴网(老版本)

输入逆时针为正值,顺时针为负值,0度为不旋转→【确定】,所建轴网已显示在主屏幕。按上述方法定义、新建轴网2。

轴网2建立完毕→【绘图】→【点】或用【旋转点】菜单绘制轴网2(用【旋转点】菜单绘制适用于两轴网斜向交叉组合的工况)→选择轴网2与轴网1结合的首个结合点(又称插入点)并单击左键→观察并移动光标至两轴网应有的组合角度位置,移动光标至轴网1与轴网2的任意网格相交节点→单击左键→轴网2和与轴网1组合,已绘制在主屏幕。

《2018版》图形输入建立组合轴网:

在"常用构件类型"下部:展开【轴网】→【轴网】。

在【构件列表】下部:【新建】▼(【新建正交轴网】适用于矩形轴网,上、下开间,左、右进深,两个方向轴线90度相交的工况)→【新建正交轴网】,在【构件列表】下产生:轴网1→在右邻→【下开间】→在"常用值mm"栏下部→选择软件提供的常用轴线间距→【添加】，在下开间产生一个所选择的轴线间距，如果与图纸设计的轴线间距不同，单击左键，可以输入任意的尺寸数字（单位：mm）→继续在“常用值”下部选择下一个轴线间距→【添加】……。

【左进深】……方法同上。

在主屏幕产生轴网1为红色→【轴号自动排序】（另有【轴网反向排序】），新建的红色轴网已显示下开间，左进深方向的轴线编号→关闭【定义】页面。在主屏幕显示的“请输入角度”对话框中（图2-2-3），输入逆时针方向的角度值为正值，向逆时针方向旋转，输入顺时针方向的角度值为负值，向顺时针方向旋转，按默认值0为不旋转→【确定】，建立的轴网已按照设置的方向显示在主屏幕。如果绘制的轴网不符合要求，光标放在红色轴线上呈回字形并单击左键、轴网变蓝→右键（下拉菜单）→【撤销】，可以撤销主屏幕已绘制的轴网，关闭【定义】页面，在显示的“请输入角度”对话框重新输入正确的角度……，重新按照上述方法绘制轴网。

在【构件列表】下部→【新建】▼→【新建斜交轴网】，在【构件列表】下产生1个轴网2；在右邻的【下开间】，操作方法同轴网1……，关闭【定义】页面→单击【构件列表】下的轴网2、发黑，成为当前操作的构件→（在主屏幕上部）【点】→在主屏幕上移动光标显示已建立的斜交轴网，如图2-2-4所示。

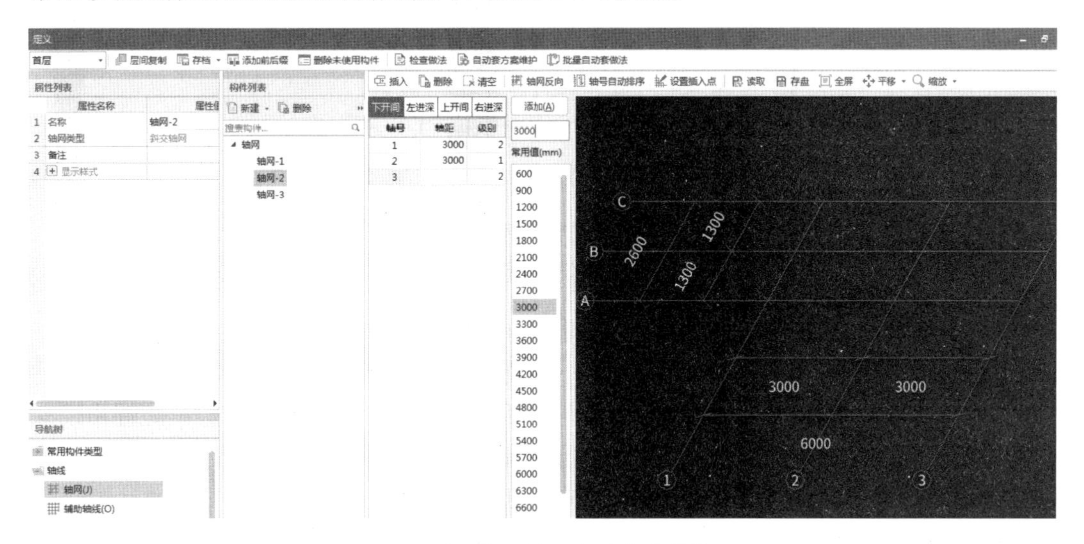

图2-2-4 建立斜交轴网各功能菜单位置图

光标移动到轴网2与轴网1（需要布置的）相交的首个轴线交点时，光标由大十字形变为小十字形→单击左键→右键确认，轴网2已布置上→单击已布置的轴网2、轴网2变蓝→右键（下拉有众多菜单）→【旋转】→左键单击轴网2与轴网1首个连接节点→移动光标并观察轴网2的旋转角度到应有角度→按Enter键，轴网2已按照与轴网1结合的应有角度布置成功。

在【构件列表】下→【新建】▼→【新建圆弧轴网】，按照2.3节中部的方法操作。

2.3 绘制轴网技巧

老版本、新版本操作方法基本相同：

【平行辅轴】→【轴网】(在常用构件类型栏下部）→【》】(光标放在【》】上显示更多菜单)(在主屏幕上邻二行)【平行】→左键单击需添加平行辅轴线的基准参照轴线，轴线图元变白线并弹出“请输入”对话框，在“偏移距离”栏输入数值：

正值向上负值向下（如选择垂直轴线：正值向左负值向右）输入轴号→【确定】。如图 2-3-1 所示。

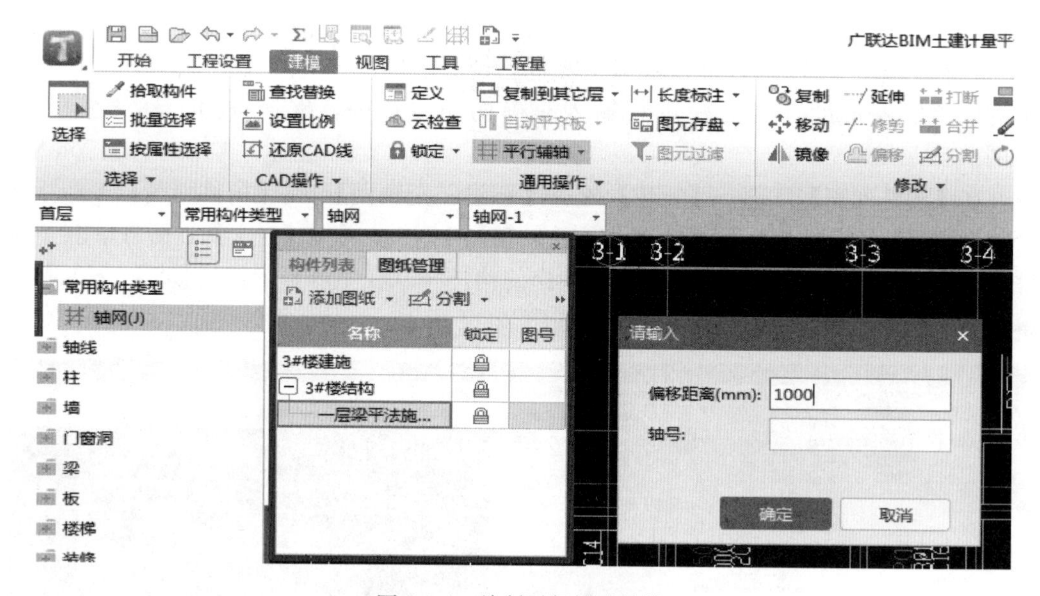

图 2-3-1 绘制平行辅助轴线

【两点辅轴】：选择轴线→【两点】→在轴网中根据需要任选首点→单击左键选第二点→在显示的“请输入轴号”对话框中输入轴号→【确定】。

【点角辅轴】：【轴网】→【点角】(有【点角】【轴角】【转角】可选)，光标由箭头变为回字形并单击→弹出“请输入”对话框，输入角度、轴号，正角度为逆时针，负角度为顺时针→【确定】，从所选择的角点画的辅助轴线已画好。

【轴网辅轴】：【轴网】→【点角】▼→【轴角】→单击左键选择基准轴线→光标放在轴线上为回字形并单击左键，轴线变白→选择变白轴线的垂直轴线的十字节点，光标放到此节点并单击左键→弹出“请输入”对话框，输入轴线号、角度，负角度为逆时针，正角度为顺时针→【确定】。

【删除辅轴】：光标放到辅助轴线上呈回字形为有效（放到轴线上不变回字形为无效），单击辅助轴线变蓝，可多选几条辅助轴线→右键→提示：是否删除选中的辅助轴线→是，辅助轴线已删除。

【新建】→【圆弧轴线】→在【构件列表】栏下产生一个轴网构件，并在其相邻右侧程序默认为下开间→选角度添加或输入角度→左进深，添加或输入弧线之间的距离（单位：mm）→【绘图】(《2018 版》为关闭【定义】页面）→用【点】或【旋转点】

菜单绘制，如主屏幕已有一个轴网，用主屏幕上部的【点】菜单绘制，需选择在已有轴网 1 的连接插入点才能画上，此轴网如用“旋转点”绘制，需选择首个结合插入点→观察并且移动光标到拟绘制轴（弧形轴网）网的下个任意网格节点并旋转到应有位置→单击左键，已绘上此轴网→右键结束。【转角偏移辅轴】，可以在弧形轴网中绘制一条与轴线成一定角度的辅助轴线。方法：【轴网】→【转角】▼（或【点角】【轴角】）→在弧形轴网中选择一条轴线为基准轴线，单击此轴线变白同时在弹出的“请输入”对话框中输入角度如 20.5°，输入轴线号，正角度值为逆时针，负角度值为向顺时针方向偏移，→【确定】，与所选择轴线绘制的转角偏移辅助轴线已画上。

恢复轴线：使用“恢复轴线”功能菜单可以把延伸或修剪过的轴线恢复原状。方法为：【轴网】→【恢复轴线】（主屏幕上邻行）→单击需恢复原状的轴线，只能恢复一步。

识别轴网纠错及特例：

轴网识别后正常情况应为红色，当为蓝色时，可在图纸楼层对照表界面，双击已识别轴网的此图名称使其显示在主屏幕，按正常方法再识别一次，轴网可恢复为红色。

画轴线技巧：

弧形轴线如弧形阳台等，【轴网】→需先画一个平行辅助轴线用以确定弧形轴线的弓形高度，再画弧形的垂直等分线→【三点辅轴】→【三点辅轴】→单击弧形轴线的起点，光标变“米”形→移动光标拉出线条→单击弧形中部垂直平分线顶点→单击弧线终点，弧线绘成。

2.4 对应楼层、对应构件①

老版本：

识别轴网后，在“图纸楼层对照表”界面操作，从基础层向上，按施工图先后顺序逐层对应操作，相当于图纸排序，电子版导入的图纸顺序比较混乱，用【对应楼层】功能逐层逐页电子版图排序，操作方法：

切换到“图纸文件列表”界面→按施工图顺序双击某层的图纸名称→此图自动显示在主屏幕，检查是否为应选图纸，如不是所选图纸或为多余图纸→“图纸文件列表”（下邻行右角）→【删除图纸】→提示：删除图纸后，图纸楼层对应关系会同步刷新，是否删除选中的图纸？→是→图纸已删除，显示下一张图纸，无须操作。

提示：在“图纸文件列表”界面，只有在结构或者建筑总图纸名称首部有＋标志（不是展开为【一】状态），双击结构或者建筑总图纸名称，结构或者建筑下属的全部各电子版图才会显示在主屏幕。

在“图纸文件列表”下部→继续双击下一个图纸名称→此图显示在主屏幕→如是应有图纸，在此图的图纸名称为当前行时，单击键盘的【→】方向键，向右移动光标，至此图的对应楼层栏并单击左键→显示⊡再单击⊡→在弹出的“对应楼层”页面选择楼层号：n 层或 n～n 层，如图 2-4-1 所示。

① 《2018 版》无此操作。

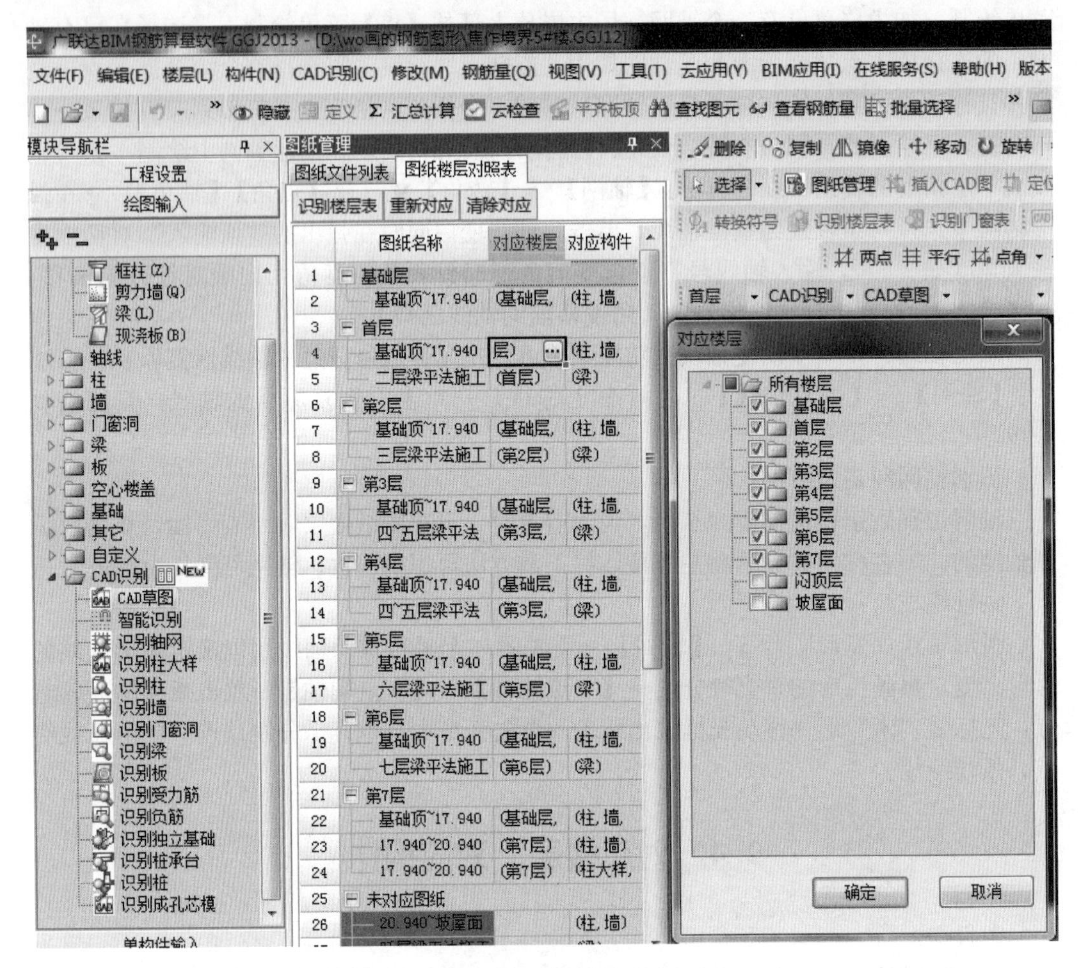

图 2-4-1　对应楼层、对应构件（老版本）

→【确定】，此图已进入应有楼层、重复的、多余的此图名在不应有的楼层已消失，如在此页面或在图纸楼层对照表页面找不到应有的楼层号（个别情况）→【工程设置】→在【楼层设置】页面（增加）插入缺少的楼层号或在某层的相同楼层数栏输入相同的楼层数，可在对应楼层或楼层对照表下显示所缺的楼层号。

按键盘方向键【→】移动到此图的【对应构件】栏→单击显示⋯并单击⋯→在弹出的“对应构件类型”页面选择构件→【确定】。

对应楼层、对应构件可把电子版图纸对应到应识别的楼层。对应过程中，在有轴网的平面图上需检查左下角红色 X 原点定位标志是否有误。

识别门窗表见 7.2 节描述。

全楼共有的仅此一页门窗表可只对应到第一层方法为：在对应楼层页面勾选欲对应到的第一层→在对应构件类型页面因无门窗这个构件，可任意选一个，如“墙”，不对应构件，此门窗表对应不到楼层里，不必对应到各层。

门窗表可只对应到首层，识别为门窗构件后→【构件】→（下拉菜单）在“复制构件到其他层”页面，勾选此图的主要构件门、窗→【确定】。

《2018 版》取消对应楼层、对应构件。首先在主屏幕左上角选择楼层，再在分割图纸时人工区分按应归属的楼层，按图纸先后顺序选择并且【手动分割】（兼排序功能）。

2.5 手动定位纠错设置轴网定位原点

《2018 版》需要分别双击【图纸管理】页面：图纸名称行尾部的空格，在主屏幕只有一张电子版图状态，检查有轴网的图纸，此图（自动）定位图纸后，在左下角有带白色（老版本为红色）X 形定位标志，检查是否为全楼各图共有并且是唯一的 1 个比较在左下角的轴线交点，如不是，将会造成所识别构件偏移错位。需用【工具】界面下的“设置原点”功能手动定位，并且每张有轴网的电子版图都要检查轴网定位标志是否正确。

老版本、《2018 版》【设置原点】操作方法基本相同：【工具】（下拉菜单）→【设置原点】→光标捕捉到应有轴线交点时，光标由箭头变“米”字形→单击左键→右键结束→再找到此轴线交点时已带有红色（《2018 版》为白色）X 形定位标志，【设置原点】→右键结束，如果在主屏幕此图消失→【视图】（主屏幕上部的）→【全屏】，主屏幕消失的电子版图可恢复，并且已有定位标志。如图 2-5-1 所示。

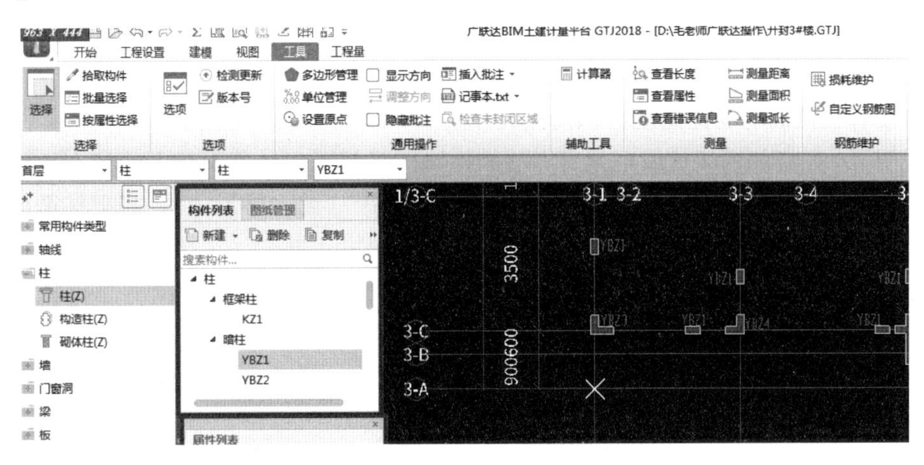

图 2-5-1 手动定位纠错设置轴网定位原点

如果此电子版图纸有上级文件，必须是在【手动分割】后的其下级文件状态才能手动定位成功。

老版本：当在“图纸楼层对照表”下找不到应有图纸名称时→下拉滚动条在下部的“未对应图纸”（红色）中找，对应方法如上述。如仍找不到的图纸名称→“图纸文件列表”→双击顶行总图名称→从显示在主屏幕的此单位工程下全部图纸中找到所选图纸→【手动分割】后，就能够在红色的未对应图纸中找到此图纸名称→再对应楼层、对应构件。

3　识别柱大样生成柱构件

3.1　识别柱大样（含识别框架柱表）

说明 1：如框架结构只有框架柱平面图，无截面配筋柱大样详图，由柱表形式表达，不需识别柱大样，可直接【识别柱】→【识别柱表】▼→【识别柱表】→（按提示操作）→框选柱表，……当只有各种柱截面、配筋值绘制成的柱表时→【提取柱边线】→光标捕捉到 KZ 截面外边线并单击（不能选择箍筋等不应识别的图层），全部柱截面边线变蓝，没有变蓝的可再选择并且单击使柱截面边线变蓝→右键，变蓝的柱边线消失。

【提取柱标识】（按提示）→光标捕捉到 KZ 名称，光标由箭头变成回字形并单击变蓝→点选 KZ 的配筋值：箍筋、纵筋，单点变蓝→右键，变蓝的消失→【识别柱】▼→【自动识别柱】……

只要有柱截面配筋详图就需识别柱大样。

说明 2：如有的框架柱或框架剪力墙结构墙柱平面图与柱截面详图绘制在一张平面图上，上部是墙柱平面图，下部或一侧为柱截面详图（无表格形式），需把柱截面详图与墙柱平面图【手动分割】为两张图，避免识别时互相干扰。

老版本识别柱大样：

【图纸文件列表】→双击（已对应楼层、对应构件并且）已经进入【图纸文件列表】下的，暗柱或 KZ 截面配筋详图柱表的图纸名称行首→只此一个柱表详图已显示在主屏幕。如图 3-1-1 所示。

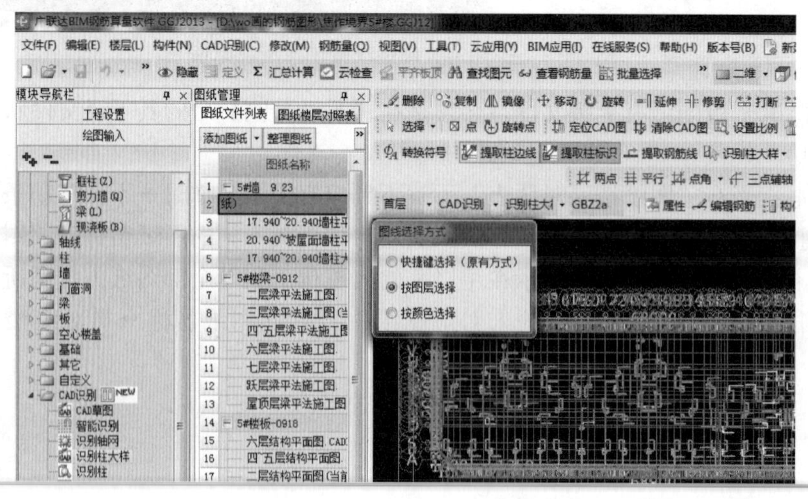

图 3-1-1　识别柱大样功能窗口位置图（老版本）

【识别柱大样】如图 3-1-2 所示。

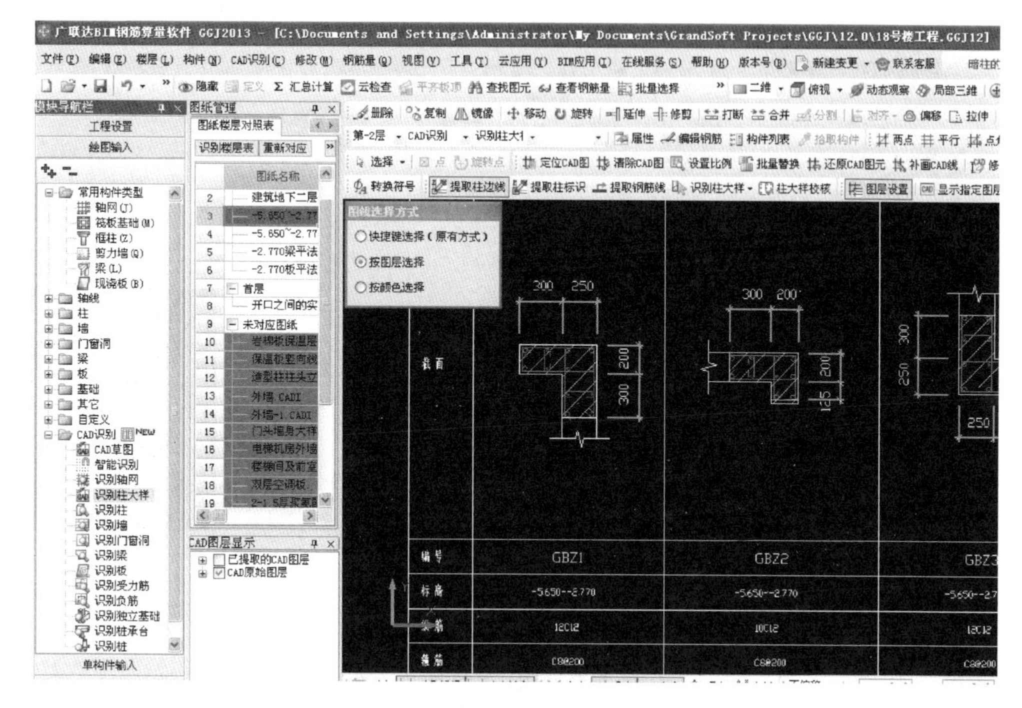

图 3-1-2　识别柱大样各功能窗口位置图

【提取柱边线】→放大柱详图→光标选择柱截面边线，光标由箭头变为回字形为有效（下同），对于剪力墙暗柱，因在绘图时剪力墙覆盖暗柱，需选择墙与暗柱连接的内侧短向线，不要选择暗柱的未完折断线及不应识别的图层线条，选上光标由箭头变为回字形并单击，柱大样截面边线变蓝，拖动鼠标滚轮缩小、放大观察是否有未变蓝的，可再次选择未变蓝的后，单击，变蓝→右键，变蓝的图层消失。

【提取柱标识】（柱详图表中柱名称、配筋信息、绿色柱截面尺寸数字、尺寸标志线为柱标识）→任意选择一个柱名称标识→柱名称标识变蓝→右键→变蓝的消失。

凡选择并单击、变蓝→右键→消失的图层均保存在【图层管理】栏下【已提取的 CAD 图层】中，如识别不成功，勾选此菜单可在主屏幕的平面图中恢复显示已消失的图层（下同）或相当于【还原 CAD 图元】功能，可继续识别。

【提取钢筋线】→放大柱截面详图→光标选择、单击柱截面的红色箍筋线，红色箍筋线全部变蓝→选择并单击（红色点状）纵筋，变蓝→右键变蓝的消失。

【识别柱大样】▼→【自动识别柱大样】→提示：识别完毕，共识别柱构件多少个→确认→弹出柱大样校核表→关闭校核表。

检查识别效果：在导航栏上部的图形输入界面→【暗柱】或【框（架）柱】→【定义】→在【构件列表】下部，可以看到所有已识别的柱构件名称、构件属性。

重要提示：如属最下一层柱，需设置柱基础插筋，方法是：返回导航栏上部图形输入界面，【暗柱】或者【框架柱】→【定义】（在新建下的构件名称栏→选择柱名称→在左侧此构件属性页面→展开其他属性，在插筋信息栏按纵筋信息的格式、配筋信息，照搬输入此栏即可，如图 3-1-3 所示。

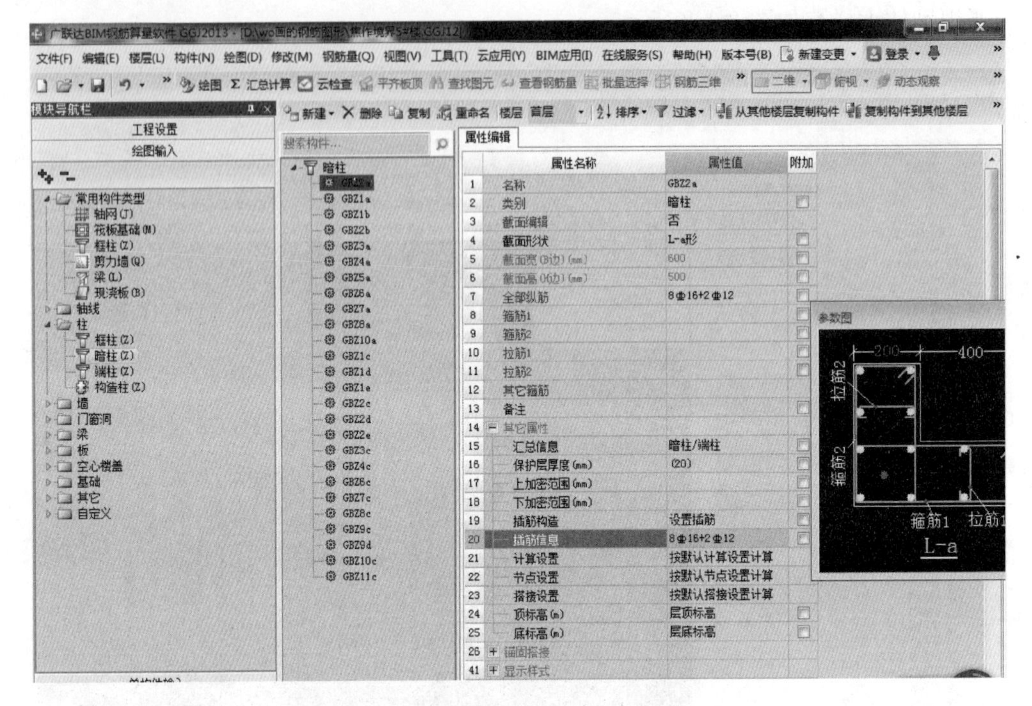

图 3-1-3　设置竖向构件基础插筋（老版本）

在构件属性页面的【搭接设置】行尾单击行尾部显示【小黑点】再选择接头形式（各种机械连接等接头形式），定尺长度功能。

无地下室时，基础层的基础顶～首层之间的墙、柱竖向构件，动态观察检查识别后的竖向构件图元应上下连续。可使用【复制构件图元到其他层】功能，把已识别的相同墙、柱竖向构件图元复制到基础层），按有关章节详细介绍操作。

上接：共识别多少个柱构件→确认→弹出柱大样校核表，下一步按第 3.2 节柱大样纠错操作。

说明：识别出的柱构件是由柱大样详图表中的底、顶标高控制的，柱大样详图的底、顶标高是穿过 N 个楼层的底部、顶部竖向标高，识别出的柱构件名称、属性列表会一次识别后在 N 个楼层同时自动产生，但在各层自动生成的柱构件的属性列表中的底部、顶部标高是受楼层表中的层底、层顶标高控制的，无须修改分别显示在各层柱构件属性列表中的底、顶标高。如有的楼层在定义界面识别产生的构件种类多于平面图中的柱构件种类，无须删除多识别的构件，在下一步识别平面图中的柱过程中，程序会自动对号入座，按实有构件种类生成构件图元，不影响平面图中的识别效果。

《2018 版》识别柱大样：

有【自动识别】【点选识别】【框选识别】三种方法。

识别柱大样前，在主屏幕左上角，需要把【楼层数】选择到当前平面图上柱大样详图所在的楼层数。选择到应有楼层数后，在主屏幕左下角（不能是在【定义】页面），可查看到当前楼层的层高、层底～层顶标高数据（m），均是扣除建筑面层厚度的标高，可以与柱大样详图表中的底标高、顶标高对照。

在【图纸管理】页面，双击已经进入【图纸管理】页面下部的、结构总图纸名称下的暗柱或KZ截面配筋柱表的图纸名称行尾部的空格→只此一个柱大样详图已显示在主屏幕。提示：《2018版》【构件列表】【图纸管理】【属性列表】【图层管理】同在一个页面，如找不到【图纸管理】功能窗口，就不能双击【图纸管理】界面的图纸名称行尾部空格使其显示在主屏幕，也就无法识别。处理方法：关闭【定义】页面，在【建模】右邻→【视图】→单击【图纸管理】→在【构件列表】的左边已显示【图纸管理】功能窗口，单击【图纸管理】进入图纸管理界面，下部有导入的各图纸名称。提示：【视图】界面，在主屏幕上部的【图纸管理】有【构件列表】右边【图纸管理】功能窗口的开启、关闭控制功能），返回【建模】界面。

在常用构件类型栏下展开【柱】→【柱】（Z）→（在主屏幕上部）→【识别柱大样】（包括识别暗柱、框架柱截面大样图，方法相同，可同时进行）【识别柱大样】的数个下级菜单显示在主屏幕左上角，如图3-1-4所示。

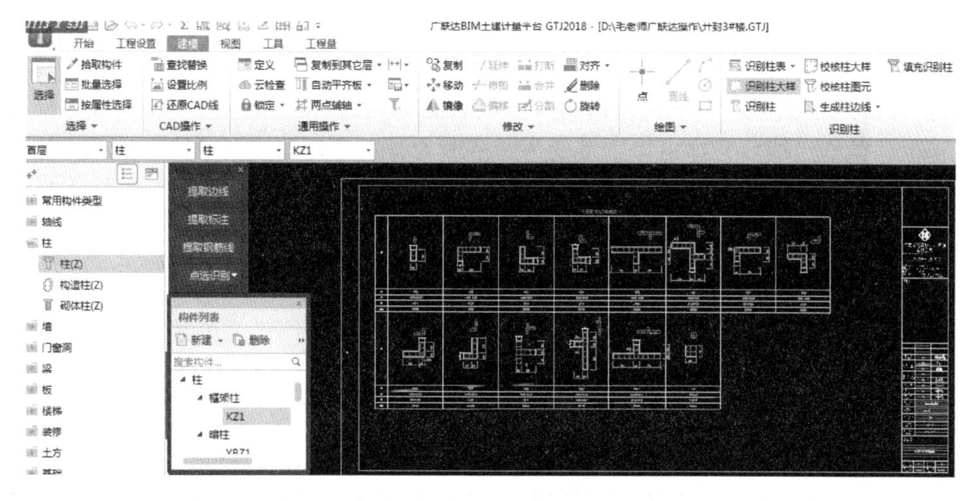

图3-1-4　识别柱大样

提示：【识别柱大样】的下级菜单如果被【属性列表】【构件列表】【图纸管理】页面覆盖，可拖动移开。

【提取边线】→放大柱大样图→光标点选柱截面边线（识别框架柱的方法同）。对于剪力墙暗柱，因在绘图时剪力墙覆盖暗柱，需选择墙与暗柱连接的内侧短向横（长向为纵、短向为横）线，此线条不是暗柱与剪力墙构件的共用线，不要选择未完折断线及不应识别的图层线条，特别应该注意：如果暗柱边线与红色箍筋线重叠，应该放大此详图→选择暗柱边线与红色箍筋可区别的白色暗柱边线，光标由十字形变回字形，并单击柱大样截面边线，截面边线变蓝，需要检查是否有没变蓝的柱大样截面边线，拖动鼠标滚轮缩小、放大观察，可再次单击使柱截面边线全部变蓝→右键，已变蓝的图层消失。

【提取标注】（柱详图表中柱名称、全部配筋信息、标高尺寸数字、柱大样图中绿色柱截面尺寸及标志界线为柱标识）→选择并单击柱名称标识→上述信息变蓝→如果有没变蓝色的可连续单击柱名称标识至此图层全部变蓝→右键→变蓝的消失。

凡识别单击变蓝→右键消失的图层均保存在【图层管理】栏下的【已提取的CAD图层】中，如识别不成功，单击此菜单可在主屏幕恢复显示已消失的图层，相当于【还原CAD图元】，可继续识别。

【提取钢筋线】→光标任意点选柱截面的红色箍筋线变蓝→任意点选（红色点状）纵筋、变蓝→右键确认，变蓝的消失。

1. 【点选识别】▼→（优先）【自动识别】（运行）→提示：识别完毕，共识别到柱构件多少个→确定。弹出“校核柱大样”页面→移动“校核柱大样”页面，在平面图柱大样详图上各产生一个蓝色同形状小填充柱，凡无此蓝色小填充柱的，是没有识别成功的，在【构件列表】页面也找不到此构件名称，可用【点选识别】，见后述→关闭校核柱大样页面（此蓝色小填充柱消失），在主屏幕上部→【校核柱大样】（校核运行），再次弹出“校核柱大样”页面，此蓝色小填充柱恢复显示。检查识别效果→【构件列表】，可在【构件列表】页面显示识别产生的构件名称。个别识别不成功的可以再使用【点选识别】功能继续识别；识别成功的均在柱大样详图附近有个相同形壮蓝色小填充柱，凡无此小填充柱的就是没有识别成功的，在【构件列表】页面也找不到此构件名称。

2. 个别识别不成功的可使用【点选识别】功能，第一个需要从【提取边线】【提取标注】【提取钢筋线】依次识别，方法同上述，当使用此菜单再次识别时可直接按下述步骤进行：【点选识别】▼→点选识别（一次只能识别一个柱大样）→放大柱大样详图→选择上柱截面边线，光标由口字形变为回字形为有效（光标放到非柱大样截面边线上不会变为回字形）→单击柱大样截面边线（运行），此柱大样上已添加了与柱大样同形状的小型蓝色填充柱，同时已识别成功的柱大样上小填充柱反而消失，并弹出“识别柱大样”页面，如图 3-1-5 所示。

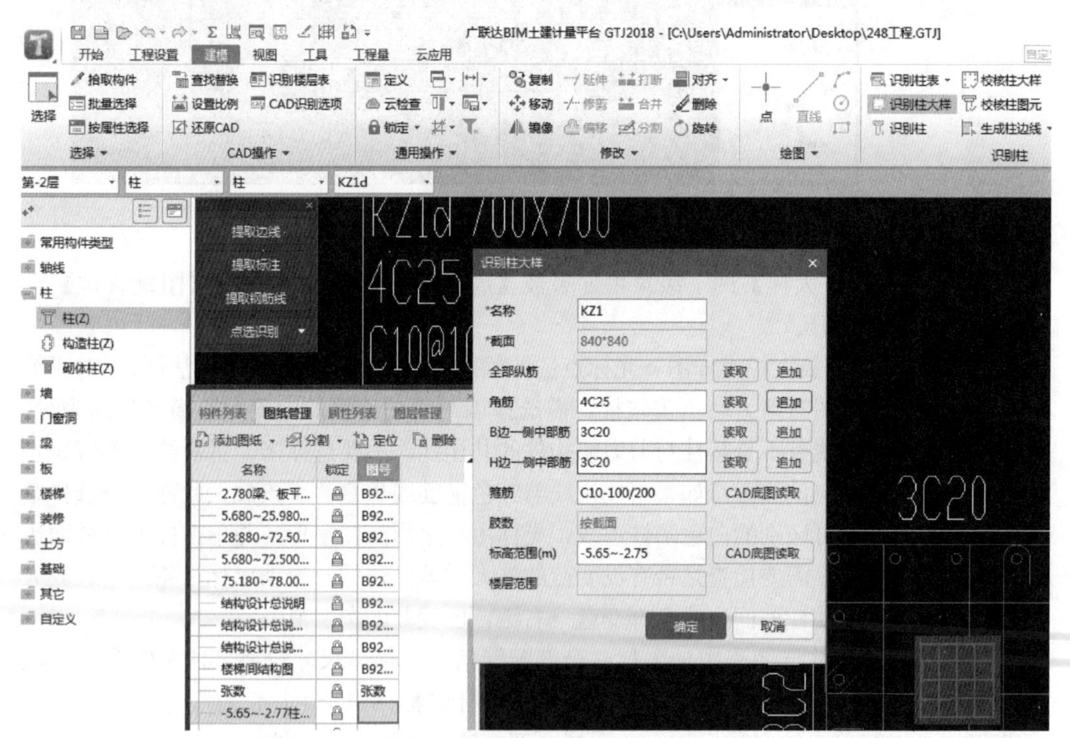

图 3-1-5　点选识别柱大样

此法适用于矩形、凸字形等简单截面形状内部无分割线条的柱大样，如果柱大样上产生的小蓝色填充柱与柱大样形状不同，并且在弹出的“识别柱大样”页面的【截面】

栏：长度*宽度数据不同，则识别失败→【取消】，可按照3.2节“编辑异型截面柱”的方法操作。

此柱大样的构件名称、截面尺寸、配筋信息已经显示在此页面，可与柱大样详图中的信息核对、修改，如有某栏没有显示应有参数→单击其栏尾部的【读取】→可从此柱大样详图中选择应有参数，光标变为回字形并单击→返回“识别柱大样”页面，单击缺少的信息栏可复制填入此信息；单击“识别柱大样”页面【箍筋】尾部的从【CAD底图读取】→单击柱大样详图下的箍筋配筋值如C8-200，此信息可自动显示到“识别柱大样”页面的【箍筋】栏，【标高范围】栏缺失的信息操作方法同【箍筋】，当然在此也可手功输入→【确定】。此时在【构件列表】页面已经增加了此缺失的构件名称。

提示：如果在“识别柱大样”页面的【全部纵筋】栏输入了纵筋根数，其下部各行的【角筋】【B边一侧中部筋】【H边一侧中部筋】会自动显示为灰色不能用，删除【全部纵筋】信息，上述各栏灰色消失、变为白色可以使用。

3. 框选识别柱大样：如果柱大样详图上产生的小型蓝色填充柱与柱大样形状不同，属于识别失败，直接从【识别柱大样】的最下1个菜单→【点选识别】▼→【框选识别】→光标呈十字形→框选需识别的柱大样详图（一次只能框选平面图上一个没有识别成功的柱大样全部详图，包括截面尺寸线、引出的箍筋示意图、构件名称、配筋值、标高等）→单击，所框选的柱大样信息（柱大样详图中的表格线除外）全部变为蓝色并被黄色线条框住→右键（识别运行），弹出“校核柱大样”页面，识别柱大样的错项信息已显示在校核表中→移动校核表，框选识别变为蓝色的柱大样详图上有个同形状的小型蓝色填充柱，并有已识别产生的白色参数数字→双击校核表中的错项信息（如果识别的柱大样顶~底标高范围穿过多个楼层，在校核表中会显示多个错项构件信息），平面图此柱大样详图中的同形状小蓝色填充柱变为黄色，主屏幕左上角的【楼层数】自动切换到与校核表错项构件相同的楼层数→【属性列表】，在【属性列表】页面已显示此错项构件的构件名称、属性参数→以详图表中正在识别的柱大样构件名称为准，修改【属性列表】页面显示的错误构件名称→单击左键，校核页面的错误构件名称可随之改变→单击【属性列表】页面左下角的【截面编辑】（再单击此窗口有开、关功能），在弹出的“截面编辑”页面，对照平面图上柱大样详图信息，按照本书3.2节描述的方法纠错。

如果在【构件列表】页面显示有构件名称，属于个别信息识别错误的，也可以直接在【属性列表】页面直接修改构件属性参数。

检查识别效果：在导航栏的图形输入界面→【暗柱】或【框（架）柱】→【定义】→在【定义】页面可显示已识别的柱构件名称、属性参数。

重要提示：如属最下一层柱，需设置柱基础插筋→返回导航栏上部图形输入的（按识别的）【暗柱】或者【框架柱】→【定义】（在新建下的构件名称栏→柱名）→在左侧此构件属性页面→展开【钢筋业务属性】，在【插筋信息】栏按纵筋信息的格式、配筋值照搬输入此栏即可。

如果找不到或不显示【属性列表】页面，在主屏幕上部→【视图】→【属性】，显示【属性列表】→【建模】，返回建模界面，也可光标停放在主屏幕任意处，单击右键（下拉菜单）→【属性】，可显示【属性列表】。

上接：共识别多少个柱构件→确认，弹出柱大样校核表。

《2018 版》：1. 识别柱大样时，生成的柱构件出现在其他楼层，需自行检查楼层标高，层高是否正确，柱构件属性页面的顶、底标高是否正确，柱构件是按标高匹配楼层的。

2. 识别出的柱构件是由柱大样详图表中的底、顶标高控制的，如果柱大样详图中的某个柱大样图的底、顶标高是 N 个楼层的底部、顶部竖向标高，识别出的柱构件名称、属性列表会一次识别后在 N 个楼层同时自动产生，但在各层自动生成的柱构件名称、属性列表中的底部、顶部标高是受楼层表中的层底、层顶标高控制，无须修改分别显示在各层柱构件属性列表中的底、顶标高。这样如有的楼层在定义界面识别产生的构件种类多于平面图中的柱构件种类，无须删除多余构件，在识别平面图中的柱过程中软件会自动对号入座按实有构件种类生成构件图元，不影响平面图中的识别效果。

3.2 柱大样纠错

老版本（暗）柱大样识别后纠错方法一：使用“截面编辑”功能纠错（适用于与纸质图纸对照纠错），柱大样识别后，显示柱大样校核表，关闭校核表。进入导航栏上部图形输入界面，把【柱】前的＋号展开为——→暗柱（框架柱方法同）→定义：识别成功的剪力墙边缘暗柱 YBZ、QBZ 等构件名称已显示在此构件列表下，按“截面编辑”功能，每个构件按照图纸设计，对照属性内容检查纠错。

《2018 版》柱大样纠错方法：【定义】可显示构件的【属性列表】【构件列表】【构件做法】三个分页面。如图 3-2-1 所示。

图 3-2-1 定义界面属性列表、构件列表、构件做法功能窗口位置图

老版本柱大样纠错：需逐个单击构件名称，可显示与其关联的属性编辑页面，逐行与纸质图纸核对构件名，单击“截面编辑”行尾显示▼（如截面详图覆盖可点其上部蓝色边框带拖动移开）→▼选“是”，进入截面配筋信息编辑页面。如图 3-2-2 所示。

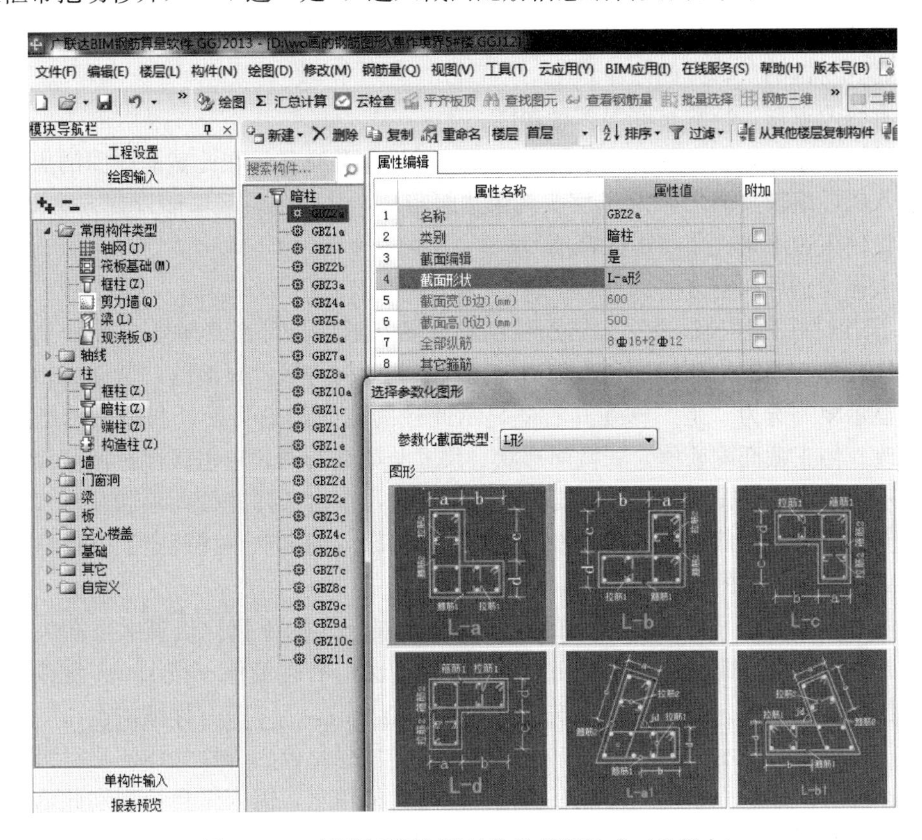

图 3-2-2　对照纸质图纠错柱构件截面尺寸（老版本）

先复核截面形状、尺寸是否有误，小量偏差，单击尺寸数字使其显示在小白框，修改尺寸数字后单击，截面尺寸数字已更正。如截面形状有误或错位或尺寸偏差较大，单击“截面形状”行尾可显示⋯→⋯→进入“选择参数化图形”页面→单击“参数化截面类型”行尾的▼可选择 L、T、十、Z、一等截面类型→单击所选择的截面形状使其显示在此页面的右下角→参照此详图的符号在其上部输入各行尺寸数字→【确定】。所定义的截面尺寸已显示在截面配筋编辑页面，且截面错位已纠正。

如复核截面配筋信息有误：单点截面编辑行尾显示▼→▼选“是”，进入截面配筋编辑页面→【布角筋】（截面角点黄色点状为角部纵筋）→在钢筋信息栏输入全部角部纵筋配筋值如 4C18→单击右键确认，角部各纵筋已布上，放大→黄点中有钢筋直径数字显示。

【布边筋】→在钢筋信息栏输入单侧“边筋”配筋值，两个角筋之间为“边筋”，如 2C18→单击首个黄色点状角筋→移动光标拉出线条单击拟布边筋一侧的下个黄色角部纵筋，程序已等间距在两个角筋之间布置上已输入的边筋配筋值。根据设计需要按上述方法布置另一侧边筋。多余的点状纵筋，光标放到纵筋上，光标呈回字形并单击，纵筋变蓝，可多次单击纵筋，纵筋变蓝→单击右键→【删除】。

【画箍筋】→在钢筋信息栏输入箍筋配筋值、间距，如“C8-100/200”，程序默认为【矩形】→单击箍筋围住的首个角部纵筋→拉框选择下一个点状角部纵筋，单击左键，箍筋已布上。同样方法按图纸设计画截面详图中下一道复合交叉箍筋。布置∽形拉筋→在程序默认为矩形的右邻→【直线】→左键单击需勾住的首个点状边筋→点下一个点状边部纵筋→右键确认，拉筋已布置上。

另有修改箍筋、特殊布筋等多种功能。

右键结束布筋，所布置的配筋信息可按每种操作及时显示在此截面详图的黑色屏幕上并进入属性编辑页面。如为Y字头约束边缘暗柱，其非阴影区箍筋设置方法详见3.3节“增设约束边缘暗柱非阴影区箍筋”。

柱大样识别后纠错方法：

1. 记住“柱大样校核表”中错项柱的构件名→返回上部图形输入界面找到并单击此柱构件名称→单击错项构件名称为当前构件→在此构件属性页面的“截面编辑”行尾单击→显示▼→选为“是”→在其右侧显示此柱的截面编辑页面，与纸质图纸逐项核对、修改、纠正截面配筋值，如截面形状、尺寸与原图有误，单击属性页面截面形状行尾→显示▭并单击→进入“选择参数化图形”页面，在此选择柱截面形状，输入各尺寸数字，上述配筋值、截面形状尺寸修改方法同图形输入的方法→【确定】→返回，识别柱大样中的校核表中的错项已消失。

2. 如确属原设计电子版图显示的配筋信息错误→光标放到此信息上由箭头变为回字形，并双击左键→此信息显示在小白框内→修改为应有配筋值→按Enter键或单击左键→此信息已更正（《2018版》需先【解锁】才能修改，1.2节有详细描述）。

识别柱大样时提示：提取后未被使用的柱大样信息，原因为柱大样信息已提取，在识别平面图上的柱过程中，软件没有应用到此柱大样信息，需人工自行判别此信息是有用信息还是错误信息，如有错误需在属性页面的“截面编辑”中修改。如图3-2-3所示。

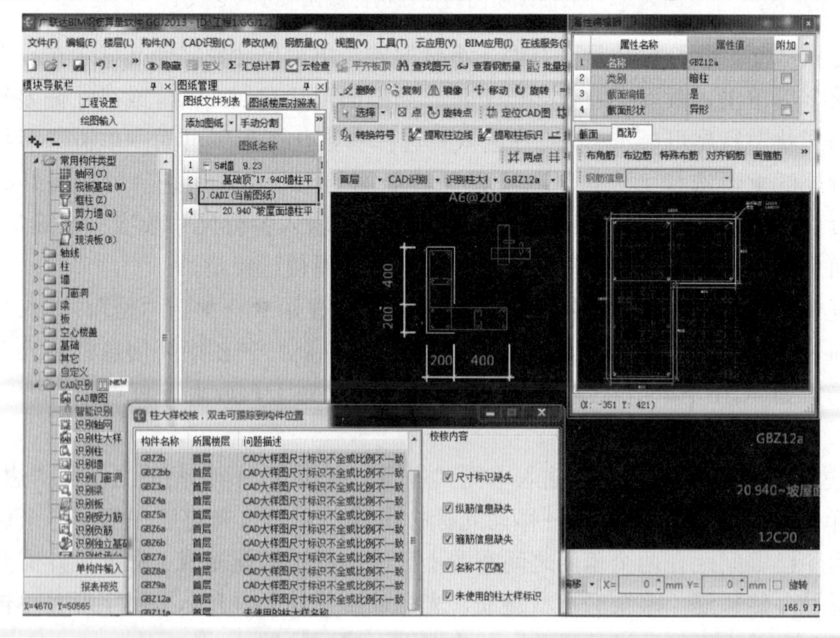

图3-2-3　纠错柱大样（老版本）

柱大样校核表（对照柱大样详图表）纠错方法二：适用于无纸质图纸。

提示：柱大样识别完毕，共识别到柱构件多少个→“确认”→弹出“柱大样校核表”→双击校核表中错项提示：与识别纵筋根数不符→此错项某某构件呈黄色填充自动显示在主屏幕，并且上横（从主屏幕向上数）第三行构件名称栏已显示此构件名→（最小化校核表），单击【构件列表】（在构件名右侧）→在“定义”页面下部已显示的构件列表下所识别的全部同类构件名称已显示，并且此纠错构件名称自动发蓝成为当前构件→【属性】→显示此构件的属性编辑器页面→（在属性页面中部右侧的）【》】→【弹出】→显示此构件的截面编辑页面，如校核表、截面编辑、属性编辑、主屏幕当前纠错构件（黄色填充）含配筋等全部信息四个页面有覆盖影响观察，按住左键可拖动移开，相互对照以主屏幕平面图中此构件截面尺寸、配筋值为参照标准，逐个对构件属性截面编辑页的信息进行修改，方法同前述。

1. 修改柱详图截面尺寸：单击截面形状栏的 L-d 形→显示⊡并单击⊡→弹出“选择参数化图形”页面，如图 3-2-4 所示。

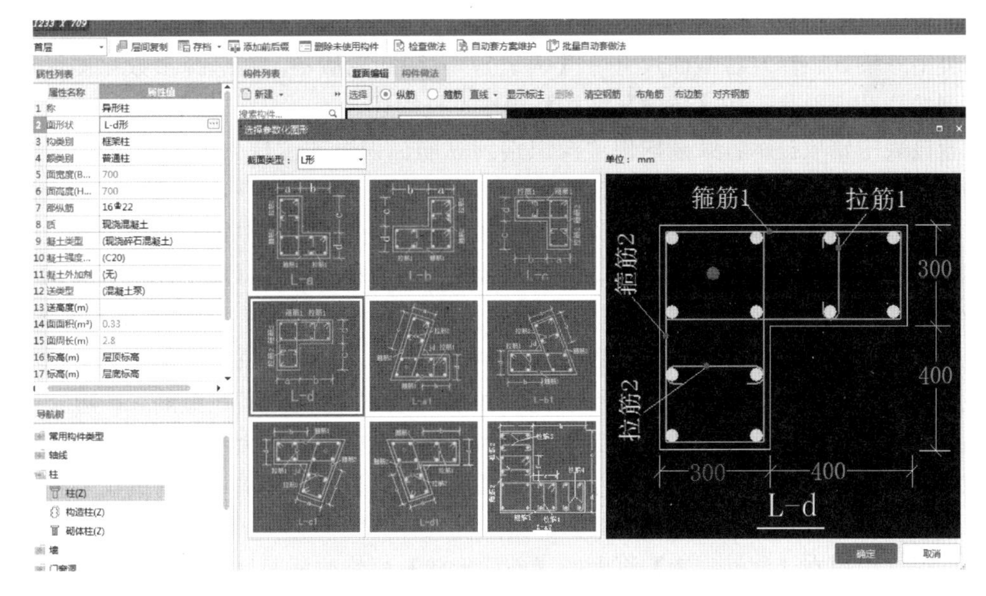

图 3-2-4 识别柱大样纠错，修改截面参数

单击“参数化截面类型”行尾的▼→有 L、T、十、一、Z、端柱、其他，可进入截面分类的各种截面类型供选择，选择截面类型→输入、修改截面尺寸→【确定】。

2. 对照主屏幕黄色填充柱图元的配筋信息修改配筋值：【》】（属性页面中下部、柱详图右上角）→【弹出】→（在显示的截面编辑放大图上）【布角筋】→在上部“钢筋信息”栏中输入角部纵筋配筋值，格式为：根数、钢筋级别 A、B、C，直径→右键确认，已生成角筋→转动鼠标滚轮可放大缩小观察详图结果。《2018 版》角筋、边筋均由纵筋控制，需要选择【纵筋】才能布置角筋、边筋。

3. 布边筋→在“钢筋信息”栏中输入单侧纵筋信息格式为：根数、级别）、直径→光标单点拟布置或修改一侧的首个点状角部纵筋→从角部纵筋移动光标拉出连线（按提示）选择终点一侧角部纵筋→所点一侧边筋已等间距布上，如此侧已有边筋并可同时修改其边筋配筋值。《2018 版》改为在“钢筋信息”栏输入一侧边筋信息（也可单击其尾部小三角选择以前有的信息，有记忆功能）。之后方法 1 是直接单击需布置一侧边筋的网格边线即可布上边筋，并可修改此侧已有边筋信息。方法 2 是在【钢筋信息】栏输入或选择配筋值后→单击【箍筋】下拉按钮并选择【直线】→是否含起点、终点→单击需布置一边的起点、终点，边筋已布置上。《2018 版》：右键有清空（全部删除已有配筋信息）功能。

4. 如果是主屏幕电子版图表示错误，如纵筋根数有误，光标放到纵筋值上，光标由箭头变回字形→左键双击→纵筋值显示在小白框内→修改为正确值→按 Enter 键。如属性编辑页面是空白→【编辑钢筋】→属性页面的配筋内容恢复。

5. 钢筋截面配筋信息在属性页面截面编辑完毕，在【建模】界面【云检查】下邻行有【锁定】【解锁】功能，解锁后才能修改。

《2018 版》无纸质图纸对照纠错柱大样→（主屏幕上部）【校核柱大样】显示校核表可移动、如提示截面尺寸有误→在【属性列表】页面，左键单击【截面形状】栏的 L-d 形状→显示⋯并单击⋯→弹出“选择参数化图形”页面→单击“参数化截面类型”行尾的▼→有 L、T、十、一、Z、端柱、其他，可进入分类的各种截面类型页面选择截面类型→输入、修改各截面尺寸→【确定】，方法同老版本。在选择参数化图形页面找不到的柱截面形状，按【新建异型柱】操作，见后述。

校核表中错项提示：某某构件“没识别到纵筋标识”或“柱大样中纵筋点数 N 与标注纵筋数 n 不符”或“没识别到箍筋标注”→双击校核表中错项，在【构件列表】页面自动显示此构件名称为蓝色（成为当前操作构件），在平面图中找到并放大此柱大样详图，在左边→【属性列表】页面，自动显示此构件名称及属性（需要以柱大样构件名称为准，如果不符，可在此修改构件名称并可显示在校核表中）→单击【截面编辑】（在【属性列表】左下角），弹出【截面编辑】（可放大、拖动此页面）页面，显示柱大样截面图，在大样图中分别单击有错误的“角筋”或“全部纵筋”、箍筋、B 边、H 边配筋值，凡蓝色配筋信息字体，左键单击显示在小白框内，以柱大样详图应有配筋信息为准→输入或修改，还需要配合在左上角的【钢筋信息】栏分别输入应有的配筋值→左键确认，其属性内容随在【截面编辑】页面的柱大样详图信息变化而改变，如果截面尺寸有错误，可以在【属性列表】页面的【截面形状】栏修改截面尺寸，如果截面尺寸只有少量偏差，可直接单击【截面编辑】页面的截面尺寸数字进行修改→左键，修改的信息已更正。修改后使【截面编辑】【属性列表】与柱大样详图中的构件名称、尺寸、配筋信息相同→【重新校核】→校核表中错项消失，并且在【截面编辑】页面设置的全部配筋等信息可同时自动显示在【属性列表】页面的各栏内。

如果“校核柱大样”页面的错项构件显示的楼层数与平面图上柱大样的楼层数不同，属于程序错误、多识别的构件→双击“校核柱大样”页面的错项→单击【构件列表】，在【构件列表】页面联动显示此相同错项构件名称为蓝色→【删除】，【构件列表】（包括此构件在【属性列表】页面的属性信息）与“校核柱大样”页面此错项信息同时消失，纠错成功。

柱大样纠错示例：光标放到主屏幕平面图上的任意处→右键（下拉菜单有众多功能→属性（P），显示【属性列表】，如没有显示【属性列表】可再右键→属性（P），显示【属性列表】。如图 3-2-5 所示。

“校核柱大样”页面错项提示：柱名称，第 N 层，没识别到纵筋标注→双击错项，

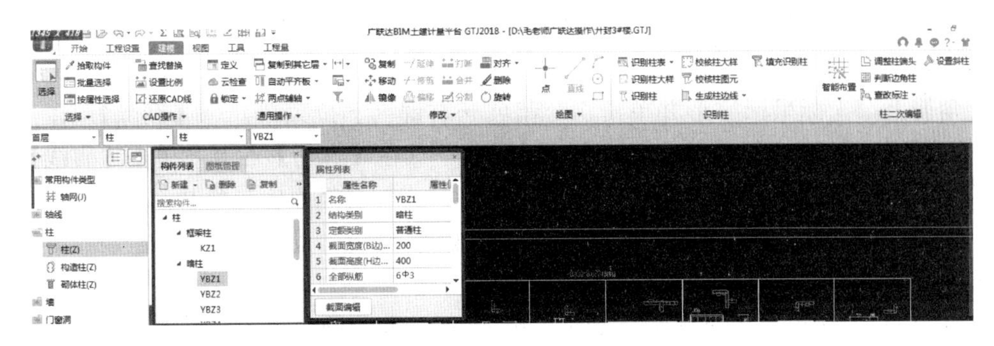

图 3-2-5　【属性列表】含其左下角【截面编辑】功能窗口位置图

在【属性列表】页面可自动显示此构件的名称、属性信息，单击属性列表左下角的【截面编辑】，弹出【截面编辑】页面，光标放到此页面的右上角对角线位置，光标变为对角线方向斜向上、下箭头，斜向上拉可放大此页面。

错项原因是截面大样图无点状纵筋或纵筋信息不全，也就是全部纵筋有根数但无钢筋级别、直径尺寸不明→单点绿色纵筋信息显示在小白框内，按图纸设计应有配筋信息输入或者修改为正确数值，还需要分别在左上角的【钢筋信息】栏检查、修改，使【钢筋信息】栏与此页面截面图的配筋信息相同→单击左键确认，截面大样图中修改的正确配筋信息已恢复显示，如箍筋信息、B 边、H 边纵筋信息有错误也可按上述方法修改。提示：如果设计者在柱大样详图中把“角筋”与 B 边、H 边纵筋综合为 1 个配筋数值，而在【截面编辑】页面显示的是“角筋”、B 边、H 边，两处表示的格式不同，需要先在【截面编辑】页面分别单击 B 边、H 边的配筋值，在显示的小白框内修改后→单击【角筋】，修改角筋信息，否则会在修改【角筋】时提示格式错误，不能修改。所有此类错项信息修正后，“校核柱大样”页面右下角→【重新校核】，页面上部错项提示信息已消失，纠错成功。

“校核柱大样”页面错项提示：柱名称，第 N 层、没识别到箍筋标注或四边形箍筋不规则→双击此错项，在【属性列表】自动显示此错项构件名称为蓝色及属性信息→单击【属性列表】左下角的【截面编辑】，弹出此构件的【截面编辑】页面，原因是箍筋信息不完整或错误→单击绿色箍筋，信息显示在小白框→输入正确箍筋信息→【箍筋】→▼→【矩形】，光标放到错误箍筋线上呈回字形并单击左键，箍筋变蓝色→右键（下拉菜单）→“删除”，在此页面左上角【钢筋信息】栏输入正确的箍筋信息→绘制矩形箍筋→按 Enter 键，截面大样图中红色箍筋图形已显示，并且数值已更正→【重新校核】错项已消失，纠错成功。

快速纠错识别产生的柱大样构件，在【构件列表】页面：逐个单击柱大样构件名称，各柱大样变蓝色，成为当前操作构件→【属性列表】，在【属性列表】页面联动显示此构件的属性信息（在【属性列表】页面左下角）→【截面编辑】（可以放大此页面）→把【截面编辑】页面显示的柱大样信息与平面图上的柱大样信息对照，以平面图上的柱大样信息为准，如果覆盖影响观察可拖动移开，按照图 3-2-5 图下描述的方法编辑柱大样截面信息，只要与平面图上的柱大样截面尺寸、配筋信息一致，即为纠错成功→在【构件列表】页面单击下一个构件名称，按照上述方法继续核对、纠错下一个柱大样。

对于个别纠错不成功的可以使用手工方法绘制：【纵筋】→【布角筋】（箍筋角点内

侧黄色点状是角部纵筋）→在左上角【钢筋信息】栏输入全部角部总配筋值如“4C16”→右键确认，全部角部纵筋已布置上。如果某个角筋布置的与图纸要求不相符→光标放到此角筋上，光标呈回字形并单击，变蓝色→右键（下拉菜单）→【删除】。在上部【钢筋信息】栏：输入纵筋信息格式为“1C12”→（在【箍筋】右邻）单击【直线】尾部的▼，选择【点】→在已经删除的角筋位置上单击，已经原位布置上。

【布边筋】（两个黄色角筋之间是边筋）→【纵筋】，在【钢筋信息】栏输入单侧边筋配筋值格式为“3C8”。

方法 1：直接单击需要布置边筋的一侧网格线，此侧两个角筋之间的边筋已等间距布置上，还可以继续单击对边的网格线，布置另一边的边筋；

方法 2：在【钢筋信息】栏输入单侧边筋配筋值后→在【箍筋】右邻→▼，选择→【直线】→勾选“是否含起点、终点”→单击需要布置一侧的起点～终点，边筋已经布置上。【角筋】【边筋】布置的同时，此页面的配筋信息已联动改变。

对于装配式建筑，在预制剪力墙转角处大多数设置有后浇“构造边缘暗柱”——GBZ，多数按照国家建筑标准设计图集 15G310-2《装配式混凝土结构连接节点构造（剪力墙）》29 页各节点详图，用红色表示的是重要附加连接钢筋，为矩形箍筋，需要在此暗柱的【属性列表】页面展开【钢筋业务属性】→单击【其他箍筋】栏，显示⊡→⊡，弹出“其他箍筋”页面→（左下角）【新建】，在此页面增加了一行，显示【箍筋图号】，并且显示箍筋【图形】（如果显示的箍筋图形不是需要的图形→双击【箍筋图号】显示⊡→⊡，在弹出的“选择钢筋图形”页面中，程序备有多种钢筋图形供选择）→双击【箍筋信息】栏，输入箍筋配筋值如：C8-400（按照图集或者设计要求应该是暗柱箍筋间距的 2 倍）→双击箍筋图形栏的截面宽度 B，使其显示在小白框内，输入箍筋图形截面宽度的尺寸数字 mm→按 Enter 键，箍筋的截面高度 H 显示在小白框内，输入截面高度尺寸数字 mm→左键完成。单击【新建】按钮，可用同样方法设置此转角暗柱的另一边附加连接箍筋，如图 3-2-6 所示。

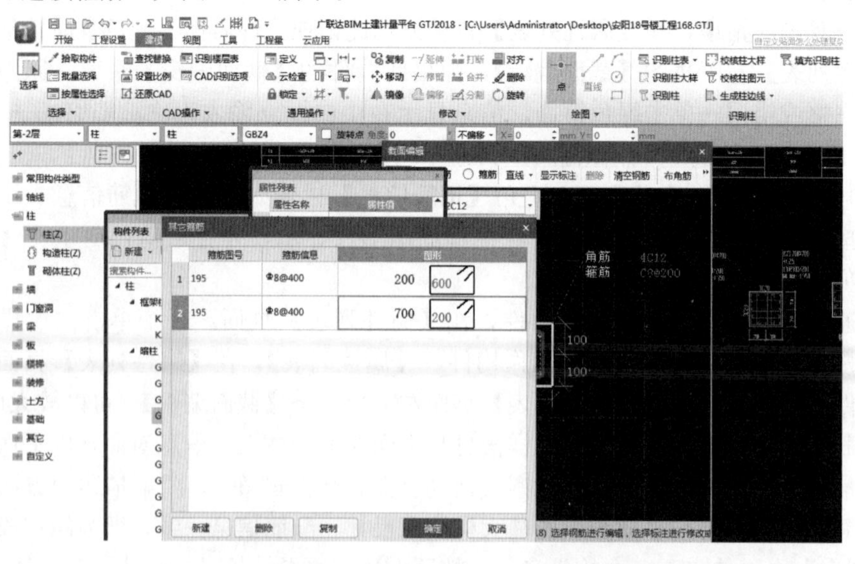

图 3-2-6　设置装配式建筑转角暗柱的附加连接箍筋

增加的箍筋已显示在此构件的【属性列表】页面下部的【其他箍筋】栏，在此显示的只有箍筋的图号，可以显示数个图号。

按照国家建筑标准设计图集 15G310-2《装配式混凝土结构连接节点构造（剪力墙)》29 页各节点详图，用红色表示的是重要附加连接钢筋，预制剪力墙端部伸入后浇暗柱的附加连接钢筋，用黑色表示的是重要附加连接钢筋，伸入后浇暗柱的长度≥0.8 或 0.6（抗震）锚固长度两种做法（详见图集节点图示)，需要在剪力墙构件的【属性列表】页面展开【钢筋业务属性】→单击【其他钢筋】栏，显示⋯→⋯，在弹出的“选择钢筋”选择，方法同上。

在【截面编辑】页面：【编辑弯钩】或弯钩长度→光标放到箍筋弯钩上，箍筋变蓝色，光标变手指，单击弯钩，弯钩变白→右键→显示当前弯钩长度“如 11d”，角度如“135”→单击【默认值】后的▼→90 度，弯钩长度改为 5*d*（应该按规范要求，在此只讲操作方法)：5＊直径 6＝长度 30mm，输入的 5 是 5 倍直径。

修改弯钩角度或长度后，弯钩不再超出截面边线。

3.3　箍筋纠错特例、编辑异型截面柱

（老版本也可以参照此方法操作）识别柱大样后箍筋纠错特例：

在【属性列表】页面左下角弹出的【截面编辑】页面显示的柱大样详图中，有时在柱截面复合箍筋配置的情况下，设计者为了优化降低箍筋配置成本，把在柱大样详图中柱构件名称下部标注的箍筋信息称作整体标注，如果局部或者个别箍筋与整体全部箍筋的钢筋级别、直径、间距不同，在箍筋做法示意图中，单独用引出线标注这根箍筋的配筋值，与构件名称下标注的整体全部箍筋级别、直径不同。可按照本节的方法把整体标注的全部箍筋纠错后→单击此根不同配筋值的箍筋，这根箍筋图形变蓝色→右键→【删除】。在【编辑箍筋】的下邻行单击选择到【箍筋】界面→在【钢筋信息】栏修改、输入应有箍筋的配筋值，级别：A/B/C，直径、间距→在【箍筋】右侧，按此箍筋的形状，单击▼→选择【矩形】或者【直线】，用绘制矩形或直线的方法绘制此根箍筋→Esc，退出编辑箍筋。分别单击已有箍筋图元，可在【钢筋信息】栏分别显示不同的箍筋配筋值。如果连续单击不同配筋值的箍筋，两种以上不同配筋值的箍筋同时变蓝，在【钢筋信息】栏显示“?”号。

不同配筋值的箍筋修改成功后，在【截面编辑】页面黑色小屏幕中，绿色【角筋】或者【全部纵筋】下部箍筋信息显示为“按截面”三个字。

《2018 版》编辑异型截面柱一，(老版本也可以参照此方法操作)：

柱大样识别后，在产生的构件【属性列表】页面单击【截面形状】行的“L-d”，显示小黑点→单击小黑点，进入“选择参数化图形”页面，如图 3-2-4 所示，如果在此页面上部“截面类型”行的下拉选项 L 形、T 形、十字形、一字形、Z 形、DZ 形、AZ 形界面都找不到的截面类型，按“异型截面”柱设置。操作方法如下：

在【构件列表】下部→【新建】→【新建异型柱】→进入“异型截面编辑器”页面→【设置网格】，弹出“定义网格”对话框，如图 3-3-1 所示。

按异型柱的截面尺寸（单位：mm），重要节点间距、转角点，定义水平、垂直网

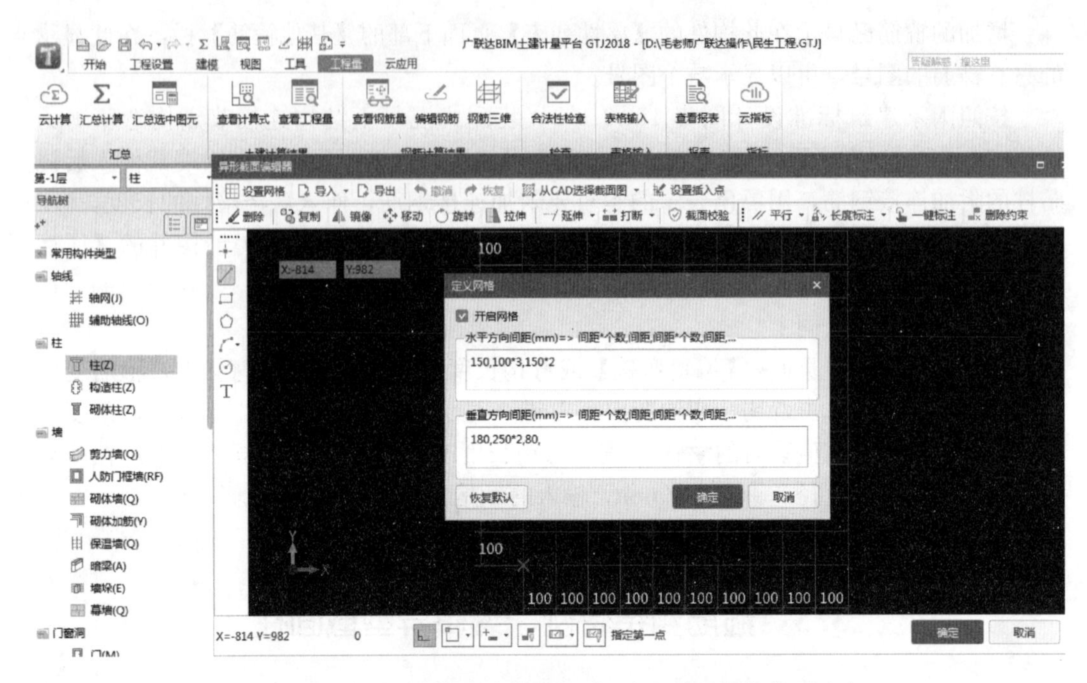

图 3-3-1　在“异型截面编辑器”页面定义异型柱的截面尺寸

格，格式为：100，55，86，255……可根据需要输入任意尺寸数字，如 100 * 3，150 * n。说明：100，55，86，255……表示异型截面柱的水平、垂直节点、转角点的网格间距，用逗号分隔，网格间距数字 * 3、* n 表示相同间距网格的个数，水平方向从左向右，垂直方向从下向上排列，设置完成后单击【确定】按钮。用直线功能按绘制多线段的方法，至网格节点或转角节点单击左键，如果某线段画错→【撤销】→单击右键→【绘图】→【直线】（有圆、弧等多种功能），继续绘制多线段形成封闭→单击右键结束→【设置插入点】（用以定位）→【确定】。

在产生的构件【属性列表】修改为应建立的构件名称，单击左键，构件列表下此构件名称随之联动改变为同名称构件→单击【属性列表】下的【结构类别】，并单击显示的▼→选择框架柱或暗柱，此柱的构件名称可自动归类到框架柱或暗柱名下。

按【属性列表】各行参数定义完毕，在【属性列表】页面左下角→【截面编辑】，定义的异型柱截面图形已显示在弹出的【截面编辑】页面，下一步按图 3-2-5 下部描述的方法，设置截面配筋。

《2018 版》（优选）异型截面柱编辑方法二：（老版本也可以参照此方法操作）

在主屏幕左上角，把【楼层数】选择到异型柱大样应有的楼层→在【图纸管理】页面找到已识别过柱大样的图纸名称，单击此图纸名称后的“锁”图形，使其成为开启状态（作用是“解锁”，可以修改此页面电子版图纸）→双击“锁”图形后边的空格，此单独一张柱大样电子版图显示在主屏幕。

在【建模】界面主屏幕左上角→【设置比例】，光标选择主屏幕电子版图上的异型柱截面尺寸标注线节点的首点，光标呈微型十字时单击左键→移动光标拉出线条→单击下一个尺寸标注线交点，弹出“设置比例”对话框，因在此柱截面节点详图是放大详图，比在平面图中柱截面绘制的比例尺寸要大得多，需要修改为在此图中标注显示的尺寸数字。

在【构件列表】下【新建】→【新建异型柱】，在弹出的“异型截面编辑器”页面的上部首行→【从 CAD 选择截面图】▼→【在 CAD 中绘制截面图】（此时“异型截面编辑器”页面消失）→用【直线】功能按绘制多线段的方法描绘（已【设置比例】修改过图纸比例的）异型柱截面边线，形成封闭→单击右键结束绘制多线段。描绘的异型柱截面图已显示在“异型截面编辑器”页面，并且形状、尺寸不需要修改→【设置插入点】（起定位作用），在设置的定位点显示红色“×”定位标志→【确定】。

用主屏幕上部的【点】功能并移动光标，已可显示产生的异型柱构件图元→重合放到主屏幕此柱大样图上并单击左键，异型截面柱绘制成功，形状、大小、比例匹配一致→单击右键结束绘制。在【构件列表】和【属性列表】自动产生建立的构件。下一步在【属性列表】输入构件名称，设置各行属性参数，在【截面形状】栏自动显示为【异型】其【截面宽度】（b 边）、【截面高度】（h 边）数字与柱大样详图中的尺寸相同→单击【属性列表】左下角的【截面编辑】（再单击此【截面编辑】有开、关功能），在弹出的“截面编辑”页面，按本书 3.2 节的方法编辑截面配筋。

3.4　增设约束边缘暗柱非阴影区箍筋

此节的操作需要在柱大样识别成功之后，在平面图上识别柱前操作：

方法一：

老版本、新版本操作方法基本相同。“定义”→【属性列表】→展开属性列表下部的【其他箍筋】→单击其他箍筋后面的空格，显示⋯→单击⋯→进入“其他箍筋”类型设置页面，如图 3-4-1 所示。

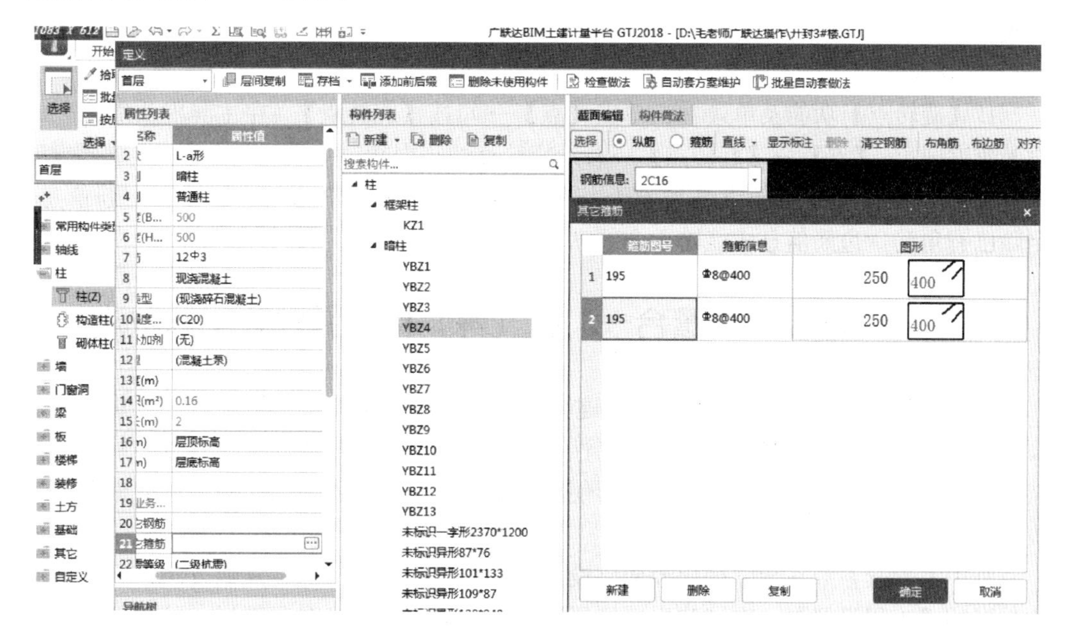

图 3-4-1　增加约束边缘构件非阴影区箍筋

“新建”→单击箍筋图号显示…并单击…→进入“选择箍筋图形”页面选择箍筋图形形状→【确定】→输入箍筋信息：按阴影区的箍筋级别 A、B、C，直径取阴影区间距的 2 倍→按 Enter 键→在图形栏分别点 B、H 输入箍筋的宽度、H 截面高度，在此页面可增加或复制多种箍筋→【确定】→增设的箍筋图号已显示在属性的“其他箍筋”栏→识别墙柱平面图的柱，此箍筋已含在柱图元内（提示：在此输入的箍筋 H 截面高度、B 宽度尺寸应手动扣除 H 值 2 倍保护层，B 值扣除一个保护层＋阴影区 1 根纵筋间距，规范要求箍住二根纵筋）。

在其属性页面的【搭接设置】单击其行尾显示…有接头形式、定尺尺寸设置功能。识别的暗柱如属 Y 字打头的约束边缘构件，需在此类构件各自属性编辑页面的“其他箍筋”栏设置，为蓝色字体（蓝色字体为公有属性，只要修改其含义，不单击，已布构件图元也会随之改变构件属性）。

方法二（此节的操作需要在平面图上识别柱，生成柱构件图元后操作）：

平面图上暗柱识别成功后，补画 Y 字打头约束边缘构件非阴影区入 v：配箍特征值 1/2 的箍筋。

老版本：在墙柱某层平面图上→【图元柱图】→光标指向需补画箍筋的暗柱，光标变“手指”形状，并单击此柱图元→显示“图元柱表”页面，可显示此柱各层的起止标高、纵筋配筋值→单击需增设箍筋对应层的“其他箍筋”栏→显示…并单击→显示“其他箍筋”类型设置页面→【新建】→单击【图号】→单点…选择钢筋图形→【确定】→输入箍筋信息→单点 H、B 输入尺寸→可新建多个→【确定】→“其他箍筋”栏已显示箍筋图号，可显示多个。

各种形状如 L、T 等有布置方向的柱、墙构件，用点功能菜单点画，方向不对可删除后用“旋转点”菜单布置→旋转点→单点柱插入点→移动光标旋转观察方向→按 Enter 键。

《2018 版》：

1.【旋转点】功能菜单改在：单点【点】→勾选【旋转点】（在主屏幕上邻行）→输入角度即可。【点】→【旋转点】→有绘旋转点的小视频。

2. 柱子属性页面全部纵筋显示为灰色不能用，是因为角筋、边筋已有配筋信息，删除已有角筋，边筋信息才能输入全部纵筋信息。

3.5 “2018 版筋量合一”柱（等）构件属性定义选做法

“2018 版筋量合一”是把钢筋、土建算量两个模块的构件属性编辑页面合并为一个属性编辑页面，其上部是钢筋模块的属性参数；下部是土建模块的属性参数，并且多是蓝色字体为公有属性，只要修改含义即使不单击“已布构件图元其属性”参数也会随之改变。如图 3-5-1 所示。

其中大部分参数在建立楼层界面已设置，并复制到多个楼层，操作方法：可在进入软件时的【工程设置】→在“建立楼层界面”下设置并复制到对应楼层，可联动显示在此属性页面，在此可减少许多工作量。这里输入的各行参数只对本构件有效，操作方法与老版本基本相同，主要有构件名称，截面形状，结构类别，定额类别（指房建、市

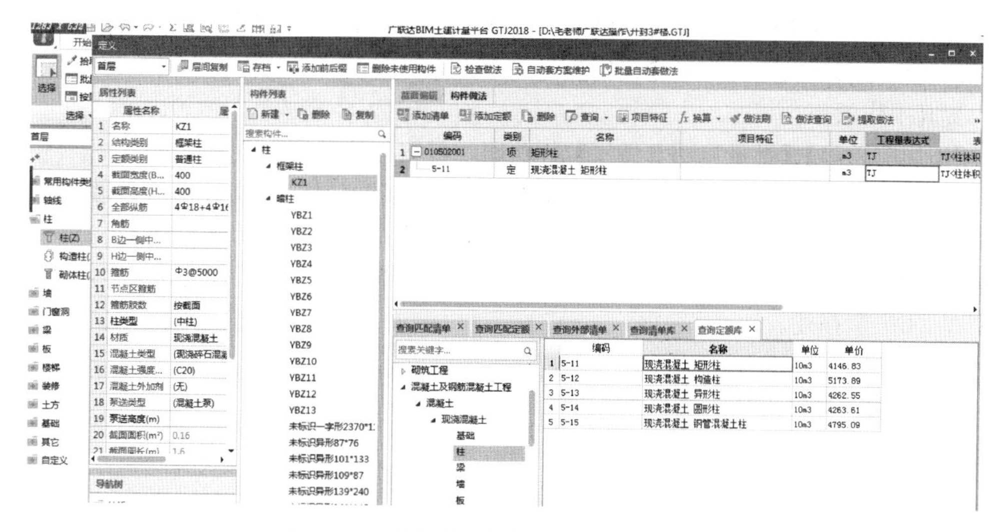

图 3-5-1 筋量合一构件属性编辑页面图示

政、安装等专业而不是定额子目编号），材质，混凝土强度，外加剂，泵送类别，（竖向构件的）顶，底标高（单位：m），插筋设置，支模等，下部有土建业务属性参数。单击属性列表页面外，左下角的【截面编辑】→弹出钢筋信息截面编辑画面，操作方法同上述老版本，光标放到此页面右上角变为斜向双箭头并向左上方拖动可放大此页面。

构件属性页面各行参数输入设置完毕→在【定义】页面上部→【构件做法】，进入选择【构件做法】界面。

【添加清单】显示【查询匹配清单】（如找不到所需清单→【查询清单库】）→双击所选清单，所选清单编号已进入主屏幕上部，并且在其“工程量表达式”栏已自动带有“工程量代码”。

【查询定额库】，检查此页面最下行显示的定额版本年份、专业是否正确（如果不对可选择转换定额专业）→找到相对应的分部，找到相对应构件的定额子目，以河南地区为例：双击 5-11 现浇混凝土矩形柱，使其显示在上部主栏内，在此定额子目行的“工程量表达式”栏双击→进入工程量代码选择页面：选择工程量代码→【确定】，所选择的工程量代码已显示在该定额子目的工程量表达式栏，如果此框架柱需要计算独立柱装修用的脚手架→展开【措施项目】，展开【单项脚手架】→【里脚手架】→在右边主栏双击 17-56 单项里脚手架，使其显示在上部主栏内→在此定额子目行的“工程量表达式”栏选择“工程量代码”【脚手架面积】后（提示：以下很重要，以后遇到同样问题都要这样操作）→在【查询匹配清单】的上邻行，向右拖动滑动条，在此定额子目行尾部单击【措施项目】栏的“空白小方格”，在弹出的“查询措施”页面，找到与其对应的【里脚手架】并单击→【确定】，在已经选择的脚手架定额子目行上部自动多出一行，其“工程量表达式”栏显示为【1】，并且已自动勾选下邻行脚手架子目行的【措施项目】栏的小方格。其作用是：后续把此工程导入计价软件时，勾选了【措施项目】的定额子目可以自动显示在计价软件的【措施项目】界面。对于已新建的构件、绘制的构件图元，利用【构件列表】上部的【层间复制】可在本工程中重复使用，还有【存档】及【提取】功能可以对选择的构件属性、截面信息和【构件做法】清单、定额等【存档】

为一个文件，实现在同一工程或不同工程之间的重复使用。【图元存盘】加【图元提取】可以实现构件属性及图元同时【存档】为一个文件，实现同一工程或不同工程的重复使用，提高工作效率。

【添加前后缀】【批量自动套做法】等功能，可按有关章节的描述操作。

在此需注意：按分部说明及计算规则规定，暗柱不是柱，当暗柱由剪力墙覆盖时，暗柱包括暗柱凸出墙部分，合并到墙体积，只需在计算剪力墙模板时追加暗柱凸出墙部分的模板侧面积。剪力墙没有覆盖的暗柱，按 KZ 选择清单、定额做法。下一步【做法刷】见 21.7 节描述。

4　平面图上识别柱，生成柱构件图元

4.1　平面图上按填充识别柱（含 KZ）

前置提示：

1. 如找不到【按填充识别柱】▼功能键→（在主屏幕上邻行）→【》】（光标放到上面显示有更多菜单）→【提取柱填充】。

2. 特殊情况当识别某个图层时，主屏幕平面图上此图层消失，可选择“图层管理”页面下的“已提取的 CAD 图层”，图层恢复后可识别。

3. 如有时构件列表下的构件种类多于电子版平面图上的构件名称，无须删除多余构件，在识别中，程序可按平面图上实有构件名称自动对号入座，不影响识别效果。

老版本：“图纸文件列表”（《2018 版》改为在【图纸管理】页面）→双击某层的墙柱平面图→此图已显示在主屏幕（《2018 版》需在屏幕左上角把楼层数选择为正确层数）。如图 4-1-1 所示。

图 4-1-1　平面图上按填充识别柱（老版本）

凡有轴网的平面图，识别前均应检查轴网左下角“×”形定位标志是否正确，如果不正确，可用主屏幕上部【工具】下部的【设置原点】纠正，2.5 节有详细描述。

【识别柱大样】后，如遇与基础层连接的柱（或墙）需设置插筋，按 3.2 节提示部分操作；设置约束边缘暗柱箍筋，在属性页面的【其他箍筋】（蓝色为公有属性）栏需设置非阴影箍筋，可按 3.3 节操作。

老版本：【识别柱】

1. 按【填充识别柱】▼→【提取柱填充】→单击某个柱的柱填充（需放大不要选择轴网和其他不应识别的图层），柱填充变蓝→右键变蓝的柱，填充消失，只剩暗柱边线。（有填充的 KZ 也按本过程操作）

2. 【提取柱边线】→左键单击柱边线（如为暗柱与剪力墙相连接，因画剪力墙时，墙覆盖暗柱，需选择暗柱与剪力墙连接的内侧短向暗柱边线），暗柱边线全部变蓝，有没变蓝的可再单击使其变蓝，如果有框架柱边线没变蓝也可再单击使其变蓝→单击右键→变蓝的图层消失。

3.【提取柱标识】（墙柱平面图上的柱名称、绿色柱截面尺寸线、尺寸数字为柱标识）→先单击柱名，变蓝，再单击截面尺寸线，尺寸线与尺寸数字全部变蓝→单击右键→变蓝的图层消失。

4.【生成柱边线】▼→【自动生成柱边线】→提示：自动生成柱边线完成→【确定】→柱名、尺寸线、尺寸数字全部恢复。

5.【识别柱】▼→【自动识别柱】→运行→提示：识别完毕，共识别到多少个柱→【确定】→弹出柱校核表或提示：无错误柱图元→识别后【动态观察】有三维立体图。

《2018 版》改为在【建模】界面的常用构件类型栏：展开【柱】→【柱】（Z）→【识别柱】（光标放到【识别柱】窗口有小视频），【识别柱】的三个下拉菜单显示在主屏幕左上角，有时会被【图纸管理】等页面盖住，可拖动移开，如平面图的柱有填充→单击主屏幕右上角的【填充识别柱】，如图 4-1-2 所示。

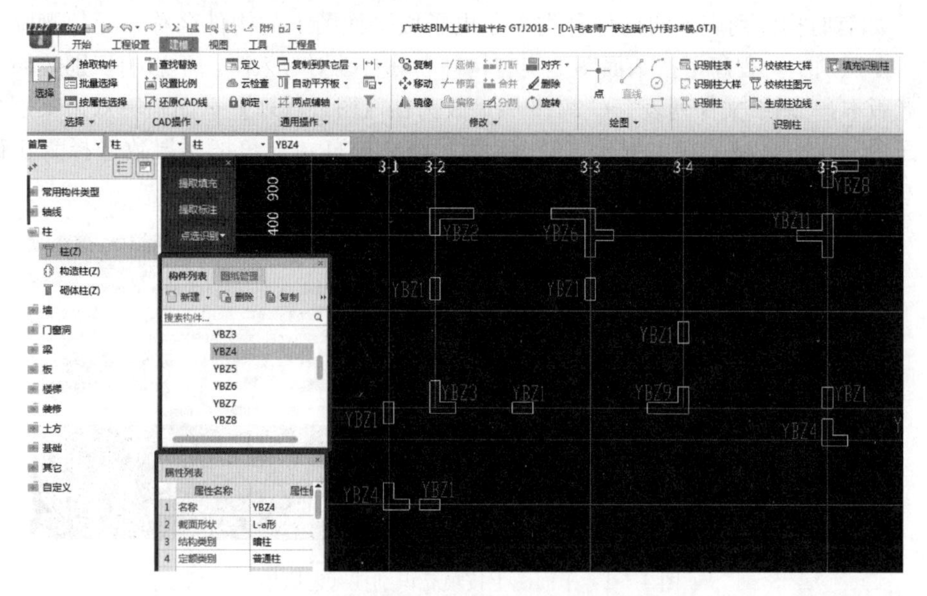

图 4-1-2 平面图上按【填充识别柱】

按三个下拉菜单从上向下依次识别：

（提示：凡有轴网的平面图，识别前均应检查轴网左下角“×”形定位标志是否正确，如果不正确，可用主屏幕上部【工具】下部的【设置原点】纠正，2.5 节有详细描述）。

单击【提取填充】→放大平面图上的图纸，不要选择到轴线等不应识别的图层，光标放到柱填充上，光标由箭头变为回字形有效，单击柱填充，全部柱填充变蓝→单击右键，变蓝的消失。

单击【提取标注】→单击柱名称，单击平面图上暗柱绿色截面尺寸线、尺寸数字，全部柱名称、截面线、尺寸数字变蓝→单击右键确认，变蓝的消失。

单击【点选识别】尾部的▼→【自动识别】→运行，提示：识别完成，共识别到柱多少个→【确定】。平面图上的柱填充、柱名称已恢复。

另有【点选识别】功能，说明：单击【点选识别】尾部的▼→选择【点选识别】，主要是针对图纸信息不详细、无法自动识别的、一次只能识别平面图上的一个暗柱的情况，在弹出的“点选识别柱大样”对话框中输入、核对柱大样信息，效率比较低，但识别准确，基本不需要纠错。

弹出“校核柱图元”页面，暂时关闭此页面→【动态观察】，平面图上识别产生的柱填充变为蓝色，可查看三维动态立体图形，如图 4-1-3 所示。

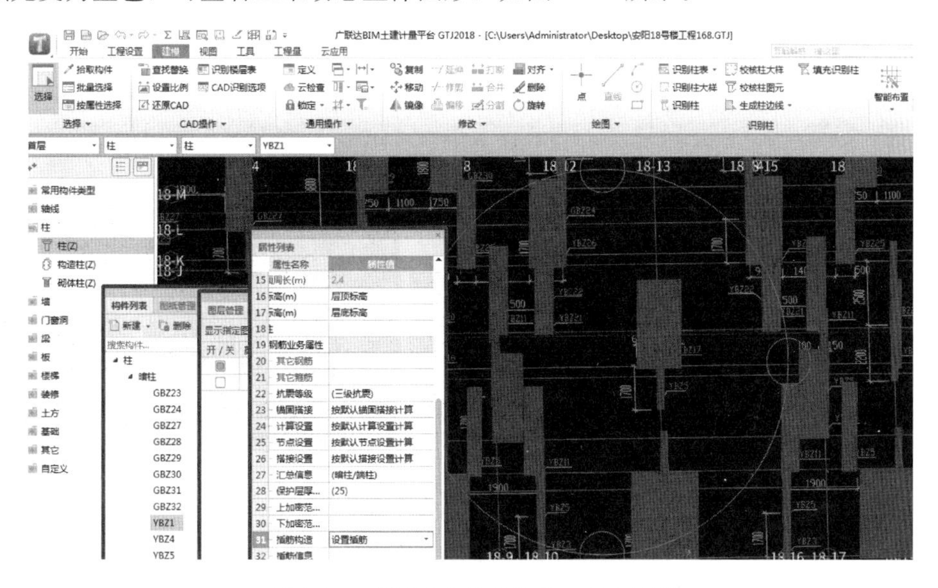

图 4-1-3　识别产生的柱构件三维立体图

在主屏幕最上部→【工程量】→【汇总计算】→【查看工程量】→框选平面图上识别产生的柱构件图元→在弹出的【查看构件图元工程量】页面，显示的是框选的图元构件名称、工程量。

单击【查看钢筋量】→单击或者框选主屏幕平面图上的构件图元，可显示构件的钢筋工程量，如图 4-1-4 所示。

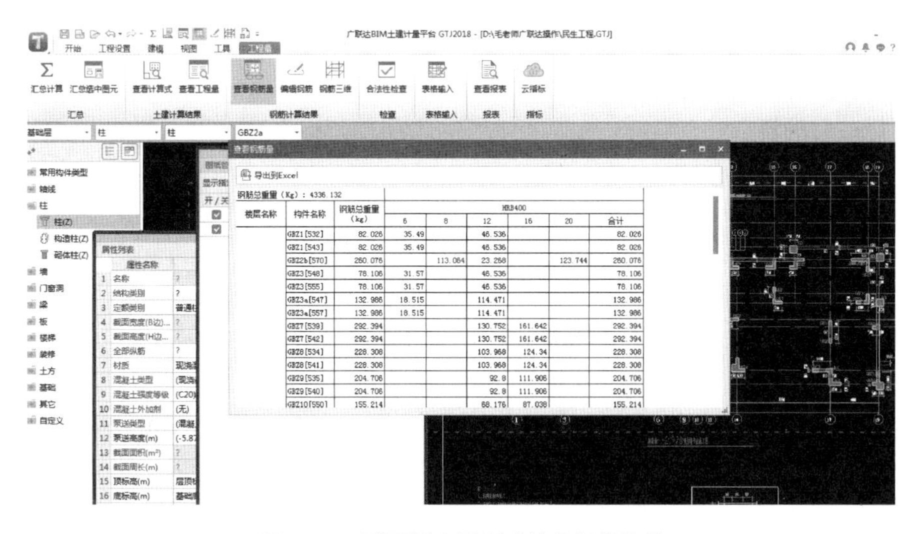

楼层名称	构件名称	钢筋总重量（kg）	HRB400 6	HRB400 8	HRB400 12	HRB400 16	HRB400 20	HRB400 合计
	GBZ1[532]	82.026	35.49		46.536			82.026
	GBZ1[543]	82.026	35.49		46.536			82.026
	GBZ2b[570]	260.076		113.064	23.268		123.744	260.076
	GBZ3[548]	78.106	31.57		46.536			78.106
	GBZ3[555]	78.106	31.57		46.536			78.106
	GBZ3a[547]	132.986	18.515		114.471			132.986
	GBZ3a[557]	132.986	18.515		114.471			132.986
	GBZ7[539]	292.394			130.752	161.642		292.394
	GBZ7[542]	292.394			130.752	161.642		292.394
	GBZ8[534]	228.308			103.968	124.34		228.308
	GBZ8[541]	228.308			103.968	124.34		228.308
	GBZ9[535]	204.706			92.8	111.906		204.706
	GBZ9[540]	204.706			92.8	111.906		204.706
	GBZ10[550]	155.214			68.176	87.038		155.214

图 4-1-4　平面图上识别暗柱的钢筋数量

1. 汇总计算时提示：柱纵筋长度小于零，是因为柱太短，因为柱纵筋计算时考虑错开距离，当柱太短时露出长度是固定的，此时柱的高度减去纵筋露出长度会小于零，多出现在基础层，如果出现柱纵筋长度小于零，可以在【属性列表】页面展开【钢筋业务属性】→单击【设置插筋】栏，显示▼→单击▼按钮，把【设置插筋】选择为【纵筋锚固】即可。

2. 增加斜柱功能：新建柱构件（方法同普通柱）名称、属性并用【点】功能菜单画上柱图元→（右上角）【设置斜柱】→单点已绘上的柱图元，如图 4-1-5 所示。

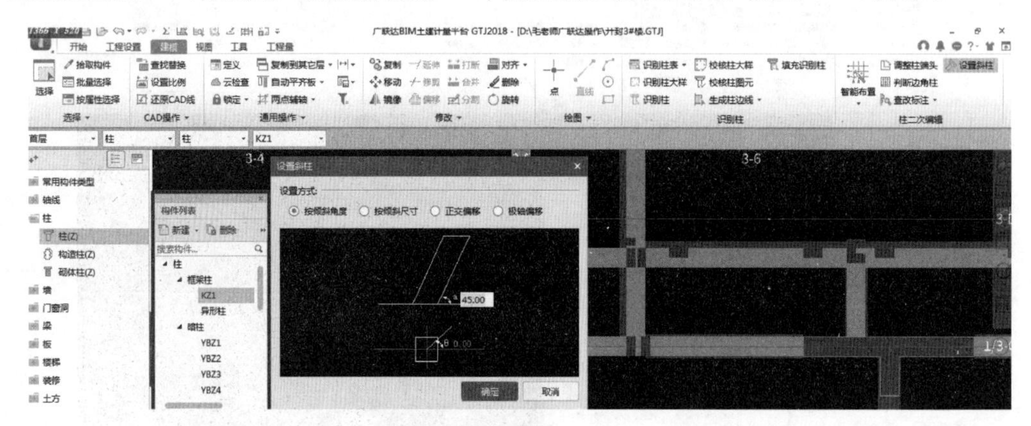

图 4-1-5　设置斜柱

弹出“设置斜柱”页面→选择【设置方式】，有按倾斜角度、按倾斜尺寸、正交偏移、极轴偏移四种倾斜方式供选择，需按图纸要求只能选择一种，选择后按此页面下部图示，输入对应角度→【确定】。说明：图中 α 表示地面与柱的倾斜角度为 0～90°；B 表示柱在空间旋转角度，旋转方向 0～360°→可【动态观察】，查看是否正确。

在大写状态，键盘上的【Z】是框架柱、暗柱、构造柱构件图元的“隐藏”“显示”功能快捷键。

《2018 版》绘制柱快捷键：

Shift+Z：平面图上显示、核对识别的柱名称与 CAD 原图柱名是否一致。

F4：切换插入点位置。

F3：左右翻转。

Shift+F3：上下翻转。

F5：合法性检查时提示墙或柱上下不连续，需修改此位置下层构件属性的顶标高或上层构件的底标高。

4.2　平面图上无填充识别柱

《2018 版》柱大样识别完毕，填充识别柱成功后，如有一部分柱无柱填充，没识别上仍为空心柱，也即只有柱边线，可按无填充识别柱继续识别，前提是此柱的柱大样必须识别完毕。可按无填充识别柱的步骤方法如图 4-2-1 所示。

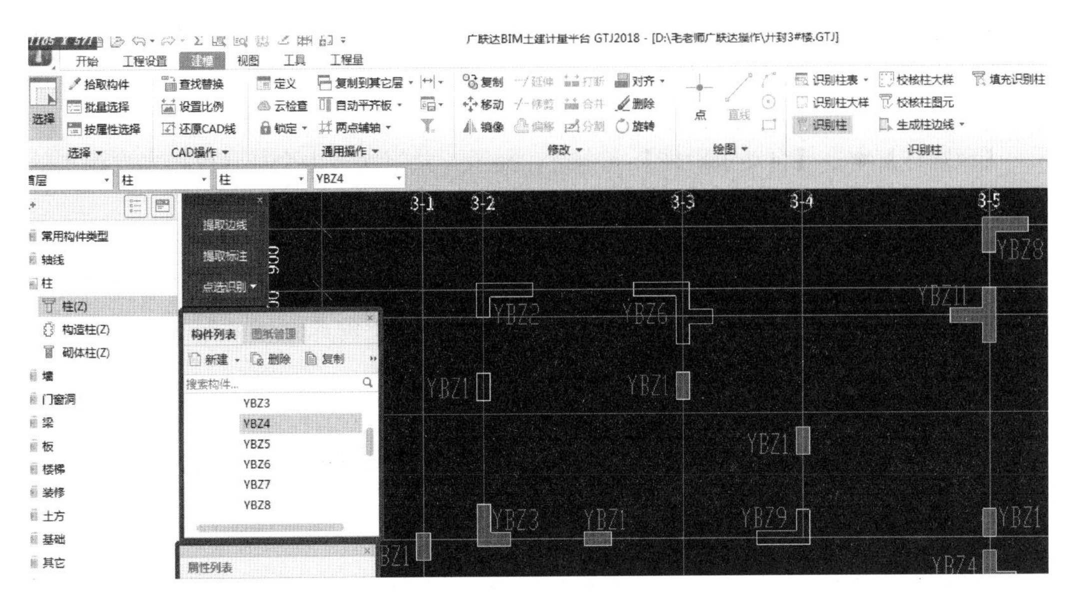

图 4-2-1 平面图上无填充识别柱图示

老版本：双击“图纸文件列表”下已部分识别成功（柱）的此图名称（刷新），如图 4-2-2 所示。

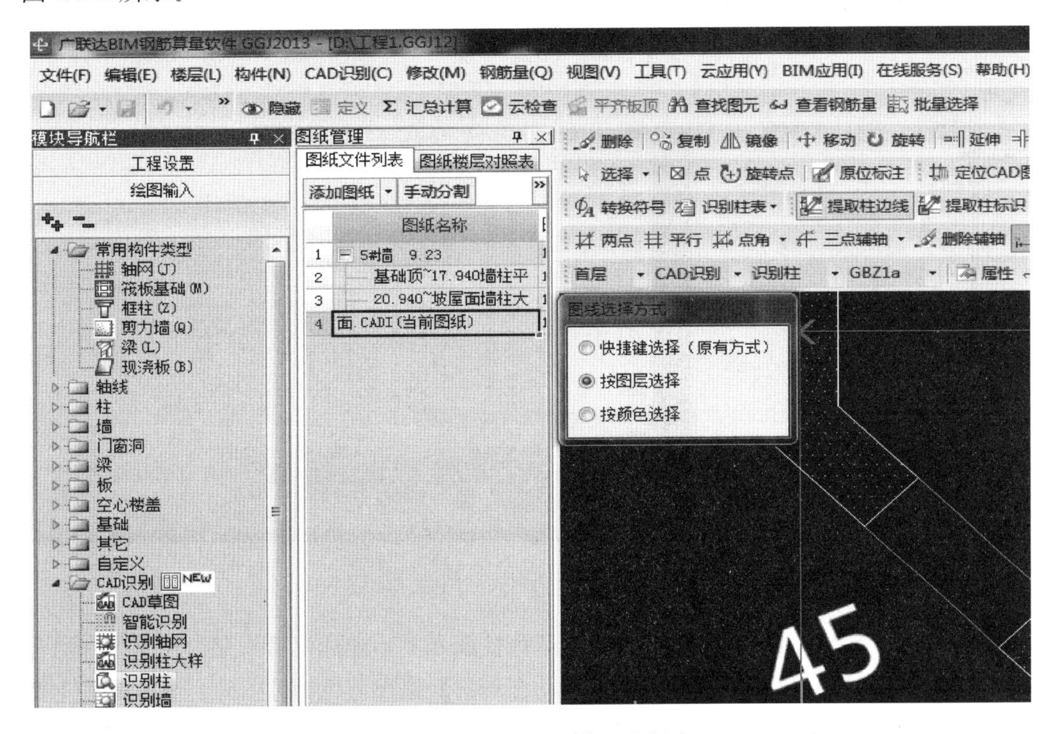

图 4-2-2 无填充识别柱（老版本）

【识别柱】→【提取柱边线】→因绘图时剪力墙覆盖（暗）柱，需选择暗柱与剪力墙相连的内侧短向横线（此线不是墙与柱共用线，可区分不会相互干扰）并单击→柱边线变蓝，有没变蓝的可再单击使其变蓝→单击右键确认，变蓝的柱边线全部消失。

【提取柱标识】→光标左键任意单击平面图上某个需识别的柱名称，变蓝→单击柱的截面尺寸线→尺寸数字（包括以前已识别的柱标识也会变蓝，不影响识别效果）全部变蓝→单击右键确认，变蓝或变虚线的全部消失。

【识别柱】▼→【自动识别柱】→运行，提示：共识别多少个柱（仅指本次识别的数量）→【确定】。

这部分无填充的柱已识别成功。

如校核表提示有错项，如识别后构件名称、属性参数经核对不错，校核表提示尺寸不匹配，属电子板尺寸比例问题，双击图纸楼层对照表下的此图纸名称→刷新图面→【柱图元校核】→提示：无错误图元。

4.3　墙柱平面图上识别柱后纠错

老版本识别柱后纠错：

校核表中提示：“未识别”，“无名称标识”，反建构件，双击此错项提示，如图 4-3-1 所示。

图 4-3-1　墙柱平面图识别后纠错（老版本）

光标放在已自动放大显示在主屏幕的蓝色柱图元上，光标由箭头变为回字形并可显示（如系统失灵不显示蓝色构件图元→【动态观察】提出蓝色构件图元）与校核表上错项构件名称相同的构件名，（光标位置不动）→右键（下拉菜单）→构件属性编辑→在显示的此柱属性编辑页面，需对照属性页面下部的节点详图，与原设计图纸的配筋值、截面尺寸对照修改，等于手动纠错，方法如下：

1. 修改柱详图截面尺寸。单击属性页面的“截面形状”栏的 L-d 形→显示⊡并单击⊡→显示“选择参数化图形”页面，如图 4-3-2 所示。

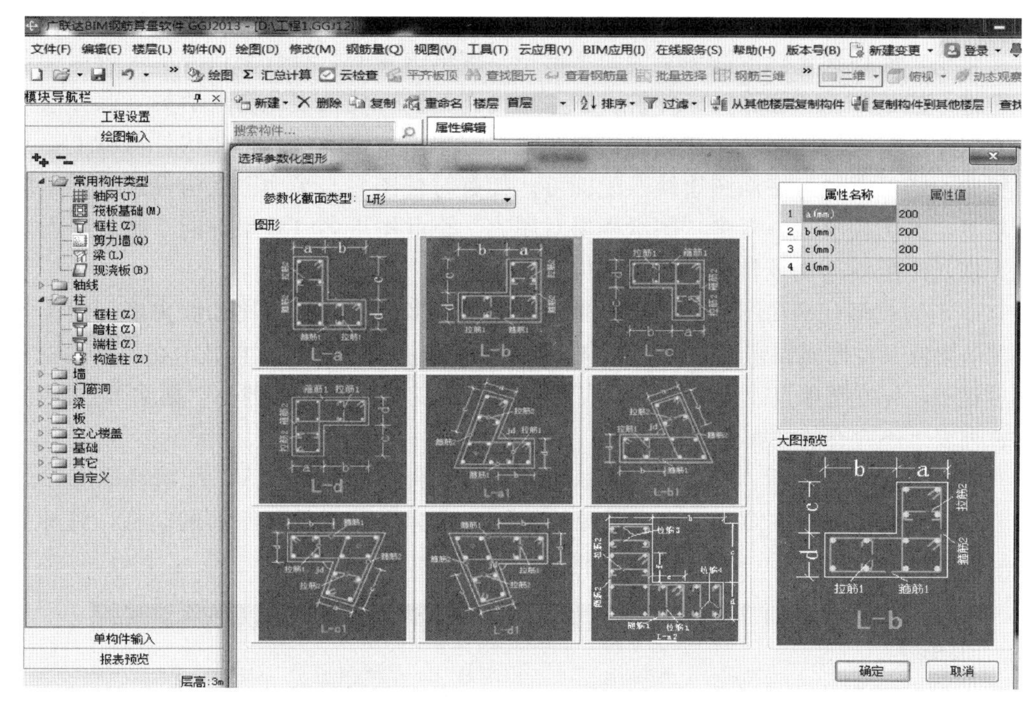

图 4-3-2 选择参数化图形纠错柱截面尺寸（老版本）

单击“参数化截面类型”行尾的▼→有 L、T、十、一、Z，“端柱”“其他”各种截面类型供选择→选择截面类型→输入、修改各截面尺寸→【确定】。

2. 单击属性页面截面编辑行的否，选为是→单击其中部文字行尾的【》】→弹出【布角筋】，输入角筋信息→右键→角筋已布上为点状黄色纵筋，布边筋，绘箍筋（按3.2 节柱大样校核表纠错方法二）→【恢复】→在属性页面改为正确构件名，左键结束，提示：此构件已存在，是否改为当前图元的构件名称→是，关闭属性页面→（校核表上的）【刷新】菜单，错项消失。有时会主屏幕错项构件图元恢复，校核表消失→【柱图元校核】→校核表上此错项提示消失。

3. 双击校核表中错项构件提示→主屏幕自动显示此错项柱图元为红色（《2018 版》为蓝色）→如校核表覆盖所显示柱图元信息，拖住校核表上部的灰色条带可移开→单击此柱图元→单击【构件列表】→显示已识别的全部柱构件名称，并且此柱构件名发黑，为当前构件→单击已显示的红色错项构件柱图元→【属性】→在显示的柱构件属性编辑页面，对照原设计修改、校对错误参数。

4. 删除已有错项柱图元→绘制新建的正确柱图元。如画的柱图元方向不对，删除→【旋转点】菜单可画各种角度的柱图元→【旋转点】→单击柱插入点→转动光标柱图元旋转到应有角度→按 Enter 键，比画上再镜像或旋转方便。

5. 【汇总计算】→提示：某某柱标高不连续→双击错项→【属性】→在属性页面修改此柱的底标高。在画柱或画墙时，位置不错反而提示“不能重复布置”。

6. 平面图上柱图元纠错：前提是检查此构件属性、截面尺寸、配筋不应有错，按校核表提示“所识别柱图元不匹配”，双击错项，自动显示在墙柱平面图上的某某柱图元与其柱边线大小不匹配，某一边或几个柱边线比柱图元外扩，属于绘图时比例不一致（《2018版》需先解“锁”才能修改，前边有详细描述），光标选择柱外扩大的柱边线，捕捉到光标由箭头变为回字形→左键单击变蓝，有数个边外扩可再点变蓝→右键下拉菜单→“删除”→外扩边删除→【刷新】→校核表此错项消失（此方法可用于删除外扩大的柱填充；或删除错项图元）→单击右键确认，把此构件再画上，只要属性不错，图元与平面图边线匹配即可。如有时柱图元与平面图上构件尺寸不匹配且较多，关闭校核表→双击“图纸楼层对照表”下此图纸名（效果等同于刷新图面），图元恢复匹配→返回校核表，错项消失。

7. 有时把墙柱平面图上不是柱的图元误识别、多识别为柱，比如剪力墙剖面图上部的暗梁或其他图元误识别为柱，在构件列表下多出一些莫名构件且显示在校核表上有错项提示，先左键单点或连点多个不应有柱图元，变蓝→单击右键→“删除”，再删除构件列表下不应有的柱构件名称即可。

8. 暗柱识别成功后，补画Y字打头约束边缘构件非阴影区入V：配箍特征值/2箍筋方法，在墙柱某层平面图上：【图元柱图】→光标指向需补画箍筋的暗柱，光标变“手”状并单击此柱图元→显示“图元柱表”页面，如图4-3-3所示。

图4-3-3 按平面图柱图元设置约束边缘暗柱非阴影区箍筋（老版本）

可显示此柱各层的起止标高、纵筋配筋值→单点需增设箍筋对应层的“其他箍筋”栏→显示⊡并单击→显示“其他箍筋类型设置”页面→“新建”→单击图号→单击⊡选择钢筋图形→【确定】→输入箍筋信息→单击钢筋图形附号H、B输入尺寸→可新建多个→【确定】→“其他箍筋”栏已显示箍筋图号，可显示多个。各形如L、T等有布置方向的柱、墙构件用【点】功能菜单点画，方向不对可删除后用“旋转点”菜单布置很方便：【旋转点】→单击柱插入点→移动光标旋转观察方向→按Enter键。

9. 如柱校核表中错项提示为：有名称标识，图元实际尺寸与已有构件尺寸不匹配双击校核表中错项→此构件名称已显示在主屏幕上部的【属性】左邻的【构件】名内，可单击已自动显示在主屏幕上的此柱图元，柱图元变蓝→右键下拉菜单，用【设置比例】菜单检查，如（多数是）为柱边框线比例不对，只要定位不错可不处理，因识别柱大样时已处理过柱的截面尺寸、配筋信息，应该不错。

《2018 版》平面图上识别柱后纠错：

1. 纠错前准备

如果找不到【图纸管理】等页面，在主屏幕上部→【视图】→【图纸管理】（有下边【图纸管理】窗口的开、关功能），在主屏幕下部可显示【图纸管理】等页面（当平面图上因识别原因不显示构件名称或其他信息不全，属于图层已提取保存）→在【图层管理】页面勾选【CAD 原始图层】，平面图中柱构件名称恢复，还可以在【图层管理】页面同时勾选【已提取的 CAD 图层】，再在识别操作过程中此图层不会消失、恢复为原有颜色，但是识别有效。可按上述识别程序重新识别。

有时在主屏幕上部找不到【校核柱图元】功能窗口，或者此窗口为灰色不能用，双击【图纸管理】页面下部已识别的墙柱平面图名称行尾部的空格，效果等同于刷新主屏幕上的图纸，【校核柱图元】功能窗口便可以使用。

在常用构件类型下部展开【柱】→【柱】（Z），在主屏幕上部→【校核柱图元】（作用是检查识别出的柱图元是否存在错误信息），单击【校核柱图元】，弹出“校核柱图元”页面，（如有错项信息）在表头行分别单击以取消勾选或勾选表头各菜单，可区分检查找出错项原因，方便针对存在原因处理。

纠错方法一：

校核表上错项提示，如“GBZ1”，CAD 图线尺寸与柱图元不符，请检查，如果不正确手动反建（反建＝重新绘制构件图元的意思）→双击此错项，错项构件图元自动放大呈蓝色显示在平面图中，经观察位置也对，原因是识别产生的构件图元与平面图中原有的柱构件截面边线大小不匹配，大于或者小于识别产生的柱图元因识别柱大样纠错时已检查纠正了构件截面尺寸，应以识别产生的柱图元截面尺寸为正确，所以平面图上原有的构件截面边线小于或大于识别产生的构件图元，是设计者在绘制电子版图纸时，比例设置错误→在【图纸管理】页面，单击当前图纸名称行后的【锁】图形使其成为开启状态（作用是解锁后可修改电子版图纸）→单击平面图中原有柱构件截面外扩或者内缩的边线，边线变蓝色或虚线，不要选择上柱填充的斜线→【删除】，如果平面图上原有柱构件截面边线向内收缩、小于识别产生的构件图元，不易删除，可以先删除产生的柱图元，再删除原有柱构件截面边线内的填充，只剩余原柱截面边线，容易删除后再绘上，再次双击校核表中此错项，提示：……错误信息将删除→【确定】→【重新校核】，错项提示消失。如有不匹配的原有柱填充也按照此方法删除→【动态观察】更容易观察原有构件与识别产生的图元大小匹配问题，此方法同样可用于删除柱填充，只要识别产生的构件图元与原有构件截面边线位置不错，大小匹配一致，即使校核表中错项不消失，也不影响计量结果，可不做纠错处理。

提示：1. 识别或者绘制的构件图元与原有的构件图元方向不对，可单击识别产生的构件图元，图元变蓝→单击右键→使用【镜像】或者【旋转】功能纠正，如果有位置偏移、错位可用移动功能处理→【重新校核】，错项消失。

【旋转】功能的操作方法：单击构件图元，图元变蓝→单击右键（下拉众多菜单）

→【旋转】→左键单击构件图元的插入点，转动光标→观察构件图元旋转到应有位置→单击左键，构件图元位置已旋转画上。

2. 如果左键单击构件图元变蓝→单击右键（下拉菜单）没有【旋转】【镜像】【移动】等众多功能，→Esc，再单击构件图元→右键，可有“旋转”“镜像”等众多功能菜单。

在大写状态：单击键盘上的【Z】是框架柱、暗柱、构造柱构件图元的“隐藏”“显示”功能快捷键。

纠错方法二：

“校核柱图元”页面提示如：未识别L形（构件截面数字）XXX...，无名柱图元已反建（指识别柱大样纠错过程中已“反建”＝已建立柱构件名称、属性，可能是在平面图识别过程中对号入座发生错乱造成），请检查属性修改构件名称（因在识别柱大样纠错时已核对构件属性，并且已纠正构件信息，构件属性应没有问题）。双击错项提示→此错项构件图元呈蓝色显示在平面图中，光标放到此构件图元上，光标由“＋”形变为回字形，并且显示的构件名称与校核表上错项构件名称相同，但与平面图上构件名称不同，单击右键→删除，平面图上此处只剩构件边线，右键（下拉菜单有众多功能）→【构件列表】，在显示的【构件列表】中，单击与平面图上相同的构件名为当前构件→原位绘上正确的构件图元，如果位置不对，单击右键→用【移动】功能纠正，方向不对→单击右键→用【镜像】或者【旋转】功能纠正，再双击校核表上此错项→提示：……错误信息将删除→【确定】，校核表上错项已消失。

纠错方法三：

“校核柱图元”表上错项提示：柱构件名称，未使用的柱名称，请检查并在对应位置绘制柱图元→双击校核表中的此错项提示→在平面图中找到此错项，显示构件名称为蓝色，此处只有柱构件截面边线，缺少构件图元→在【构件列表】中找到此构件名称并单击使其成为当前构件，用【点】功能菜单在原位置绘上，方向不对，可用【旋转】或者配合使用【镜像】功能纠正，图元位置不对可用【移动】功能纠正。只要绘制的构件图元与平面图上的构件截面边线吻合、大小匹配一致，构件名称相同，如果校核表上错项提示不消失→在【图纸管理】页面双击其他图纸名称行尾的空格……再双击此图纸名称行尾部的空格，使此电子版图纸再次显示在主屏幕上→（在主屏幕上部）【校核柱图元】（运行）提示：……没有错误图元信息。

纠错方法四：

【校核柱大样】页面：错项提示，未使用的标注，就是没有使用此构件的标注信息生成构件属性，有两种方法可以处理：一是按照【点选识别】的功能处理；二是直接在构件【属性列表】中修改构件标注信息。错项提示：纵筋信息有误，是指构件截面中的纵筋数量与标注数量不符，程序是按照柱大样图中的纵筋数量识别的，可以通过【属性列表】页面的【截面编辑】功能直接修改。

在【构件列表】下删除未使用、错误、多识别的构件名称：单击【构件列表】下邻行右边尾部（两个水平方向小三角）→【删除未使用构件】，如图4-3-4所示。

另有【层间复制】【存档】【提取】【添加前后缀】功能，在弹出的“删除未使用构件”页面选择楼层、展开构件类型、选择构件→【确定】，提示：删除未使用构件成功。构件列表下未使用构件已删除。

图 4-3-4　用【删除未使用构件】功能删除无用构件

5 识别剪力墙

5.1 识别剪力墙

以下新、老版本方法相同：识别剪力墙应先识别剪力墙表，生成墙构件后，才能识别剪力墙。如果剪力墙表与墙柱平面图不在同一个图上，方法 1：→双击有剪力墙表的图名使其显示到主屏幕可框选识别剪力墙表。方法 2：可切换到【图纸文件列表】(《2018 版》在【图纸管理】页面下)，双击结构总图名，可以在主屏幕同时有全部多个电子版图时找到应有的剪力墙表，直接框选识别墙表。

老版本：识别暗柱成功后，在（剪力）墙柱（需要有剪力墙表的）平面图上操作(在导航栏下部，展开【CAD 识别】)。

《2018 版》：在导航栏的常用构件类型栏下部→展开【墙】→【剪力墙】→光标放到主屏幕上部的【识别剪力墙表】功能窗口上有小视频。

以下老版本、《2018 版》方法相同：【识别墙】→【识别剪力墙表】→框选剪力墙表→单击左键→单击右键，显示“识别剪力墙表”页面，删除表头下的空白行，删除重复的表头，如图 5-1-1 所示。

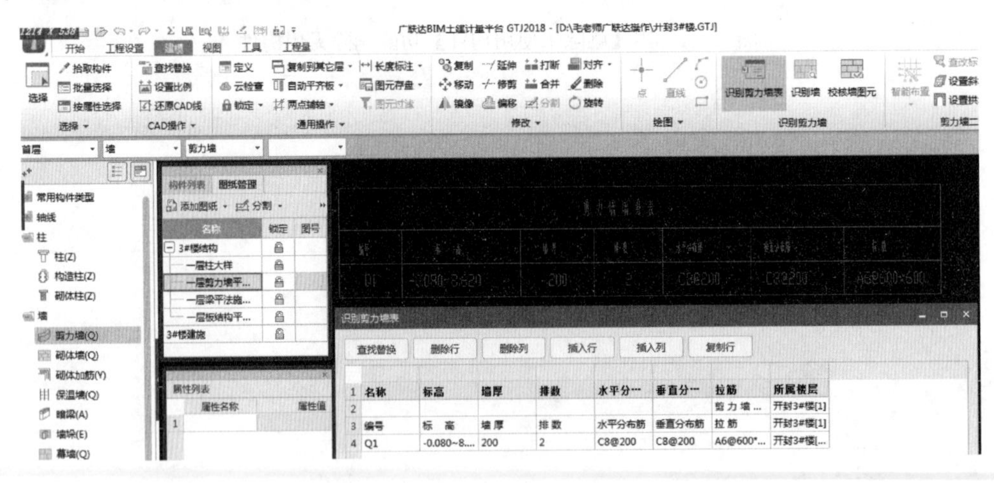

	名称	标高	墙厚	排数	水平分…	垂直分…	拉筋	所属楼层
2							剪 力 墙 ...	开封3#楼[1]
3	编号	标　高	墙 厚	排 数	水平分布筋	垂直分布筋	拉 筋	开封3#楼[1]
4	Q1	-0.080~8....	200	2	C8@200	C8@200	A6@600*...	开封3#楼[...

图 5-1-1 识别剪力墙表

如不删除上述横行→【确定】，会无故提示墙厚出错，墙厚显示为红色。（《2018 版》无须删除空白行），左键单击表格上部空格全列发黑，逐列对应，最后对应尾部“所属楼层”列，如有行显示有不应有的楼层号，左键单击显示▭并单击▭→在对应楼层页面勾选或取消勾选（为不选择的楼层）→【确定】，对应到应有楼层→【确定】（《2018 版》是【识别】），提示：表格识别完毕，共识别到墙构件多少个→【确定】。

《2018 版》识别剪力墙表特例：单击识别剪力墙表格上部空格对应列后→【识别】，某行某栏的参数显示为红色→删除此墙构件，识别后在【构件列表】新建此构件、属性。

提示：

1. 剪力墙表识别后，是否只能在当前层建立生成构件，即使构件标高涵盖了其他楼层，在其他楼层也没生成建立的剪力墙构件，关键在识别剪力墙表时，墙表最后列对应楼层有关。在识别剪力墙表时，需检查在此选择的楼层信息是否正确？如有错误，需要修正。

2. 在属性页面的【搭接设置】界面的钢筋直径范围如 12～16 均包括下限 12，上限 16。

3. 新建剪力墙构件，在【属性列表】页面的水平、垂直分布钢筋栏输入配筋信息特例，如果水平或者垂直分布筋设计为两种不同的钢筋级别、直径、间距，输入格式为：外侧的钢筋级别、直径、间距/内侧级别、直径、间距，排数可免输入。

剪力墙表识别完毕，可回到导航栏上部图形输入界面，检查识别效果：在常用构件类型栏下部展开【墙】→（混凝土）【墙】→【定义】→已识别墙表中的墙构件名称已显示。右侧为剪力墙构件的【属性列表】页面：如果剪力墙顶部设计有暗梁或者压顶钢筋，大部分在剪力墙的剖面图中表示，可以在属性列表的【压墙筋】栏输入，如此在平面图上识别出的剪力墙图元会含有暗梁或压墙钢筋。如为最底层剪力墙→展开“其他属性”（《2018 版》是展开【钢筋业务属性】）在“插筋信息”栏输入插筋信息，如图 5-1-2 所示。

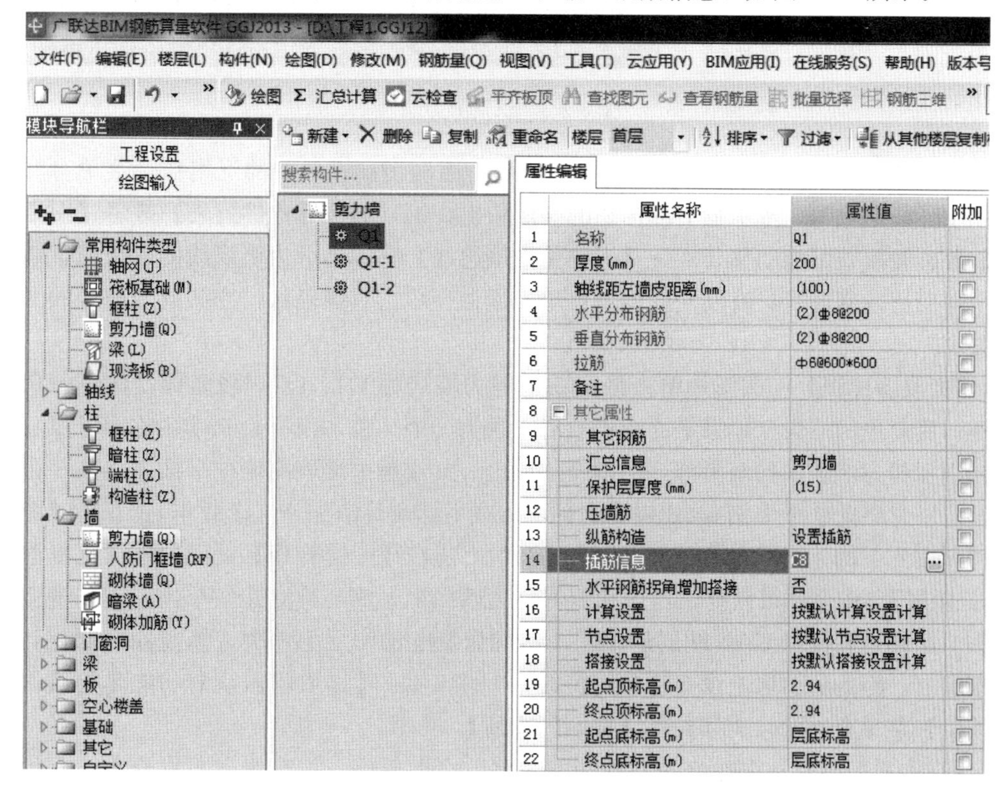

	属性名称	属性值	附加
1	名称	Q1	
2	厚度(mm)	200	☐
3	轴线距左墙皮距离(mm)	(100)	☐
4	水平分布钢筋	(2)Φ8@200	☐
5	垂直分布钢筋	(2)Φ8@200	☐
6	拉筋	Φ6@600*600	☐
7	备注		☐
8	⊟ 其它属性		
9	其它钢筋		
10	汇总信息	剪力墙	☐
11	保护层厚度(mm)	(15)	☐
12	压墙筋		☐
13	纵筋构造	设置插筋	☐
14	插筋信息	C8	☐
15	水平钢筋拐角增加搭接	否	
16	计算设置	按默认计算设置计算	
17	节点设置	按默认节点设置计算	
18	搭接设置	按默认搭接设置计算	
19	起点顶标高(m)	2.94	☐
20	终点顶标高(m)	2.94	☐
21	起点底标高(m)	层底标高	☐
22	终点底标高(m)	层底标高	☐

图 5-1-2 在属性页面设置底层剪力墙基础插筋

只输入垂直分布钢筋的级别、直径即可。如墙顶有暗梁或压顶钢筋，多在剪力墙剖面图顶部标注，可在属性页面的“其他钢筋”栏设置暗梁或压顶钢筋。

《2018 版》：如平面图中识别柱后，双击墙柱平面图名，此墙柱平面图没有恢复、显示在主屏幕→【视图】→【图层管理】→在显示的属性列表右邻有【图层管理】页面，勾选【CAD 原始图层】，或者同时勾选【还原 CAD 图层】功能，可恢复显示墙柱平面图→继续识别。上述现象主要在首次识别不成功，再次识别时才会出现。

剪力墙表识别后→在主屏幕平面图上识别剪力墙，如图 5-1-3 所示。

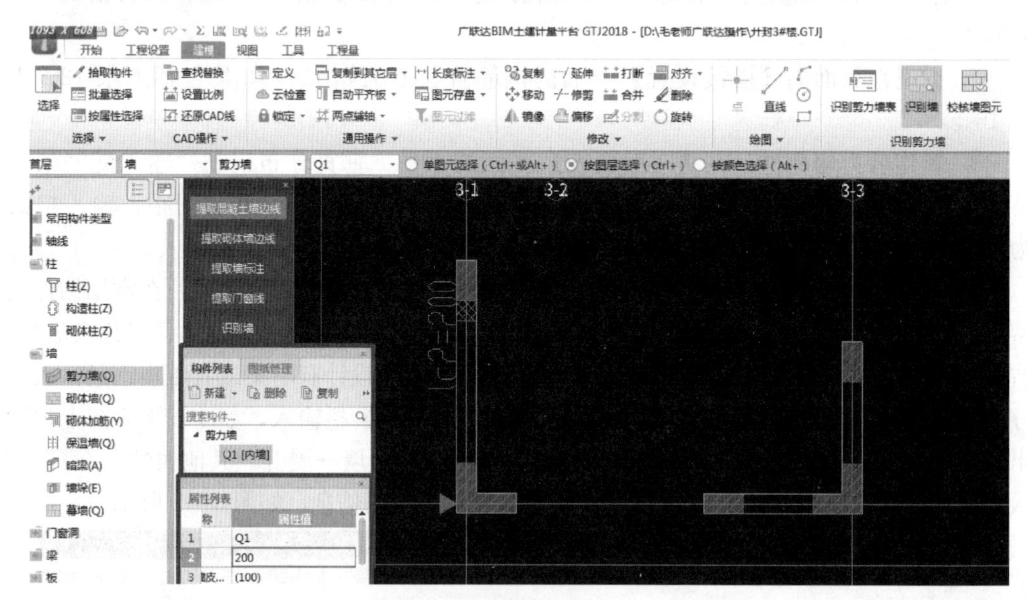

图 5-1-3　识别剪力墙

单击【识别剪力墙】(《2018 版》识别剪力墙与识别砌体墙的下属数个菜单合并显示在主屏幕左上角，按本页下部描述的顺序依次识别，如被【构件列表】或者【图纸管理】等页面覆盖可拖动移开) →【提取剪力墙边线】→单击剪力墙双线的单根线，墙双线全部变蓝或变虚线，有没变蓝的可再单击变蓝→单击右键确认，变蓝或变虚线的图层消失。

【提取墙标识】→选择并单击平面图上剪力墙名称 Q1、Q2。墙名称变蓝色→单击右键，变蓝色的消失（如果平面图上只有一种剪力墙构件，没有绘制墙名称，可以直接选择识别剪力墙表中的墙名称，识别方法同上，如果剪力墙表与墙柱平面图不在一张图上，可以忽略此项不识别)，如提取识别墙边线后墙名称消失→（老版本）：双击“图纸文件列表”下的此图纸名称行首部，《2018 版》是在【图层管理】页面勾选【已提取的 CAD 图层】。墙名称可恢复，再识别墙名称为墙标识，墙名称变蓝→单击右键，变蓝的消失，如果是在提取 CAD 图层后识别，右键后变蓝的图层不消失，恢复原有颜色，但识别有效，因为剪力墙上没有绘制门窗线，《2018 版》【提取门窗线】功能是与【识别砌体墙】菜单合并的，无须操作【提取门窗线】。

【识别剪力墙】→在弹出的“识别剪力墙”页面复核，如有错误可以修改，多识别的墙构件可以删除（在【识别剪力墙表】页面下部）→【自动识别】→提示：建议识别墙之前先画好柱……是否继续识别→“是”→关闭重复显示的识别墙表页面，提示：无错误墙图元。(如果弹出“校核墙图元”页面：有错项……按照5.2节的方法纠错)，关闭校核表。平面图上剪力墙双线已填充，光标放到识别产生的剪力墙图元上呈回字形，可显示墙名称，如果与平面图上原有的墙构件名称不同，单击此墙图元，图元变蓝色→右键（下拉众多菜单）→【属性】，在显示的【属性列表】页面单击【名称】栏，行尾部显示▼→单击▼，可显示在平面图上已识别产生的各个墙名称→选择与平面图上应该是的墙名称，弹出“确认”对话框，如图5-1-4所示。

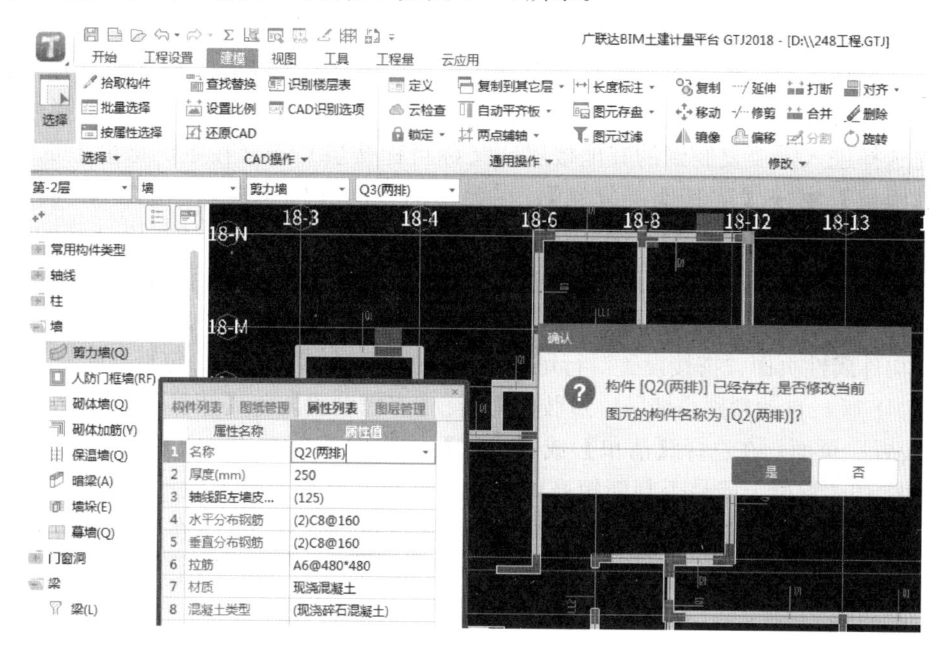

图5-1-4 在平面图上修改墙的名称、属性

弹出的“确认”对话框提示：构件\［某某（两排）\］已经存在，是否修改当前图元的构件名称为\［某某构件（两排）\］？→“是”，平面图上的构件图元名称、属性已更正→【动态观察】→生成剪力墙三维立体图，如图5-1-5所示。

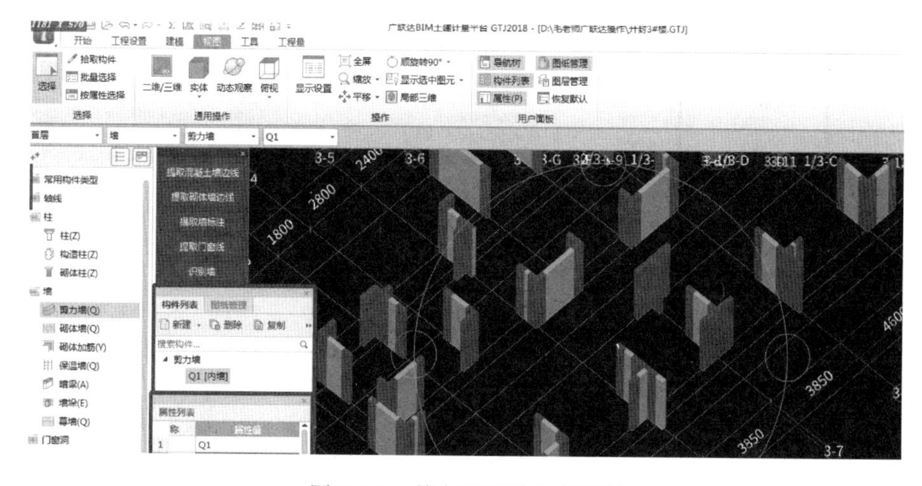

图5-1-5 剪力墙三维立体图形

剪力墙识别完毕，如果在识别剪力墙表时（忘记）没有在墙表最后列把墙构件信息对应、选择到应有楼层，识别的墙图元就不能显示在应有楼层，可以在主屏幕上部（不是在【定义】页面）→【复制到其他层】▼（与之对应的有【从其他层复制】，有时主屏幕上部找不到此功能窗口，在主屏幕上部第三行【复制】窗口向左隔 1 个窗口，显示为⊟▾，单击其尾部的▼，可显示【复制到其他层】【从其他层复制】窗口）→【复制到其他层】→框选平面图上需要复制的构件图元→单击右键，在弹出的“复制图元到其他层”页面：选择需要复制到的目标楼层→【确定】（复制运行），提示：图元复制成功→【确定】。一次只能原位复制在“常用构件类型”栏下的一种主要构件，其余没有复制的构件图元可以使用→【从其他层复制】功能，把其余没有复制的构件图元一次性全部原位置复制过来，操作方法如下：在主屏幕左上角的选择楼层窗口，先选择进入需要复制到的其他楼层（又称目标楼层）→（在主屏幕最上部）【复制到其他层】▼→【从其他层复制】，在弹出的“从其他层复制图元”页面，左边“源楼层”下部的【第 n 层】，选择到需要复制的来源楼层数→选择需要复制的构件：轴网、墙、柱等→在右边“目标楼层选择”栏→选择需要复制的目标楼层→【确定】，提示：图元复制成功→【确定】。

在构件属性页面“搭接设置”行尾单击显示⋯→⋯有接头形式、定尺功能。

《2018 版》自动判别小墙肢、短肢剪力墙：【工程设置】→【计算设置】，在弹出的“计算设置”页面；在选择【清单】或【定额】界面的下部左边→【剪力墙或砌体墙】→在序号 16“混凝土墙是否判断短肢剪力墙”处双击此行的设置栏，单击选项行尾显示▼，单击▼→选择【判断（2013 清单）】，可选择判断或不判断→在上部选择【定额】界面，操作方法相同。并且新老版本操作基本相同，如图 5-1-6 所示。

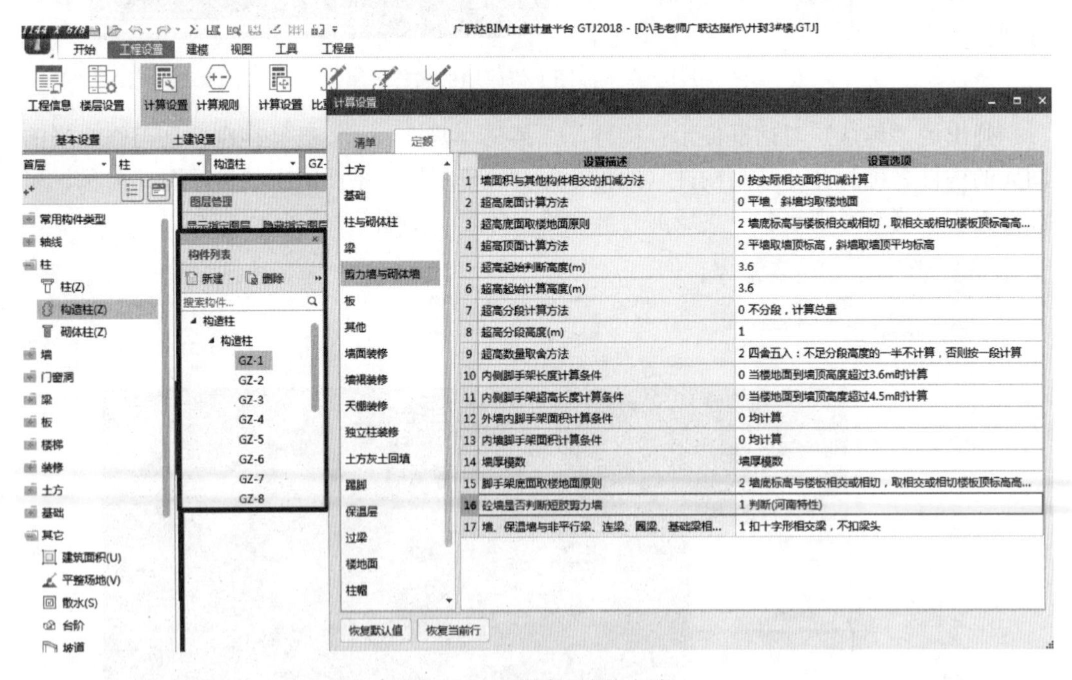

图 5-1-6　判别短肢剪力墙

5.2 识别剪力墙纠错

提示：

1. 剪力墙表识别后或墙构件名、属性建立后，提取墙边线或画墙画不上，提示不能与某某重叠，需记住此位置的下层构件名称，在其属性页面修改起、终点顶标高或修改当前层所画墙的起、终点底标高后，即可画上。柱遇有此情况时也参考此法。

2. 有时剪力墙识别成功后（双墙线已填充），还有个别墙段为双线没识别成功，可按初次识别方法重新识别（从提取混凝土墙线开始）这些双线的墙段，单击这部分墙线，全部平面图上的墙线全部变蓝，不影响识别效果。（注意：在其他平面图上只要有剪力墙线如框筒的混凝土墙，有混凝土墙线无墙名、无配筋信息也可识别，或者手工绘制这部分剪力墙图元）。

识别剪力墙纠错方法如下（新、老版本方法同）：

1. 当剪力墙内外侧配筋直径间距不同时，需在其属性编辑页面，水平或垂直分布筋栏，左侧及外侧在前如（1）C10@200＋（1）C12@150（右侧及内侧在后，按顺时针方向画墙），如图 5-2-1 所示。

图 5-2-1 特殊情况绘制剪力墙方向、顺序

可以直接单击键盘左上角的【～】：可在墙体中间显示绘制方向小箭头，是墙体绘制方向的快捷键，如没有按照顺时针方向绘制，可以选中此墙体→单击右键→【调整方向】进行纠正，墙体上显示的绘制方向剪头已改变。内外侧钢筋画错，影响钢筋计量结果。

2. 有暗柱时，对于一字形暗柱，墙画到暗柱外边缘也称墙覆盖柱；遇┒形暗柱，剪力墙应满画全覆盖，遇十字形或 T 字形暗柱，需按轴线交点画到暗柱外边缘覆盖暗柱（暗柱不是柱，暗梁、连梁不是梁，剪力墙遇暗柱、暗梁、连梁应覆盖满画到轴线交点）。

3. 校核表提示“未使用的墙线”，双击此错项提示，如果在平面图上显示的蓝色墙线上已有识别产生的墙图元，只要墙构件名称、墙图元位置长度、属性各参数不错，有三维立体图，无须纠错。

大写状态下的 Q 键，是隐藏、显示剪力墙、砌体墙的快捷键；

Z 键，是隐藏、显暗柱、框架柱、构造柱的快捷键。

《2018 版》在“常用构件类型”下的：剪力墙、砌体墙、梁、圈梁等线性构件界面需要新建 1 个构件，在主屏幕上部→【直线】，在主屏幕上邻行有【点加长度】菜单，用【点加长度】菜单可以绘制超出节点以外任意长度的墙、梁等线性构件，还有设置偏心功能，绘制方法为【建模】→【直线】→主屏幕上邻行【点加长度】→画墙或梁的起点→移动光标指引方向到下一轴线节点，单点左键→输入超出此第二个节点的尺寸→右键结束。

批量修改构件名称、属性，用于内外墙画混，在第一层外墙画混无法布置散水，在其他层内、外墙画混影响房间内、外墙面装修。

方法 1：（在【建模】界面电脑桌面左上角）【批量选择】（其右侧还有【按属性选择】）→弹出“批量选择”页面，选择楼层、勾选构件→【确定】。如选择的是当前楼层，在主屏幕上当前层平面图上所选择的构件图元格外发蓝→【图层管理】（与【属性列表】在同一页面，有时可能会被其他页面覆盖，单点此页面任意点可显示），切换到【属性列表】界面，因此时属性页面显示的构件名称、属性各参数是所选择多个构件的共有属性，所以有多个属性参数显示为“?”号，根据需要修改或不改，在“内 \ 外墙”标志栏单击，可选择内墙、外墙，在此选择的内或外墙是批量修改，其他“?”号不改即表示保留各构件的原属性，下部还有钢筋、土建业务属性，修改完毕→（返回【建模】界面）【定义】→在【定义】页面的“构件列表”下，批量选择的构件名称后已附带有内或者外墙标志。

方法 2：在主屏幕显示的墙柱平面图上，并在已生成墙柱构件图元情况下，光标放到墙图元上，由箭头状变为回字形，单击后图元变蓝，并可根据需要多次单击，图元变蓝→单击右键（下拉菜单）→【属性】（P）在显示的【属性列表】页面的“内 \ 外墙”标志栏单击选择内墙或外墙，操作同方法 1。

《2018 版》剪力墙识别纠错后，选择定额做法，如图 5-2-2 所示。

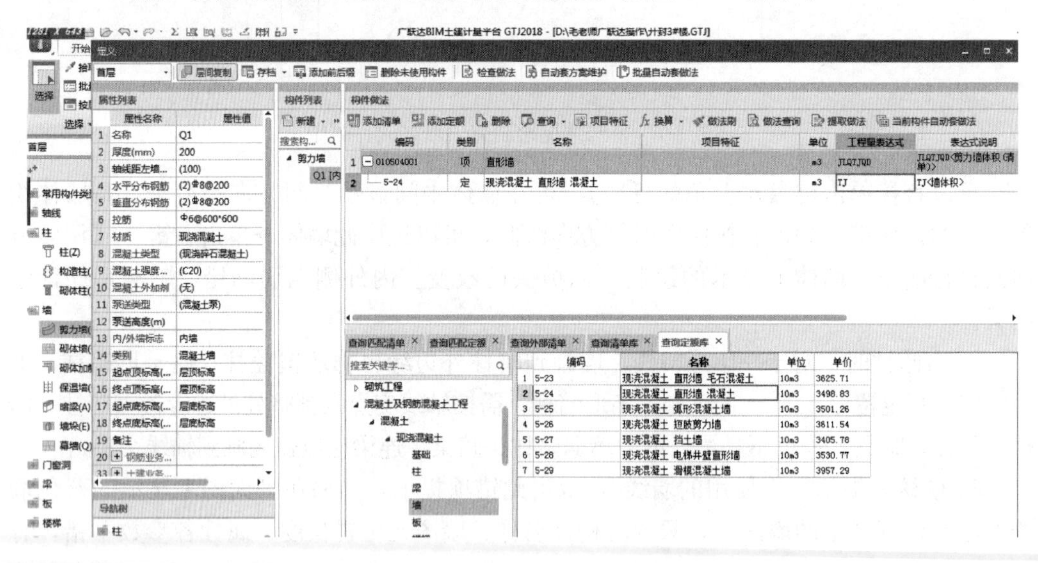

图 5-2-2　剪力墙选择清单、定额做法

在导航栏常用构件类型下部→展开【墙】→【剪力墙】（Q）→（在主屏幕上部）【定义】→在【构件列表】页面，显示已建立或识别的剪力墙构件→选择一个已建立的墙构件→在其右邻【构件做法】界面单击【添加清单】→【查询匹配清单】→默认【按构件类型过滤】；在下部显示的清单中找到对应的清单并双击，此清单已进入上部主栏内，并且其“工程量表达式”栏自动带有工程量代码，另有【查询清单库】可按分部分

项查找选择清单，【查询外部清单】有【导入 Excel 文件】功能。

【添加定额】→【查询定额库】，可按下部显示的分部分项找到并双击所需定额子目（还可选择剪力墙模板子目），此定额子目已进入上部主栏内，分别双击已选择定额子目的“工程量表达栏”显示▼，并单击▼选择对应的体积，选择“更多”进入工程量代码选择页面：已选代码已显示在此页面上部，再选择一个代码→【追加】与前边所选代码用“＋”号组合，在此可编辑简单的计算式→【确定】，所选代码已进入已选择定额子目行的工程量表达式栏。在此只讲操作方法，需要选择什么清单、定额，应按设计、工况、施工方案、各地规定。

清单、定额和定额子目的工程量代码选择完毕→【工程量】→【汇总选中图元】→单击平面图上需要计算工程量的构件图元→单击右键（计算运行），提示：计算成功→【确定】。【查看工程量】→左键单击已选择了清单、定额子目的并且已经计算过的构件图元或框选全平面图的构件图元，弹出“查看构件图元工程量”页面→【做法工程量】，如图 5-2-3 所示。

图 5-2-3　剪力墙的清单、定额子目工程量

还有【查看钢筋量】功能，操作方法相同，如果需要单独列出此部分工程量，有【导出到 Excel】功能。

5.3　装配式建筑预制剪力墙与后浇柱的计算

《2018 版》对于装配式建筑预制剪力墙与后浇柱的计算：需要在主屏幕只有一个结构墙柱平面图上，并且是在（暗）柱、剪力墙构件图元已经布置完成后进行。

在“常用构件类型”下展开【墙】→【剪力墙】(Q)。以两道剪力墙相交的阳角或者阴角处布置的L形暗柱为例：光标放到此转角处的一道剪力墙图元上，光标呈回字形可显示其墙构件名称→在【构件列表】页面找到此剪力墙为“JLQ”构件名称并单击，变黑色，使其成为当前操作构件。

设置此预制墙端伸入后浇暗柱的（图纸显示为红色）附加补强钢筋：

在此墙构件的【属性列表】页面下部展开【钢筋业务属性】→单击【其他钢筋】栏，显示⋯→⋯，在弹出的“编辑其他钢筋”页面，按照国家建筑标准设计图集15G310-2第34、35、36页节点图，设置预制剪力墙端部伸入后浇暗柱的红色附加补强钢筋，操作方法参见本书3.2节图3-2-6部分所述→【定义】，在【定义】页面单击【构件做法】→【添加清单】（按照此墙在平面图中的布置形态为直形）→找到【直形墙】清单编号并双击，使其显示在上部主栏内，在此清单的“工程量表达式”栏内可自动显示其【工程量代码】：JLQTJQD（剪力墙体积）→【添加定额】→【查询定额库】，在下部左边→展开【混凝土及钢筋混凝土工程】→展开【混凝土构件运输安装】→【装配式建筑构件安装】，在右边主栏（以河南地区定额为例，全国各地均可参照本法操作）找到5-365装配式建筑外墙板安装并双击，使其显示在上部主栏内→双击此定额子目的“工程量表达式”栏，显示▼→单击▼，选择【墙体积】。（转角处另一边的预制墙也按照上述方法操作），在此定额子目、工程量代码选择完毕，关闭【定义】页面。

在“常用构件类型”下部展开【柱】→【柱】（Z）→光标放到平面图中已经选择的两道剪力墙交点处的（暗）柱图元上，光标变为回字形并可显示此柱的构件名称，记住此柱名称→在【构件列表】页面找到并单击此构件名称、变为黑色，成为当前操作构件→【定义】，在【定义】页面单击【构件做法】→【添加清单】……

如果【构件列表】页面的构件很多，不易找到此构件名，可以使用【拾取构件】功能快速查找使其成为当前操作构件，操作方法为：（在【建模】界面主屏幕的左上角）【拾取构件】→光标放到平面图中两道剪力墙相交节点的后浇柱上，光标由“口”字形变为回字形为有效，并可显示此柱的构件名称→单击此柱图元→在【构件列表】页面联动显示此构件名称已变为黑色，成为当前操作构件→右键确认→【定义】，在【定义】页面单击【构件做法】→【添加清单】……

单击【查询清单库】，在左下角展开【混凝土及钢筋混凝土工程】→【现浇混凝土柱】（按照预算定额计算规则“L”“T”“十”形截面柱为异型柱）→找到【异型柱】清单并双击，使其显示在上部主栏内，此清单可自动显示其工程量代码：TJ（柱体积）→【添加定额】→【查询定额库】→在左下角展开【混凝土及钢筋混凝土工程】→展开【混凝土】→展开【现浇混凝土】→【柱】，在右边主栏找到5-13现浇混凝土异型柱并双击使其显示在上部主栏内→双击5-13定额子目的“工程量表达式”栏，显示▼→单击▼，选择【柱体积】→在下部主栏左下角展开【模板】→展开【现浇混凝土模板】→【柱】→在右边主栏找到5-224现浇混凝土异型柱复合模板定额子目并双击，使其显示在上部主栏内，下一步需要计算柱的模板面积，如果记不清楚柱的截面尺寸→（在【构件做法】窗口左边）【截面编辑】，可以查看此柱的截面大样详图及尺寸，如图5-3-1所示。

在此只需要记住暗柱两端的截面厚度尺寸即可，软件有柱截面周长代码，可以提供周

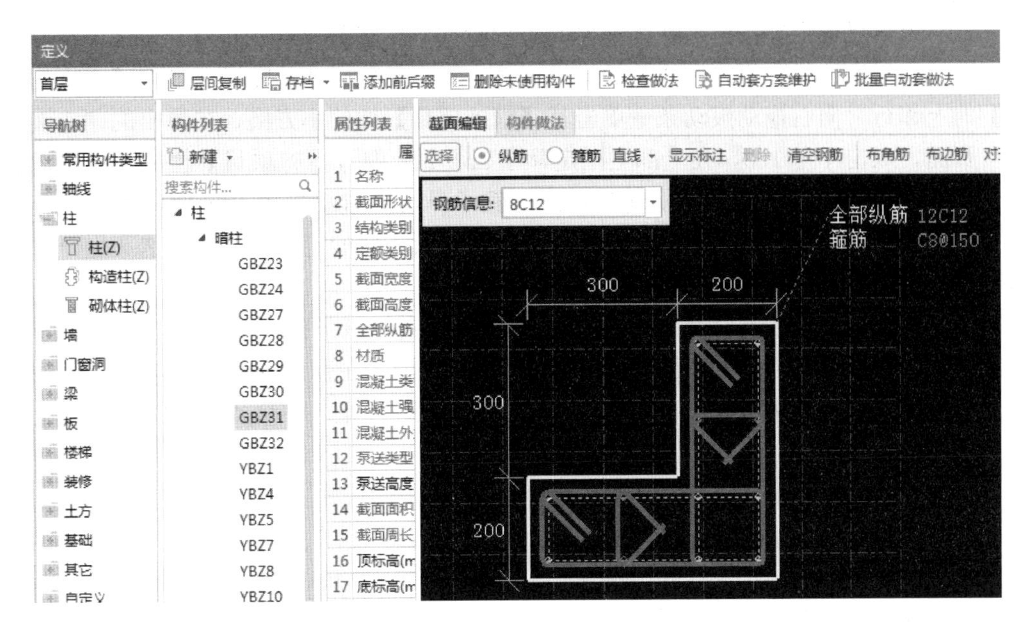

图 5-3-1　查看柱的截面尺寸

长尺寸→关闭此页面。双击 5-224 定额的“工程量表达式”栏显示▼→单击▼→【更多】，在弹出的“工程量表达式”选择页面双击【柱周长】ZC，使其显示在此页面上部→在此编辑为（ZC-0.2＊2）＊2.9［意思是（柱周长－2 端柱的截面厚度）×层高，单位为 m，因为此柱两端有预制剪力墙，计取此部分模板属于重复计算］，如图 5-3-2 所示。

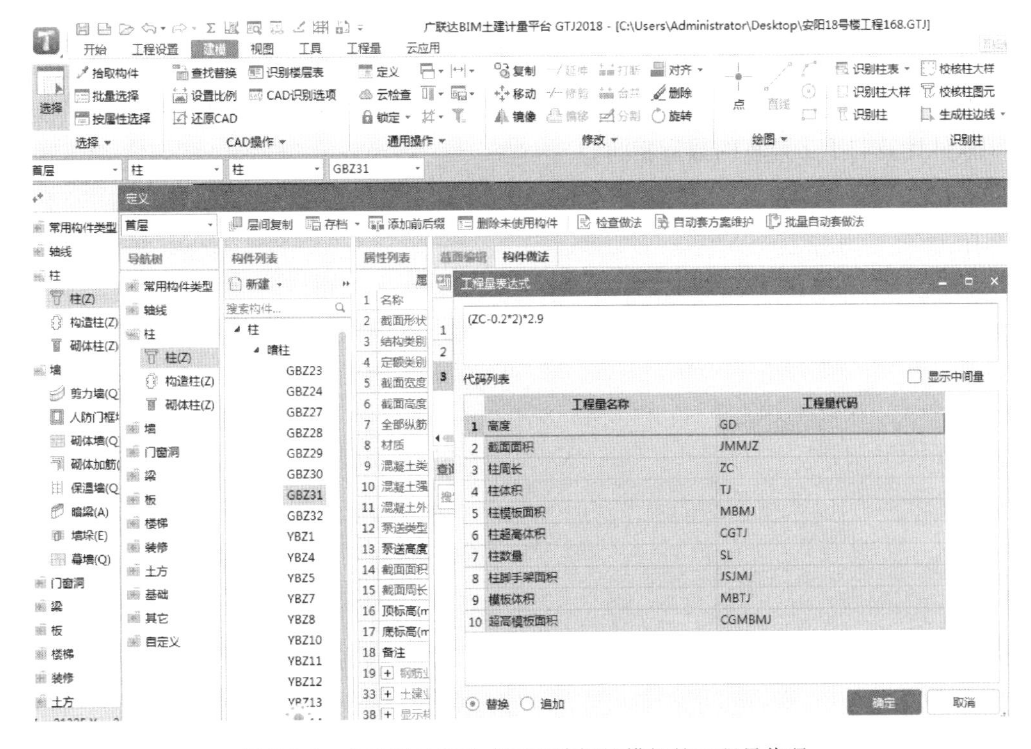

图 5-3-2　在工程量表达式页面编辑柱模板的工程量代码

最后单击【确定】按钮。在此编辑的工程量代码已经显示在上部主栏 5-224 定额子目的“工程量表达式”栏，后浇柱的模板定额、工程量代码选择完毕→（在【查询定额库】的上邻行）向右拖动滚动条→单击其【措施项目】栏的小方格，在弹出的“查询措施”页面，双击序号 1.8，在上部主栏定额子目 5-224 的【措施项目】栏的小方格内已勾选，作用是在后续导入计价软件时，此定额子目可以自动导入计价软件的【措施项目】界面，凡属于措施项目的定额均应如此操作。所需要的定额子目全部选齐后→关闭【定义】页面。

单击平面图上此构件图元，图元变蓝色→单击右键（下拉众多菜单）→【汇总选中图元】（计算运行）→【工程量】→【查看工程量】，在弹出的“查看构件图元工程量”页面的【构件工程量】界面，显示构件名称、周长等 7 种参数→【做法工程量】，如图 5-3-3 所示。

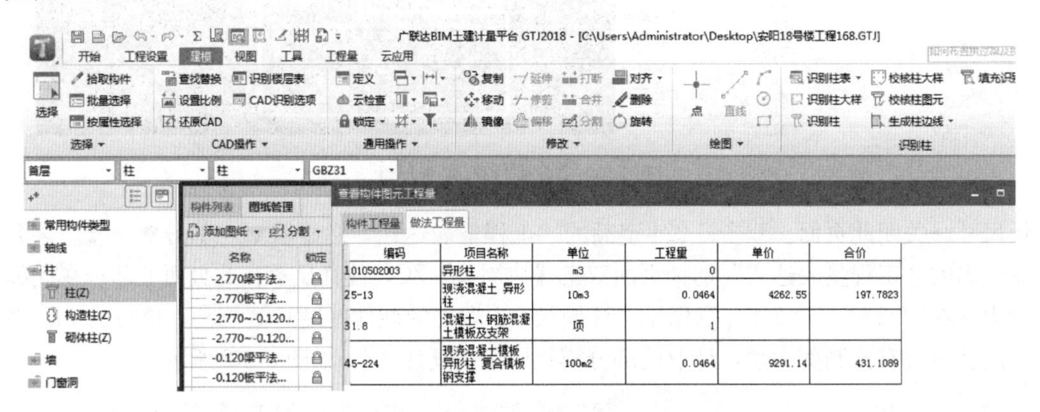

编码	项目名称	单位	工程量	单价	合价
1010502003	异形柱	m3	0		
25-13	现浇混凝土 异形柱	10m3	0.0464	4262.55	197.7823
31.8	混凝土、钢筋混凝土模板及支架	项	1		
45-224	现浇混凝土模板 异形柱 复合模板 钢支撑	100m2	0.0464	9291.14	431.1089

图 5-3-3　后浇异型截面柱的体积、模板定额子目工程量

此页面显示两道预制剪力墙交点处暗柱的定额子目、工程量，经手工验算，其模板面积软件计算与手工计算的数量相同。

6　识　别　梁

6.1　识别 LL：连梁

如果连梁表不与剪力墙柱平面图在同一张图上，老版本可切换到“图纸文件列表”（《2018 版》需要切换到【图纸管理】界面）→双击总结构图纸名称尾部的空格，可在主屏幕上显示有多页电子版图状态，找到对应的连梁表，直接框选识别连梁表。

《2018 版》【识别连梁表】的位置由【CAD 识别】的【识别梁】界面改在主屏幕的上部：在导航栏“常用构件类型”栏下展开【梁】→【连梁】（G）→（在主屏幕上部）有【识别连梁表】功能窗口，如图 6-1-1 所示。

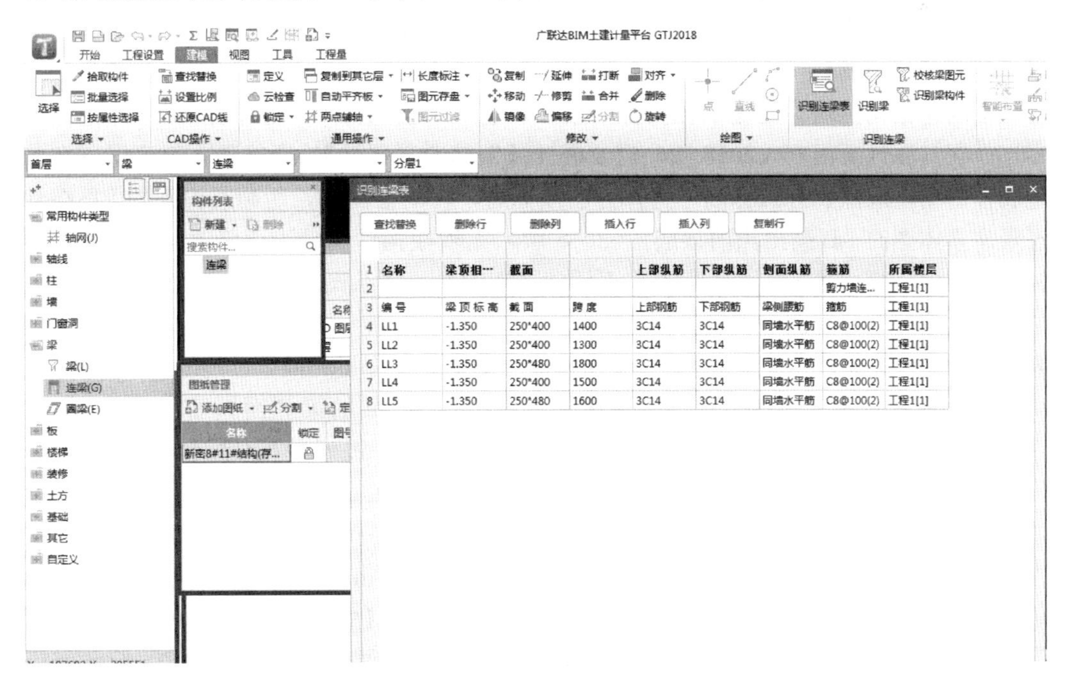

图 6-1-1　识别连梁表（新老版本识别方法相同）

（混凝土）柱、（混凝土）墙识别后→单击“识别连梁表”（无须先画剪力墙上洞口）。

老版本：“图纸文件列表”→双击在“图纸楼层对照表”下的、已识别柱墙构件的墙柱平面图的图纸名称的行首（《2018 版》需双击图纸名称尾部的空格）→只有此一个电子版图已显示在主屏幕上（此图需要有连梁表）。

新老版本操作方法基本相同：单击主屏幕上部的【识别连梁表】→左键单击，框选连梁表→连梁表变蓝→单击左键→单击右键→显示“识别连梁表”页面，如此表头下有空白行→左键单击左边行首全行发黑→【删除行】→提示：是否删除所选行→“是”→此行已删除（《2018版》无须删除表头下的空白行，不需要删除重复的表头），需要删除【侧面纵筋】竖列，并按此连梁表下部提示单击左键，从左到右逐个单击表头上部空白行的每个空格，整列发黑用来对应竖列关系。因连梁腰部构造筋又称【侧面纵筋】，是剪力墙的水平分布筋，在剪力墙识别时已计入此筋，如在此识别是重复计算，所以在单击表头上部空格对应到【连梁腰筋】时，此列发黑成为当前列→【删除列】→“是”→此列已删除，对应到【所属楼层】列时，需要分别双击各连梁的【所属楼层】栏：显示⋯→⋯，在弹出的“所属楼层”页面勾选此连梁所属的楼层→【确定】。分别把连梁表的连梁对应、选择到应该属于的楼层后→【确定】（《2018版》改为→【识别】）［老版本：“提示：连梁表没有层号，是否生成在当前层”→“是”→提示：构件识别完毕，共有多少个构件被识别→【确定】，显示连梁表页面，【LL腰筋】列配筋信息已删除成为空白列，并在各LL的下邻行显示此LL梁的个数，并自动在其尾部勾选生成构件，不需要的可取消勾选或改个数→【生成构件】：→是否生成当前所建立的构件→“是”→提示：构件生成成功→【确定】。当LL表的LL名下显示已识别的N个楼层连梁时不选覆盖，选追加，否则有重名LL尾部加（—n）］提示：构件识别完成，共有多少个构件被识别→【确定】。LL表识别成功后返回上部图形输入部分，检查识别效果，老版本是展开【门窗洞】，《2018版》是展开【梁】→【连梁】（G）→在【构件列表】页面，已识别的连梁构件名称已显示在构件列表下，逐个单击选择LL构件名，Ctrl＋左键可多选→在其属性页面（《2018版》需要展开【钢筋业务属性】）选择是、否顶层→在其他属性栏更正起点、终点标高→选择为层顶标高，否则会出错，所画或识别的LL在动态观察立体图时LL高出当前顶层。《2018版》无须在构件属性页面修改起点、终点顶标高为层顶标高。各LL属性修改更正后→【连梁】→【绘图】→用“直线”功能，连梁钢筋量是按照门窗洞口宽度计算的，只要洞口宽度相同，从门窗洞口两边画连梁与在洞口两侧延伸到轴线十字交点画LL，所计算出的钢筋工程量相同，已经复验不错。

老版本有时在识别连梁时，会弹出提示：代号为LL的梁侧面纵筋含有【G】或者【N】，是否继续识别？→单击【是】，识别为连梁，过滤掉【G】和【N】；单击【否】，识别为框架梁；单击【取消】，退出命令。可以在【CAD识别选项】中设置梁的代号。解决方法：因为连梁集中标注中侧面钢筋信息中含有【G】或者【N】，软件中连梁侧面钢筋是不分抗扭钢筋和构造钢筋的，可以单击【是】，识别为连梁（反之单击【否】识别为框架梁），但是连梁侧面纵筋中没有【G】或者【N】，可以在汇总计算后→在【编辑钢筋】中，按照有关图集修改连梁侧面纵筋信息——锚固长度或搭接长度。

6.2 梁的识别

有的梁构件很多、布置很密，为了图面清晰，一张梁图分成X向、Y向两张图绘制，如果分开识别，主次梁的支座关系就会错乱，需要把两张图拼接为一张图，操作方法：在X向梁的平面图中→【添加图纸】▼→【插入图纸】→框选Y向梁平面图→单击右键→移动→选择Y向梁平面图的定位点，拖动到X向梁平面图的同一个定位点，使其完全重合、定位，才能进行识别梁的操作。

经验：框架结构如有砌体墙，宜先识别 KL 后再识别砌体墙，避免砌体墙图元生成后影响识别梁，必须在识别柱、识别（混凝土）墙后才能识别梁，也可在英文状态下使用键盘的 Q、L 快捷键隐藏或显示墙、梁构件图元。

老版本："图纸文件列表"→双击已识别成功柱墙的梁平面图的图纸名称的行首→此图已显示在主屏幕，如图 6-2-1 所示。

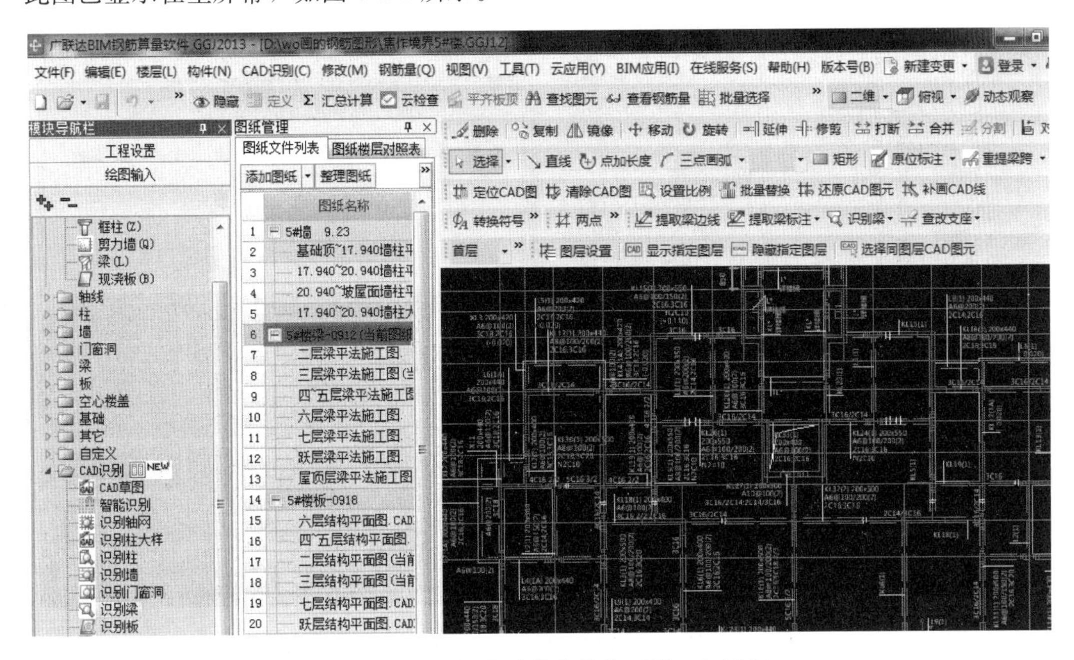

图 6-2-1 识别梁各功能菜单位置图（老版本）

【识别梁】→【提取梁边线】→（放大主屏幕电子版图避免选上不应该识别的图层线条）分别选择边梁外侧梁线为细实线，梁内则梁线为点划线，单击梁线变蓝（有梁线没变蓝的可再次选择单击→梁线变蓝）→单击右键→变蓝的梁线图层全部消失。

【提取梁标注】▼→【自动提取梁标注】（此方法适用于梁集中标注与原位标注在同一图层的情形）选择的梁集中标注与原位标注同时变蓝。有没变蓝的可再单击使其变蓝→单击右键→变蓝的图层全部消失。提示：如梁集中标注或原位标注有一种没变蓝，说明梁集中标注与原位标注不在同一图层，不要单击右键→Esc→退出。

当梁集中标注与原位标注不在同一图层时，按以下操作：【提取梁标注】▼→【提取梁集中标注】→左键选择梁集中标注引出线，选择并单击梁名使集中标注、变蓝，放大观察集中标注，有没变蓝的可再选择并单击，变蓝→单击右键，变蓝的消失。

如识别梁集中标注后，个别梁原位标注消失，可双击图纸楼层对照表下的此图名，等于刷新此电子版图纸→【提取梁标注】▼→【提取梁原位标注】→左键选择并单击梁原位标注，变蓝，有原位标注没变蓝的可再选择单击，变蓝→右键确认，变蓝的图层全部消失。

【识别梁】▼→【自动识别梁】，如图 6-2-2 所示。

提示：建议识别梁之前先画好柱、墙，此时识别出的梁的梁端会自动延伸到柱、

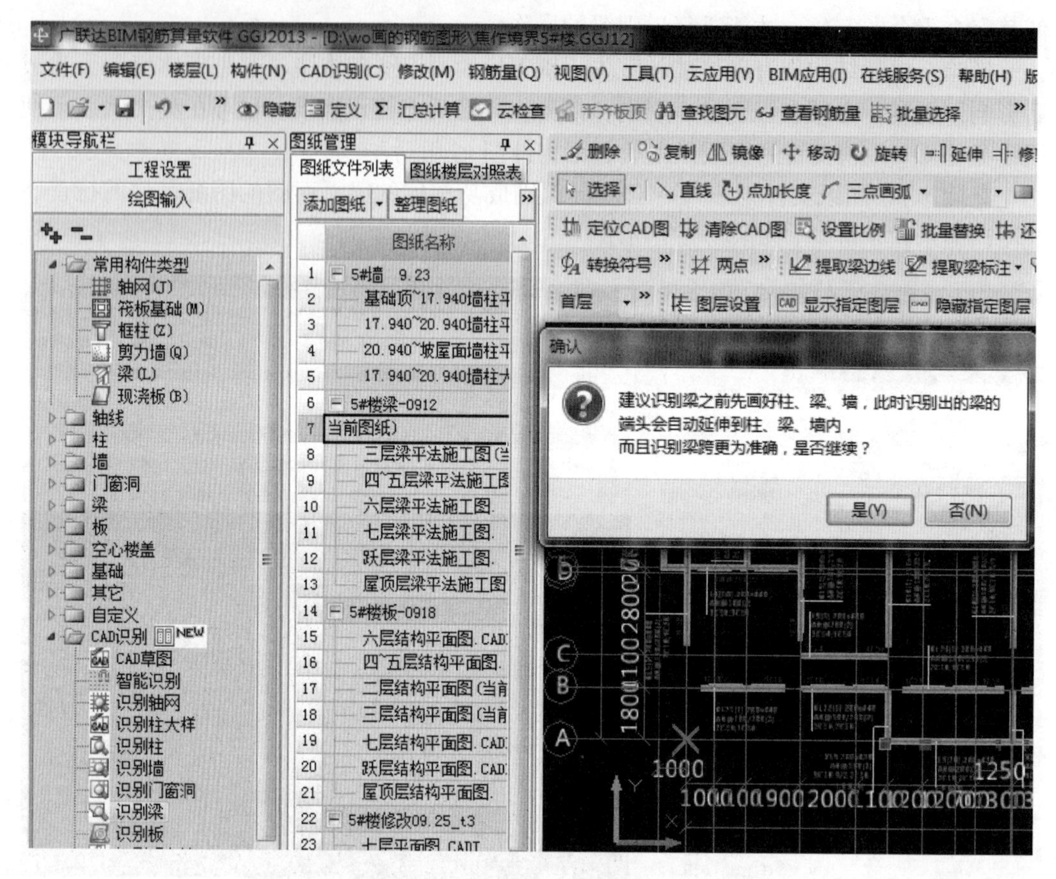

图 6-2-2 识别梁前先画好柱、墙等竖向构件（老版本）

梁、墙内，而且识别的梁跨更准确，是否继续→“是”→（运行）→弹出梁跨校核表→关闭校核表→（返回导航栏上部图形输入部分，检查识别效果）框架梁→【定义】，识别成功的 KL、L 的构件名、属性已全部显示在此构件列表下，平面图上识别成功的 KL、L 已由原来的双线加上填充为红色（没提梁跨），没识别成功的梁仍旧为双线，处理方法 1：记住此部分梁名称、集中标注等信息，在此界面手动新建梁名称、属性后绘图→用【直线】功能菜单手工原位画上。

画梁不论有几跨：用“直线”菜单单击梁起点～终点→右键结束，中间不能再单击左键，否则此梁会有两个引出线，两个梁名和集中标注又称重名。画梁从竖向构件（柱）内侧画，从左向右画。

《2018 版》在【图纸管理】页面：双击某层“梁平面图”图纸文件名行尾部的空格→此一个梁平面图显示在主屏幕→在导航栏的“常用构件类型”栏下展开【梁】→【梁】(L)（光标放在主屏幕上部【识别梁】功能窗口上有小视频但很快，需要反复看，还需做笔记，不如按照纸质的方便）。

在主屏幕左上角，把【楼层数】选择到主屏幕图纸应该使得【楼层数】（凡有轴网的都要检查轴网左下角的“×”形定位标志是否正确）→【识别梁】（识别梁的下级识别菜单显示在主屏幕左上角，如被【图纸管理】或【构件列表】等页面盖住可拖动移开）。如图 6-2-3 所示。

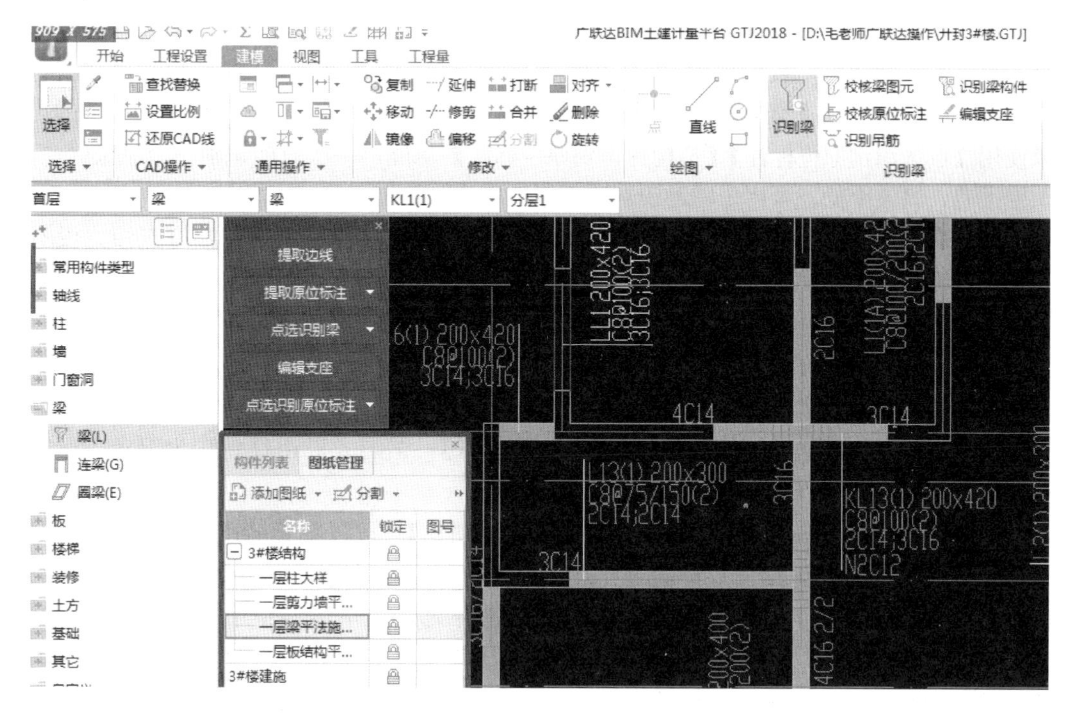

图 6-2-3　识别梁

【提取边线】→分别单击边梁外边线为细实线、内侧梁线为虚线，全部梁线变蓝→单击右键，变蓝的消失。

单击【自动提取标注】后的小三角▼（有【自动提取标注】【提取集中标注】【提取原位标注】数个菜单）→选择【提取集中标注】→单击梁名称、梁名引出线、梁名称下的梁集中标注，梁名称、引出线、梁名称下的集中标注图层全部变蓝，右键确认，变蓝的消失。如果单击梁名称、引出线、梁名称下的集中标注连同梁原位标注全部变蓝色，说明梁的集中标注与原位标注在同一图层，继续识别会造成识别失败，不要单击右键→Esc 退出，选择【自动提取标注】（适用于集中标注与原位标注在同一图层的情形），分别单击梁的集中标注、原位标注，梁的集中标注、原位标注全部变为蓝色→单击右键，变蓝色的消失（识别运行），提示：识别完成。

单击【点选识别梁】后的小三角▼→（优先选择）【自动识别梁】（运行）→在弹出的“识别梁选项”页面，最新版本可以依次单击【全部】，在下部主栏显示已识别的全部梁信息，核对后如有错误可修改；单击【缺少箍筋信息】，在下边主栏显示缺少箍筋信息的梁名称→移动“识别梁选项”页面，找到并按照平面图上此梁的箍筋信息输入，如果主栏为空白，说明无错误信息；单击【缺少截面】，在下边主栏显示缺少梁截面尺寸的梁名称。可以拖住移开“识别梁选项”页面，在平面图上找到所需的梁构件，分别补充输入各自缺少的信息→（在此页面右下角）【继续】（运行），平面图上的梁双线已经识别成功，变为红色填充实体，没有提取梁跨。消失的梁名称、梁标注已恢复，提示：校核完成，没有错误图元信息（如有错误信息，弹出“校核梁图元”页面，可先关闭此页面）→【确定】。

平面图上如有梁原位标注时，单击【点选识别原位标注】后的▼→（优先）【自动识别原位标注】（运行）弹出：校核通过，可自动消失。梁图元由红色变为绿色＝已提取梁跨，提示：识别通过。或者提示：原位标注识别完毕，未识别的CAD（原位）标注粉色显示，请进行检查→【确定】，可按照6.5节梁原位标注纠错处理。（自动识别不成功的可以使用【点选识别原位标注】【单构件识别原位标注】功能，一次只能识别一个原位标注，识别准确，但效率低，可用于辅助识别。无原位标注时此步可忽略不操作。）

如果有个别梁图元没有变为绿色（仍然是红色），经检查这些梁一端有点短，没有搭到梁支座上→（放大此梁图元）左键单击此梁图元，变为蓝色→单击右键（下拉众多菜单）→【延伸】→（放大此梁图元）左键单击需要延伸的梁图元，不要点到轴线上→单击右键→移动光标放到可以作为梁支座的构件图元上，光标变为回字形并单击左键→左键单击需要延伸的红色梁图元，此梁已经延长搭到所选择的支座上→分别单击红色的梁图元，此梁图元变蓝色→单击右键→【重提梁跨】，梁图元已由红色变为绿色，已提取梁跨。

识别原位标注后→（在主屏幕上部）【校核梁图元】（按各章节描述的方法进入纠错操作）。说明：【自动识别梁】错误或者没有识别成功的可以再次单击【点选识别梁】后的小三角▼→【点选识别梁】（作为识别操作的补充）→单击梁集中标注使其显示在"点选识别梁"页面（6.4节）→单击右键→选择梁边线，多跨梁可只选择首跨～未跨边线→单击右键（应该优先选择【自动识别】，自动识别错误或者没有识别成功的梁构件，再使用【点选识别梁】作为补充，识别效率高）。

（在【编辑支座】菜单下部）单击【点选识别原位标注】尾部的▼→【自动识别原位标注】（另有【框选识别原位标注】【单构件识别原位标注】），运行，提示：原位标注识别完毕，未识别的CAD标注用粉色显示，请检查→【确定】，平面图上全部梁图元由红色变为绿色，已经重提梁跨。如果仍然有个别没有识别成功的原位标注，按照6.5节梁原位标注纠错操作。

说明：【单构件识别原位标注】一次只能识别一道梁，识别后梁构件显示集中标注与原位标注，可以与平面图上的CAD原图进行对比检查，如识别错误，可以直接在下部的【梁平法表格】中修改，比【点选识别原位标注】效率高，识别前梁图元是红色，识别后变成绿色，比【自动识别原位标注】更容易检查。

如果设计单位在平面图上没有绘制梁的原位标注，需要手工【重提梁跨】操作，（在主屏幕上部）单击【重提梁跨】尾部的小三角▼→【重提梁跨】（光标放在上面有小视频）→光标连续单击红色梁图元（有动感），图元变蓝，单击右键→红色梁图元可全部变蓝，已重提梁跨→【动态观察】有三维立体图。

特殊情况如果平面图上梁构件识别错误或者识别失败→（在主屏幕左上角）【还原CAD】→框选梁全部平面图，全部梁名称、集中标注、原位标注变蓝色→单击右键，上述变蓝色的信息消失，只剩余已识别的墙、柱图元→在【图纸管理】页面，双击结构总图纸名称尾部的空格，使结构的全部多个图纸显示在主屏幕→找到当前识别失败的梁平面图→再次【手动分割】后，在【图纸管理】页面下部→双击此梁图纸名称行尾部的空格，使此只有1个梁平面图显示在主屏幕；在【构件列表】页面的首行右边→【》】→【删除未使用构件】，在弹出的"删除未使用构件"页面，在需要删除构件的楼层下选择须删除的构件→【确定】→【识别梁】，可按照上述识别的方法重新识别。

梁识别成功→【构件做法】→【添加清单】→【添加定额】（可以参照有关章节的方法操作）后→【工程量】→【汇总计算】毕→进入报表预览界面，按照21.6节的方法，可以查看已识别构件的工程量。

《2018版》不同截面相交的KL支座设置：在主屏幕左上角有两个【计算设置】，第二个带钢筋软件图标的【计算设置】中的【框架梁】的公共部分：序号3，改为截面小的梁以截面大的梁为支座，重新识别即可。

平面图上显示为网格状态：《2018版》增加了一个新功能，图元修改或【计算设置】或【节点设置】后，会以网格形式显示。

6.3 梁跨纠错

老版本、新版本操作方法基本相同：梁跨纠错前需把作为梁支座的混凝土墙、柱、梁绘制齐全才能纠错。从“校核梁图元”页面的错项提示中纠错梁跨（按【编辑支座】的方法纠错）→（在识别梁状态）【查改支座】▼→【梁跨校核】→显示“梁跨校核表”，提取跨数与属性跨数不一致（《2018版》是单击主屏幕上部的【校核梁图元】功能窗口）。如图6-3-1所示。

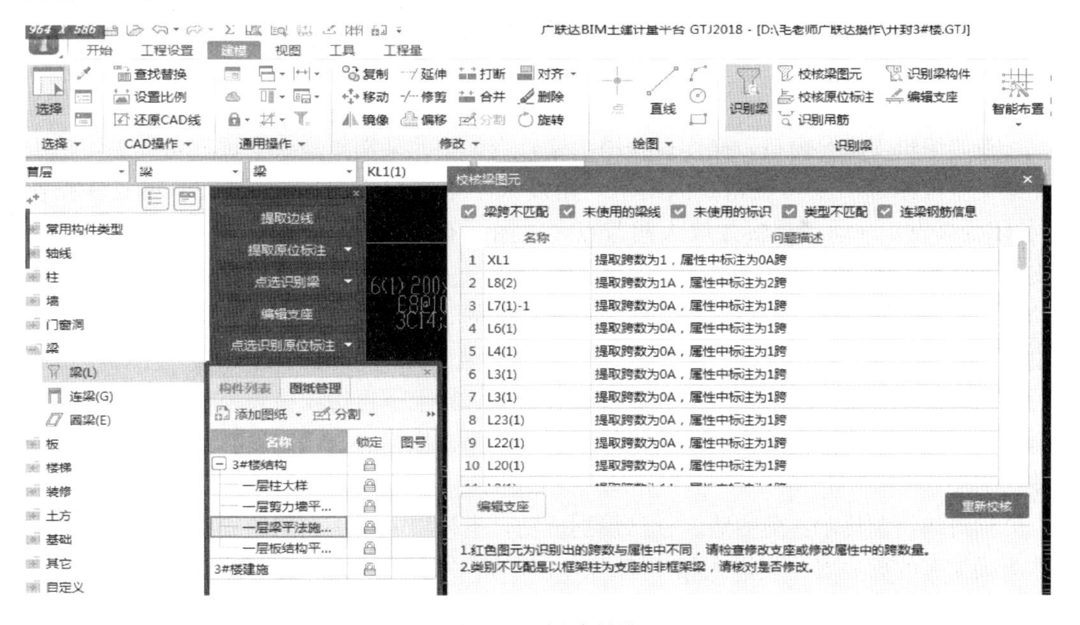

图6-3-1 梁跨纠错

双击校核表中的错项提示→此错项梁构件图元自动呈蓝色显示在主屏幕并且在此梁图元的支座（也就是梁与柱、剪力墙、KL相交的节点上有黄色三角显示，但不齐全或有错位）→【编辑支座】→左键单击（梁与非框架梁相交不属于支座）不应是支座上的黄色三角可删除三角，单击应是梁图元支座而无三角图形的可添加三角图形，梁的支座个数“－1”＝梁跨数→右键确认，结束此次操作。如提取（识别）的跨数不错，属于设计制图者粗心把梁跨数写错→【属性】→在显示的此梁构件属性编辑页面，修改为正确的梁跨→（校核表页面）【刷新】→此错项已从校核表中消失，纠错成功。

对于梁跨的解释：悬挑梁，XL 的跨数是 0A，如 XL 在生根的支座和 XL 与边梁交点各有 1 个共 2 个三角支座标志，应该删除在边梁交点上的三角标志。

《2018 版》【编辑支座】功能窗口位置如图 6-3-2 所示。

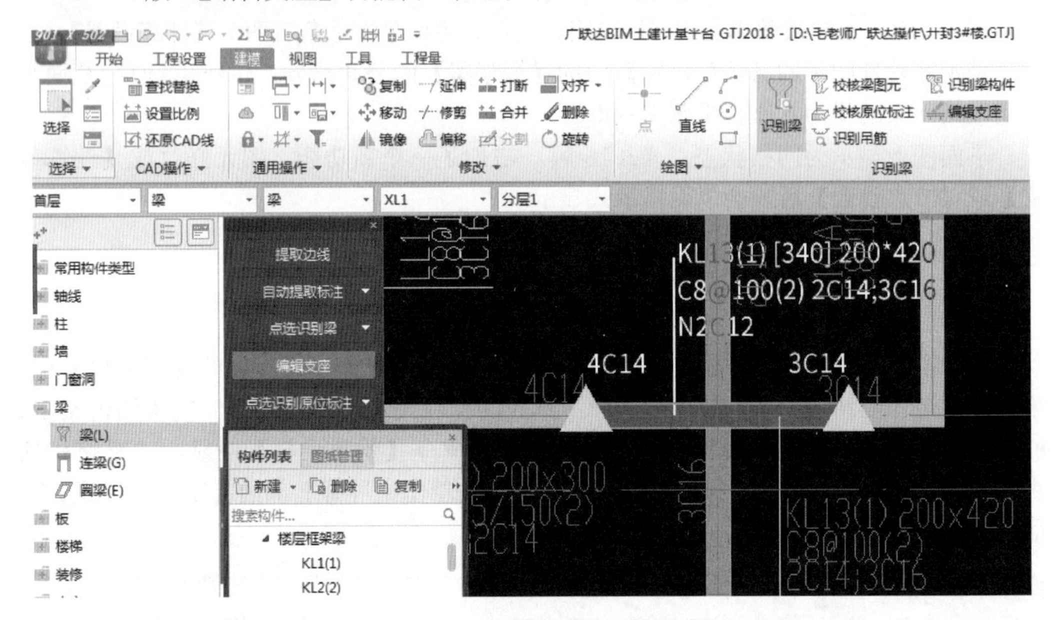

图 6-3-2　《2018 版》梁跨纠错【编辑支座】功能菜单位置图示

在“编辑支座”窗口，操作过程中出错，当梁图元某端支座缺少黄三角标志，单击此梁支座可添加一个黄三角。当提示“角度太小不能成为支座”，退出编辑支座操作（关闭校核表）→动态观察并放大此节点，梁图元有些短没搭在柱、剪力墙、KL 图元支座上→单击此梁图元使之变蓝→右键下拉菜单→【延伸】→按提示：左键单点需延伸的梁图元→右键确认，左键选择并单击需延伸到的、应该作为梁支座的构件图元上（无论此处是否有线条，只要有作为支座的柱、梁、墙图元），已显示边界线→左键单击需延伸的梁图元→梁已延伸搭上作为支座的柱、墙、梁上→再用校核表上“编辑支座”功能菜单纠错梁跨→单击此支座，已添加了黄三角梁支座标志→【刷新】→校核表上此错项已消失。

梁跨纠错前提示：剪力墙、柱已识别成功，本楼层的梁平面图的梁也识别成功，但作为梁支座的剪力墙（在进入梁平面图时）在梁平面图中立体观察时只有墙、柱截面线，没生成立体墙、柱图元，无法把墙、柱作为梁的支座纠错梁跨。

处理方法：主屏幕保留梁平面图（老版本：双击“图纸楼层对照表”下此图纸名称=刷新。《2018 版》：双击【图纸管理】页面下的此图纸名称行尾部空格→可再次识（提取）别墙（或柱）图元）→【提取混凝土墙边线】→单击墙边线使之变蓝，虚线有没变蓝的可再单击使之变蓝→右键确认→剪力墙由墙双线已填充为实体墙，有立体图，因梁平面图无墙名标识无须提取墙标识。柱图元也按此方法识别、提取。

“校核梁图元”页面：错项提示，例如 L1（2）首层缺少截面尺寸，默认按 300 * 500 生成→双击此错项，此错项呈蓝色显示在主屏幕，如果“校核梁图元”页面覆盖可以拖动移开，平面图上错项梁名称与校核表上相同的截面尺寸数字是白色→在【属性列表】页面，把【截面宽度】【截面高度】栏的尺寸数字修改为正确数值（在此为蓝色字体，共有属性，只要修改属性参数，平面图上的构件图元属性含义会联动改变）→（在【校核梁图元】页面下部）【刷新】，错项消失，平面图上呈蓝色的梁图元截面尺寸已更正为与【属性列表】页面相同截面尺寸。

"校核梁图元"页面：错项提示"未使用的梁线"，双击此错项，如果在平面图上显示的梁线位置已经有梁图元，或者显示的蓝色线条位置不应该有梁，此两种情况无须纠错，否则可按照本书6.4节补画梁线操作。

SZZ：设置梁支座快捷键，在大写状态，单击梁跨中任意位置生成柱，生成梁支座。

SZ：删除梁支座快捷键。

Ctrl+F10：显示、隐藏CAD图快捷键。

F10：查看构件图元工程量快捷键。

F11：查看计算式。

双击滚轮：全屏快捷键。

《2018版》中：

1. 设置拱梁，如在梁端点开始起拱，设置输入拱高后，只需把起拱点选择在梁的中间位置点即可。

2. 梁跨内变截面：单击已有的梁图元使之变蓝→单击右键（下拉菜单）→打断梁图元→在原位标注中修改梁截面尺寸数字后→合并梁图元。

提示：《2018版》各项识别梁、纠错方法与老版本操作方法基本相同，以下各节不再赘述。

6.4　未使用的梁集中标注（含补画梁边线）纠错

老版本与新版本操作方法基本相同。《2018版》与《老版本》的区别是：单击【校核梁图元】，弹出"校核梁图元"页面：【梁跨校核】【集中标注】【原位标注】校核同在一个页面，可选择分别纠错。

个别识别产生的梁图元为红色，经放大检查此梁图元有些短，没有搭到梁支座上，单击此梁图元使之变蓝色→单击右键（下拉众多菜单）→使用【延伸】功能处理。

校核表中错项提示：缺少截面尺寸，默认按照300*500生成，按照6.3节处理。

识别梁后弹出"校核梁图元"页面：提示未使用的梁集中标注（《2018版》是"未使用的梁名称"或"未使用的梁标注"）→双击此错项→此梁名称呈蓝色自动放大显示在主屏幕→单击【识别梁】尾部的▼→（在左上角第三个识别菜单）【点选识别梁】，如图6-4-1所示。

在弹出的"点选识别梁"页面显示梁集中标注空白页面→单击平面图上此梁集中标注的梁名称→此梁名称含集中标注信息已显示在此页面（如集中标注信息不全，可手工补充输入）→【确定】。单击梁的首跨、末跨的梁虚线，梁双虚线已填充→单击右键→校核表上的【刷新】，错项消失。

【识别梁】→【点选识别梁】→点选梁名或集中标注进入梁集中标注信息空白页面→【确定】→如遇有梁线无梁图元→选择单击梁边线梁图元可绘上→单击右键，光标单

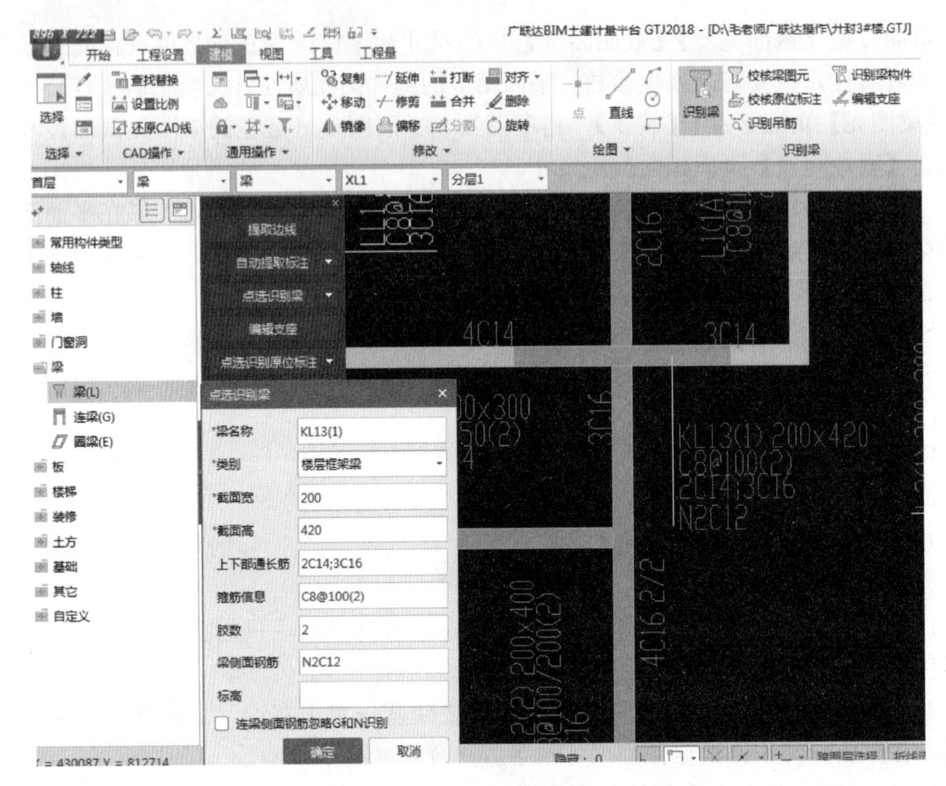

图 6-4-1　点选识别梁

击此梁图元，光标变回字形，单击梁图元，图元变蓝（如梁缺梁边线点轴线不行）→提示：没有找到与此梁图元匹配的梁线→……→【确定】，关闭校核表，退出纠错。用“补画 CAD 线”功能补画梁线后再用上述方法纠错。如图 6-4-2 所示。

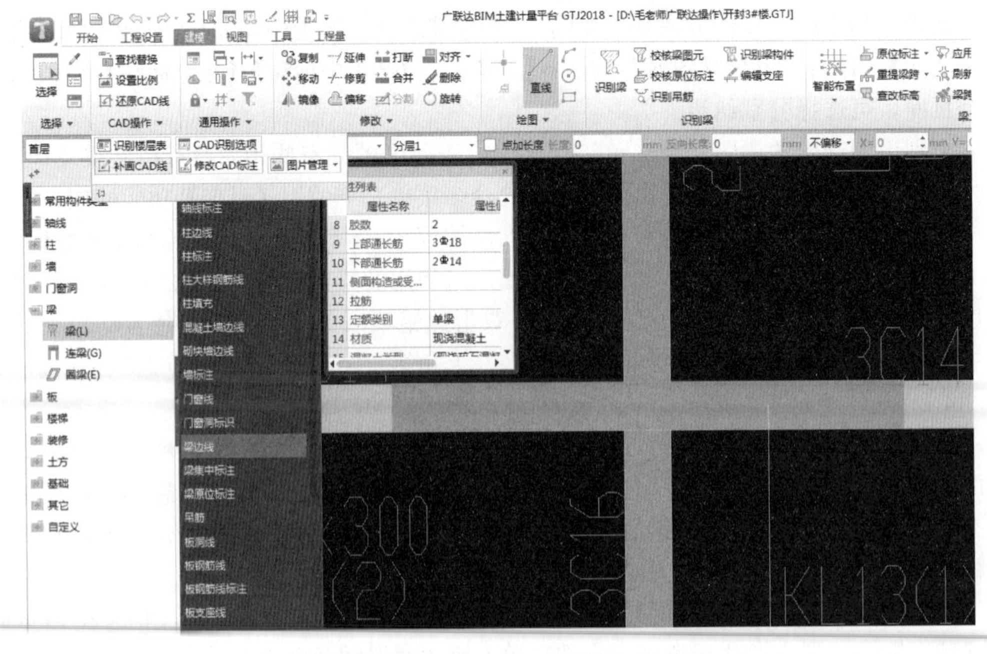

图 6-4-2　用补画 CAD 线功能补画梁线

（《2018 版》需要单击主屏幕左上角的【CAD 操作】▼→【补画 CAD 线】）→【补画 CAD 线】→显示“选择补线的图层”页面，有 12 种图层线→选梁边线→（按提示）单击需补画梁边线的首点→点梁线的终点（需全梁各跨补画梁边线）只需补画一侧梁边线即可。补画梁线完毕，再用上述方法纠错。

《2018 版》CAD 电子版图上梁线缺失，绘制梁图元后无法与 CAD 电子版图上的梁线对照齐，先在 CAD 图上补画缺少的梁线→单击【对齐】按钮，选择补画 CAD 目标线，才能选择要对齐的梁边线，单击右键确认。

当梁集中标注无引出线或引出线与集中标注较远无法纠错时，也需用上述方法：【补画 CAD 线】→选“梁集中标注线”→按提示补画梁集中标注引出线后纠错→最后点校核表上的“刷新”→未使用的梁集中标注错项消失。

如此梁引出两个集中标注又称重名，也会纠错不成功，方法 1：Esc 退出纠错→单击梁图元可现重名→单击多余的重名→单击右键下拉菜单→删除（重名）→再重新识别梁→点选识别梁（按上述方法可纠错成功）。

关于两个集中标注重名提示纠错方法 2：如梁跨校核表、原位标注校核表均无错项提示，光标左键放到梁上由箭头变为回字形，单击出现两个引出梁名、集中标注→动态观察只有一个梁名称、梁集中标注属正常，一个是电子版上的梁名，一个是识别成功的梁名→查看钢筋数量，只有一个钢筋数量为正常。

《2018 版》中单击【校核梁图元】，在弹出的“校核梁图元”页面，提示“梁跨不匹配”，按老版本梁跨纠错的方法处理；提示“未使用的梁线”按【补画 CAD 线】的方法处理；提示“未使用的标志”按本章梁集中标志、原位标注纠错的方法处理；提示“类型不匹配”和“连梁钢筋信息”，双击此错项提示→单击主屏幕左上角的【梁名称】→在下拉显示的多个梁名称中找到并单击需要纠错的梁构件名称，【属性列表】同时自动显示此梁的构件名称、属性，对照平面图上此梁集中标注的参数纠错。如“校核梁图元”页面提示：梁名称、标高匹配错误→双击此错项提示→单击主屏幕左上角【梁构件名称】尾部的▼→找到并单击需要纠错的梁构件名称→在自动显示的此梁构件【属性列表】页面，对照主屏幕上此梁集中标注中的标高信息，在【属性列表】页面下部修改起点、终点顶标高后，→【重新校核】（在校核梁图元页面右下角），错项消失。

“校核梁图元”页面错项提示如：LL1，连梁侧面钢筋中含有 N/G→双击此错项，在平面图上找到此错项构件→在常用构件类型下部单击【连梁】→在主屏幕左上角单击连梁构件名称→单击▼，找到并单击 LL1→在【属性列表】页面自动显示 LL1 的属性、参数，经检查此连梁属性的侧面纵筋的钢筋信息显示为 G18……而平面图中显示为 N18……以平面图上的参数 N 为准→把【属性列表】页面侧面纵筋前的 G 修改为 N→左键确认→【重新校核】（校核梁图元页面右下角），错项消失。“校核梁图元”页面错项提示“未使用的梁线”→双击此错项，如果显示在平面图上的蓝色梁线确实没有识别成功，手工绘制此梁，如果此处只有蓝色线条没有梁构件，忽略无须操作。

《2018 版》梁一端支座加腋，另一端支座不加腋：在平法表格内应有的【腋长】栏内输入一个长度尺寸“mm；0”，在【腋高】栏输入一个腋高尺寸“mm；0”，表示一侧加腋另一侧无加腋，加腋数值为 0。

6.5 梁原位标注纠错

老版本与新版本操作方法基本相同。

优选：双击“原位标注校核”表中梁原位标注错项→【识别原位标注】▼→【框选识别】(如无原位标注错项，此操作可代替批量提取梁跨) 梁原位标注→（按提示）框选全部梁平面图→单击左键→单击右键（刷新屏幕）→梁原位标注校核→提示“没有错误图元信息”，梁图元全部由红色（没提取梁跨）变为绿色（已全部提取梁跨并且梁原位标注校核表中错项已消失）(上述方法一次不成功，可按上述方法再次操作)。

如“原位标注校核”表中仍有少量错项，包括平面图上写在括号内梁的高差值，有纠错不成功的可手动纠错：双击错项如 3C16（或梁的高差值）→错项 3C16（高差值）自动显示在主屏幕为蓝色→【手动识别】（在校核表【刷新】的下邻行）→主屏幕下部显示梁各跨梁平法表格→（按提示）单击梁图元→梁图元变蓝并在待纠错的 3C16 处显示原位标注小白框→单击需纠错的原位标注如 3C16（或高差值）变红（Ctrl＋左键再次单击可多选)，右键确认，3C16（或高差值）已填入主屏幕下部某跨支座原位标注的表格中→【刷新】→此错项在校核表中已消失，纠错成功。按上述方法纠错校核表中下个错项。校核表中错项全部纠错完成→【刷新】，提示“校核通过”。

在图形输入【梁】界面，【批量识别梁支座】也称梁跨，如图 6-5-1 所示。

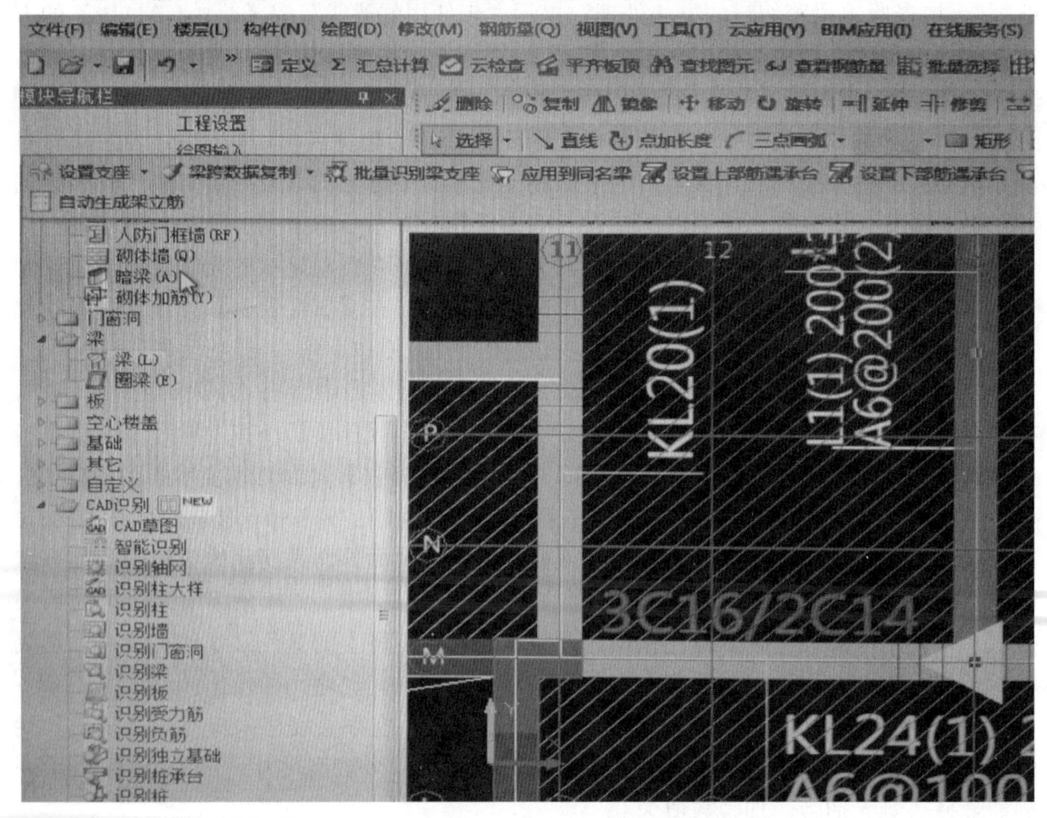

图 6-5-1 批量识别梁支座（老版本截图）

快速重提梁跨：全部梁识别成功后（含纠错成功），梁图元为红色需提取梁跨。

方法 1：单击梁图元，梁图元变蓝→单击右键（下拉菜单）→【重提梁跨】→主屏幕下部显示梁各跨的表格→单击右键，梁图元变绿色。

方法 2：连续逐根单击红色梁图元可逐根使梁图元变绿，等于快速重提梁跨。梁未提取梁跨等于没识别梁支座，不提梁跨与提取梁跨前后计算出的钢筋量差别很大。

方法 3：可用批量识别梁支座代替批量提取梁跨的操作，在图形输入梁界面（主屏幕上邻行》）→【批量识别梁支座】→点选梁图元可连续单击或框选全部梁图元，单击右键确认→识别成功→“确认”。全部梁图元已由红变绿。把多余的梁图元（如不应有的外伸悬挑段）打断删除，在图形输入梁界面，单击需打断的梁图元，不要选择梁轴线，整条梁变蓝→单击右键（下拉菜单）→【打断】→单击打断点→选上打断点时光标由箭头变为 * 形→单击打断点→此打断点显示×形标记→单击右键确认→单击右键→提示“是否在指定位置打断”→“是”→单击多余梁图元→只有多余段梁变蓝→单击右键→【删除】→多余段梁图元已删除。

《2018 版》识别梁时，梁集中标注与原位标注同时发蓝、同时消失，原因是集中标注与原位标注绘制在同一图层，把原位标注识别为集中标注，用【还原 CAD 图元】把信息还原恢复（与勾选【已提取 CAD 图层】功能相似），用【自动提取梁标注】提取梁标注，集中标注为黄色，原位标注为粉色，显示无误再识别。“校核表”错项提示“布筋范围重叠”，如果是上部面筋，双击有问题的上部面筋，会自动定位到平面图上重叠部分面筋，亮点组成的区域就是板面筋的布置范围，板的一条边由三个亮点组成→拖动三个亮点的中间亮点到正确定位点，可以修改钢筋布置范围；如果是负筋范围重叠→双击错项可以自动定位到平面图的负筋→按键盘上的 L 快捷键把梁图层隐藏，可看到负筋布置范围由三个亮点组成→单击两端的亮点拖动到正确的定位点即可。

绘制弧形梁：在主屏幕上部绘制【圆】功能窗口的上部→【三点弧】→单击弧形的起点→单击弧形的垂直平分线的顶点→单击弧线的终点，弧形梁已绘制成功为红色，没有提取梁跨→单击红色梁图元变蓝色→单击右键（下拉众多菜单）→【重提梁跨】→单击右键，梁图元变为绿色，已提取梁跨。

6.6 提取主次梁相交处增加箍筋、吊筋

新、老版本操作方法相同：均可在全楼各层梁图元绘制成功，最后全部整楼生成主次梁增加的箍筋、吊筋。

老版本在“图纸文件列表”下部；《2018 版》在【图纸管理】下部双击某层已识别、纠错成功的梁平面图的图纸名称（老版本双击图纸名称行首部，《2018 版》双击图纸名称尾部空格）使单独一张梁平面图显示在主屏幕。需在主次梁已提取梁跨、梁图元为绿色时进行。

在导航栏上部图形输入界面：【梁】→（在主屏幕上邻倒数第一行右角）【》】（光标放到此处显示更多功能菜单）→单击下邻行显示的（也可选择单击右键后下拉菜单项）→“自动生成吊筋”.（《2018 版》在主屏幕左上角有【生成吊筋】并单击）→在显示的“自动布置吊筋”（《2018 版》是【生成吊筋】）页面，在吊筋栏输入吊筋信息如 3C16，

无吊筋的此栏不需输。在【次梁加（箍）筋】栏（默认为6）输入主次梁相交处每个相交节点增加箍筋的总根数→勾选主梁与次梁相交，在主梁上（并阅读此页面下部说明），如果是【选择图元】→【确定】→单击梁图元或框选梁图元，可框选全部梁平面图→框选到的全部梁图元变蓝→右键确认→提示：自动生成吊筋（含次梁增加的箍筋）成功→【确定】→主次梁相交在次梁两侧的主梁上增加的吊筋、箍筋已生成（说明：选择图元→框选平面图，本操作只对当前楼层有效）。

注：上述的【选择图元】是针对平面图上个别梁图元的操作，单击主梁图元→单击与之相交的次梁图元→单击右键，提示：生成吊筋（包括增加的箍筋）完成→关闭提示。如果没有生成吊筋、箍筋，是不符合生成条件，可查看【生成吊筋】页面下部的说明。没生成箍筋、吊筋的主次梁节点，如果是施工单位应该按图施工，可手动补充输入主次梁相交增加的箍筋、吊筋。

方法1：如图6-6-1所示。

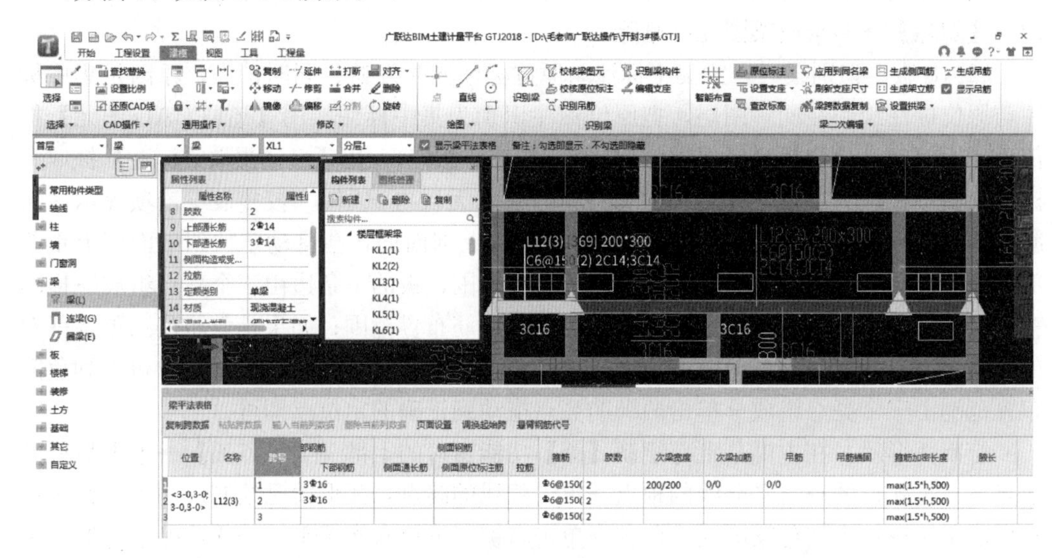

图6-6-1　手动表格补充输入主次梁相交处增加的箍筋、吊筋

单击需增加箍筋的主、次梁相交的主梁图元使之变蓝→单击右键（下拉菜单）→【梁平法表格】[《2018版》单击右键（下拉菜单没有【梁平法表格】菜单），是在主屏幕右上角（【平法表格】与【原位标注】菜单可在原位置转换，单击【原位标注】▼→【平法表格】)]，在主屏幕下部显示此主梁各跨的输入表格→左键单点表格的第n行＝梁的n跨→主屏幕平面图上此跨梁图元变黄色→单击选择此表格行的“次梁加（箍）筋”栏，此栏内已显示0/0/0的格式，0的个数＝此跨梁主次梁相交的节点个数并有▭→单击▭→显示主次梁加筋的“钢筋输入助手”页面：→单击0/0显示行，按0的个数输入n个6（6表示每个主、次梁交点共加6个箍筋，规格尺寸与主梁箍筋相同）并用斜线隔开，→【确定】，在此输入的箍筋个数已经显示在“梁平法表格”页面的【次梁加筋】栏→在吊筋栏单击显示▭，输入吊筋的个数、级别、直径用/斜线分开。软件可根据自动识别的次梁宽度、标准构造做法及所输入的吊筋、钢筋级别、直径计出吊筋的重量，根据输入增加箍筋的个数，按主梁相同的箍筋计出钢筋重量。

方法 2：如图 6-6-2 所示。

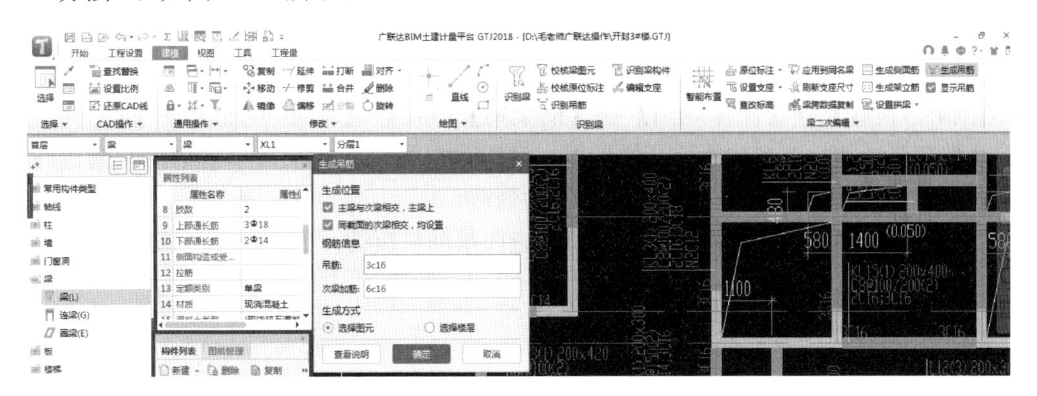

图 6-6-2 自动生成主次梁增加的吊筋、箍筋

【》】(光标放到此处显示更多菜单)→【自动生成吊筋】→在“自动布置吊筋”页面按设计要求输入吊筋或箍筋，每个主次梁增加箍筋的总个数如 6→【确定】→单击绿色主梁变蓝→单点与主梁相交的绿色次梁，可多点→单击右键→提示：自动生成吊筋(箍筋)成功→【确定】，主次梁相交的主梁上已经生成吊筋或箍筋为红色，两种筋可在同一个节点同时生成。

个别情况会遇到：已识别的梁为双线无梁填充图元→(在导航栏常用构件类型栏下)展开【梁】→【梁】(L)(已识别的梁双线填充为梁图元已恢复)→光标放到主屏幕右上角【生成吊筋】功能窗口上，按小视频操作。

【生成吊筋】→弹出“生成吊筋”页面，如图 6-6-3 所示。

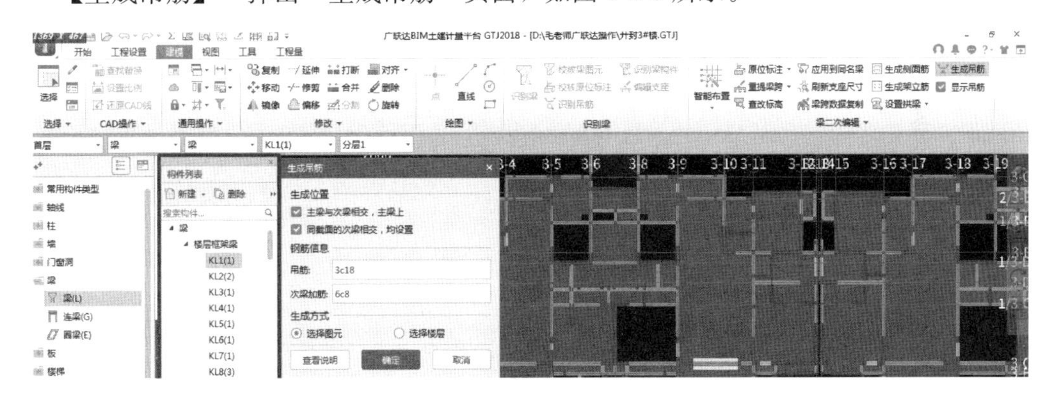

图 6-6-3 增加主次梁交点处箍筋、吊筋

勾选增加箍筋生成位置，输入主次梁相交节点共增加箍筋个数，输入吊筋信息：个数、级别、直径→选择楼层→【确定】→提示：生成完成→关闭此页面，平面图上主次梁相交节点已生成箍筋、吊筋。

《2018 版》次梁加筋方法：

1. 在平法表格对应的梁跨数【次梁加筋】栏只需输入总根数→按 Enter 键。

2. 在图形输入梁界面单击【生成吊筋】→在显示的(生成吊筋)页面选择生成条件，输入吊筋信息或增加箍筋总个数→【确定】。

3. 如果吊筋、次梁增加箍筋绘制错误，可一次性批量删除一层楼的全部吊筋或次梁增加的箍筋。在图形输入梁界面，【梁二次编辑】【显示吊筋】【删除吊筋】功能窗口，可一次删除一层楼的吊筋或次梁增加的箍筋。

4. 统一修改、设置梁的拉筋间距：【工程设置】→【计算（有两根短钢筋十字形相交的图形）设置】→【计算规则】→【框架梁】→展开【箍筋/拉筋】→【拉筋配置】（默认按规范计算）→在拉筋信息栏设置。设置单根梁拉筋间距：单击梁图元变蓝→单击右键→构件属性编辑器→在属性编辑页面修改。

CM 为生成梁侧面钢筋快捷键；GD 为查改吊筋快捷键；DJ 为生成吊筋快捷键。

7　识别砌体墙

7.1　识别砌体墙、设置砌体墙接缝钢丝网片

《老版本》识别方法：

“图纸文件列表”→双击某层建筑施工图的墙平面图的图纸名称的行首→单独一张建筑墙平面图已显示在主屏幕，此时已识别的结构施工图上的墙、柱、梁等构件图元已显示在此图上（在导航栏上部图形输入部分如点选砌体墙可隐去已识别成功的梁图元，在绘制墙时不会覆盖，并且砌体墙识别前为双线没填充），如图 7-1-1 所示。

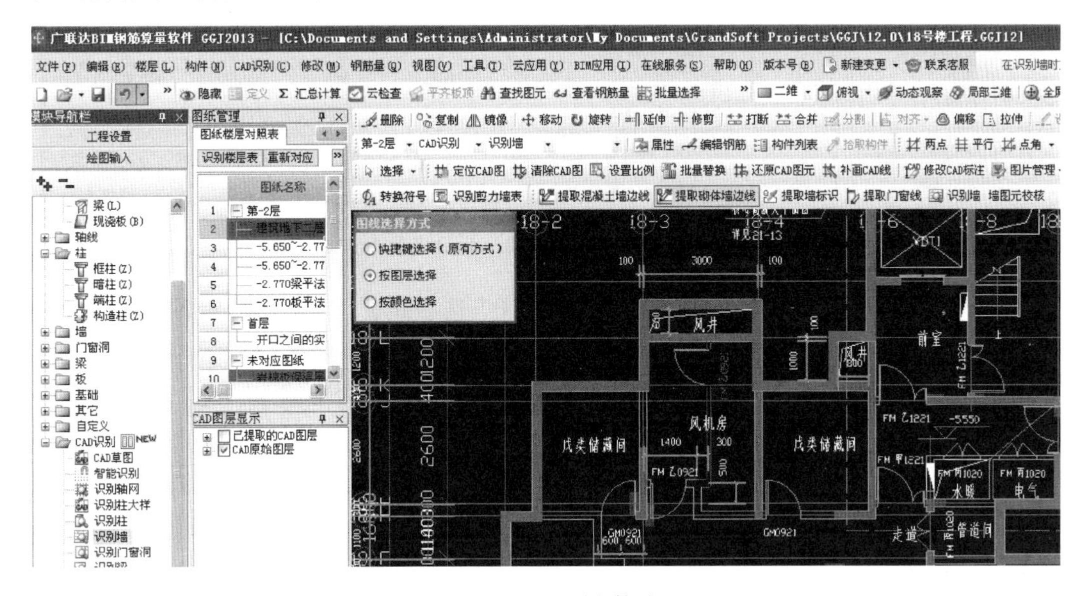

图 7-1-1　识别砌体墙

【动态观察】→可查看混凝土结构的剪力墙、柱、三维立体图。

建筑墙平面图显示在主屏幕→动态观察无立体感的双线为砌体墙，红色为已识别成功的混凝土墙。

在导航栏下部的【CAD 识别】界面：单击【识别墙】，已识别的梁图元恢复盖住了砌体墙双线，在英文状态，按键盘上的 L，可隐藏梁图元→【提取砌体墙边线】→选择并单击砌体墙边线捕捉到墙边线，光标由箭头变回字形，单击左键，全部砌体墙边线变蓝（提示已识别成功的剪力墙为填充粗单线，需识别的砌体墙边线为双细线可区别）→单击右键确认，变蓝的砌体墙边线消失或恢复原状→【》】【提取门窗名称线】→选择平面图上的某个门弧线、窗名称代号并单击→门和窗图线全部变蓝（有没变蓝的可再选择并单击使之变蓝）→单击右键确认→变蓝的消失。提示：消失的图层保存在【已提取

CAD 图层】中。

【》】（光标放到此处显示有更多功能菜单）→【识别墙】→在显示的“识别墙”页面（图 7-1-2）。

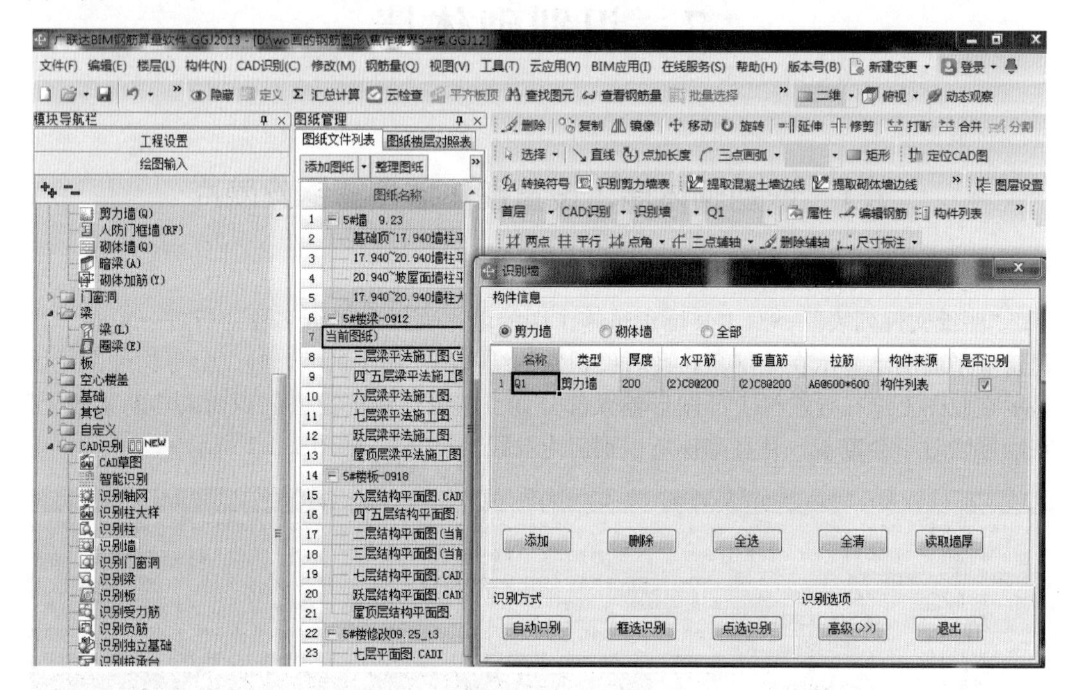

图 7-1-2　复核已识别墙信息（老版本）

默认选择为已识别的剪力墙→改选砌体墙（点选后此页面主栏内显示各种本图的砌体墙信息，可与原图对比校核，有错误时可修改）→【自动识别】→提示：建议识别墙之前画好柱，此时识别出的墙的端头会自动延伸到柱内，是否继续→“是”→运行并提示：正在识别……

如果重复显示“识别墙”页面，关闭此页面。

此时砌体墙已由双线变为黄白色填充粗线条、实体，砌体墙识别成功→【动态观察】→可看到砌体墙三维立体图→墙图元校核→提示：没有错误图元信息。

提示：墙图元上没有门、窗洞显示，需识别门窗洞或按图形输入方法绘制。

《2018 版》识别砌体墙方法：

在【建模】界面→【图纸管理】→双击【图纸管理】页面建筑总图纸名称下的某层建筑平面图名尾部的空格，此时一个建筑平面图显示在主屏幕，并且此图左下角轴线交点上必须有斜“×”字定位标志。在主屏幕左上角，把【楼层数】选择到当前图纸应有的楼层数。砌体墙属于二次结构。

在导航栏“常用构件类型”下部，展开【墙】→【砌体墙】（Q）→主屏幕平面图中已识别的梁图元隐去，有识别的剪力墙图元为实体 X→【动态观察】→可查看已识别成功混凝土结构的剪力墙、柱三维立体图，没识别的砌体墙为双线。在主屏幕上部→【识别砌体墙】→【识别砌体墙】的下属功能菜单显示在主屏幕左上角，如被【图纸管理】【构件列表】等页面履盖可移开。

【提取砌体墙边线】→选择并单击砌体墙的单边线，全部砌体墙边线变蓝，检查有砌体墙边线没变蓝的可再单击使其变蓝→单击右键确认，变蓝的消失，凡消失的图层均已保存在【图层管理】页面的【已提取 CAD 图层】内。

【提取门窗线】→光标点取门弧形线，全部门的弧形线包括窗玻璃的四条线变蓝→单击右键，变蓝的消失。

【识别砌体墙】→弹出“识别砌体墙”页面，在此页面上部“选择构件”栏单击【剪力墙】▼，选择【砌体墙】→在主栏内显示的是平面图中正在识别的所有砌体墙信息，核对可修改。

1. 在此双击墙名称→检查识别的墙图元是否正确；

2. 需要分别双击各砌体墙，单击 QTQ 的【材质】栏的▼→按照图纸设计选择正确的墙材质及（如有时）配筋信息→【读取墙厚】。无误后→【自动识别】→提示：建议识别墙前先画柱……是否继续→“是”，（运行）提示：没有错误图元信息或者弹出“校核墙图元”页面，→关闭此页面，砌体墙双线已填充生成墙图元为黄色→【动态观察】可查看已识别全部构件的三维立体图，如图 7-1-3 所示。

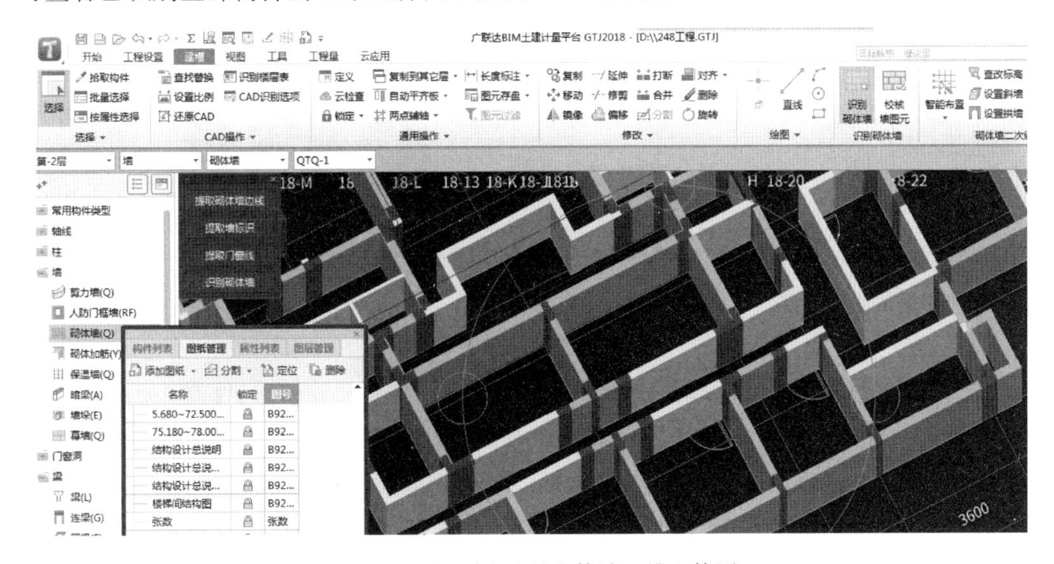

图 7-1-3　识别成功的砌体墙三维立体图

砌体墙识别成功，图中黄色墙体是识别成功的砌体墙。在【构件列表】下有“砌体墙：QTQ 构件”产生。1 砌体墙、2 框架间墙、3 填充墙属性不同，扣减优先顺序为 1 大于 2 大于 3，需要在属性页面认真核查不能搞错。

大写状态的 Z 键是【隐藏】【显示】暗柱、框架柱、构造柱的快捷键，用来检查内外墙体连接处有无缺口，是否绘制封闭，在首层与后续绘制散水有关，其他各层与计算内外墙装修面积有关。

《2018 版》砌体墙钉钢丝网片：按照设计与规范要求，砌体墙与不同材料如混凝土墙、混凝土梁、混凝土柱连接处，需要在抹灰前钉一层钢丝网（带）片，总宽度 300mm，每边各压 150mm，抹砂浆后防止出现裂纹。

砌体墙 QTQ 有内、外墙之分，可在构件名称加前、后缀（按识别门窗表尾部添加前后缀的描述操作）方便区别，不要内、外墙画混，如果内外墙画混，将光标放到墙段中间呈回字形，可以连续单击周边外墙使之变蓝→单击右键（下拉菜单）→【属性】（P），（如果没有显示【属性列表】页面，可再次单击右键）可显示所选择构件的共有属性，在显示的所选择各墙共有属性页面：有些参数是“?”号，只需在【构件属性】页面的“内/外墙标志”行单击显示▼→单击▼，选择“外墙”即可（是蓝色字体，共有属性，构件图元属性会联动改变），其余不改动，保留各构件原有属性。如此操作结束→Esc退出，平面图上的墙图元恢复原状→进入构件的【属性列表】页面，各墙构件的名称后已经显示内、外墙标志。内墙（剪力墙同）也是如此检查操作，内、外墙区分清楚后，并且【构件列表】下的构件名称也会联动改变，进入设置砌体墙钉钢丝网片操作。如图7-1-4所示。

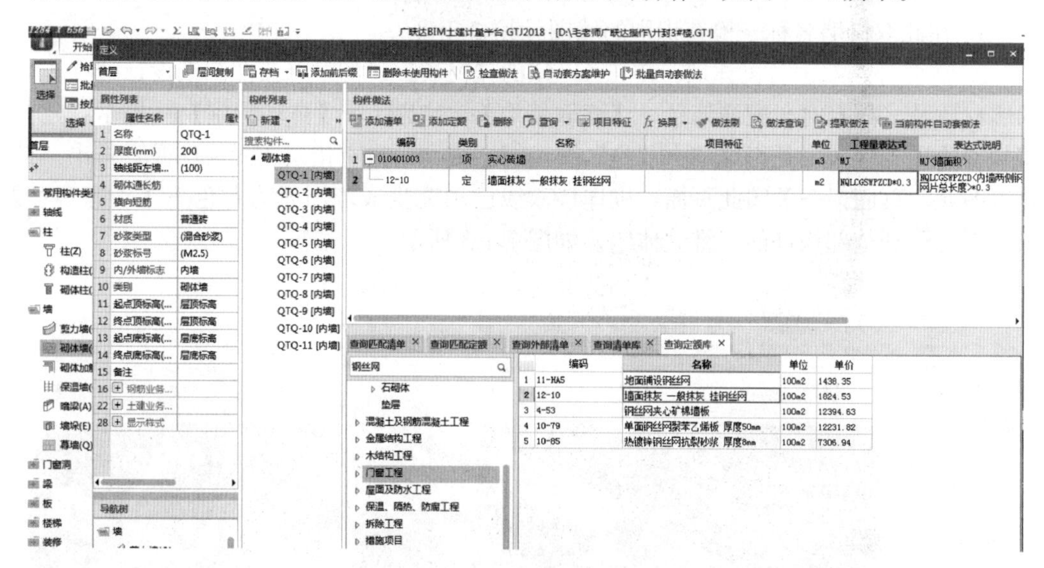

图7-1-4　砌体墙钉钢丝网片

在常用构件类型下部：展开【墙】→【砌体墙】（Q）→【定义】，在显示的【定义】页面的【构件列表】下选择一个砌体墙构件为当前构件→在【构件做法】下部→【添加清单】→在【查询匹配清单】下如找不到匹配清单→【查询清单库】→展开“砌筑工程”，与上部当前构件的【属性列表】主要参数对照，找到对应的清单，并双击使其显示在上部主栏内，因所选择的砌体墙清单计量单位是m^3，钉钢丝网的计量单位是m^2→双击所选清单的计量单位栏，把m^3的3改为2成为m^2，→双击工程量表达式栏，单击显示的小三角→更多，进入“工程量表达式”页面，勾选【显示中间量】，显示更多工程量代码，与已选当前构件对照，找到对应的“外墙外侧钢丝网片总长度”：WQWCGSPZCD，并双击使其显示在此页面上部工程量表达式下部：单击选择“外墙内侧钢丝网片总长度”→【追加】→双击“WONCGSPCD”　（WQWC＋……＋wQNCGSPZCD）手动输入＊0.3（表示网片宽度）→【确定】，编辑的工程量计算式已显示在所选清单的工程量表达式栏→【添加定额】→【查询定额库】，如找不到钢丝网定额子目，在分部分项栏上部行尾部有小放大镜图标的搜索行，输入关键字“钢丝网”单击行尾部“搜索”，右边定额子目栏所有定额子目工作内容有“钢丝网”字样的定额子目已显示，以河南定额为例，有12-10；10-85等，双击12-10墙面一般抹灰挂钢丝网，使其显示在上部主栏内，计量单位与已选择清单的计量单位相同→双击工程量表达式栏→单击栏尾部显示的小三角→更多，进入“工程量表达式”页面，勾选【显示中间量】有更多工程量代码可选择，找到“内墙两侧钢丝网片总长度”：NQLCGSPZCD，双击使其显示在此页面上部【工程量表达式】下，手动输入“＊0.3”（钢丝网片宽度），在此可编辑工程量代码计算式→【确定】。此计算式已显示在定额子目的工程量表达栏……

主屏幕上部的→【工程量】→【汇总计算】后→【查看工程量】→根据需要单击选择平面图上的砌体墙构件图元，也可框选全部平面图上的砌体墙构件图元→显示已选择的清单、定额工程量，如图 7-1-5 所示。

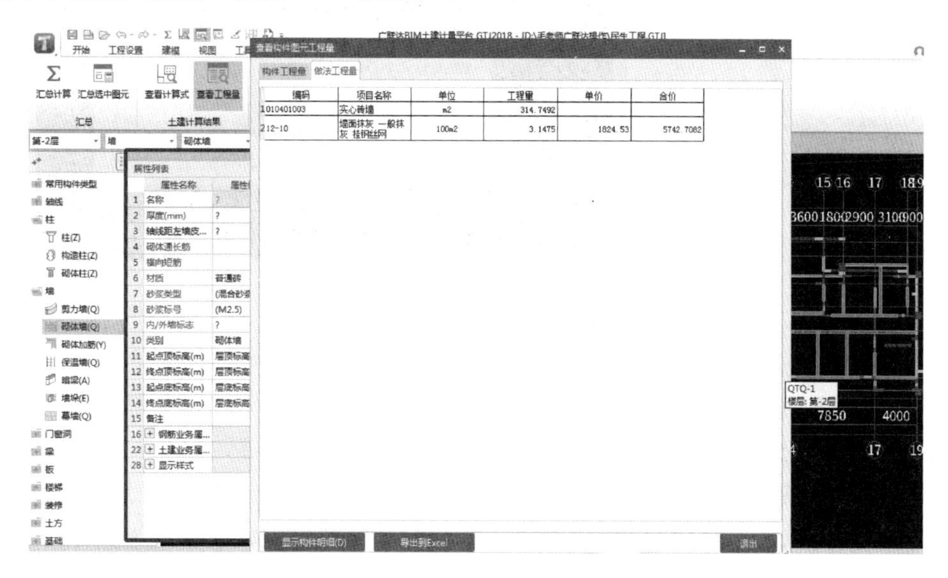

图 7-1-5　砌体墙钉钢丝网片的清单、定额工程量

全部定额子目、工程量代码选择完毕。下一步进入【做法刷】操作：单击已选择清单左上角空格，所选择清单、清单所属定额子目全部发黑为选上→【做法刷】，按 21.6 节【做法刷】的描述操作。

【2018 版】当不同类型构件图元在相同位置重叠，影响观察。可应用在识别梁、板、砌体墙等方面解决方法：【视图】→【显示选中图元】有【显示选中图元】【隐藏选中图元】功能。大写英文状态 Q 键有隐藏、显示墙图元的快捷功能。关于砖胎模：可直接新建砖胎模构件，用【直线】或者【智能布置】，砖胎模的高度可按照需要设置，软件支持【单边】【多边】布置，添加清单、定额后，可计算体积、抹灰面积。

7.2　识别门窗表

老版本：在【图纸文件列表】界面，下拉滚动条找到第二次导入的建筑专业施工图总图名称，双击此图纸名称的行首→全部建筑施工各图显示在主屏幕，找到有门窗表的图→【手动分割】，从门窗表左上角单击左键（《2018 版》是直接按框选的方法操作，点前光标为十字），按压左键不松手框选门窗表及门窗（如有时）大样图至此表右下角→松开左键，框选的门窗表及大样图变蓝→单击右键，弹出“请输入图纸名称”页面→输入门窗表→【确定】。如图 7-2-1 所示。

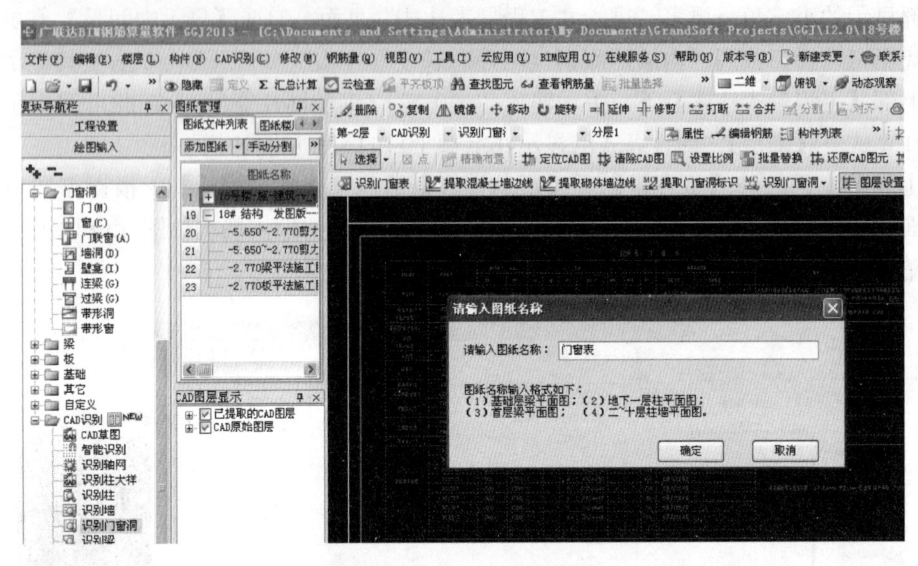

图 7-2-1　手动分割门窗表

“图纸文件列表”→找到并双击显示在“图纸文件列表”栏下部的（《2018 版》是在【图纸管理】页面下部的）门窗表图名行首（《2018 版》是双击行尾部空格）→门窗表及门窗大样图已显示在主屏幕（在导航栏下部 CAD 草图下部，《2018 版》是需要在主要构件类型栏的【门】或者【窗】界面）→【识别门窗洞】→【识别门窗表】→框选门窗表（不框选门窗大样图）→最大化此门窗表，如有空白行或空白列→单击空白行或空白列→【删除行】或【删除列】→是否删除行、列→“是”→空白行或列已删除，也可根据需要插入行或列。并按此页面下部提示，单击门窗表最上部的空格，逐个单点全列发黑，逐列对应→【确定】→提示：共识别门构件多少个，窗多少个→【确定】。

《2018 版》在建模界面：【图纸管理】（与【图层管理】在同一页面）→双击已分割并显示在建筑总图纸名称下部的全楼的“门窗表”行尾部空格→此一个门窗表图纸显示在主屏幕，如图 7-2-2 所示。

图 7-2-2　识别门窗表

在常用构件类型下部，展开【门窗洞】→【门】(M)（或【窗】(C)）→此时主屏幕上部显示【识别门窗表】（光标放到此功能窗口上有小视频，按照本书操作更方便）→单击【识别门窗表】→框选主屏幕上的门窗表（不要框选门窗表外的门窗大样图及表外的中文文字说明）→单击右键确认，弹出“识别门窗表”页面，选择的门窗表已显示在此页面，（如有时）删除表头下部的空白行，如表头洞口宽度、洞口高度为空白，分别单击此栏显示小三角，用选择的方法补上，逐个单击表头上部空格全列发黑，逐列对应，对应到洞口宽 * 洞口高列时，此列发红，经检查，前边已有洞口宽、洞口高，此列为重复，删除此列，还可以在表头尾部的【所属楼层】栏，把门、窗构件对应到应有的楼层，其余经检查无误后→【识别】→提示：识别完毕，共识别到门构件多少个（应是多少种），窗构件多少个（应是多少种）→【确定】。也可以不对应到各自楼层。查看识别效果→【定义】，在当前层的【构件列表】下部已显示识别成功的门构件、窗构件，如图 7-2-3 所示。

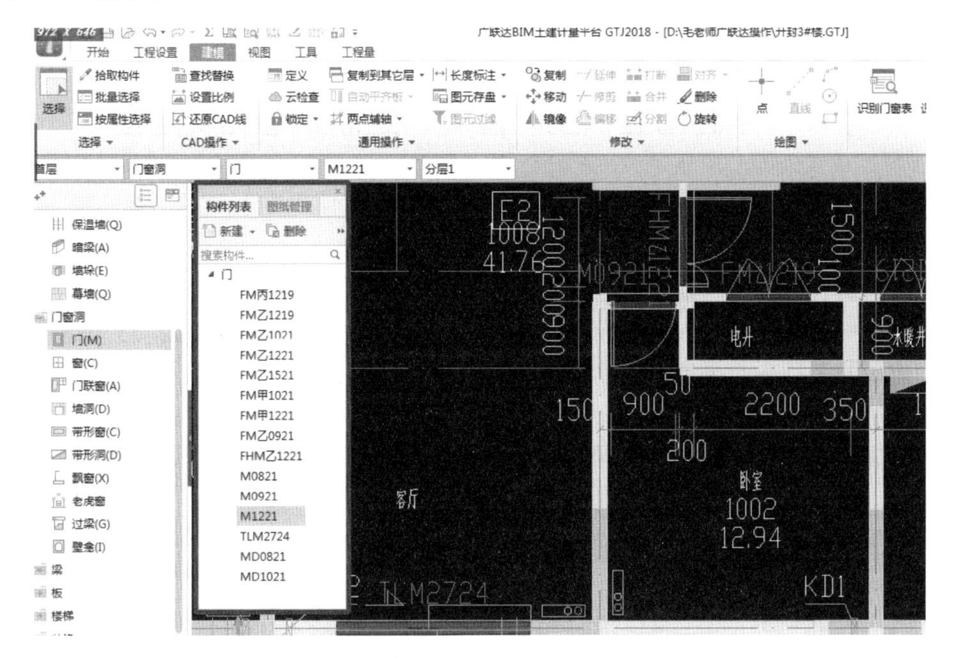

图 7-2-3　已识别成功的门窗构件

门窗构件种类无误，可返回到当前层砌体墙平面图上识别门窗洞，还可复制全部门窗构件到其他层（按 20.1 节 26 条的方法操作）→程序可对号入座按平面图上实际有的门窗种类识别门窗洞图元，无须删除复制到构件列表上的多余门窗构件。

生成构件后，在【建模】界面的导航栏“常用构件类型”下部，展开【门窗洞】→【门】(M)→在【构件列表】页面，选择一个门构件如 M-1，在【构件列表】右边的【属性列表】页面联动显示此构件名称“M-1”→【定义】→在弹出的“定义”页面，从左向右有【属性列表】【构件列表】【构件做法】三个分页面。如果门窗表里缺少门窗底距“离地高度”，需要在识别门窗表完成后，在【属性列表】页面按照图纸修改“离地高度”。

在“定义”页面的首行，可给整个工程的全部构件【添加前后缀】→弹出“添加前后缀”页面→选择楼层，默认为当前层可打勾选择→选择构件类型→在最右边选择构件，此页面下部有【添加】【修改】→在最下行【要添加的前缀】栏输入如木或钢、铝等→在【构件原名称】栏，勾选需要添加前、后缀的构件→【应用并预览】→在主栏【新名称预览】栏已可看到构件名前已添加了前、后缀，并有【修改】【设置前缀】【设置后缀】功能→【确定】，关闭“添加前后缀”页面，在【构件列表】页面已可看到构件名称前或后已添加了前或后缀，以示区别，可用于【做法刷】很方便。前后缀加错了，在属性列表页面单击构件名称可修改。下一步【构件做法】：→添加清单→添加定额。

在所选择的清单或定额子目行的【项目特征】栏设置区别标志，汇总后相同清单、定额编号的工程量不合并，可单独查阅核对，如选择的是定额，可在每个定额子目行的“项目特征”栏单击输入区别标志；如选择的是清单，在清单下面添加了几个定额子目，只能在上部清单编号行的‘项目特征’栏单击→输入区别标志，清单以下所属各定额子目各行不能再设置区别标志。

7.3 平面图上识别门窗洞、绘制飘窗和转角窗

绘制门、窗、洞的位置上应有墙体，否则绘制或识别不了门、窗、洞。

老版本：

识别门窗表完毕→回到导航栏上部，展开门窗洞检查识别效果→门或窗→定义→【新建】，在构件列表下已有识别成功的门或窗构件→双击“图纸文件列表”下某楼层的建筑平面图的名称→此单独一张建筑平面图显示在主屏幕。

在导航栏下的【CAD识别】下部→【识别门窗洞】，如图7-3-1所示。

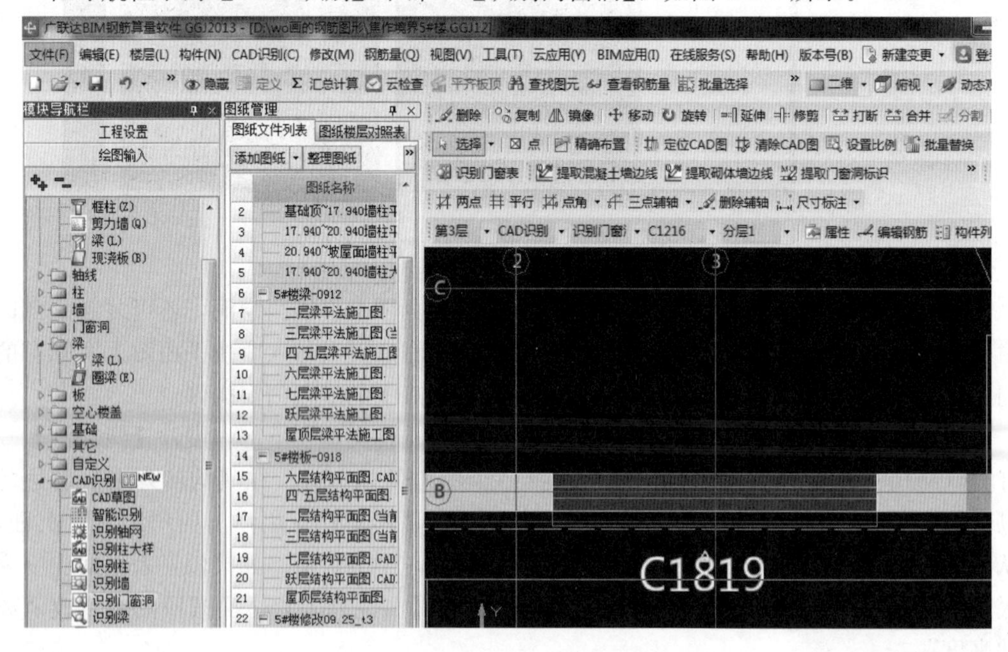

图7-3-1 平面图上识别门窗洞（老版本）

【》】→【提取门窗洞标识】→单击门的弧线、窗名称使其全部变蓝或虚线→右键确认，门及窗变蓝或虚线的图层消失（保存在【已提取的CAD图层】内）→【识别门窗洞】▼→【自动识别门窗洞】→（运行）→提示：识别完毕，共识别到门窗洞多少个→【确定】→弹出“自动反建门窗洞构件提示”页面：何种门，所属楼层，没有找到匹配的门窗洞构件，已自动反建→双击此错项→此门窗洞呈蓝色自动显示在主屏幕→【动态观察】已可看到门窗洞等立体图，如有洞口，无须纠错，应有门窗洞而实际没有门窗洞的，按应有门窗新建、补画上即可。平面图上如已识别成功的门窗洞有错误→在常用构件类型下部的门或者窗界面，框选全部平面图→【删除】，可一次删除全部平面图上的门窗洞构件图元。精确布置门窗洞：门窗洞构件新建，属性编辑页面的各行参数定义完毕→【绘图】→【精确布置】→按提示，单击拟布置门、窗、洞的墙段，变蓝→单击门、窗、洞的参考插（参照点）入点→弹出“正值向箭头方向偏，负值反方向偏”。并且同时在所选墙段图元附近也显示指向红箭头→【确定】。如图7-3-2所示。

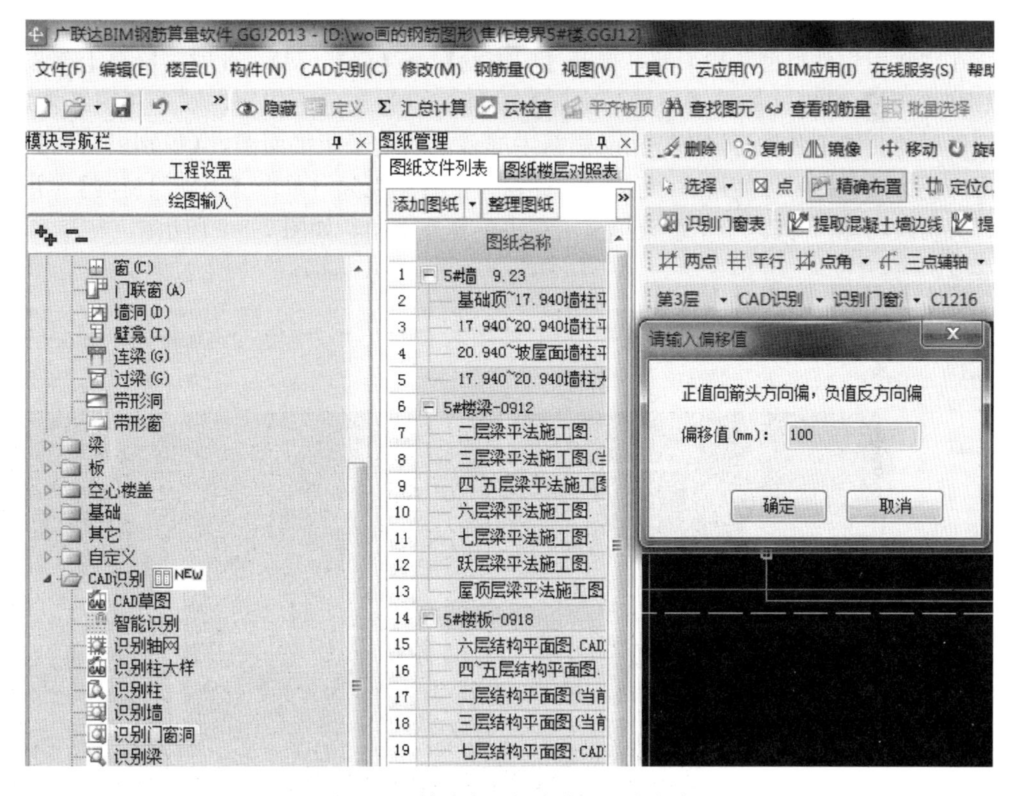

图7-3-2　精确布置门窗位置（老版本）

此墙段已布上门窗洞。横向“设置门窗立樘位置”仅老版本土建计量软件有此功能，门窗布置完毕→【设置门窗立樘位置】→单击已布置在墙上的门或窗图元，变蓝→单击右键→弹出“设置立樘位置”页面，有四种方式供选择→如选择“门，窗框边线对齐墙边线”→【确定】→单击选择门或窗偏向一侧指示方向，门或窗已靠向所点一侧布上。没有墙布不上门窗洞，可绘制墙后补画门窗洞，如果识别的门窗洞错位，可以用【移动】功能纠正。键盘大写状态CC是精确布置窗快捷键。

门窗表全楼只识别一次，可用复制构件功能复制到其他层（如有时构件列表下的构件种类多于电子版平面图上的构件名称，无须删除多余构件，在识别中程序可按平面图实有构件名称自动对号入座，不影响识别效果）。门窗表识别后→图纸楼层对照表→在此界面最下部找到门窗表图名→对应楼层只对应到首层或最下部一个楼层→对应构件→⋯→因在“对应构件类型”页面无门窗表构件，可勾选墙→【确定】，不选墙，对应不到楼层。对应完毕→返回图形输入界面→门（M）或窗（C）→“定义”→构件列表下已有识别成功的门窗构件，检查如与设计不符可修改其属性。提示如同楼层同位置有两或多层窗，可在此识别后的窗构件属性页面修改设置窗下口离地高度后→绘制，也可用分层功能绘制。

提示：在识别成功的门、窗构件名后加材质标志，《2018版》有加前后缀功能，有利于导入土建计量模块添加定额或【做法刷】时用于区别。

《2018版》砌体墙平面图上识别门窗洞：

在【图纸管理】（与【图层管理】等同在一个页面）页面双击（建筑总图下部的已识别成功的）N层墙平面图行尾的空格，此单独一图显示在主屏幕。

在“常用构件类型”栏下部，展开【门窗洞】→【门】（M），此时主屏幕上部显示【识别门窗洞】窗口（如果【识别门窗洞】功能窗口为灰色不能用，双击【图纸管理】页面下部的此图纸名称行尾部空格=刷新主屏幕上的电子版平面图，【识别门窗洞】功能窗口变为黑色即可以使用），光标放到此窗口上有小视频→单击【识别门窗洞】（并有开、关切换功能），其三个下级菜单显示在主屏幕左上角，如图7-3-3所示。

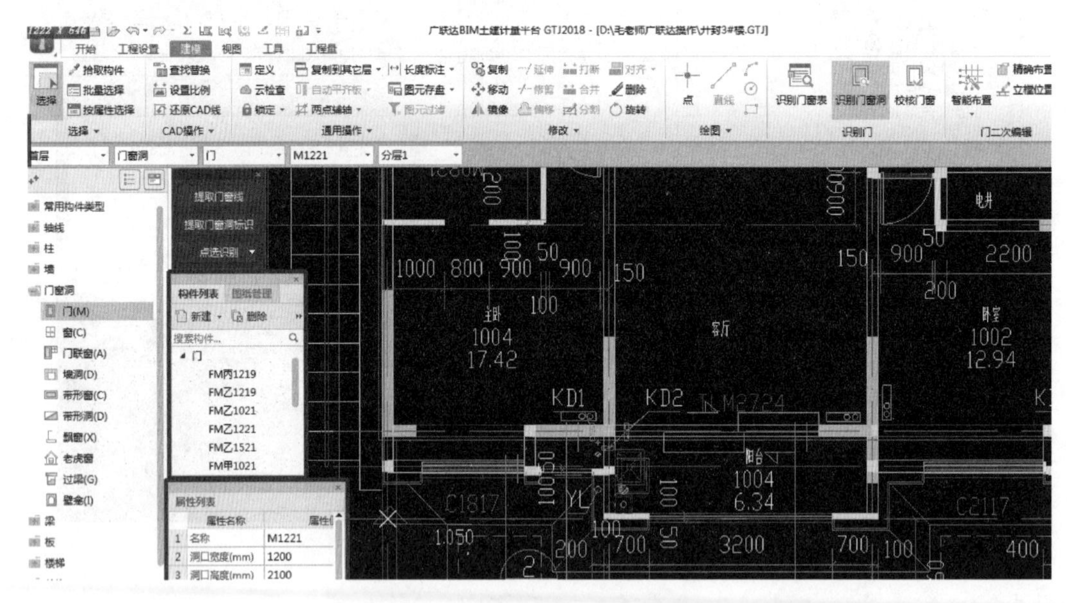

图 7-3-3　平面图上识别门窗洞

如被【构件列表】【属性列表】和【图纸管理】页面覆盖可拖动移开。此时如遇主屏幕图纸图层不全，如缺少门窗标志或其他图层，影响识别。可在【图层管理】页面勾选【CAD原始图层】，主屏幕上缺少的图层可恢复显示，还可同时勾选【已提取的CAD图层】，让主屏幕上的图层恢复显示后继续识别。

【提取门窗线】（此时如果平面图上不显示门弧线→【图层管理】勾选【已提取的

CAD图层】，门弧线恢复）→光标放到门弧线上由十字形变为回字形为有效并单击，全平面图上所有门弧线变蓝，有没变蓝的可再单击，使之变蓝→单击右键确认，变蓝的消失，如是在勾选了【CAD原始图层】或【已提取的CAD图层】状态下识别，变蓝的图层不消失恢复为原有颜色，识别有效（下同）。如果在识别砌体墙时已【提取门窗线】，在这里此步可以忽略。

【提取门窗洞标识】→单击平面图上的门窗名称，门窗名称全部变蓝→单击右键，变蓝的消失。消失的图层保存在【已提取的CAD图层】。

单击【点选识别】尾部的▼→【自动识别】，（运行），提示“识别完成，共识别到门窗洞图元多少个”→【确定】，在弹出的“校核门窗”页面分别勾选“缺少匹配构件”或“未使用的标注”，在下部主栏分别显示错项信息，如错项提示“有门窗名（不全缺后缀尺寸标识），缺少匹配构件，已返建，请核对构件属性并修改”→双击此错项，平面图上此错项门窗洞构件图元与名称呈蓝色自动放大显示在主屏幕→【动态观察】，此处已有门窗洞口→【俯视】，光标放到此蓝色门窗洞图元上由“+”字形变为回字形，并可显示与“校核表”页面相同的错项门窗洞构件名称，但是与平面图上原有的构件名称不符→单击此图元变色，（放大）不要单击图元上的轴线→单击右键（下拉菜单）→【属性】（P）→显示此图元的【属性列表】页面→在此以平面图上显示的构件名称、属性参数为准，在属性页面与平面图上的构件名称、标识对照修改，先修改属性列表中的洞口宽度、高度尺寸，再修改构件名称，单击主屏幕左上角的【门窗构件】▼名称栏显示▼→单击▼，可选择门窗构件名称，修改，光标在属性页面其他地方单击→提示：“某某构件已存在，是否修改当前图元的构件名称为某某构件?”→“是”，光标再放到此构件图元上，构件名称已与平面图上的构件名称相同……有时是因为平面图上原有构件名称处缺少墙体构件图元，造成识别产生的门窗洞图元错位，需要先补绘墙体，再单击门窗洞构件图元→单击右键（下拉众多菜单）→使用【移动】功能纠正，或者删除错位门窗洞图元，用【点】功能绘制。

在“校核门窗”页面错项提示“某某门（或窗）构件名称，未使用的门或窗构件名称，请检查并在对应位置绘制构件图元”，也按照上述方法纠错处理。

按上述方法继续纠错修改同样的错项。只要识别生成的构件图元名称与平面图上显示的构件名称相同，位置、大小匹配一致。还有一种情况：门或者窗构件图元与平面图上的门窗构件名称、位置不错，光标放到此门、窗洞图元上，光标由“+”字形变为回字形，显示的构件图元名称与平面图上原有的构件名称不同，按照上述方法纠错也没有纠错成功：单击此构件图元，图元变蓝→单击右键（下拉众多菜单）→【修改图元名称】，在弹出的“修改图元名称”页面，显示已有的全部门、窗构件名称→单击选择与平面图上相同的构件名称→【确定】，平面图上的图元与原有构件名称已相同。只要光标放到门窗洞图元上，光标为回字形时，显示的图元名称与平面图上原有的名称相同、位置也相同，校核表中错项不消失也是纠错成功，不影响计算工程量。少数墙上无门窗洞的，可以手工用【点】功能原位绘上→【动态观察】可查看识别成功的门窗洞三维立体图，如图7-3-4所示。

《2018版》：

1. 增加设置洞口加强钢筋：展开导航栏门窗洞前的“+”为“−”→【墙洞】→

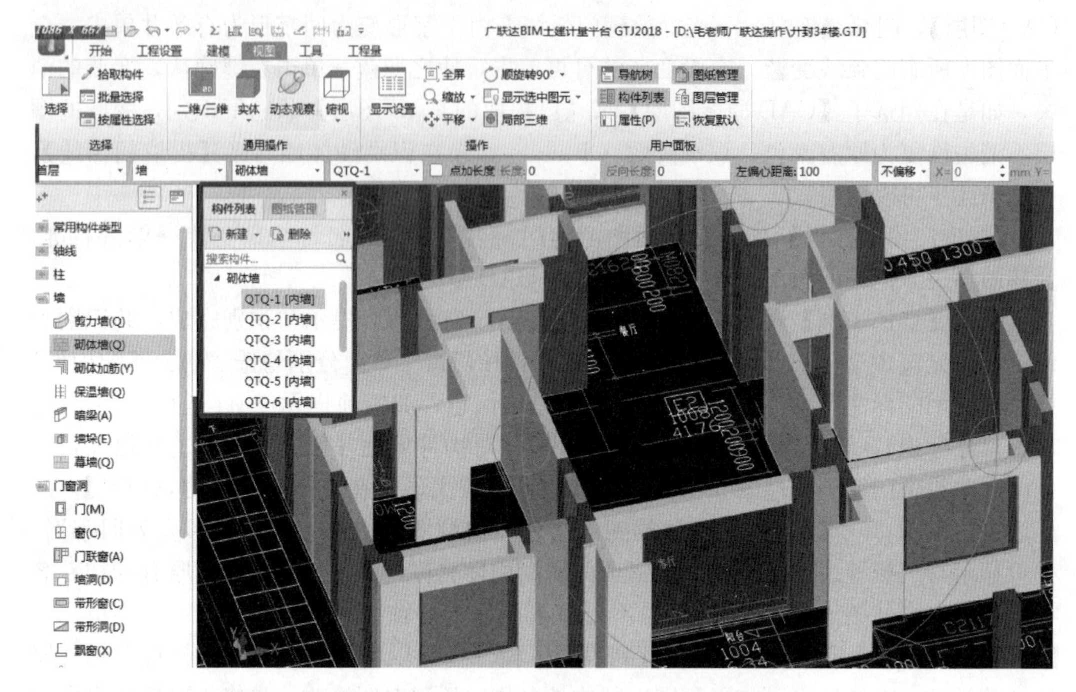

图 7-3-4　识别成功的门窗洞三维立体图

【新建墙洞】→在【属性列表】页面，有洞口每侧斜加强筋设置功能。

2. 飘窗，在“常用构件类型”的图形输入界面，展开【门窗洞】→【飘窗】→【新建】→【新建参数化飘窗】，有多种参数化老虎窗图形供选择，在选择参数化图形页面，选择图形，修改平面、立面尺寸→【确定】。在属性页面也可设置、修改配筋信息，计算钢筋量不需选择定额子目，只需添加土建工程量的清单、定额，选择工程量代码，按应有位置画上。

3. 飘窗顶板端头钢筋弯折长度指定修改为150mm，在【属性列表】页面展开【钢筋业务属性】→单击【计算设置】栏，显示⊡→单击⊡，在弹出的“计算参数设置”页面第46行“面筋伸入支座锚固长度”栏单击显示▼→单击▼，选择【ha－bhc＋150】→【确定】。

《2018版》绘制飘窗、转角窗：在“常用构件类型”栏下展开【门窗洞】→【飘窗】（X）→【定义】，在弹出的【定义】页面的构件列表下→【新建】→【新建参数化飘窗】，在右侧“选择参数化图形”页面下部有矩形、梯形、三角形、弧形，转角一、二、三、四形共八种窗图形供选择，选择一种图形，右侧联动有此窗的平面、剖面大样图显示，如图7-3-5所示。

凡绿色尺寸、数字，单击可在显示的小白框内修改，窗平面图下部“洞口每侧加强筋并单点显示小白框，输入格式：根数＋级别A、B、C＋直径，当洞口宽度与高度方向加强筋不同时用“/”隔开：（宽度）6c14/（高度）6c16，在此各参数设置完毕→【确定】→在构件列表下产生一个飘（或转角）窗构件，并在左边属性列表下可修改构件名称，设置离地高度，选择建筑面积计算方式如全计、计一半、不计，展开钢筋业务属性，如有在大样图中不能设置的钢筋可在此处的“其他钢筋”的下级页面补充，还有

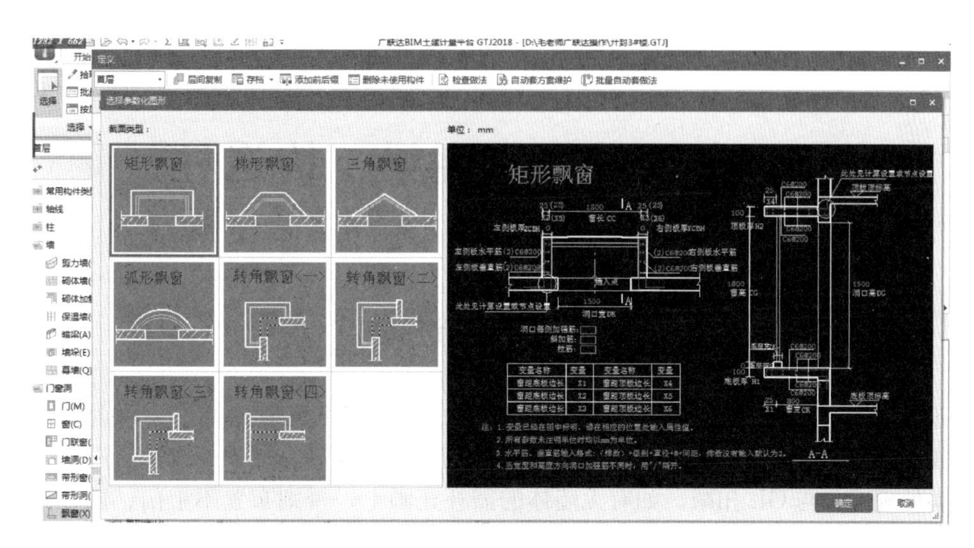

图 7-3-5　建立各种型式的飘窗

土建业务属性，在此属性各参数设置完毕，在构件列表右侧→【构件做法】→【添加清单】【添加定额】，选择工程量代码毕→【定义】(有关、开功能)，关闭【定义】页面。

在主屏幕上部（有【点】或【智能布置】)，宜选择【精确布置】，光标放到上面有小视频→【精确布置】，光标选择布置飘窗附近的参照插入点并单击，在显示的小白框内输入偏移值→按 Enter 键，飘窗或转角窗已画上。【动态观察】可查看三维立体图形→【俯视】→选中并单击已绘制上的飘窗构件图元，变蓝→单击右键→【汇总选中图元】→【查看工程量】，在弹出的“查看构件图元工程量”页面→打开【构件工程量】，如图 7-3-6 所示。

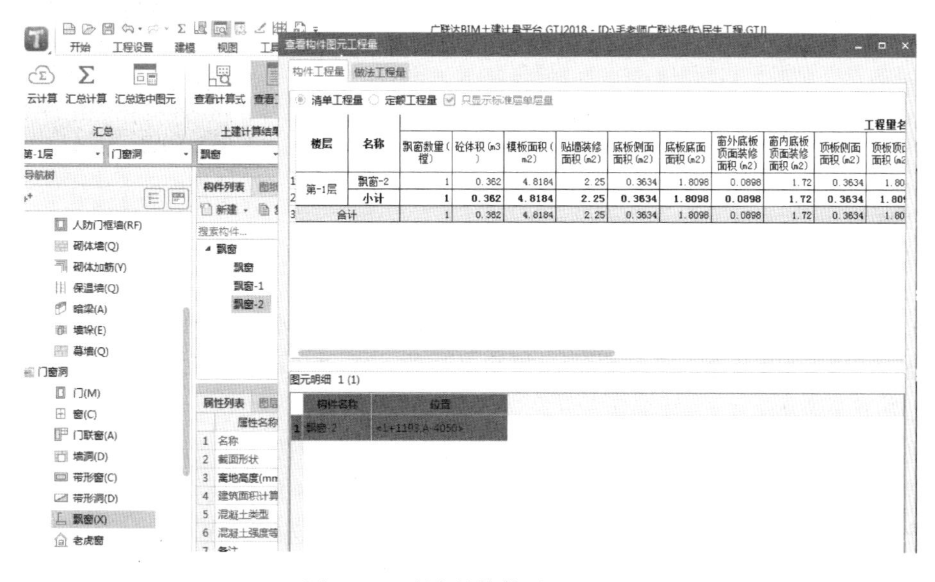

图 7-3-6　飘窗的构件图元工程量

根据设置飘窗具有构件的复杂程度，有 10～18 种工程量，可参考选择清单、定额子目，不漏项。

8 布置过梁、圈梁、构造柱

8.1 布置过梁

布置过梁（GL）前，需要先布置连梁，剪力墙洞口上已有连梁不会再重复布置过梁，需在建筑墙柱平面图上操作，需砌体墙、门窗洞都绘制上或识别成功后进行。软件会自动处理QL与GL扣减。如有无墙体的需补充画上，否则布置不上门、窗、洞，无洞口布置不上过梁。

老版本：展开（导航栏下的）【门窗洞】→（在连梁下邻行）【过梁】→【定义】→【新建】▼→【新建矩形（或异型）过梁】，如图8-1-1所示。

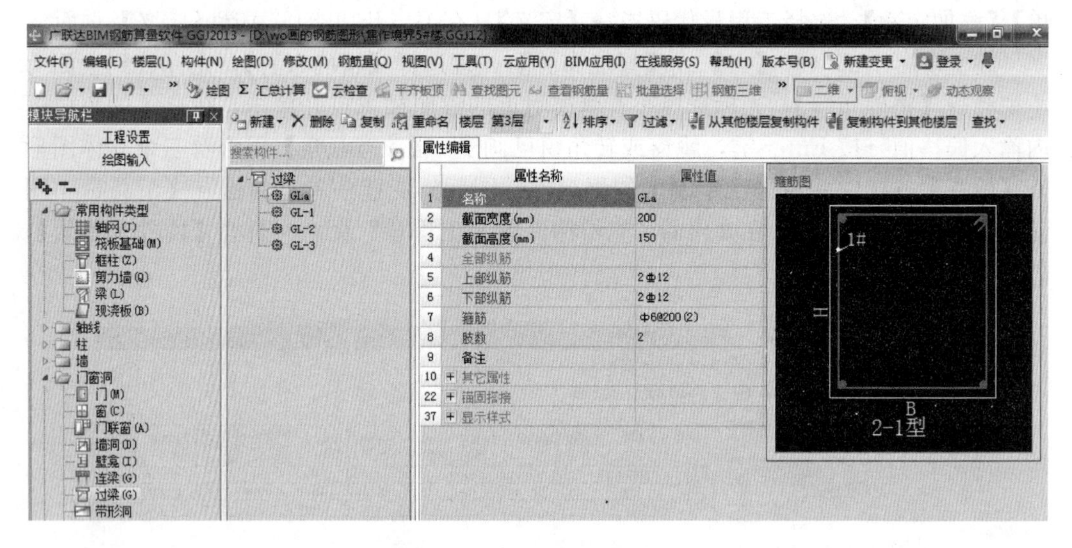

图8-1-1 建立过梁（老版本）

在过梁构件属性编辑页面：命名，设置截面宽度（可不输此值，程序自动按墙厚度），输入截面高度，上、下部纵筋，箍筋，肢数，在“其他属性”位置栏单击▼选择洞口上方或下方等。

【绘图】→（有【点】式布置）【智能布置】▼→选择按“门，窗，门联窗，墙洞，带形窗，带形洞”布置→（需先布置上述洞口），此时主屏幕剩余有门窗洞图元为白色粗线条，其他图层消失→按提示，单击选择（可连续多次选择）或框选全部门窗洞口图元或框选全平面图→右键确定。光标放到洞口上光标由箭头变为回字形，可显示构件名称“GL”已布上。

优选：【智能布置】▼→【按门窗洞口宽度布置】→显示按“洞口宽度布置过梁”页面，选择所需布置过梁的洞口类别→输入伸出洞口两侧的长度→【确定】。

智能布置后→单击右键（结束布置），光标放到洞口上，光标变回字形可显示已布置的过梁构件名。提示：需人工根据“层高－洞口底标高－洞口高度－梁板高度≥过梁截面高度”，才需要布置过梁，判别是否需布置过梁，如不需布置过梁，需人工删除过梁。

可移动修改位置。（在属性页面选预制）人工判别布置过梁的条件：层高－洞底标高－洞口高度－梁板高≥过梁截面高度，才符合布置过梁条件。

关于过梁长度：两端默认各伸入墙内 250，绘到图中的过梁长度＝洞口宽＋两端深入墙内长度之和，如墙端小于 250，软件按实有长度。如现浇过梁，需在长度栏输入计算的长度，遇柱自动扣减。

《2018 版》：（可以在最后全楼生成）→双击【图纸管理】页面下某层建筑平面图尾部空格，只有此一页已识别过门窗洞的平面图显示在主屏幕→单击主屏幕左上角的【楼层号】，把【楼层号】选择到主屏幕图纸应有的楼层。

《2018 版》新增加功能：如图纸设计为按不同洞口宽度有几种截面高度、配筋的过梁，无须【新建】数种过梁构件。

在“常用构件类型”下部，展开【门窗洞】→【过梁】，在【构件列表】下部只需要→【新建】1 个过梁构件，并在其【属性列表】下输入各行参数→在主屏幕上部单击【智能布置】，如图 8-1-2 所示。→按【门窗洞口宽度】布置→在弹出的“按门窗洞口宽度布置过梁”页面，“布置位置”栏已自动勾选门、窗、门联窗、墙洞，可修改；在【布置条件】下输入需要设置的过梁条件，如：700≤洞口宽度≥2100→【确定】，此时在平面图上符合布置条件的门窗洞口上已布置上了蓝色过梁构件图元，光标放到蓝色过梁构件图元上呈回字形，可显示过梁构件名称→【动态观察】→转动光标可看到门窗洞口上已布置的过梁构件图元。

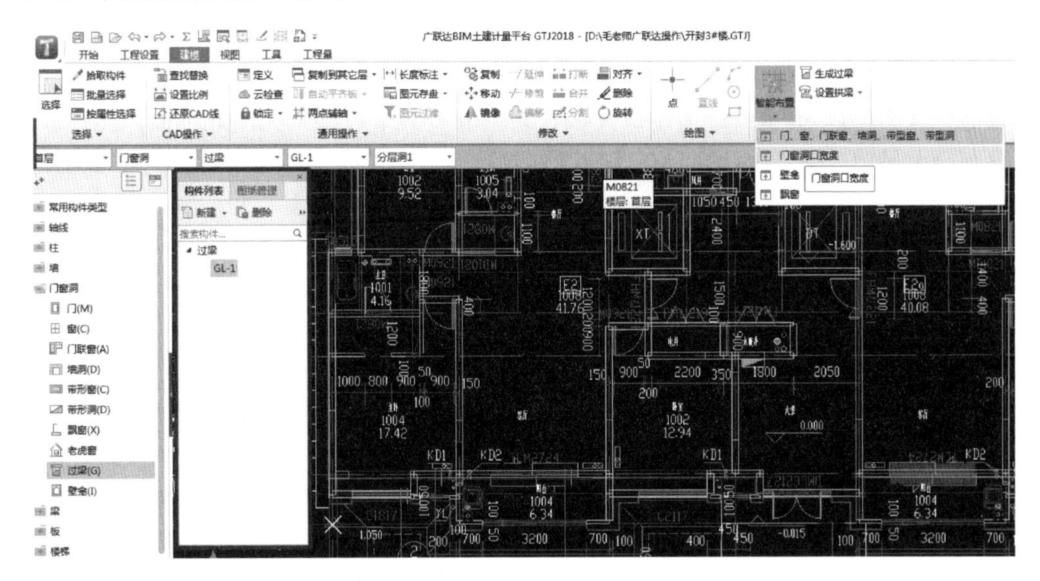

图 8-1-2　智能布置过梁

《2018 版》区分不同洞口宽度对号入座生成不同截面配筋的过梁，可在最后整楼或按选择的楼层生成，操作前需记住本层或全楼共有几种砌体墙厚度，没记住可返回【砌体墙】在【构件列表】下查看，光标放在构件列表下部，单击右键→【过滤】→【当前层使用构件】，过滤去掉没使用的构件→展开导航栏常用构件类型下的【门窗洞】（无须先建过梁构件），如图 8-1-3 所示。

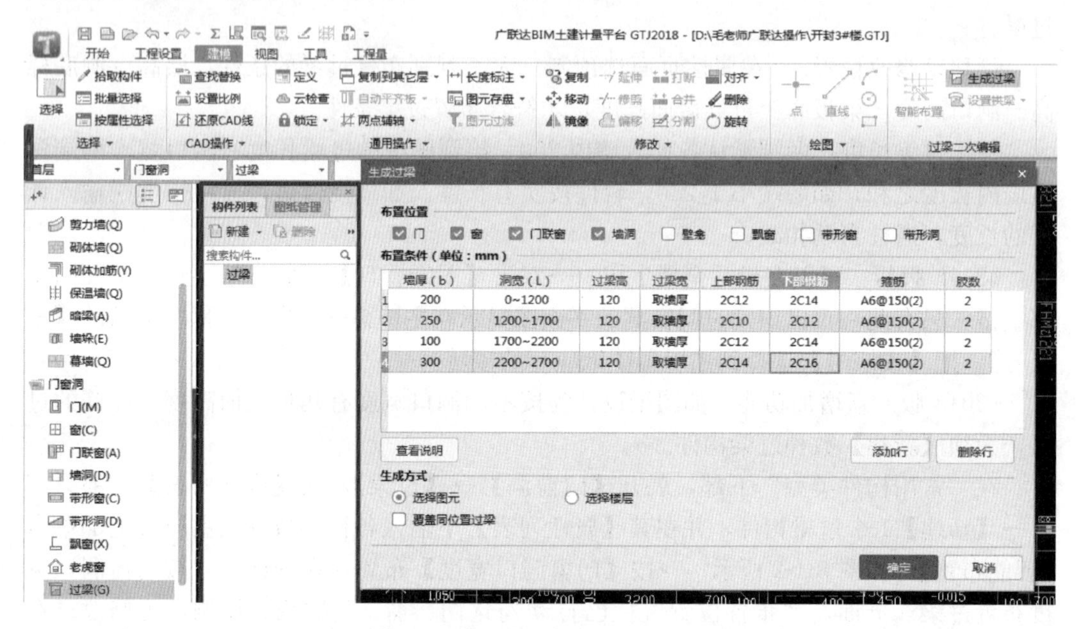

图 8-1-3　按不同洞口宽度生成指定截面高度、配筋的过梁

【过梁】→【生成过梁】（光标放到此功能窗口有小视频）→在弹出的“生成过梁”页面，勾选布置位置、布置条件，在【生成方式】下部有【选择图元】【选择楼层】两种功能→单击【添加行】→按实有工况输入或选择墙厚→输入设计要求的洞口最小至最大宽度→过梁截面高度→截面宽度取墙厚→上、下部钢筋，箍筋信息，肢数→【自动生成】GL。可根据需要添加行，增设多行多种过梁→框选全平面图→单击右键，或者选择楼层→【确定】，提示：过梁生成完成，共生成多少个过梁。关闭此页面，光标放到门窗洞口上显示过梁名称，并且在【构件列表】下有过梁构件生成。下一步→【构件做法】：选择清单、选择定额子目。

智能布置，自动生成的过梁，过梁伸出长度超出墙时，程序可自动断开。

8.2　布置圈梁

新版本、老版本操作方法基本相同：可以在最后【整楼生成】圈梁（QL）。

在导航栏下部，把【梁】前的＋展开为－→【圈梁】→【新建】▼→【新建矩形（另有参数化或异型）圈梁】QL→在【属性列表】页面，输入构件名称，可在名称后输入截面尺寸用以区别，输入各行参数及各行配筋值、设置轴线是否偏移、输入偏移值→【绘图】→如设计只有一种截面形式的 QL 可优选【智能布置】▼，如图 8-2-1 所示。

选择按“砌体墙中心线（或砌体墙轴线、中心线）”，选择砌体墙图元或框选全部平面图→单击右键→凡单击选择或框选的黄色砌体墙上均有蓝色填充粗线条显示，砌体墙上已生成 QL 图元→可动态观察。不需要布置圈梁之处可单击多余的圈梁图元→单击右

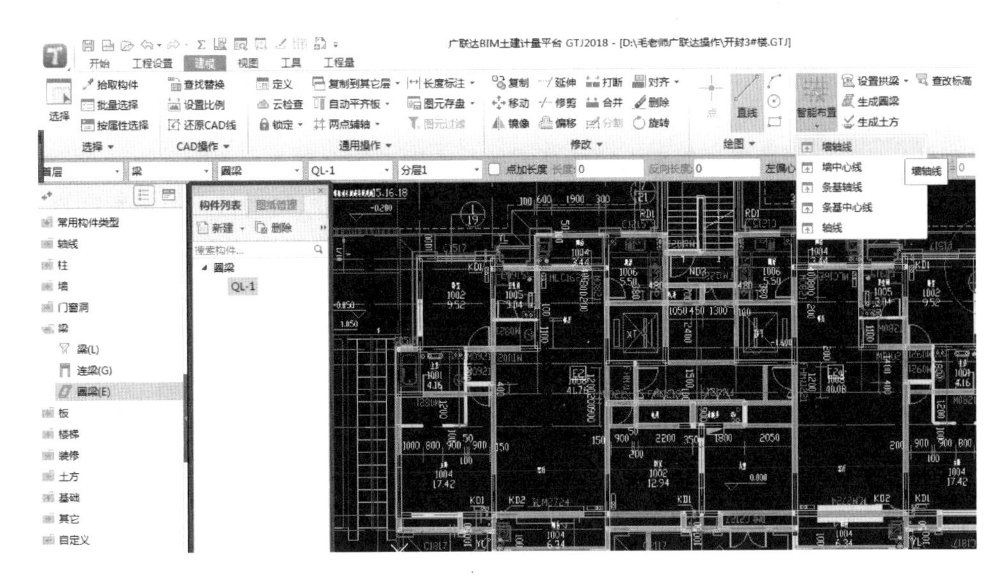

图 8-2-1　智能布置圈梁

键→【删除】。还可以利用键盘上的 E：圈梁、【Q】剪力墙、砌体墙隐藏、显示快捷键功能检查，不应该布置的圈梁可以删除，混凝土墙上不会布置上圈梁。

可最后【整楼生成】圈梁。

需在主屏幕上只有一张建筑平面图，并且砌体墙已识别或绘制成功，可不先建立圈梁构件：在导航栏上部图形输入界面，把梁前面的＋展开为一→光标放在【》】（在主屏幕上邻行右边尾部）上面显示更多按钮，单击【》】→【自动生成圈梁】（《2018 版》是【生成圈梁】），在显示的自动生成圈梁页面，在此页面上部有【墙中部圈梁】的布置条件，可不选择【墙中部圈梁】的布置条件，如图 8-2-2 所示。

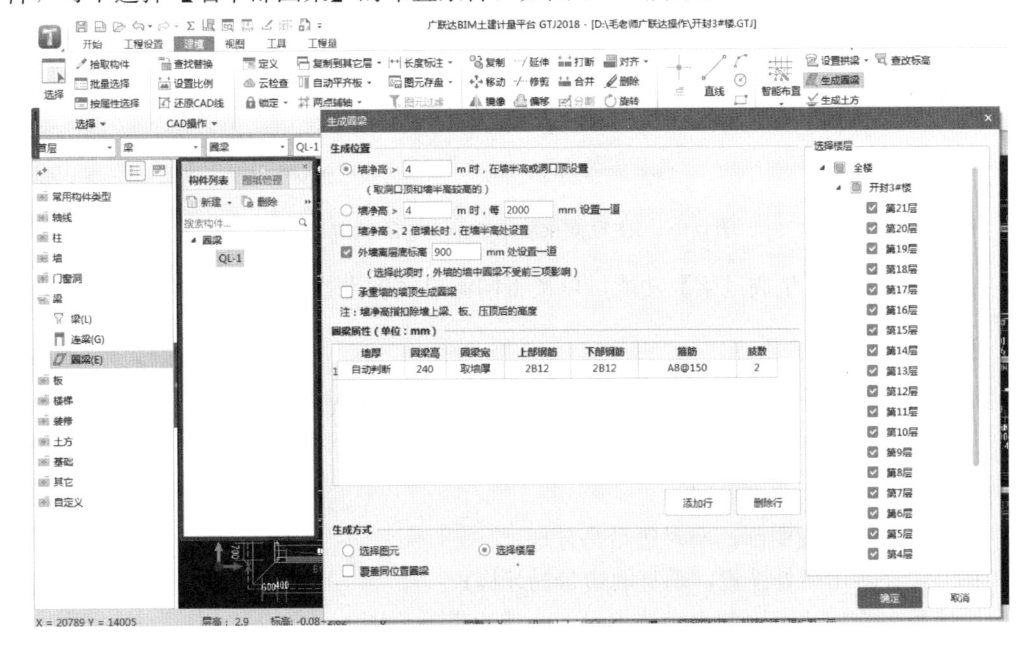

图 8-2-2　自动生成圈梁

选择墙顶 QL 的布置条件：

有墙高大于（按设计条件输入尺寸）××m 时在墙顶设置圈梁；有山墙顶部圈梁随山墙倾斜布置。

此两条件可同时选择，如无山墙此项不选，否则可能布置不上 QL。

【添加行】→已新建一行圈梁属性，可按墙厚建立一个圈梁构件，圈梁宽度自动取墙厚，程序默认上部、下部纵筋 2B12，箍筋配筋值、肢数可修改选择→【添加行】，各行参数选择、修改完毕。

1. 如选择【选择图元】→【确定】，需框选整个平面图→单击右键，提示：QL 生成完成→关闭提示。

2. 如在生成 QL 页面勾选整楼生成→选楼层→【确定】（无须框选平面图）→提示：共生成 N 道圈梁。需要全面检查，如果剪力墙上多布置了圈梁，应该手工删除。下一步在【构件列表】下部选择一个 QL 构件，在【定义】页面→【构件做法】→【添加清单】【添加定额】，如图 8-2-3 所示。→清单、定额选择后→【做法刷】，按 21.7 节的方法操作。

图 8-2-3 生成圈梁后添加清单、定额做法

《2018 版》有【生成过梁】功能，可按不同洞口宽度生成不同截面高度的过梁，也参照上述方式操作。

8.3 布置（一、L、T、十字形）构造柱

构造柱截面形式名词解释：

一字形：在墙段中部，两对边带马牙槎；

L 形：在转角墙处设置，垂直两边带马牙槎；

十字形：在四边有墙的十字节点设置，四边带马牙槎；

T 形：在 T 墙连接节点设置，三边带马牙槎；

无须先建立 GZ 构件名、定义属性，前提是：先完成绘制砌体墙，使之为黄色，在墙柱平面图上操作。

老版本：

在导航栏下部图形输入界面，展开【柱】→【构造柱】→【绘图】→【》】（光标放到此图形上显示有更多按钮）【按墙位置绘制柱】▼→【自适应绘制柱】→左键按住不放并拖动（方法同老版本手动分割操作方法），松左键→显示【自适应布置柱】页面，如图 8-3-1 所示。

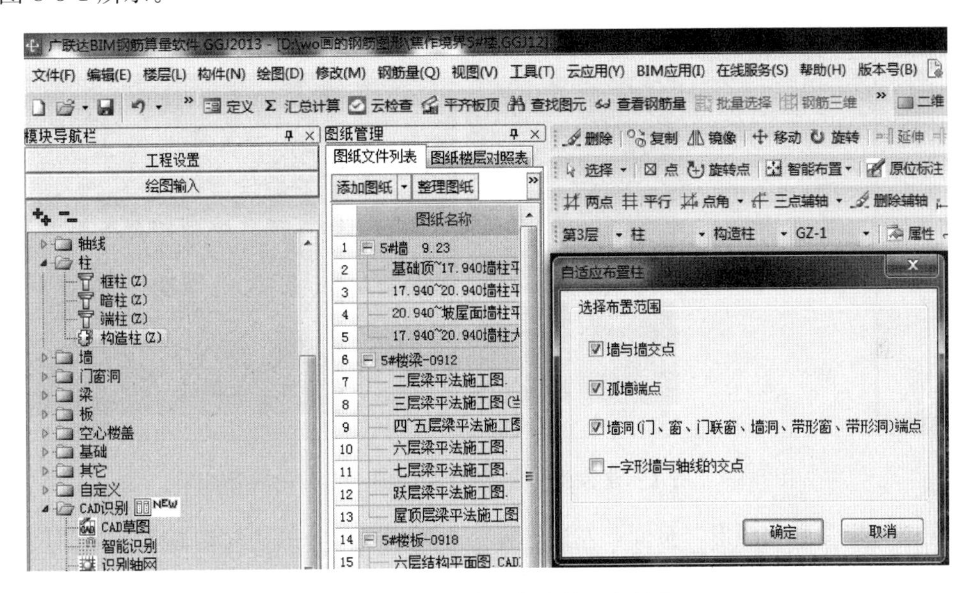

图 8-3-1 自适应布置构造柱（老版本）

根据设计需要，选中“墙与墙交点”“孤墙端点”“墙洞（门、窗、门联窗、墙洞、带形窗、带形洞）端点”“一字形墙与轴线的交点”→【确定】→符合设置构造柱条件的位置已布置上 GZ 图元，多布置的单击多布置的构造柱图元，或多次单击多布置的构造柱图元，多布置的构造柱图元变蓝→单击右键（下拉菜单）→【删除】。布置上的构造柱截面宽为构造柱所在的墙厚。与墙交接（连接形式匹配为一、L、T、十字形）。同时在【定义】的新建构件列表下已自动生成各种形式的构造柱构件名称。

特别提醒：需分别逐个在各形构造柱的【属性编辑】页面的“截面编辑”栏单击▼→“是”，与设计图纸对照，如有不对，可修改。也可在截面编辑栏直接修改箍筋、纵筋信息等蓝色字体参数，是公有属性，修改属性参数后，包括已有构件图元，其构件属性含意会随之改变。

也可以先新建构件名、属性定义，用【点】功能菜单布置构造柱。如布置的构造柱方向不对，可用“旋转点”画。布置构造柱后，布置构造柱砌体拉结筋。

如果绘制构造柱位置不错，将会提示“不能重叠布置”，按 20.1 节 5 条纠正。

《2018 版》布置各种截面形式的构造柱的方法如下：在【图纸管理】页面，找到建筑总图纸名称下的 N 层（砌体墙）平面图图纸名称→双击行尾部（锁图形后边的）空格，只有此一张建筑墙平面图显示在主屏幕（需要在已绘制或识别砌体墙、门窗洞并生成此类构件图元的平面图上操作）。

在导航栏“常用构件类型”下部：展开【柱】→【构造柱】(Z)。

方法一：在【构件列表】页面→【新建】▼→【新建参数化构造柱】，在弹出的“选择参数化图形”页面的左上角“截面类型”栏：可以选择切换到L形、一字形、T形、十字形、Z形、DZ形、AZ形选择界面，如图8-3-2所示。

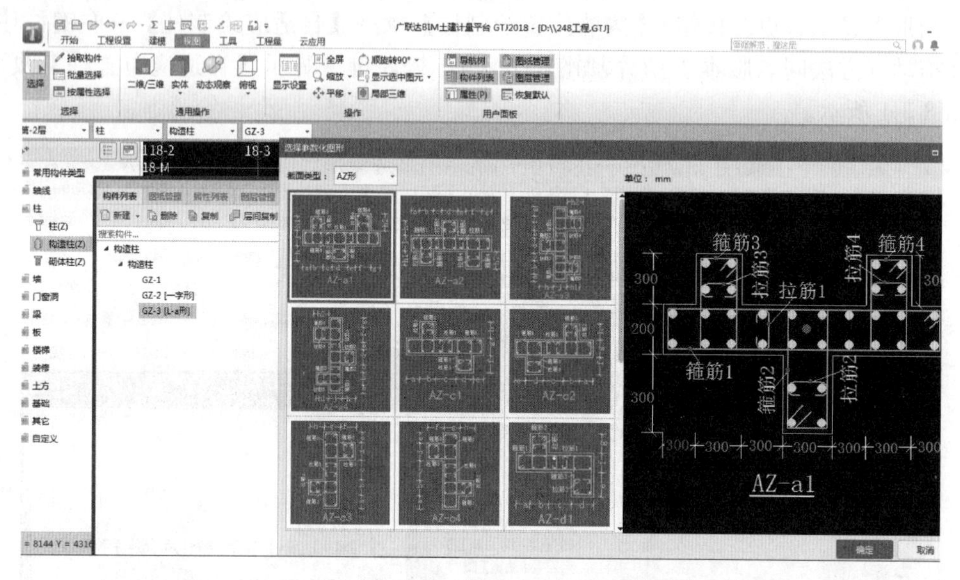

图8-3-2　用【新建参数化构造柱】功能选择参数化截面图形

在“选择参数化图形”页面，左边选择一个截面类型，右边联动显示其截面尺寸放大图，凡红色、绿色截面尺寸→单击可以显示在小白框内，可按照需要的尺寸修改→单击左键，截面尺寸修改完毕→【确定】。可在【构件列表】页面显示此构件名称→【属性列表】，在【属性列表】页面的【截面形状】行，单击勾选其尾部空格（也可以把产生的截面形状标志复制、粘贴到构件名称的尾部）→在【构件列表】页面，此构件名称尾部可自动显示其截面形状标志。

在【构件列表】页面选择一个构造柱构件（构件名后带有形状标志）→【属性列表】，在【属性列表】页面可联动显示此构件的名称、属性参数（单击【截面形状】行，可在其行尾部显示【⋯】→【⋯】，可重新进入“选择参数化图形”页面，选择截面图形，修改截面尺寸），单击【属性列表】页面左下角的【截面编辑】功能窗口，在弹出的构造柱“截面编辑”页面，按照3.2节讲解的方法，进行构造柱的截面配筋设置。

如果梁、圈梁图元覆盖砌体墙，看不到黄色砌体墙，在大写状态，按L键可以隐藏梁图元；按E键可以隐藏圈梁构件图元。

分别在【构件列表】页面选择一种构件，（在主屏幕上部）→【点】→在平面图中的砌体墙上，按照砌体墙图元连接的节点形式（有“一”字形、L形、十字形、T形等）分别按照对应的构造柱截面形状，点画上构造柱，如果方向不对，可以用【旋转】【镜像】【移动】功能纠正。

方法二：可以在最后全楼生成，不需要先建立一个GZ。构造柱构件，此时在主屏幕右上角有【生成构造柱】功能窗口→【生成构造柱】（此时平面图上如有板图元可隐去），只有剪力墙图元为白色，砌体墙图元（因砌体墙上绘制有圈梁）为蓝色，梁图元为绿色，在大写状态，按 L 键可隐去梁图元；按 E 键可以隐藏圈梁构件图元方便观察→弹出“生成构造柱”页面，如图 8-3-3 所示。

图 8-3-3 用【生成构造柱】功能布置各型构造柱

在弹出的“生成构造柱”页面选择“墙交点”（柱截面尺寸取墙厚），“孤墙端头”，“门窗洞两侧，洞口宽度（mm）≥1200”（可修改），“构造柱间距”等，可按照设计要求输入；下部有构造柱的属性，在属性页面按照各行信息输入各自属性参数、配筋信息。在最下部，方法 1：【选择图元】→【确定】，关闭“生成构造柱”页面→框选全平面图→右键确认→提示：共生成多少个构造柱→【关闭】。光标放到平面图砌体墙已生成构造柱图元上可显示构造柱构件名称。并且在【构件列表】页面已按照在平面图上产生的构造柱种类，自动产生相同种类的构造柱构件名称。方法 2：如图 8-3-4 所示。如果在弹出的【生成构造柱】页面【选择楼层】→【确定】（无须框选平面图，可按选择的楼层生成构造柱图元）。

图 8-3-4 按楼层布置构造柱

按照这种方法生成的是矩形截面的构造柱，如果与图纸设计不相符，可以分别在各自的【属性列表】页面修改，多数属性参数为蓝色字体，公有属性，只要修改其属性参数，平面图上已绘制的构件图元会联动改变。

需要返回属性列表逐个检查生成的各种构造柱的属性参数，如有与图纸设计不符可修改，操作方法如下：

分别单击【构件列表】页面下的构造柱名称，在【属性列表】下显示此构件的属性页面，与在【构件列表】所选构件联动显示其【属性列表】，单击【属性列表】左下角的【截面编辑】（有开、关切换功能），弹出当前构件的【截面编辑】页面，有截面配筋大样图，光标放到“截面编辑”页面的左上或右上角变成对角线方向的上、下双箭头，向对角线方向拖拉可扩大此页面，点【纵筋】，单击右上角的【》】，显示【布角筋】【边筋】等菜单。需按设计要求逐个构件核对修改，操作方法见 3.2 节识别柱大样纠错有关部分描述。提示：生成的构造柱图元依附于砌体墙，截面宽度按所在位置的墙厚，只能修改截面高度、配筋信息。多余的构造柱可删除。

下一步，在【构件列表】上选择一个构造柱构件→在【定义】页面→【构件做法】→【添加清单】→【添加定额】，选择工程量代码，与有关章节操作方法相同。

提示：在大写状态，键盘上的 Z 是框架柱、暗柱、构造柱构件图元的“隐藏”“显示”功能快捷键。

8.4 无轴线交点任意位置布置构造柱

老版本、新版本方法相同：先“定义”“新建”构造柱构件→【绘图】→用【点】式功能菜单在附近有轴线交点位置布上构造柱→右键结束布置。光标放到已有构造柱图元上，光标由箭头变为回字形→单击 GZ 图元，图元变蓝→单击右键（下拉菜单）→移动→（按提示）单击现有构造柱基点→Shift＋左键，在弹出的“请输入偏移量”对话框中输入 X（水平横向，正值向右偏移，负值向左偏移）或 Y（竖向，正值向上，负值向下）方向偏移值（单位：mm）→【确定】，已偏移，如图 8-4-1 所示。

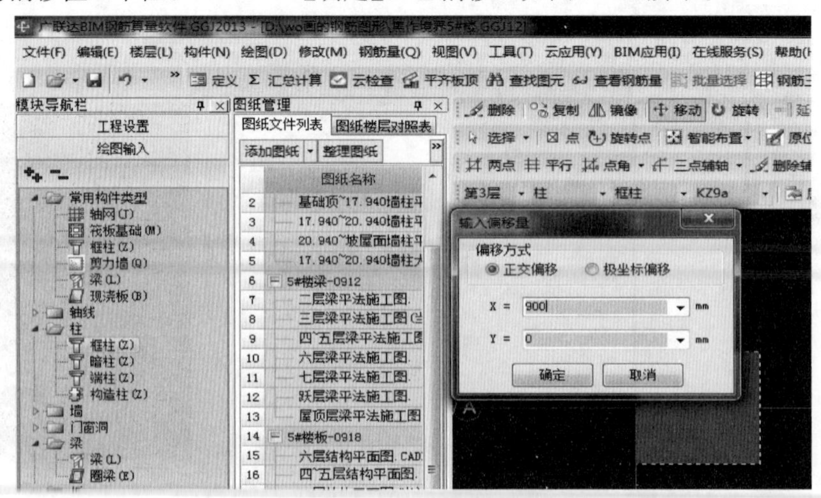

图 8-4-1 偏移布置构造柱（老版本、新版本方法相同）

重要提示：定义 GZ、墙、柱钢筋搭接形式，在构件的属性编辑页面有【搭接设置】，单击其行尾显示⋯并单击⋯进入搭接设置页面，此页面的连接形式竖向各行均可单击显示，有各种接头形式可选择，在其相邻右列可设置墙柱，竖向钢筋定尺长度。

《2018 版》：自动生成构造柱可在最后整楼生成，并且不必先新建 GZ 构件、在属性页面定义各行参数。【构造柱】→【生成构造柱】（提示：在大写状态，键盘上的 Z 是框架柱、暗柱、构造柱构件图元的“隐藏”“显示”功能快捷键），如图 8-4-2 所示。

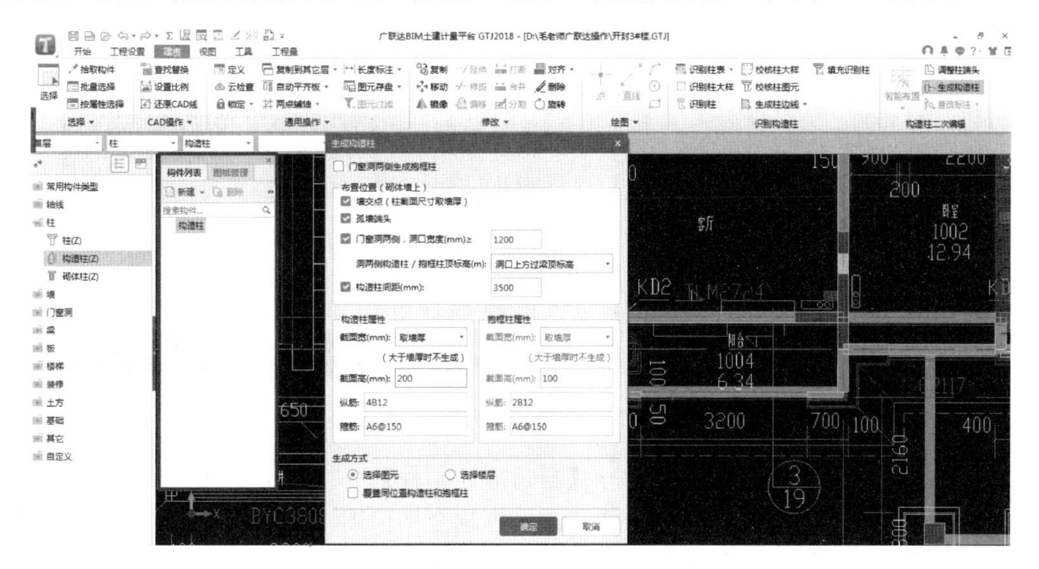

图 8-4-2　自动生成构造柱

弹出“生成构造柱”页面，选择布置位置（在砌体墙上）：纵横墙交接处，门窗洞口宽度大于或等于（默认为 1.2m），两侧可按设计修改；孤墙端头，按图纸或者《多层砖房钢筋混凝土构造柱抗震节点详图》规定；构造柱间距，内纵墙不大于 4.2m，外纵墙不大于 3.9m，在底部 1/3 楼层的横墙，构造柱间距不大于楼层高度，在上部横墙构造柱间距不大于 2 倍楼层高度→设置构造柱属性，截面宽度取【墙厚】▼，输入截面高 h；纵筋、箍筋值输入完毕→【选择图元】→【确定】→框选全平面图→单击右键，按提示：生成构造柱过程中与已有柱重叠时不生成，是否继续→“是”→提示“构造柱生成成功”，可全楼生成→选择楼层，混凝土墙不会生成 GZ。多余的 GZ 可删除。如果布置的方向不对，可以使用主屏幕右上角的【调整柱端头】调整布置方向，此方法适合于布置矩形构造柱、框架柱、暗柱，单击柱图元的插入点，可调整柱的布置方向。

8.5　按墙位置绘制构造柱

老版本：展开【柱】→【构造柱】建立构件名称→“定义”，【新建】▼，在属性编辑页面各行参数设置完毕。《2018 版》有【智能布置】构造柱功能。

【绘图】→【》】→【自适应布置（GZ）柱】▼→【按墙位置绘制柱】▼方法 1→按提示，单击构造柱拟布置的起点→移动光标（拉出线条）指示偏移方向，单击左键→输入 GZ 截面宽度→【确定】，单击左键→弹出“输入偏移柱段长度 mm”，输入以初点为起点的偏移尺寸→【确定】→单击左键，生成构造柱，所绘构造柱截面尺寸为墙厚，如图 8-5-1 所示。

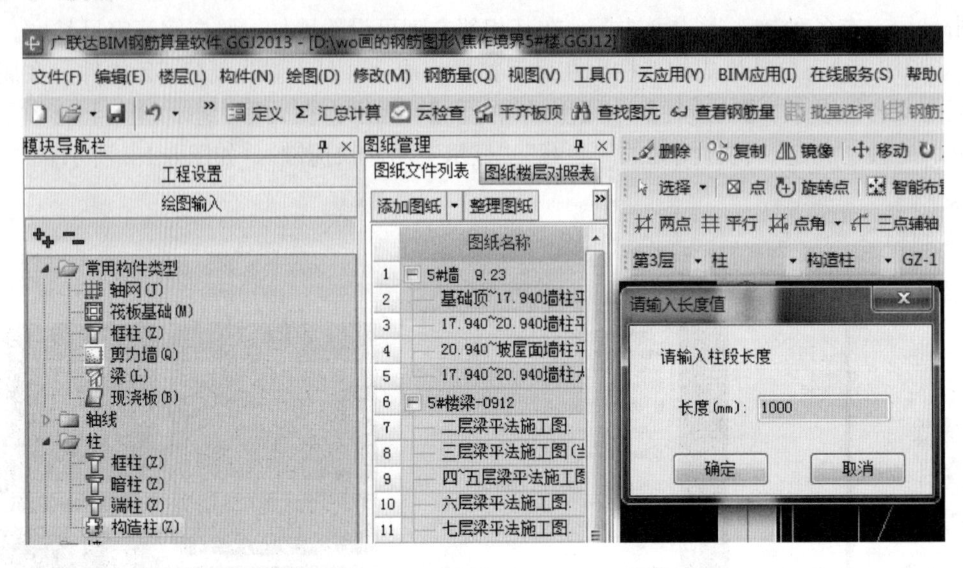

图 8-5-1　按墙位置绘制构造柱（老版本）

【按墙位置绘制柱】▼→方法 2→【自适应绘制柱】→按提示框选（砌体墙 QTQ）T、L、十、一字形等墙与墙图元交点，或者框选全平面图（左键单点拖动框选，松开鼠标即可生成按砌体墙接头形式，应布置的构造柱）。

《2018 版》有【智能布置】构造柱功能，需要首先在【构件列表】页面建立构造柱构件→（在主屏幕右上角）【智能布置】（有按【墙】【门窗洞】【桩】【柱帽】【梁】【柱墩】【独基】【桩承台】【轴线】多种布置功能）→【墙】。

方法 1：单击需要布置构造柱的砌体墙图元，可以多次选择单击墙图元→单击右键，选择的砌体墙交点已经布置上了构造柱，如果错误选择了剪力墙，剪力墙交点有柱或者暗柱，不会布置上构造柱。

方法 2：也可以框选全平面图→单击右键，砌体墙交点上已经布置上构造柱。

提示：凡按智能、自动方法布置的构造柱图元，程序均能按产生的先后生成构造柱构件的编号，按墙绘制构造柱的方法 1、方法 2 布置的构造柱均应在属性页面检查、修改其纵筋、箍筋信息。

8.6　布置构造柱、框架柱的砌体拉结筋

老版本：在墙柱平面图上，砌体墙、构造柱、框架柱画好后。

展开导航栏上部的【墙】→【砌体加筋】→【定义】→【新建】▼→【新建砌体加筋】→在显示的“选择参数化图形”页面的“参数化截面类型”栏尾→▼→选 L、T、十、一字形截面类型，如图 8-6-1 所示。

选择配筋图形→按此页面右下角显示的详图，单击尺寸符号在显示的小白点上输入各部位尺寸、配筋长度→【确定】。

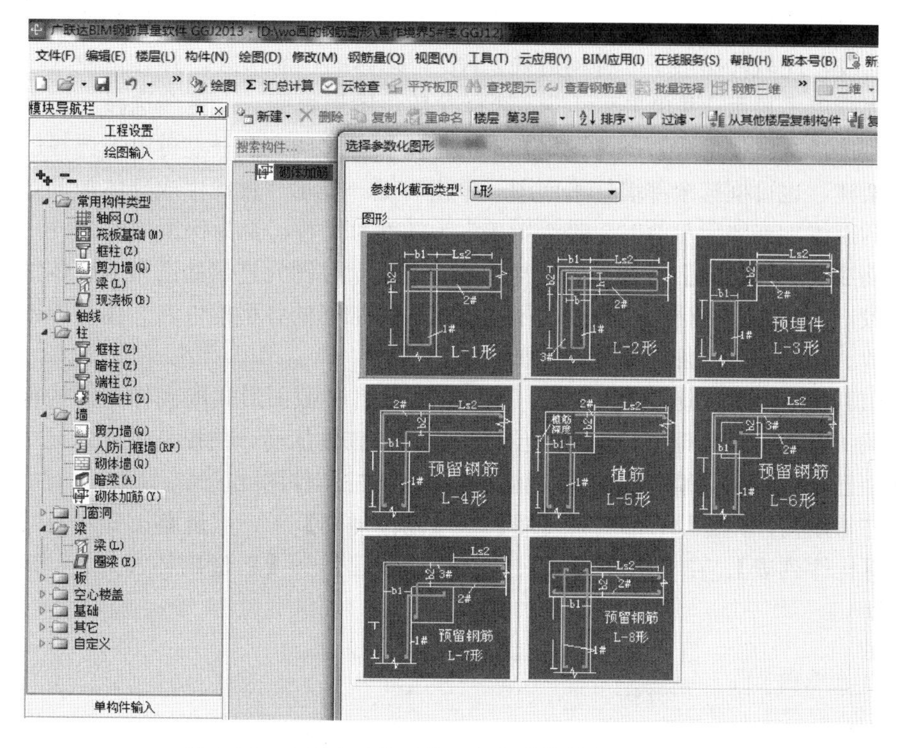

图 8-6-1　布置各型构造柱、框架柱拉结筋（老版本）

【绘图】→用“点”功能键→根据已定义的砌体加筋截面形式，选择与之拉结形式相符的砌体墙交点上已有的构造柱图元，点上即可，如方向不对，可用“旋转点”菜单修改布置：单击已有构造柱或框架柱→观察并移动光标→当看到砌体加筋图元旋转到与砌体墙图元方向一致时→按 Enter 键→砌体加筋已布上。

优选：可在最后勾选全楼生成，【自动生成砌体加筋】（无须新建各型砌体加筋构件）→在显示的“参数设置”页面设置，如图 8-6-2 所示。

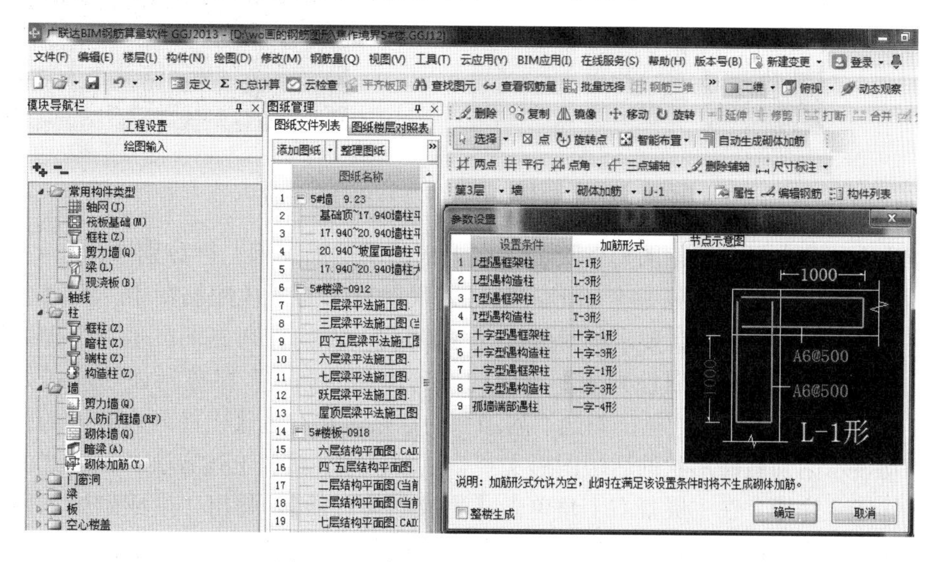

图 8-6-2　自动生成砌体加筋（老版本）

逐行单击选择截面类型，并在节点示意图内单击修改配筋长度、配筋值，如与设计不符可修改，此软件提供了 9 种构造柱、KZ 与砌体的拉筋形式，并且每种（每行）在加筋形式行单击显示⋯并单击⋯可进入选择参数化图形页面。有更多选择，需看页面下说明。可选择【整楼生成】→【确定】→选择楼层→【确定】→左键单击选择已有构造柱或框架柱，也可框选全部墙柱平面图→单击右键→提示“自动生成砌体加筋过程，与已布置的砌体加筋图元重叠时，是否覆盖”（覆盖为代替，否为保留原有）→“否”→砌体加筋成功→【确定】→在砌体墙与构造柱及框架柱图元连接处已布上砌体加筋并且方向一致，而且在其新建的构件列表下已生成砌体加筋的各型构件名。如与原图纸有差异可修改。构造柱砌体加筋不能覆盖剪力墙。

《2018 版》可以在最后整楼生成，需要先建立各种截面形式的砌体加筋构件，在建筑砌体墙上有构造柱、框架柱图元的位置快速布置砌体加筋，前提是主屏幕显示的建筑平面图上已布置了砌体墙、门窗洞、构造柱、框架柱构件图元。

在“常用构件类型”下部展开【墙】→【砌体加筋】（Y），屏幕上显示有【属性列表】和【构件列表】。在【构件列表】页面：【新建】→【新建砌体加筋】，如图 8-6-3 所示。

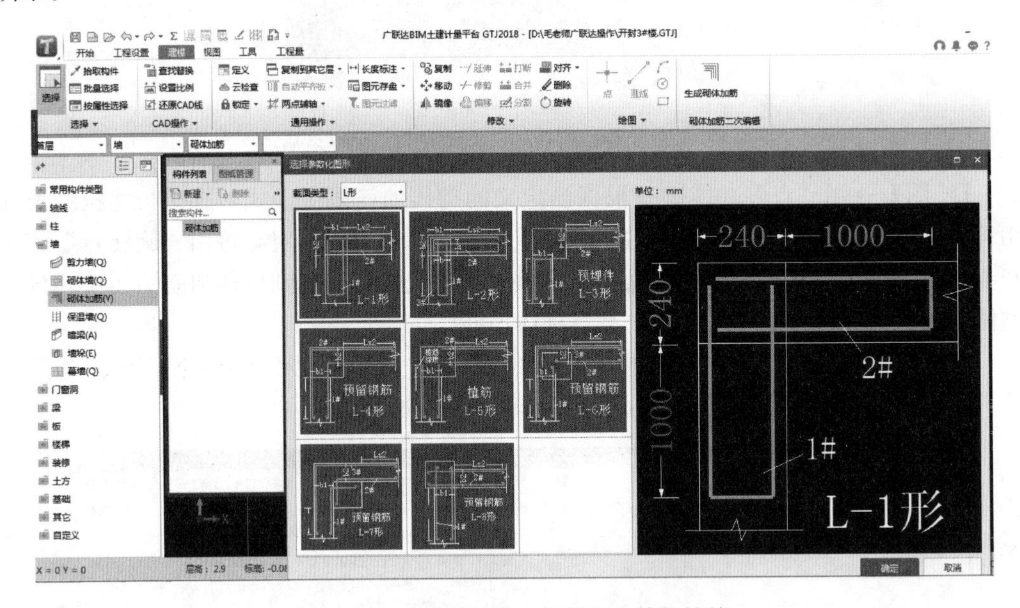

图 8-6-3　布置构造柱、框架柱砌体拉结筋

在弹出的“选择参数化图形”页面，在上部的“截面类型”栏分别选择如一字形、L 形、十字形、T 形→选择一个图形，在右边联动显示的大样配筋图中，凡绿色（红色）字体数字单击可按设计要求核对修改→【确定】。在构件列表下产生一个砌体加筋构件。如 LJ－1。→在【属性列表】页面的“砌体加筋形式”栏显示加筋形式如一字形、L 形、十字形、T 形，单击勾选“附加”的空格，在右边【构件列表】下的构件名称后联动显示附加截面形状的后缀图形文字，以示区别。按照上述方法各种形式的砌体加筋构件建立完毕。在主屏幕右上角单击【生成砌体加筋】，弹出“生成砌体加筋”页面，可在此页面下部【选择图元】或者【选择楼层】，还可以选择【覆盖同位置砌体加

筋】，如果【选择图元】→【确定】→框选平面图→单击右键（运行），提示“共生成多少个砌体加筋构件”→“关闭”。光标放到平面图上显示深灰色的为产生的砌体加筋构件图元，可显示加筋构件名称、所在楼层。对照图纸检查，如有多余的加筋构件图元，连续单击多余的加筋图元，加筋图元变蓝→【删除】。如果产生的砌体加筋构件有方向、位置与柱图元不相符，可以用【旋转】【镜像】【移动】功能纠正。

在大写状态，Y是【隐藏】【显示】砌体加筋构件图元的快捷键。

砌体加筋构件无须在【构件做法】页面【添加清单】【添加定额】，软件可以根据计算出的钢筋规格、数量，自动选择定额子目。

9 布置楼板

9.1 识别板及板洞

新、老版本操作方法基本相同：必须在某一楼层的竖向构件如混凝土墙、柱、梁构件图元识别后，并且在建筑平面图上的 QTQ：砌体墙等构件识别后进行。

在“常用构件类型”栏下部展开【板】→【现浇板】(B)。

在【图纸管理】页面：在结构总图纸名称下找到某层的楼板图纸名称，并双击此图纸文件名行尾部的空格，只有此（已识别过墙、柱、梁图元的）一张板平面图显示在主屏幕。

在主屏幕左上角把【楼层数】选择到板平面图应该是的楼层数，还要检查轴网左下角的“×”形定位标志是否正确。

如果不知道本层楼板的厚度，需要在最上部→【工程设置】→【楼层设置】→查看此层板的厚度（记住板厚）。

在主屏幕上部→单击【识别板】，其数个下级识别菜单显示在主屏幕左上角，如果被【构件列表】【图纸管理】等页面覆盖可拖动移开。

单击【提取板标注】（平面图上板厚 Bhxx 为板标注），如图 9-1-1 所示。

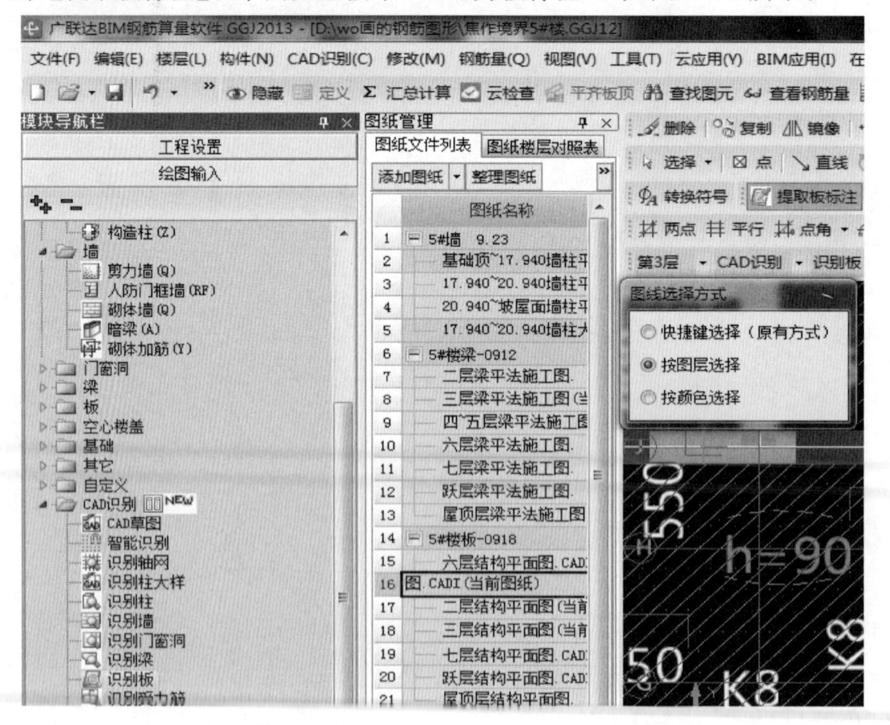

图 9-1-1 识别楼板功能窗口位置图（老版本截图）

在板平面图上选择一个板厚 hxx 并且单击→当有多个板厚时，这些板厚图层同时变为蓝色，如有没变蓝的板厚标识可再次单击 Bhxx→此图层全部变为蓝色，（如只有一种板厚，标在图下部说明中，用中文表示。）图中无板厚可选择单击钢筋线（优选单击最通长钢筋线）→单击钢筋线的钢筋尺寸数值、配筋值，使其变蓝（如有没变蓝的短筋及尺寸线配筋值可再点单击使之变蓝）→单击右键→变蓝的板标注消失。

【提取支座线】（《2018 版》无此菜单可不操作）→单击梁边线（边梁外侧边线为细实线，内边线和里边的梁边线为点画线）→变蓝→选择并单击板边线，板边线变蓝，选择并单击墙边线、柱边线，变蓝（放大、缩小可观察），变蓝或变虚线的为有效→单击右键→变蓝或变虚线的图层消失。

【提取板洞线】→选择并单击板洞线使之变蓝色，单击楼梯板洞线使之变蓝色→单击右键→变蓝色的图层消失。

单击【自动识别板】，弹出“识别板选项”页面（图 9-1-2），程序可自动勾选已识别的墙、梁、砌体墙等名称。并遵照此页面下提示“识别板前，应确认柱、墙、梁图元已生成”。

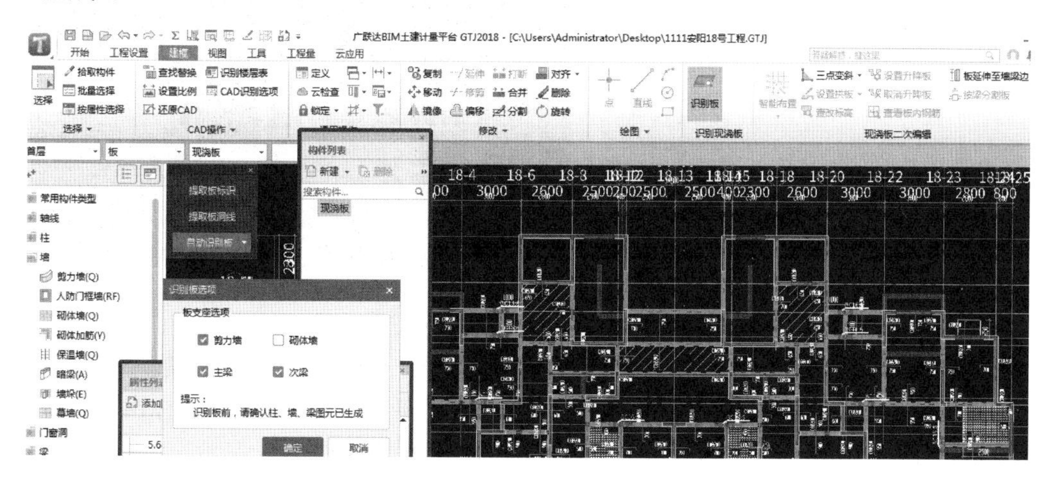

图 9-1-2 自动识别板

可勾选或取消勾选→【确定】→弹出“识别板”页面→把未标注板厚的数值手动填入【板厚】栏→【确定】（识别运行）。

板图元、板洞已生成，很准确，主屏幕上部没有【校核板图元】功能窗口，无须纠错。如果像卫生间地面局部有高差或者板厚度不同，可以分割板后修改其属性，本书 9.3 节有详述。

绘制弧形梁、板：在主屏幕上部绘制【园】功能窗口的上部→【三点弧】→单击弧形的起点→单击弧形的垂直平分线的顶点→单击弧线的终点，弧形梁已绘制成为红色，没有提取梁跨→单击红色梁图元，变蓝色→单击右键（下拉众多菜单）→【重提梁跨】→单击右键，梁图元变为绿色→在“常用构件类型”栏下部的【现浇板】界面，在梁封闭的情况下可以用【点】功能绘制板。

9.2 智能布板、手工画板洞

老版本：识别板或智能布置现浇楼板前，需各种竖向构件特别是混凝土墙或砌体墙、梁、柱图元识别或绘制完毕→新建板构件名称、属性→【绘图】→【智能布置】▼，如图 9-2-1 所示。

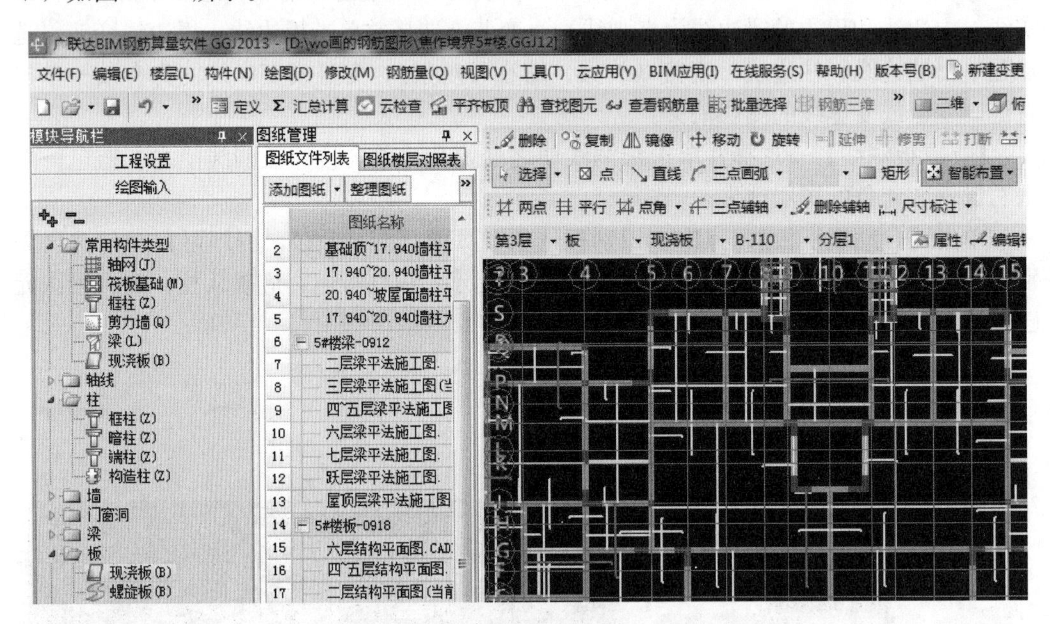

图 9-2-1 智能布置楼板（老版本）

按已有构件情况，可选择按墙外边线或梁外边线，按提示框选全电子版平面图→单击右键【确定】→板布上后呈斜线状态→光标放在已布置的板图元上，光标由箭头变为回字形→光标单击已布置的板图元，全部变蓝的为 1 个板构件图元。

板识别或绘制后如有部分板洞未识别成功，可手动绘制板洞，操作方法：（导航栏下）【板洞】→【定义】→【新建】→起名→设置板洞属性→可设置板洞加强筋→【新建自定义板洞】→【绘图】→可用“直线”功能键在已有板图元上用画“多线段”的方法在电子版图上描绘板洞，或用“矩形”功能菜单在电子版图上画任意大小的矩形板洞。楼板与板洞画好→动态观察；定义的自定义板洞用【矩形】菜单，可描绘多个板洞，一个板洞由梁分隔，可一次用【矩形】菜单画上。

板图元合并或分割：用识别板方法绘制的楼板，是以梁分割的许多板块。

《2018 版》智能布置楼板方法：在【图纸管理】页面，双击已绘制或已识别生成墙、柱、梁构件图元的板平面图名称行尾部的空格，只有一个电子版图显示在主屏幕，并且需要检查此图轴网左下角“×”形定位标志是否正确。

在主屏幕左上角→【楼层数】，把楼层数选择到应有的楼层数。

在“常用构件类型”栏下→展开板→【现浇板】→“定义”，在【定义】页面需先建立一个板构件→【智能布置】▼→按外墙、梁外边线、内墙、梁轴线→框选全图→单击右键，已布上的板是一个整体板图元，无须合并，如需要可分割，如图 9-2-2 所示。

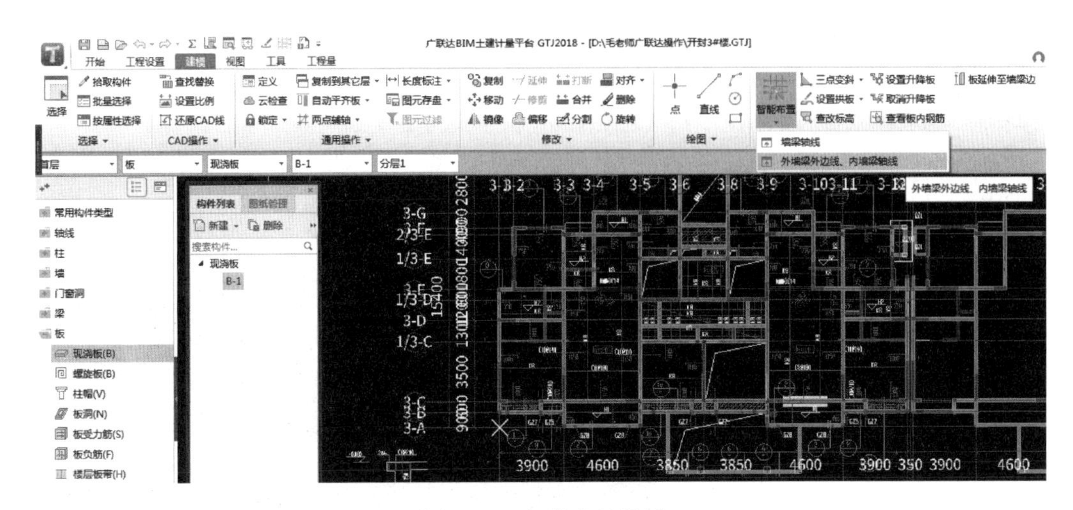

图 9-2-2　智能布置楼板

如果有板洞→在“常用构件类型”下部→【板洞】→在【构件列表】下部→【新建】▼→【新建自定义板洞】→用主屏幕上部的【矩形】或者【直线】功能绘制。如果板的周边支座由剪力墙或梁形成封闭，还可以用【点】菜单绘制板。

此时如前边有缺少、需要补充绘制的其他构件，如剪力墙、柱、门窗等操作，可隐去板图元，方法是：（上部一级功能菜单）【视图】→【图层管理】，弹出【图层管理】页面，有显示、隐去（藏）指定图层功能，在前边打勾的为当前显示的图层，未勾选的为隐藏的图层→【恢复默认设置】→确定恢复→“是”，可恢复隐藏的图层。再单击【显示设置】有关、开切换功能。在键盘大写状态，B 是隐藏、显示板快捷键。

分割、合并、绘制板洞的操作方法与老版本方法相同。

9.3　识别板受力筋；布置板受力筋

提示：需先把各主要板筋的种类、配筋值记住。

老版本：“图纸文件列表”→双击此表下某层楼板配筋平面图的图纸名称的行首→此单独一张电子版图已显示在主屏幕，并且应在墙、柱、梁、板（含板洞）已识别或绘制成功以后进行。

【识别板受力筋】→【提取板钢筋线】→（按提示）在此只需要单击比较长的钢筋线，如图 9-3-1 所示。

任意选择并单击现浇板的钢筋线，钢筋图元变蓝→单击右键，变蓝或变虚线的图层消失（保存于【已提取的 CAD 图层】内）。

【提取板钢筋标注】→按提示，选择并单击板上的钢筋配筋值、尺寸数字和尺寸标注线，变蓝→单击右键，变蓝的图层消失。

【自动识别板筋】▼→【提取支座线】→单击板边线，变蓝→单击剪力墙边线，变蓝→单击梁边线，变蓝→单击右键确认→上述变蓝的全部图层消失（保存在【已提取的 CAD 图层】内，勾选此菜单，消失的图层可恢复）。

【自动识别板筋】▼→【自动识别板筋】→提示：识别之前请确认：板图元已绘制

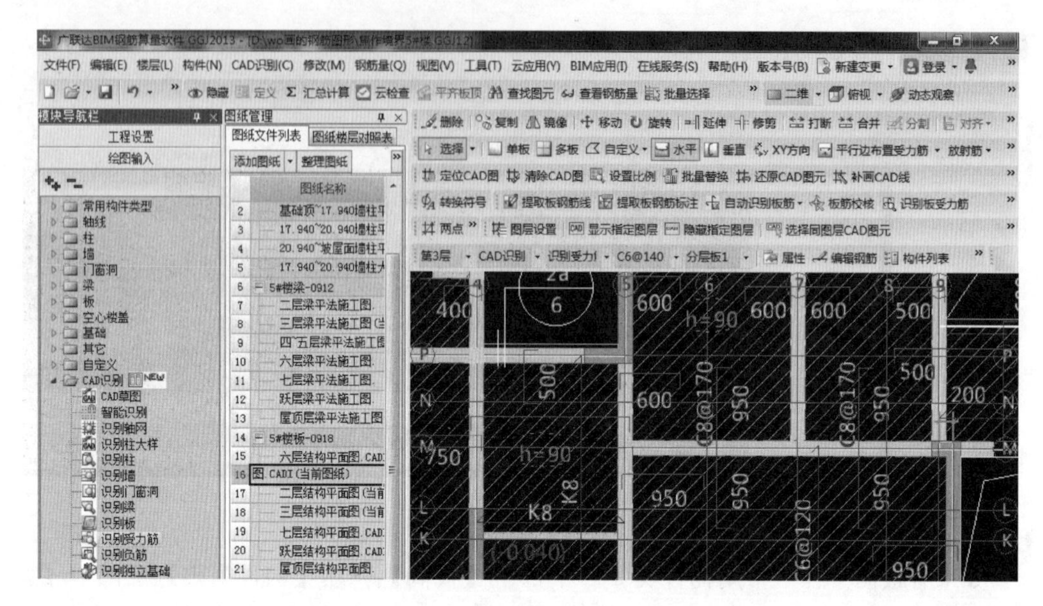

图 9-3-1 识别板受力筋（老版本）

完毕，支座图元柱、梁、墙等已绘制（或识别生成）完毕。否则无法正确归类识别，是否继续识别→“是”→弹出“识别板筋选项”页面，在此页面上部有请选择识别的钢筋归属，需选择板或者筏板。

在此页面下部的选项行：

无标注的负筋信息行：需按图纸输入负筋配筋值。

无标注的负筋长度：应输入单根负筋全长。

无标注的跨板受力筋信息：按图纸设计的跨板受力筋信息值输入。

无标注的跨板受力筋长度：应为单根跨板受力筋全长度。

《2018 版》板受力筋识别前，需要按照受力筋的布置区域，在“常用构件类型”下部的【现浇板】界面，把平面图上的板图元手动分割为单独的 N 个板块，分割、修改板名称方法：在【构件列表】页面，在原有板构件基础上新建一个板构件，在主屏幕上部→【直线】→在板图元上用绘制多线段的方法描绘任意形状的板块形成封闭→单击此板块，变蓝色→单击右键（下拉菜单）→【修改图元名称】，在弹出的“修改图元名称”页面左边【选中构件】栏下显示的是当前在平面图中已选中变为蓝色的板构件名称，右边显示的是需要修改的目标构件名称→单击选择右边目标构件名→【确定】，光标放到此板块上呈回字形，显示此板块的新名称。受力筋识别后，再合并为识别前的板块状况。

对于在平面图上未标注受力筋配筋值的操作方法：（在主屏幕左上角）单击【CAD识别选项】，如图 9-3-2 所示。在显示的“CAD 识别选项”页面→【板筋】→输入、修改【无标注的板受力筋信息】【无标注的跨板受力筋信息】【无标注的板负筋信息】，在此需要把图纸上没有标注、只在图下部说明中用中文文字说明的配筋信息手工输入，没有的可在其【属性值】栏删除配筋信息→【确定】。

《2018 版》在【建模】界面，“导航栏常用构件类型”下部→展开【板】→【板受力筋】→在主屏幕上部【识别受力筋】，如图 9-3-3 所示。

图 9-3-2　CAD 识别选项

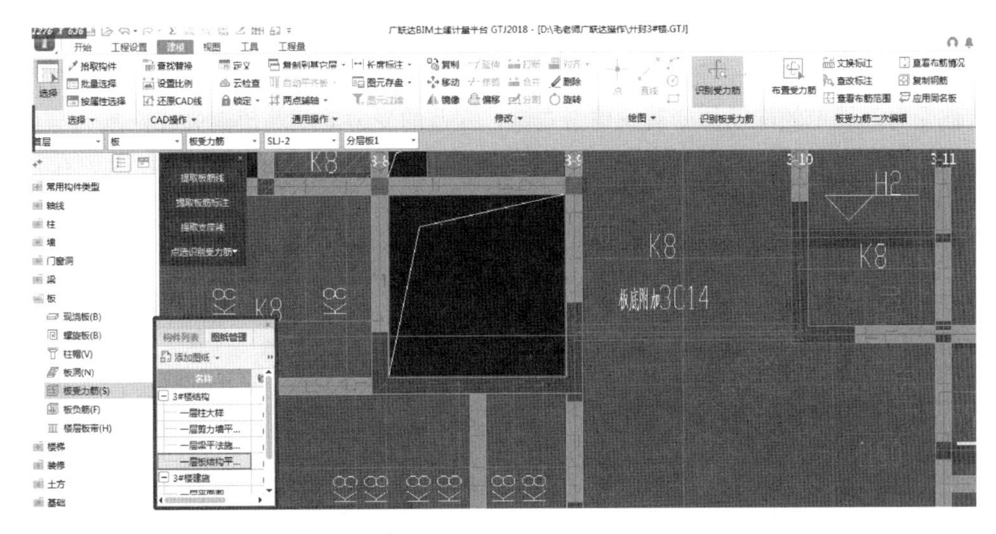

图 9-3-3　识别板受力筋

光标放在此功能窗口上有小视频。单击此功能窗口，其下级四个菜单显示在主屏幕左上角，如果被【图纸管理】【属性列表】或【构件列表】页面覆盖，可拖动移开。

以下是扩展新增加的：按【识别受力筋】的下级菜单，由上向下依次操作识别。需要根据受力筋的布置特点分别逐个识别受力筋。

【提取板筋线】[此时在主屏幕上邻行显示默认【按图层选择】（Ctrl+　）；【单图元选择】（Ctrl+　/Alt+　）、【颜色选择】等]，如图 9-3-4 所示。

单击主屏幕上邻行的【单图元选择】→光标选择主屏幕电子版图上 135 度弯钩向上

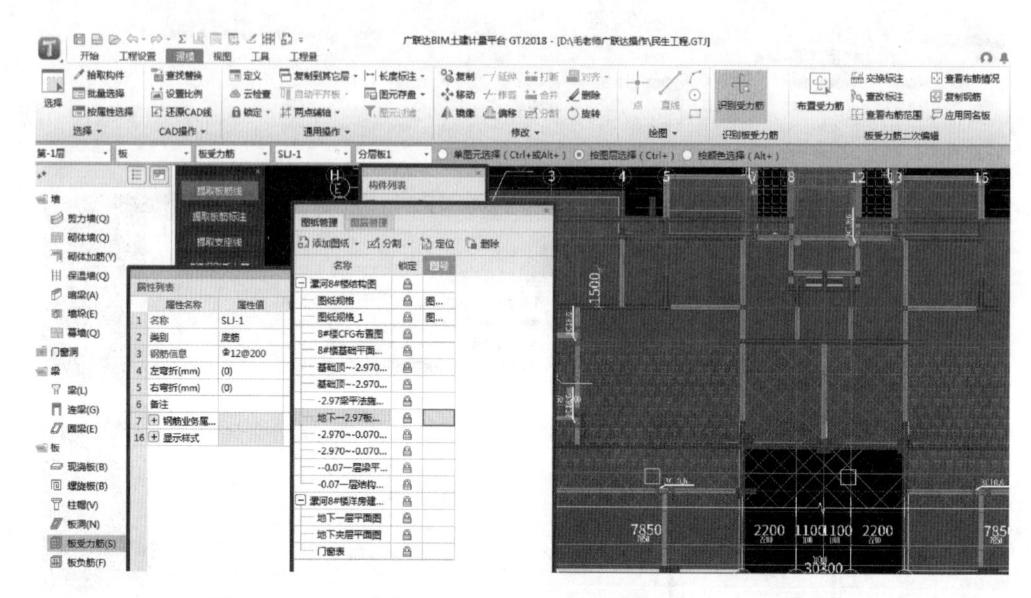

图 9-3-4　在识别受力筋界面：【提取板筋线】功能窗口位置图

的一根红色受力筋线，光标放到红色受力筋线上呈回字形（下同）为有效，并单击左键，只有此一根受力筋变蓝→单击右键，变蓝的一根受力筋消失。（如果是在【图层管理】页面，勾选了【CAD 原始图层】和【已提取 CAD 图层】状态下识别，变蓝的钢筋线不消失，恢复为原有红色，但识别有效。）

【提取板筋标注】→左键单击已消失的此受力筋线上部的配筋值如“C10@120”，只有此受力筋线上的配筋值变蓝→单击右键，变蓝的受力筋配筋值消失或恢复为与单击前不同的颜色为有效。对于平面图上没有绘制板受力筋信息的钢筋线，因为在前边【CAD 识别选项】中已设置了“无标注的板受力筋信息”，此步操作可以忽略。

【点选识别受力筋】▼→弹出“受力筋信息”页面，如图 9-3-5 所示。

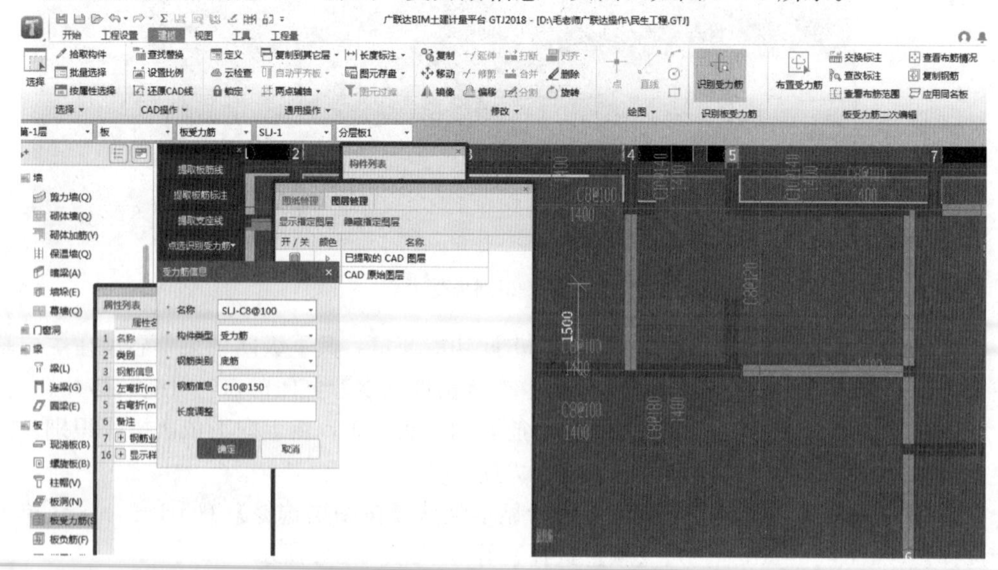

图 9-3-5　点选识别受力筋功能窗口位置图

单击“构件类型”行尾部的▼→选择【受力筋】→单击【名称】▼→选择或者输入配筋值，此栏已显示中文受力筋，在下邻行显示“底筋”→单击（此时已消失的受力筋线恢复显示）电子版图上红色 135 度弯钩向上的钢筋线，此受力筋配筋值如“C10@150”可自动显示在“受力筋信息”页面的构件名称栏为 SLJ C10@150，与平面图上的配筋信息相同，其下邻行长度调整栏为空白，不需要操作→【确定】。（按照下部提示区提示）→单击平面图上当前所提取的蓝色受力筋线，此受力筋图元已与原有红色受力筋线原位置绘上为黄色，并且长度相同，匹配一致。

从上述【提取板筋线】开始，同样方法识别其他受力筋。全部受力筋识别完毕。可用主屏幕右上角的【查看布筋范围】功能检查识别效果。

在大写状态：S 键是【隐藏】【显示】受力筋图元的快捷键。

《2018 版》布置受力筋：包括布置弧形、圆形板面积上的放射筋，任意形状板上的跨板受力筋。需要在当前层的楼板图元、板洞绘制或者识别完成，并且在板图元分割、合并完成后进行。

布置受力筋前，需要先在【构件列表】下建立 1 个受力筋构件→在【属性列表】页面输入中文受力筋构件名称→单击左键，在【构件列表】下建立的以拼音字母表示的构件名称联动改变为中文构件名称→在【属性列表】输入钢筋信息如 C10@150，输入左弯折、右弯折长度（应为板厚度减去上、下层的保护层厚度）。

如果图纸设计有“温度筋”，主要构件类型下没有【温度筋】构件，温度筋与受力筋的搭接长度不同，会造成量差，处理方法：【新建受力筋】→在产生的受力筋【属性列表】页面，在【板筋类别】栏，单击显示▼→▼，有【底筋】【面筋】【中间层筋】→选择【温度筋】，按照布置【受力筋】的方法布置即可。查看计算结果，与规范中要求的温度筋计算值相同。

在主屏幕上部→【布置受力筋】（光标放在此窗口上有小视频）并单击此窗口，在主屏幕上邻行显示【单板】【多板】【自定义】【按受力筋范围】【XY 方向】【水平】【垂直】等 11 种功能，如图 9-3-6 所示。

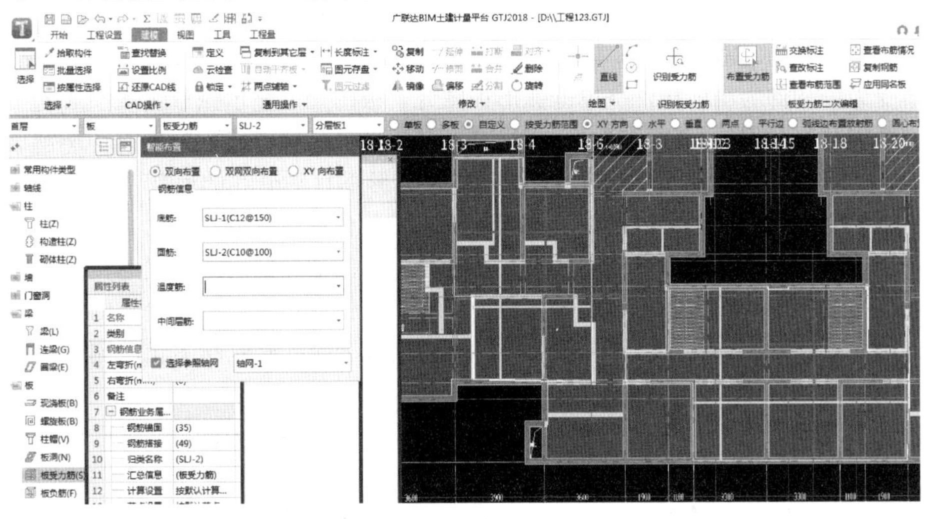

图 9-3-6　布置板受力筋

【布置受力筋】：选择【XY方向】可选择【单板】或者【多板】或者【按受力筋范围】→【XY方向】→选择需要布置受力筋的板图元，可以多次选择，在弹出的“智能布置”页面，按设计工况选择【双向布置】或者【双网双向】→输入【底层】【面层】【中间层】（如有时）【温度筋】的配筋信息→可单击选择平面图上一块或多块板图元，黄色受力筋图元已布置上（单击主屏幕上部其他功能窗口可关闭此页面）；如果选择【自定义】，使用主屏幕上部的【直线】功能→在平面图板图元上可根据需要绘制任意形状、范围的多线段→遇转折单击左键→形成封闭→单击右键，已在绘制的封闭多线段范围内布置上了黄色受力筋图元。

按【单板】或【多板】布置【水平】或【垂直】（竖向）受力筋，需要先建立1个受力筋构件、属性参数。

需要在“常用构件类型”下部的【现浇板】界面把平面图上的板图元分割成需要的形状、需要的范围的板块，操作方法：单击板图元，变蓝的是同一个板块→单击右键（下拉菜单）→【分割】，在主屏幕上部单击选择【直线】（如选择【矩形】只能把板图元分割成矩形板块）→在板图元上绘制任意形状的多线段，遇转折节点单击左键，绘制多线段形成封闭，单击左键→单击右键结束。

“常用构件类型”下部：【板受力筋】→【布置受力筋】（图9-3-6）在主屏幕上邻行→【单板】→选择【水平】（也可选择【垂直】）→移动光标至需要布置【水平】受力筋的板块上，已经显示水平方向黄色钢筋线→单击左键，受力筋已布置上→单击右键结束布置。布置【垂直】受力筋方法相同。一块板受力筋布置后，（在主屏幕右上角）→【应用同名板】→选择并单击需要布置的板图元，可多选→单击右键，提示：当前有N块板受力筋应用成功→【确定】。已经把此配筋方式快速布置到不同形状的其他板块。

《2018版》布置弧形（如弧形阳台的弓形面积上）面积上的放射筋：

需要在【构件列表】页面先建立1个受力筋构件，并在此受力筋构件的【属性列表】页面输入各行参数、配筋信息。

在主屏幕上部【布置受力筋】→（在主屏幕上邻行）【单板】（如有多个弧形面积的板图元也可以选择【多板】）→【弧线边布置放射筋】→在【构件列表】下选择已建立的1个受力筋构件为当前构件→单击弧形板图元，板图元上显示弧形线条围成的弧形面积→（主屏幕上邻行的）【两点】（在主屏幕上部联动显示【直线】为当前功能窗口，发黑）→单击弧形面积板图元上的T形辅助线的T形垂直平分线的底部中间点，同时显示黄色放射受力筋线→单击放射筋长度线的终点，黄色放射受力筋线已绘制成功。

在主屏幕右上角→【查看布筋范围】→光标呈小圆形放到已布置上的黄色放射筋图元上，已布筋范围的弧形面积显示为蓝色。如果布置错误：单击已布置上的黄色放射筋图元，图元变蓝→单击右键（下拉菜单）→【撤销】，黄色放射筋图元已删除，可重新布置。

使用主屏幕右上角的【查看布筋情况】功能，可在平面图上自动显示已经布置上的全部各个黄色钢筋图元的布筋范围为蓝色。

如果在平面图上的【底层】受力筋、上部【面筋】【中间层筋】或者中间层【温度筋】全部布置上时，使用主屏幕右上角的【查看布筋情况】功能，会在主屏幕左上角弹出"选择受力筋类型"页面，可分别查看【底筋】【面筋】【中间层筋】【温度筋】的布置情况。

布置受力筋，【按圆心布置放射筋】：

前提1：根据放射筋所在板块位置，布置放射筋板图元的左上、右上、左下或右下角反向对角线上，需要有与圆心半径长度相等的辅助轴线交点作为定位点，如果没有此定位点，可使用主屏幕右上角的【修改轴距】功能菜单，分别在板块外侧增设与水平、垂直板边平行的水平、垂直辅助轴线使其相交，作为布置圆心放射筋的定位点。

前提2：需要在"常用构件类型"下的【现浇板】界面，使用主屏幕上部的【直线】功能，把需要布置圆心放射筋的三角形范围分割成单独一块板，布置放射筋后再合并此板。

【按圆心布置放射筋】操作：选择需要布置放射筋的板图元并单击，在封闭虚线内的是一块板图元→光标选择板图元左上角的、对角线反向延长线上，可以作为圆心定位点的辅助轴线交点并单击，在弹出的"请输入半径"对话框：（如不知半径长度尺寸，关闭此对话框，用主屏幕上部的【长度标注】▼→【对齐标注】功能，可以测量斜方向对角线长度）→输入作为半径的尺寸数字（单位：mm）→【确定】→移动光标到已分割为三角形的板图元内，已可显示与此板图元对角线方向平行的黄色放射筋图元，并显示配筋信息→宜移动光标在对角线位置→单击左键，与对角线平行的黄色放射筋图元已布置成功。使用主屏幕右上角的【查看布筋范围】→移动光标放到已布置放射筋图元上，放射筋布置范围显示为蓝色区域。

布置跨板受力筋：KBSLJ。

首先需要在"常用构件类型"下的【现浇板】界面：单击平面图上的板图元，板图元变蓝→单击右键→【分割】，使用主屏幕上部的【矩形】或【直线】功能，按照【跨板受力筋】的布置范围，把现浇板分割为单独的一块板图元，【跨板受力筋】布置后，再用【合并】功能把其合并恢复为原有板状态。

布置跨板受力筋前，需要在【构件列表】下→【新建】▼→【新建跨板受力筋】，在【构件列表】下产生一个用拼音字母表示的KBSLJ→在右侧【属性列表】页面，在构件名称栏，输入中文"跨板受力筋"→单击左键，在【构件列表】下用拼音字母表示的构件名称联动改变为中文构件名。继续在【属性列表】页面输入此跨板受力筋的各行参数、钢筋信息如C8@200，输入【左标注】【右标注】长度，是伸出左、右边的长度。（当跨板受力筋竖向、垂直布置时，下部为左，上部为右），单击"标注长度位置"行尾，按照平面图上图纸设计位置→选择【支座中心线】或【支座内边线】或【支座外边线】，输入左、右弯折尺寸（应是板厚度减上、下保护层厚度），在键盘大写状态输入【分布筋】的配筋值。把平面图上表示的【跨板受力筋】的参数输入【属性列表】页面各行中，在"类别"行显示的【面筋】属性可以修改。

单击平面图上部的【布置受力筋】有如下两种方法来布置跨板受力筋：

1. 选择主屏幕上邻行的【单板】→【水平】或者【垂直】→移动光标到（已分割为单独一块板图元上）已可显示水平或垂直方向的粉红色夸出此板块的受力筋图元→单击左键，跨板受力筋已布置上→单击右键结束布筋操作。

2. 如果单击选择平面图上邻行的【多板】→【水平】（也可选择【垂直】）→移动

光标左键并单击平面图上的板图元，板图元变蓝，可按设计需要连续单击多个板块，多个板块同时变蓝→单击右键确定，多次选择合并的板块上显示需要布置的粉红色跨板受力筋→单击左键确定→单击右键结束布置操作。提示：选择【多板】布置跨板受力筋，是把选择的多个板块合并为一个板块，布置的跨板受力筋两端伸出组合合并为一个板块的板图元外边缘。

在平面图上布置跨出条形构件两个对边的跨板受力筋也按照上述方法操作。

一块板的受力筋布置完成后，可以使用【应用同名板】（在主屏幕右上角）功能，把相同的配筋快速布置到不同形状的其他板块，操作方法：在【构件列表】页面选择一个构件为当前构件，也可以在平面图中单击选择、可多次单击选择已布置的构件图元，图元变蓝色→（主屏幕右上角）【应用同名板】→左键单击需要布置此类受力筋的板图元，可多选，选择上的板图元变蓝色→单击右键，弹出提示，如图 9-3-7 所示。

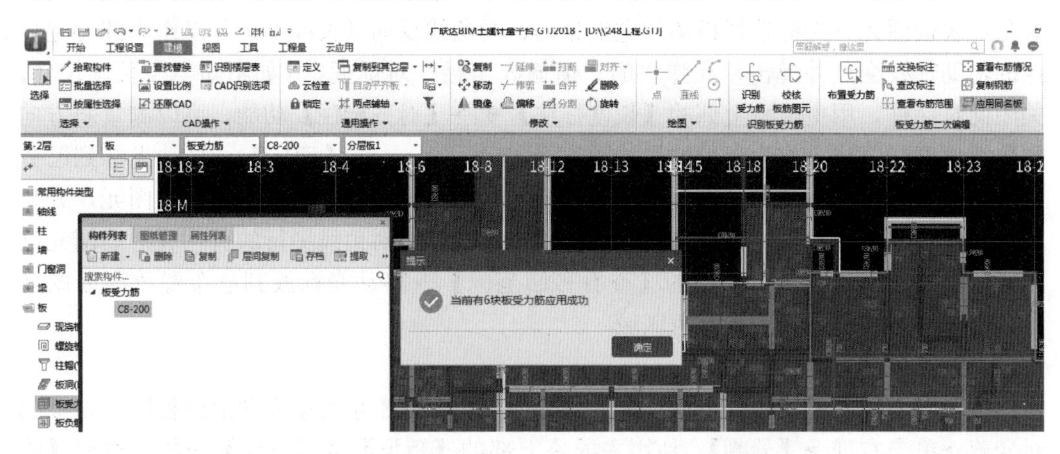

图 9-3-7　用【应用同名板】功能快速布置到不同形状的其他板上

可以选择有【覆盖】或者【追加】功能，提示：当前有 N 块板受力筋应用成功→【确定】。

9.4　识别板负筋、布置板负筋

老版本的【识别板负筋】功能窗口是【识别负筋】。

《2018 版》：在“常用构件类型”下部，展开【板】→【板负筋】，平面图上已经绘制或识别的黄色受力筋图元消失。在主屏幕上部有【识别负筋】功能窗口，如图 9-4-1 所示。

老版本：单击“图纸文件列表”→双击某层楼板平面图的图纸名称行首部→只有此一张楼板平面图显示在主屏幕上→【识别板负筋】。

识别板负筋需做的准备工作：必须认真看清图纸及各项说明，把在平面图上没标注的，只在图下用文字说明的配筋信息、参数用一张纸记清，以备在识别过程中使用，需记项目见下述图 9-4-3 下部 1～5 条或更多，有纸质图可不记。

说明：板受力筋【智能布置】效率高，板负筋用识别效率高。老版本和新版本操作方法基本相同，在此不再赘述。

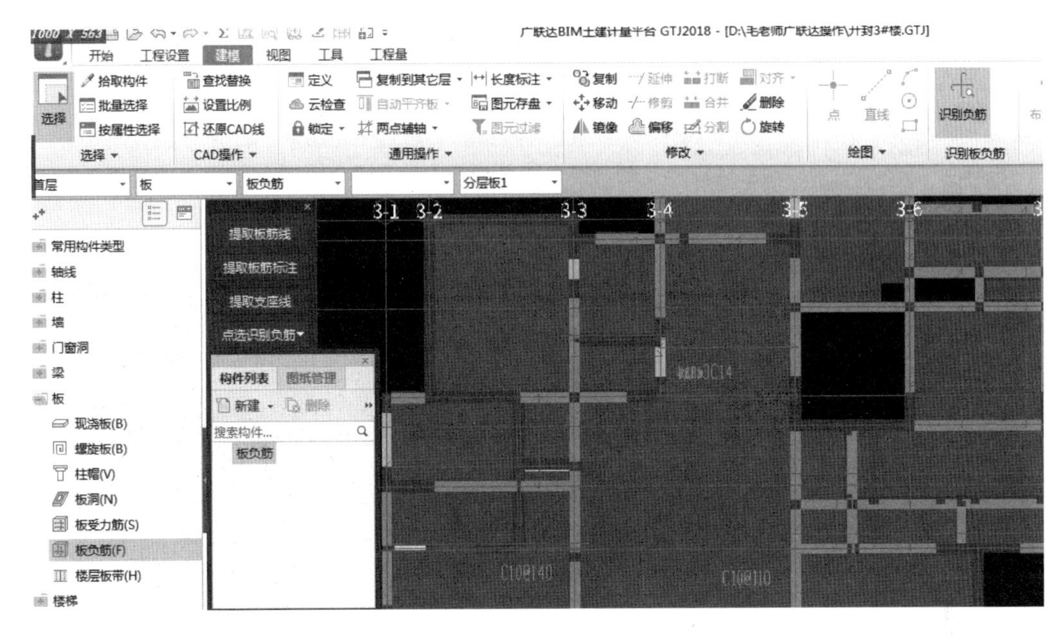

图 9-4-1 识别板负筋

识别板负筋必须在板图元识别或绘制完成，并且应在板图元分割、合并后进行，如此板的负筋有 X 向、Y 向筋，是用文字形式在图下说明中叙述：板负筋为 C8@200 双向布置，图中并没有画出钢筋图元，应该使用 YX 向【智能布置】效率高，也可在只有梁或墙上部增加的负筋工况时，使用【识别负筋】功能。

【识别负筋】→【提取板钢筋线】，按提示，单击负筋钢筋线、配筋值，负筋钢筋线、配筋值变蓝（有负筋没变蓝的可再次选择并单击至此图层全部变蓝）→右键，变蓝的图层全部消失。

1.【识别负筋】→【提取板钢筋线】→主屏幕上的钢筋线消失→在图纸管理栏下部 CAD 图层显示栏勾选【已提取的 CAD 图层】→主屏上消失的钢筋线恢复→继续识别、变蓝→单击右键→变蓝的不消失但有效。

2. 在提取板钢筋线时钢筋线上的钢筋标注（配筋值）同时变蓝，说明“板钢筋线”与“板钢筋标注”在同一个图层，易造成识别失败。

【提取钢筋标注】→单击钢筋线上的配筋值使之变蓝→单击负筋下的尺寸数字使之变蓝→单击右键，变蓝的图层消失。

【自动识别板筋】▼（下拉菜单）如图 9-4-2 所示。

【提取支座线】→（图纸放大）光标左键单击梁线变蓝→单击作为支座的墙线，墙线变蓝（单击板内侧支座线还有板边线使之变蓝）→单击右键→变蓝的支座线全部消失。

【自动识别板筋】▼→【自动识别板（负）筋】→显示：确认页面，如图 9-4-3 所示。

提示：

识别之前请确认：板图元绘制完毕；支座图元柱、梁、墙等绘制完毕；否则可能无法正确归类和识别。是否继续识别→“是”→在显示的“识别板筋选项”页面。在“请选择识别钢筋的归属栏”默认为选择“板”，也可改选“筏板”。“板”或“筏板”两者

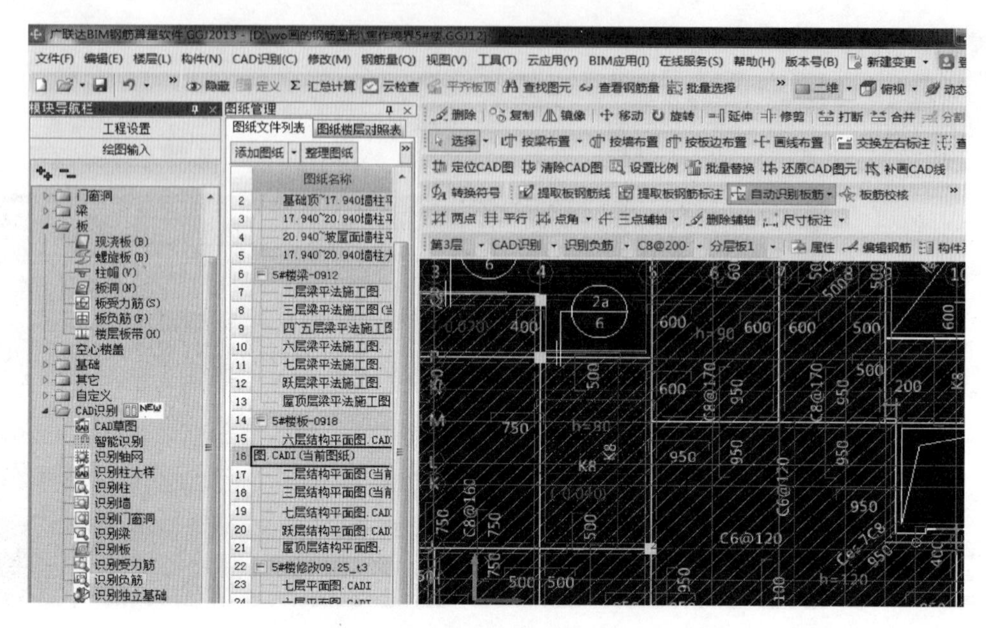

图 9-4-2　自动识别板筋（老版本）

图 9-4-3　识别板负筋（老版本）

只能选择其中一项。

在选项内容部分，此页面的主栏内容如下：

①无标注的负筋信息：按图下说明条文输入，如无此项可不输入，删除默认值。

②无标注的负筋长度栏：按图下说明条文输入，如无此项内容可不输入并删除默认值。

③无标注的跨板（含义指跨板或跨梁区格）受力筋信息：需按图下说明条文文字表述输入，如无此项内容可不输入并删除栏中默认值。

④无标注的跨板受力筋长度：同以上各条的说明，凡无标注的均是指图下说明中用中文文字表述的配筋信息。无此项的可不输并删除默认值。

⑤无标注的受力筋信息：按图下说明条文输入，如无此项可不输入，删除默认值。

对上述①～⑤项的说明：无标注含义为在平面图中没有用绘图表达，只在平面图下部用中文说明表达的配筋信息，并且①～⑤项内容可修改或删除。

单击【确定】按钮，（运行）在显示的“自动识别板筋”页面，已有识别的各种负筋、跨板筋、受力筋的配筋信息→【确定】→弹出板筋图元校核页面，按提示增加识别选项→【确定】。

关闭校核表。识别成功的板负筋已显示在主屏幕的电子版平面图上，钢筋线图元为黄色并且与电子版上的位置、长度符合一致。→单击黄色板负筋图元（黄色钢筋线）可显示其配筋值。双击校核表中错项，在主屏幕自动显示红色错项范围，关闭校核表，按纸质图核对修改。

“查看布筋范围”菜单→单击黄色板筋图元→可查看布筋范围有无错误。按提示布筋范围细虚线可移动调整，单击其范围线转角处小亮点方框可拖动。

如有识别错误，F3：批量选择删除后手工画上，绘制方法见有关章节。

（在导航栏）【识别负筋】→（在板筋校核右邻）【》】→【识别负筋】→弹出负筋信息页面，有左、右标注（长度）分布筋，是否含支座尺寸等需输入各尺寸参数。

在图形输入【板负筋】（F）→【查看布筋】▼→有“查看布筋范围”菜单→光标放在黄色钢筋线图元上可显示布筋范围蓝色范围线，如对称布筋只需要画半幅，另半幅可利用镜像功能完成。

《2018 版》识别负筋：有自动识别、点选识别两种方法。

方法一：

在【图纸管理】页面下的结构总图纸名称下部，找到需要识别板负筋的图纸名称→双击此图纸名称行尾部的空格，此一页电子版楼板平面图显示在主屏幕上。

需要检查左下角轴网白色“×”形定位标志是否正确。

在主屏幕左上角单击【第 N 层】→选择到主屏幕电子版平面图应该是的楼层数。在识别板负筋前，不需要在【构件列表】页面先【新建】一个板负筋构件。

在“常用构件类型”下部：展开【板】→【板负筋】，主屏幕电子版图上，已识别或者绘制的黄色板受力筋图元（隐藏）消失。对于在电子版图负筋线上没有标注配筋信息，是在图纸下部用中文说明表示的配筋信息，（在主屏幕左上角）→【CAD 识别选项】，在弹出的“CAD 识别选项”页面→【板筋】，在右侧“无标注的负筋”栏：输入平面图上许多只有红色负筋钢筋线缺少的配筋信息。→【确定】。说明，在构件的【属性列表】页面可以根据需要修改分布筋配筋值。

在主屏幕上部→【识别负筋】，其数个下级识别菜单显示在主屏幕左上角，如果被【属性列表】【构件列表】【图纸管理】【图层管理】页面覆盖可拖动移开，如图 9-4-4 所示。如果是一次识别不成功，需要删除产生的错误黄色钢筋图元，同时在【图层管理】页面勾选【已提取的 CAD 图元】和【CAD 原始图层】，可恢复显示消失的负筋钢筋线图层。

按【识别负筋】的数个下属菜单，从上向下按照本节描述的方法操作识别，如图 9-4-4 所示。

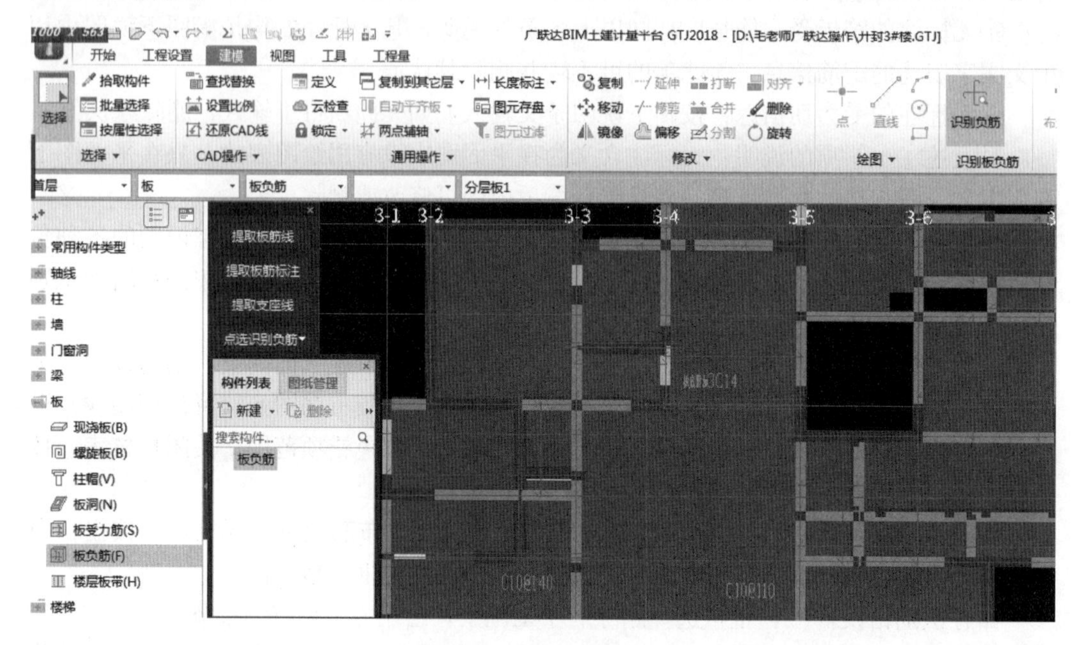

图 9-4-4　识别板负筋

选择【提取板筋线】，此时在主屏幕上邻行显示【单图选择】（Ctrl＋　或 Alt＋　）；默认为【按图层选择】（Ctrl＋　）；【按颜色选择】（Alt＋　），【按图层选择】→光标选择平面图上（两端 90 度弯钩向下）一根红色负筋线并单击，（如果平面图上的负筋、受力筋钢筋线全部变蓝，说明负筋、受力筋同在一个图层，继续操作会识别失败→Esc：退出，可以重新按【单图选择】识别，见后述；如果平面图上只有全部红色负筋钢筋线变蓝色，说明执行【按图层选择】正确，适用于平面图上只绘制有各种型号的红色负筋线的情况）→单击右键，变蓝色的负筋钢筋线全部消失。

【提取板筋标注】→单击平面图上已消失的负筋线上的负筋配筋值，格式如“C8@200”，此配筋值变蓝，再单击负筋线下部标注的负筋长度尺寸数字，变蓝，→单击右键，负筋线上、下部的配筋值和长度尺寸数字全部消失。

单击【点选识别负筋】尾部的▼→【自动识别板筋】，在弹出的“识别板筋选项”页面，【无标注的负筋信息】行显示的是在前边【CAD 识别选项】已经输入的无标注负筋信息；在【无标注的板受力筋信息】行如默认显示有受力筋信息，因为本次只识别负筋，需要删除，在【无标注的负筋伸出长度】行，可保留默认值；在【无标注的跨板受力筋伸出长度】行显示的默认值也需要删除；在此需要复核、可修改→【确定】，弹出“自动识别板筋”页面，在平面图上识别的负筋配筋【类别】（不含长度）已经显示，需要对各行信息复核，一般不会错，不需要修改，因为本次只识别负筋，显示的受力筋行的【钢筋信息】需要删除，在【跨板受力筋】如 KBSJ-C8@160 的“钢筋类别”栏，单击显示▼→▼，可以选择【负筋】，输入缺少的负筋配筋信息→【确定】。弹出“自动识别板筋”提示页面，钢筋信息或类别为空的项不会生成图元，是否继续→“是”（识别运行，如果以上设置的各项信息无误，可暂时关闭弹出的“校核板筋图元”页面），在平面图上全部红色负筋线上已自动生成黄色负筋图元，并且位置、长度与原有红色负筋线匹配、一致→【查看布筋情况】(在主屏幕右上角)，平面图上已生成黄色负筋图元的布筋范围显示蓝色区域。如有个别原有的红色负筋线上没有生成黄色负筋图元，可以用【点选识别负筋】功能补充识别，见下述。

在主屏幕上部单击【校核板筋图元】，在弹出的“校核板筋图元”页面，错项提示如无标注 FJ-C8@200，某层，未标注板钢筋信息→双击此错项提示，平面图上此错项负筋线上显示与校核页面相同的白色配筋信息、白色尺寸标志线→光标放到此类识别产生的黄色负筋图元上，光标呈回字形，可显示与校核页面相同的错项构件名称→【删除】，只余红色负筋线，使用【点选识别负筋】功能识别。

如果显示识别产生的负筋图元名称、配筋值、长度与原有红色负筋信息相同，无须纠错，如果长度尺寸有少量偏差→使用（左上角的）【设置比例】功能复核，如果显示的尺寸不错，属于绘图比例问题，无须纠错。还可以使用右上角的【查看布筋范围】，光标放到黄色负筋图元上，布筋范围显示蓝色区域，如果同一蓝色区域显示有两个黄色负筋图元，属于重复→删除后→【刷新】，错项可以消失。

如果识别产生的黄色负筋图元与原平面图上红色负筋线位置、长短匹配一致，不需要纠错。

“校核板筋图元”页面，错项提示如“FJ-C8@200，某层，布筋范围重叠”→双击此错项，平面图上自动显示此黄色负筋图元布置区域为蓝色，经观察此区域是设计者粗心，绘制了两条红色负筋线，并且配筋值相同，其中有一条是多余的→光标放到多产生的黄色负筋图元上，光标呈回字形并单击，图元变蓝色→【删除】，此图元消失，再次双击此错项，弹出提示“此构件图元已不存在，错误信息将被删除”→【确定】。在校核页面下部→【刷新】，错项提示消失。

方法二：

按【单图选择】(选择此种识别方法效率低但是准确率高，基本无须纠错)，识别的操作方法：【提取板筋线】[此时在主屏幕上邻行显示【单图选择】(Ctrl＋　或 Alt＋　)；默认为【按图层选择】(Ctrl＋　)；【按颜色选择】(Alt＋　)]→单击【单图选择】(三种形式只能选择一种)→单击平面图上的一根红色负筋钢筋线，只此一根单击的红色负筋线变蓝→单击右键，只此一根变蓝的负筋线消失（消失的图层保存在【图层管理】页面下部的【已提取的 CAD 图层】中，勾选此功能窗口可恢复显示，下同)。

【提取板筋标注】→单击平面图上已消失的此根负筋线上的负筋配筋值如“C8@200”，此配筋值变蓝色，再单击负筋线下部标注的负筋长度尺寸数字使之变蓝，→单击右键，此根负筋线上、下部的配筋值和长度尺寸数字全部消失。如果负筋线上没有标注配筋值，因为在前边【CAD 识别选项】中已经输入了“无标注的负筋信息”，此项可以忽略不操作。

【提取支座线】(有的版本无此菜单可不操作)→光标选择做为负筋支座的（可放大观察）支座线，光标变回字形为有效，单击使之变蓝，→单击右键，变蓝的支座线消失。如果在平面图上分不清作为负筋支座的柱、墙、梁构件图元，可在大写状态使用隐藏、显示构件图元快捷键：

Z：可隐藏或显示框架柱、暗柱、构造柱构件图元。

Q：可隐藏或显示剪力墙、砌体墙构件图元。

E：可隐藏或显示圈梁构件图元。

G：可隐藏或显示连梁构件图元。

N：可隐藏或显示楼板洞口构件图元。

F：可隐藏或显示板负筋构件图元。

S：可隐藏或显示板受力筋构件图元。

单击【点选识别负筋】尾部的▼→【点选识别负筋】，弹出“点选识别板负筋”页面，如图 9-4-5 所示。

图 9-4-5　点选识别负筋

此时，平面图上消失的此红色负筋线、负筋线上下部的配筋值及长度尺寸数字恢复显示→单击此红色负筋线，负筋线、配筋值、尺寸数字全部变蓝，并且上述尺寸、参数自动显示在“点选识别板负筋”页面，单击此页面的【名称】行尾部的▼，可选择为如“FJ-C8@200”，其余配筋信息与平面图上的负筋信息相同，可检查核对，如有错误，以平面图上的负筋信息为准，在弹出的“点选识别板负筋”页面可修改。（提示：负筋 Y 向（竖向）布置，上部为【右标注】，下部为【左标注】，在支座一侧负筋伸过轴线的尺寸也就是左或右标注尺寸都不能显示为零。）

如果平面图中的负筋长度，设计者仅标注了单侧长度尺寸，缺少另一侧长度尺寸数字，可以使用主屏幕上部的两个横向微型箭头【长度标注】（此菜单在主屏幕上部【复制到其他层】功能窗口右邻，显示为“小形水平双箭头”）→▼（不好找，其下部另有【对齐标注】【角度标注】【弧长标注】【移动标注】【删除标注】）功能，可以实测、核对输入或修改，并在“点选识别板负筋”页面下部的【双边标注】栏，单击尾部的▼→选择【含】【不含支座】→【确定】。

在平面图上按照所识别此根负筋的布置位置，在主屏幕上邻行→单击选择【按梁布置】或【按圈梁布置】或【按墙布置】或【按板边布置】，程序可按照当前的选择，在平面图上自动显示所选择的构件图元，隐去不是相同类别的构件图元，按照此负筋所在位置，本例是【按梁布置】，程序在平面图上自动显示梁构件图元，隐去其他构件图元→移动光标放到当前识别的负筋所在梁中心线上，有动感→光标捕捉到梁中心线与原有红色负筋交叉点上，光标变为小十字形→单击左键，黄色负筋图元已经在平面图上原有红色负筋线上、原位置布上，并且长度与原有红色负筋相同、匹配一致。如果两端伸出的尺寸不同（包括两端伸出两个平行梁或墙上的跨支座负筋也可以按照上述方法识别），如布置方向有误，可以使用主屏幕右上角的【查改标注】纠正。

可以直接从上述【点选识别负筋】开始，在弹出的“点选识别板负筋”页面重复上述操作方法继续识别下一个没有识别成功的红色负筋线，直至全部识别完成。

可用主屏幕右上角的【查看布筋范围】功能，检查已识别负筋的布置效果，单击此功能窗口→光标放到产生的黄色负筋图元上，光标变为“微圆”形，布筋范围区域显示为蓝色。

如果识别错误或者生成的黄色负筋图元与平面图上原有红色负筋线不一致，在【建模】界面：（主屏幕左上角）【还原 CAD】→单击需要还原 CAD 的图元或者框选全部平面图上须还原 CAD 的构件图元→单击右键确认→Esc 退出。在“常用构件类型”栏下部的【板负筋】界面，光标呈十字框选平面图上识别产生的黄色负筋图元，全部负筋图元变蓝色→【删除】，全部负筋图元已经删除，而且原有的红色负筋线也没有了→在【图纸管理】页面，双击总结构图纸名称行尾部的空格，在主屏幕上有全部多个电子版图状态→再次【手动分割】此板的图纸。

在【图纸管理】页面，结构图纸最下部找到此板图纸名称，双击其行尾部空格，在主屏幕上只有此一张电子版图状态，重新识别板负筋。

以下是新增加的《2018 版》布置负筋：

在“常用构件类型”下部：【现浇板】→【板负筋】→在主屏幕上部【布置负筋】，在主屏幕上邻行显示有【按梁布置】【按圈梁布置】【按连梁布置】【按墙布置】【按板边布置】【画线布置】六种布置功能，如图 9-4-6 所示。

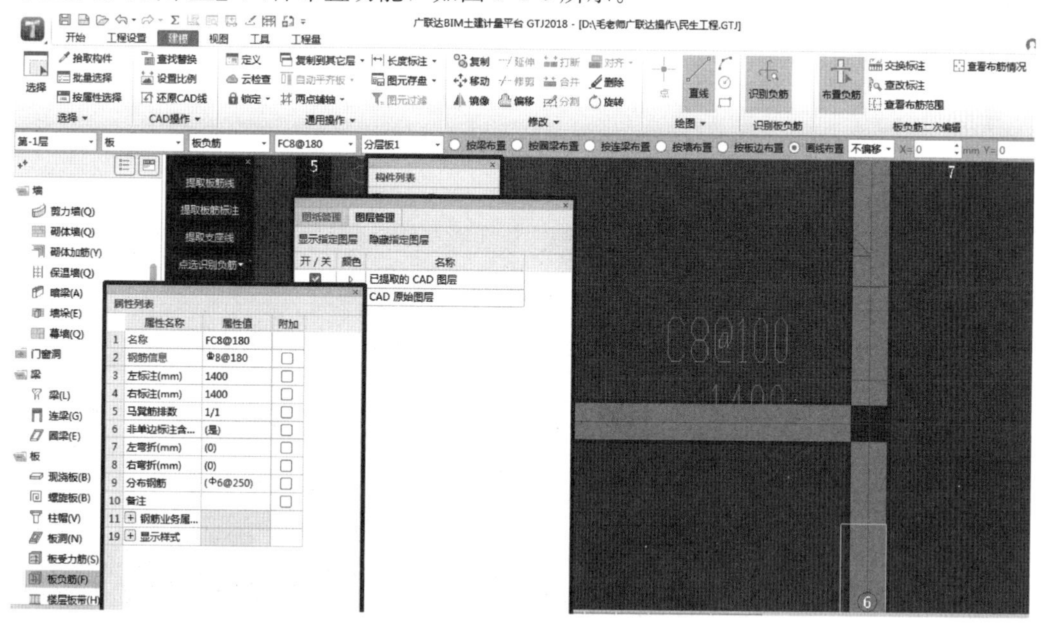

图 9-4-6 布置负筋功能窗口位置图

在板平面图上如果分不清楚梁、连梁、墙等构件→返回到“常用构件类型”栏下部：可分别单击【梁】【剪力墙】【砌体墙】【连梁】，光标分别放到平面图的构件图元上，光标变为回字形，可显示当前各自构件名称。

【按梁布置】：需要在【构件列表】下部【新建】一个负筋构件（或者选择属性含义相同的负筋构件）→在其【属性列表】页面输入各行参数，输入左、右标注尺寸（单位：mm）、马凳筋信息、分布筋信息，属性页面各行参数输入毕→移动光标放到需要布置负筋的梁图元上有动感→单击左键，负筋已布置成功。

在其他构件上布置负筋的方法与上述方法基本相同。

绘制跨越两个平行支座的负筋，可以按照布置“跨板受力筋：KBSJ”或者按照“画线布筋”的方法操作，见9.3节、9.9节。

以下方法可用于首层，因为首层不能作为标准层，不能在“楼层表”中设置 N 个相同楼层。本层全部构件图元绘制完毕，如果有的楼层与当前层完全或者基本相同，可以使用【复制到其他层】▼（在主屏幕上部的，不是在【定义】页面），有时主屏幕上部找不到此功能窗口，在主屏幕上部第三行【复制】窗口向左隔1个窗口，显示为⊟·，单击其尾部的▼，可显示【复制到其他层】【从其他层复制】窗口）→【从其他层复制】，在弹出的“从其他层复制图元”页面，左边首行单击【楼层数】尾部的▼→选择来源楼层数，在其下部勾选需要复制的构件，可选择【所有构件】→在此页面右边选择需要复制到的目标楼层，可以选择多个楼层→【确定】。在弹出的“复制图元冲突处理方式”页面可以选择“新建”或“覆盖”→确定（复制运行），提示：图元复制成功→【确定】。

检查复制效果，在主屏幕最右边→单击【动态观察】窗口的最下部1个窗口，在弹出的“显示设置”页面单击【图元显示】，在【图元显示】栏可勾选【所有构件】，也可根据需要选择→在【楼层显示】栏可以选择需要显示的楼层→【×】，关闭此页面→【动态观察】→转动光标可查看所选楼层、已经复制的全部构件图元，如图9-4-7所示。用于检查绘制构件图元的效果、完整成度，如有缺陷可修改完善。

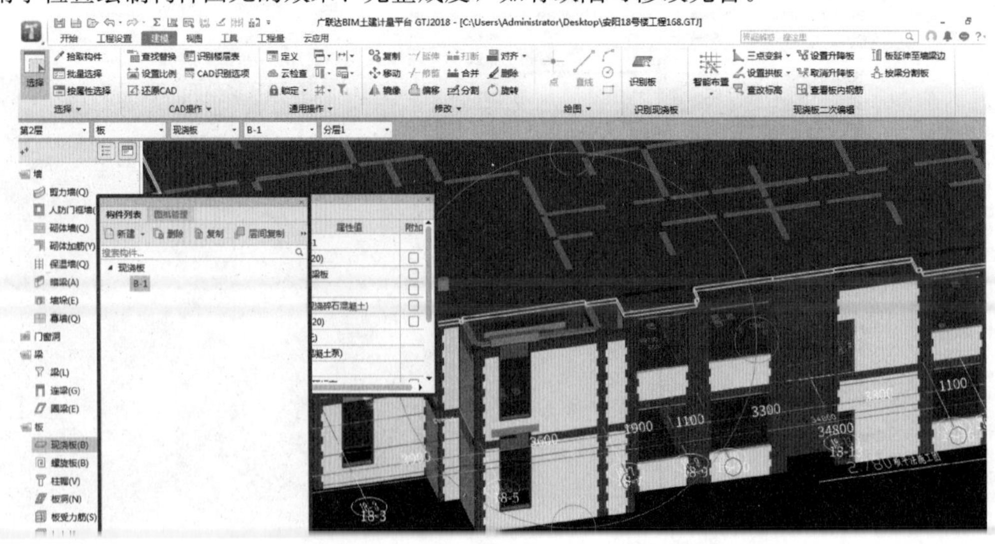

图9-4-7　【从其他层复制】的构件图元三维立体图

9.5 分割、合并板，设置有梁板、无梁板

《老版本》与《2018版》操作方法基本相同：按照不同的配筋方式，目的是下一步布置钢筋方便，可合并为一整块或若干块楼板。一整块楼板当有卫生间、电梯井底板等存在高差或不同板厚时可用分割功能分割后，定义编辑不同板的属性标高。合并板图元方法为：单击板图元使之变蓝，可连续单击需合并的多个板，多个板变蓝（需小心不能选择上配筋信息，否则合并会失败）→单击右键→【合并】→是否合并所选板图元→“是”→合并成功为 n 个板图元→单击已合并的板图元→由多块板合并为一块板的板由多边形蓝色封闭线段围合，如图9-5-1所示。

图9-5-1 合并楼板（老版本）

板合并后，可按一块板布筋。合并板提示：板图形相连并在一个平面（无高差）内的板图元才能合并为一块板。

新建板构件名称、属性，定义板厚等参数，在导航栏【砌体墙】下建虚墙→画虚墙，可分割板块→单击右键→属性编辑可修改板块的属性参数，定义不同的板标高。识别板后→显示（板纠错）校核表，未识别到板名称和板厚度标识，因已输入未标注的板厚度，所以此提示无须纠错，不影响计量。其余可参阅校核表下说明。

处理识别后的碎板：【汇总计算】→提示：“检测到有碎板，是否需程序处理”→“是”→运行→汇总计算→已可计算，说明碎板已处理成功。

《2018版》分割板，提示“伸缩缝很窄也误识别成板”，可以用【矩形】菜单分割后删除。操作方法：伸缩缝处多为双墙或双柱，双轴线间距很近，如没有双轴线可在轴网界面增加平行轴线。在导航栏“常用构件类型”栏下，展开【板】→【现浇板】→单击右键，光标放到板图元上，光标变为回字形→单击板图元变蓝的是一块板→单击右键

（下拉菜单）→【分割】→【矩形】，放大板图元，光标单击伸缩缝处的双轴线的左上角板边→向下拉成窄矩形→点双轴线右下角板边→右键结束分割（如有梁，在打断前不能分割），单击已分割的板图元，原来是一整块板图元变蓝，分割后不是全部变蓝，说明分割成功→光标点矩形伸缩缝处板图元变蓝→单击右键（下拉菜单）→删除，伸缩缝之间应是间隙误识别成的板图元已删除。

关于【有梁板】与【无梁板】（或者【平板】）：老版本、新版本操作方法基本相同：有梁板，梁体积合并计入板体积；平板或无梁板，梁体积与板体积分开计算，所选择清单、定额不同，计算出的工程量也不同。改变有梁板与平板（无梁板）的操作，应遵守预算定额的计算规则，如果记不清楚，可以按照 10.2 节尾部的方法查询，这里只讲软件操作方法。

在导航栏“常用构件类型”下部展开【板】→【现浇板】，选择【构件列表】页面的一个【现浇板】构件→在右侧【属性列表】页面，联动显示所选择板的构件名称→在【属性列表】页面的【类别】行，如图 9-5-2 所示。

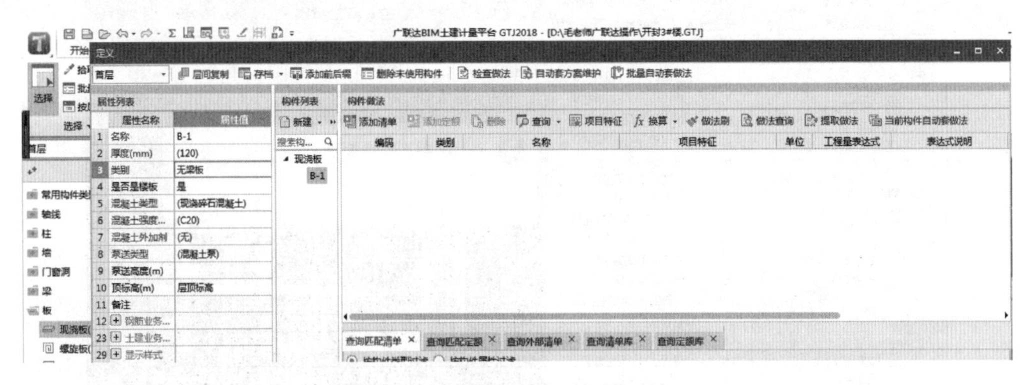

图 9-5-2　修改板属性类别为有梁板

查看如在【属性列表】页面：显示为“有梁板”→在导航栏“常用构件类型”下部【梁】界面→光标放到主屏幕中的梁板平面图外左上角呈“十”字形→选中全平面图，平面图中全部梁图元变为蓝色→右键（下拉菜单）→【汇总选中图元】，运行计算毕→【工程量】→【查看工程量】→弹出“查看构件图元工程量”页面，显示有平面图中全部各梁的名称、截面面积、长度，各梁体积为零，如图 9-5-3 所示。

	楼层	名称	坡度	梁体积(m3)	梁模板面积(m2)	超高模板面积(m2)	梁脚手架面积(m2)	梁截面周长(m)	梁净长(m)	梁轴线长度(m)	梁侧面面积(m2)
11		Lg12(1)	0	0	0	0	9.9306	1.8	3.7194	3.9994	2.2316
12			小计	0	0	0	9.9306	1.8	3.7194	3.9994	2.2316
13		Lg13(1)	0	0	0	0	4.5	2.4	1.8	2.208	1.44
14			小计	0	0	0	4.5	2.4	1.8	2.208	1.44
15		Lg14(1)	0	0	0	0	28.126	2.6	10.58	11	9.272
16			小计	0	0	0	28.126	2.6	10.58	11	9.272
17		Lg15(1)	0	0	0	0	5.824	1.8	2.24	2.216	1.344
18			小计	0	0	0	5.824	1.8	2.24	2.216	1.344
19		Lg16(2)	0	0	0	0	37.25	2.4	14.4	14.6	11.2
20			小计	0	0	0	37.25	2.4	14.4	14.6	11.2

图 9-5-3　在有梁板状态梁的体积显示为零

还是同一个板图元，如果单击上述板构件【属性列表】页面中的“类型”行，选择为“无梁板”，如图 9-5-4 所示。

图 9-5-4　修改板属性类别为“无梁板”

再【汇总选中图元】计算后，查看此板的工程量，板的体积要小得多，每个梁都有体积、工程量数值，如图 9-5-5 所示。

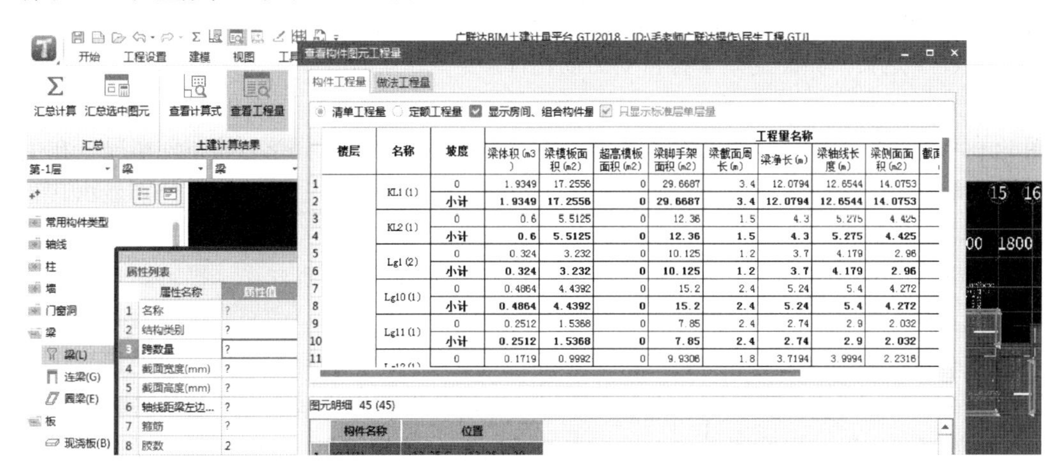

图 9-5-5　在【无梁板】状态汇总计算后每道梁都有体积、工程量

9.6　手动、智能布置 X Y 方向板筋

老版本、新版本操作方法基本相同：

板图元生成、分割、合并绘制板洞后→（在导航栏）【板受力筋】（需要定义，新建 1 个板受力筋构件）→关闭【定义】页面→【》】→（在主屏幕上部）【XY 方向】→【单板】或【多板】→光标移动到板图元上可显示某板的边界由蓝色边框线围合→左键单击此板→在显示的“智能布置”页面（图 9-6-1）。

→选择布置方式为【双向布置】，分底筋、面筋、温度筋、中间层筋（规范规定筏板厚度≥2m 时需要增加中间层温度筋）→选【XY 向布置】→输入配筋信息→【确定】。

“双网双向布置”即双层双向，输入配筋值如 C8-150。

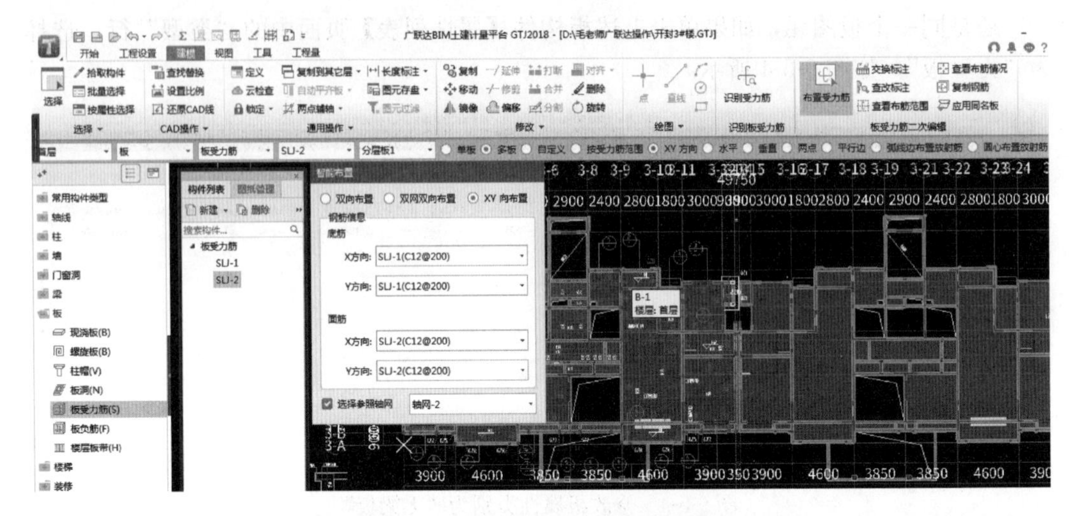

图 9-6-1 智能布置 XY 方向各层板筋

软件默认为【XY 向布置】：可按图纸设计输入底部筋 X、Y 方向及面筋 X、Y 方向的各自不同配筋值→【确定】，已按输入的布筋方式、布筋信息画上了钢筋图元。

1. 在“定义”界面建立了各自受力筋构件。

2. 在“绘图”界面→【查看布筋】▼→【查看布筋范围】→光标放到已布板钢筋图元上可查看布筋范围由蓝色边线围合→【查看布筋】▼→查看受力筋布置情况→在主页左上角显示的“请选择”页面选择底筋、面筋、中间层筋、温度筋，可分别显示其布筋范围，在主屏幕的平面图上，已布筋范围用网格显示。

【自动配筋】→在显示的“自动配筋设置”页面有两种配筋方式（提示：自动配筋可在最后整楼生成且只对没配筋的板有效）供选择：

方式一：“所有的配筋相同”，在此页面下部输入底部钢筋网、顶部钢筋网信息，有输入格式示例→【确定】→可单击左键选择需布筋的板区格或框选需布筋的各板区格→单击右键【确定】→提示“有多少块板布筋成功”→【确定】，提示“已布置过受力筋的板，软件不再重复布筋”。

“自动配筋设置”页面如图 9-6-2 所示。

方式二：选择“同一板厚的配筋相同”的布筋方式→显示输入板厚，顶部、底部钢筋网输入栏，可添加、删除→【确定】→按提示，左键框选需布筋的板图元→单击右键【确定】。

《2018 版》手动智能布置板上、下层钢筋：在导航栏“常用构件类型”栏下→展开【板】→【板受力筋】→【定义】→【新建板受力筋】建立受力筋构件后→【布置受力筋】功能窗口变为黑色，可以使用并单击，选【单板】【多板】→【XY 方向】，如图 9-6-3 所示。→弹出“智能布置”页面，有“双向布置”“双网双向布置”“XY 向布置”三种功能可选择→输入配筋信息→单击主屏幕上的板图元，板钢筋已布置上。

如果需要删除平面图上已经布置的受力筋图元→框选全部平面图、受力筋图元使之变蓝→单击右键（下拉菜单）→【删除】，已经布置上的全部受力筋图元已删除。

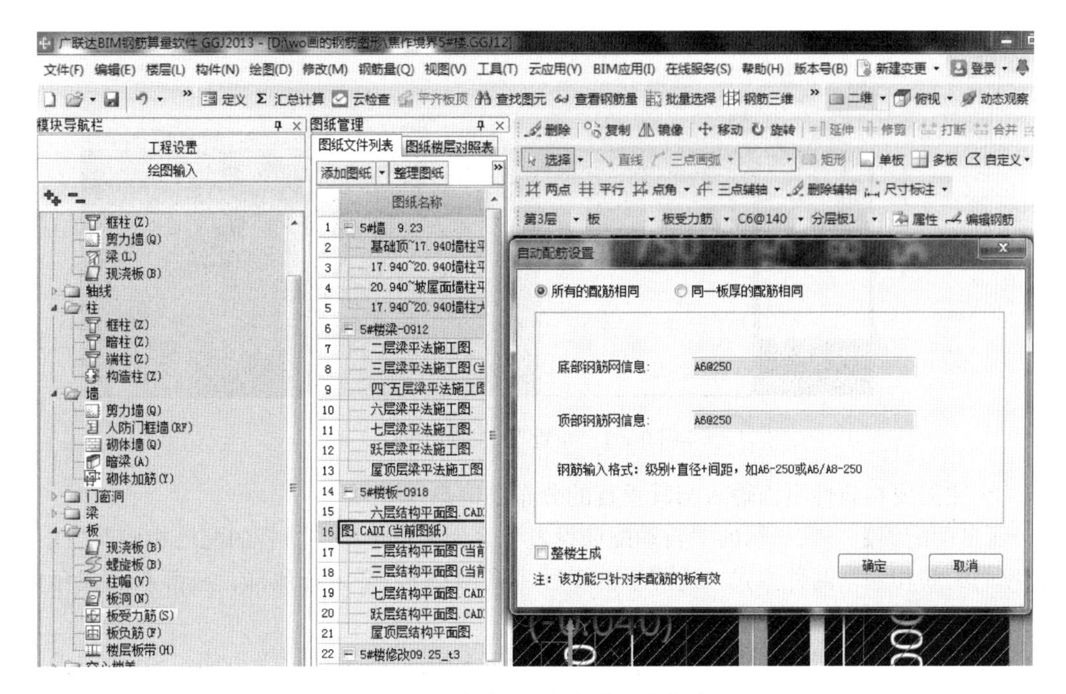

图 9-6-2 自动配置板钢筋（老版本）

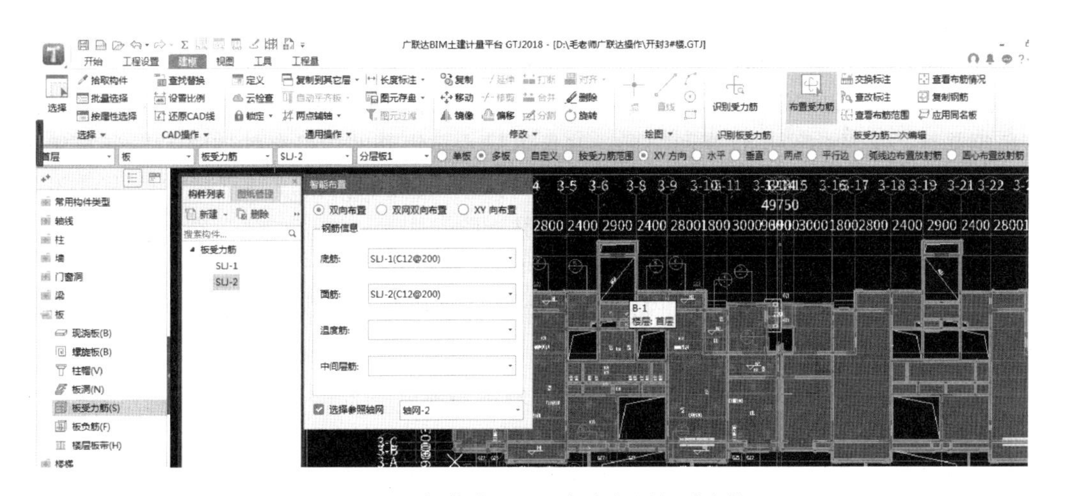

图 9-6-3 智能布置 XY 方向各层板受力筋

9.7 图形输入绘制板受力筋

老版本、新版本操作方法基本相同：【现浇板】→【板受力筋】→【绘图】→【自定义】▼→【自定义范围】→按提示用多线段功能画任意封闭布筋范围后→【XY 方向】→在显示的“智能布置”页面按图纸设计要求输入底层、面层 XY 方向配筋值。没有的项可不输入→“确认”，已按输入的配筋值画上。

另外还可以【自定义】→【自定义范围】→“矩形”→画矩形→【XY 向布置】→【确定】，如图 9-7-1 所示。

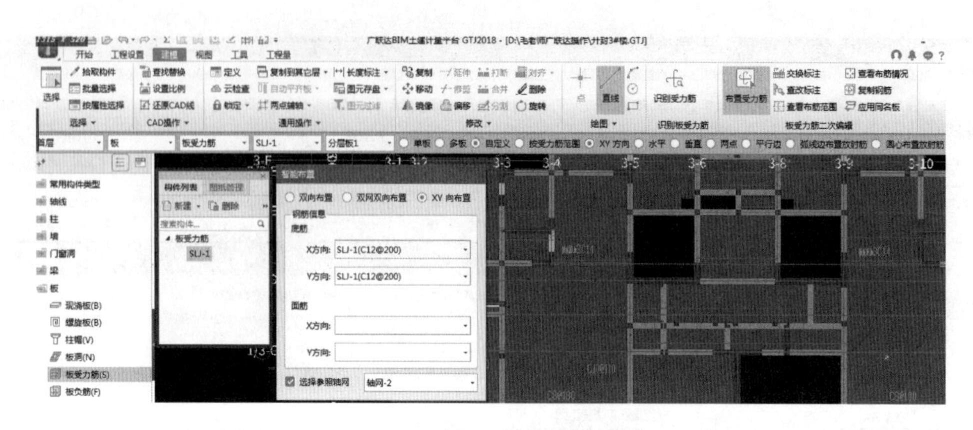

图 9-7-1　布置 XY 方向钢筋

记住需要在属性页面输入与其垂直的分布筋信息。

【自动配筋】→在显示的“自动配筋设置”页面，可选择“所有的配筋相同”“同一板厚的配筋相同”两种方式（适应于有多种不同板厚），可设置顶部、底部双向或单向钢筋网或间隔形式配筋，中间层温度筋。

布置板钢筋完毕→【汇总计算】→会有提示错误页面，如“受力筋：SLJ3 布置范围内同方向同类型的受力筋数量超过上限”，说明有重复布置钢筋现象，需删除重复布置的钢筋。

错项提示：底筋 SLJ3，中间筋 10，面筋 3，温度筋 1，请重新选取板。

纠错方法：双击 SLJ3→SLJ3 受力筋呈蓝色自动显示在主屏幕→光标移动捕捉到此蓝色钢筋线，光标由箭头状变回字形，并且可显示此钢筋的构件名如“SLJ3”→直接单击右键（下拉菜单）→【删除】→再双击错项提示页面的错误项→提示“错误已不存在”→按上述方法双击提示页面的下个错项并删除，提示“页面的错项全部消失”→已可执行“汇总计算”。

使用 F3 批量选择快捷键可批量选择删除或批量修改（必须在板上已布置有钢筋的状态），如图 9-7-2 所示。

在显示的“批量选择构件图元”页面：勾选需删除钢筋的构件名→【确定】，所选钢筋图元变蓝→【确定】，已删除所选择的钢筋。

绘制跨板受力筋：表示跨出某块板两对边布置的受力筋或负筋。

在导航栏上部图形输入界面，【板受力筋】→【定义】→【新建】▼→【新建跨板受力筋】→在新产生的板受力筋构件的属性编辑页面输入右、左标注的跨出长度值等，各参数输入完毕→“水平”或“垂直”→【自定义】→单击需跨出板的起点、终点→用多线段画封闭折线用来设定板的范围→单击多线段封闭的板图元内部。

《2018 版》绘制板受力筋：【定义】→显示“定义”页面（双击【板受力筋】也可显示【定义】页面）→【新建】→【新建板受力筋】，如图 9-7-3 所示。

另有新建跨板受力筋，产生一个受力筋构件，同时右侧显示此构件属性列表，在钢筋信息栏输入受力筋信息，格式：级别、直径、间距。输入完毕，单击其上、下行有应输入格式显示。凡需要单独绘制、识别钢筋的操作，在右侧【构件做法】窗口均为灰色，不能用，无须选择清单、定额，程序可按计算出的钢筋种类、数量自动套上定额子目。

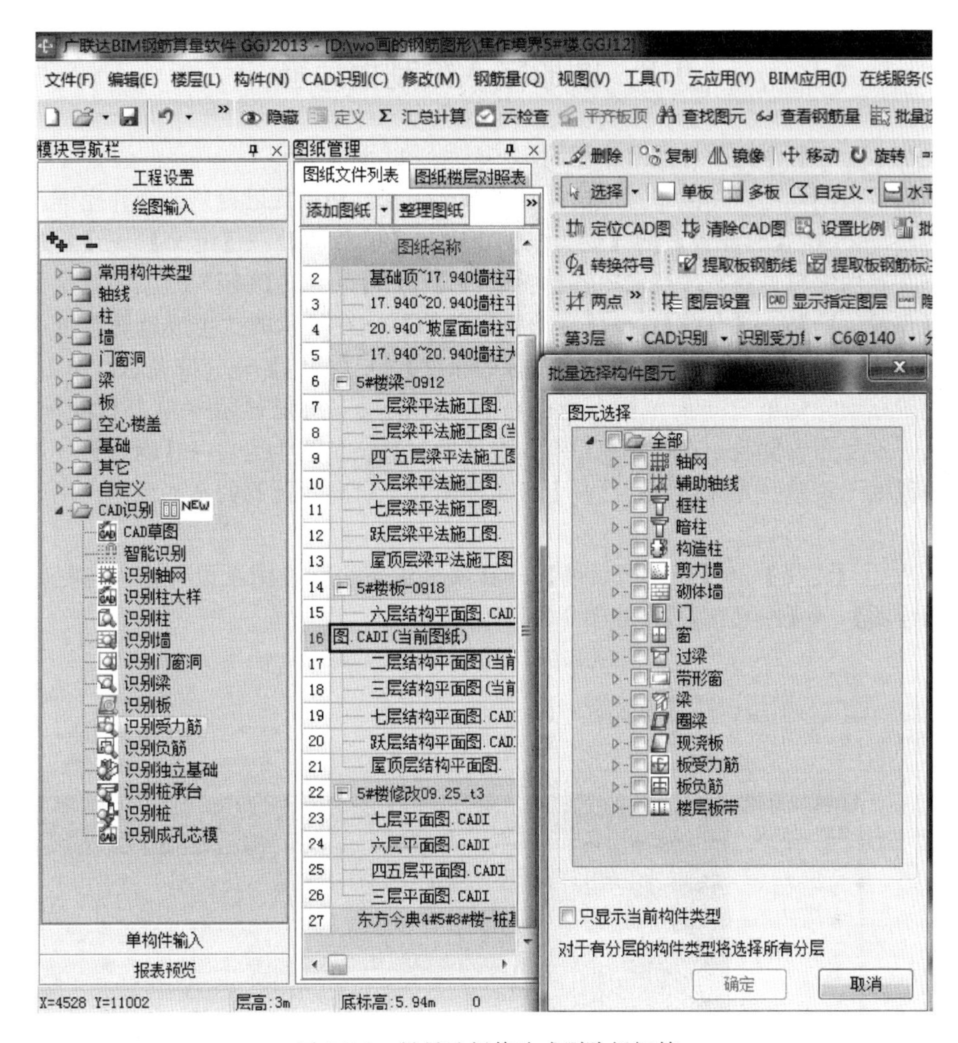

图 9-7-2 批量选择修改或删除板钢筋

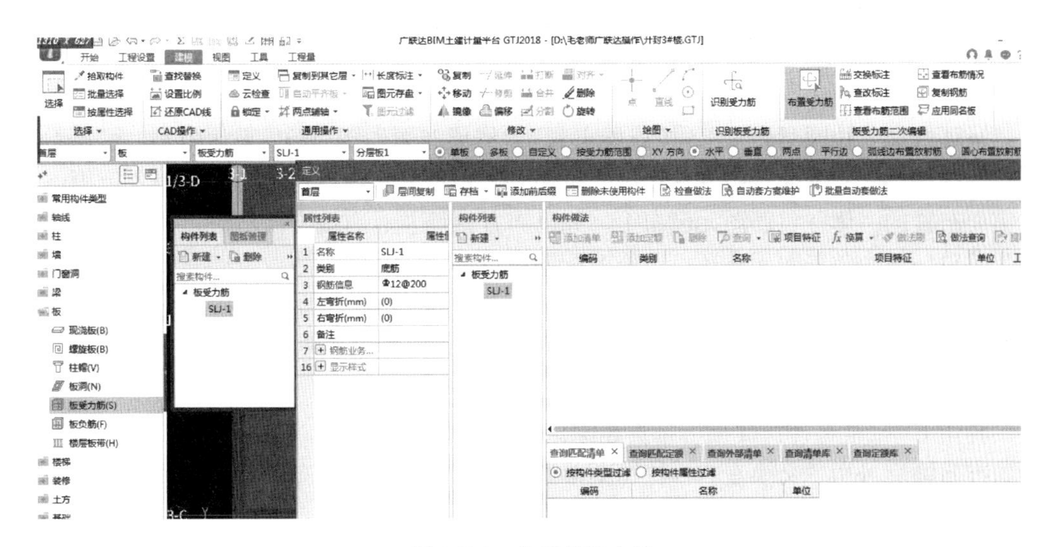

图 9-7-3 布置板受力筋

9.8　图形输入绘制板负筋

老版本、新版本操作方法基本相同。

前提是板图元已识别或布置成功并且板洞已画上，板图元已分割或合并完毕。

方法 1：（在【现浇板】的【受力筋】下部）【板负筋】→【定义】→【新建板负筋】→在属性编辑页面按各行输入各自参数→【绘图】（《2018 版》是关闭【定义】页面→【布置负筋】→【直线】）→【自动生成负筋】→在显示的“生成负筋”页面勾选【按连梁】【按墙】【按梁】【按圈梁】【按板边布置】→【确定】→（按提示）单击左键，松开左键移动光标框选布筋范围，所选布筋范围的梁名称已显示→单击右键→提示：……是否重复布置负筋→否，只在没有布置区域布置→负筋生成功→【确定】→用“查看布筋范围”菜单→光标移动到已画上板负筋图元上可显示此筋的布筋范围，用蓝色线条围住。

方法 2：【定义】→【新建板负筋】→在属性编辑页面按图纸设计输入各栏的配筋值→【绘图】→【按梁布置】，如图 9-8-1 所示。

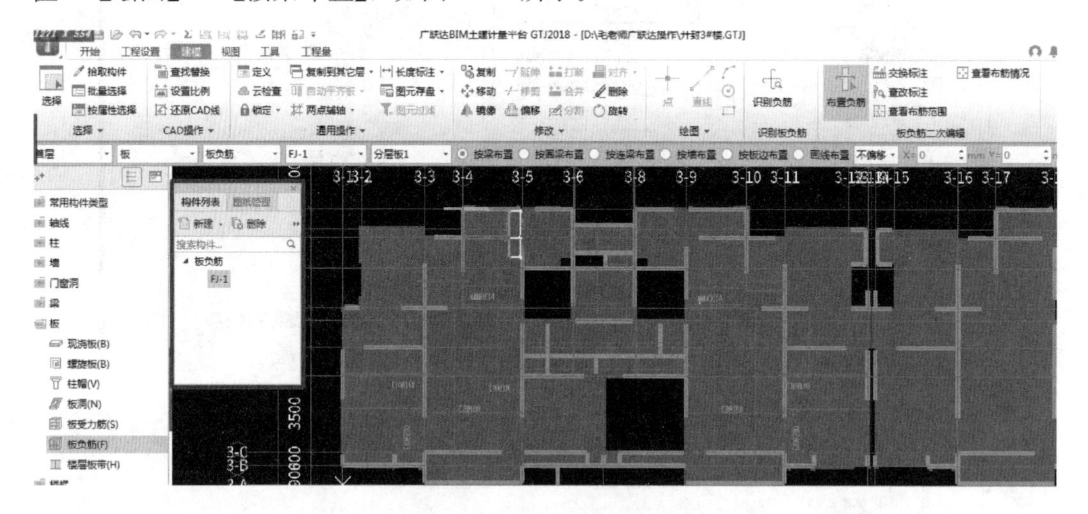

图 9-8-1　按梁布置板负筋

→可选择“按圈梁布置”“按连梁布置”“按梁布置”等（QL 平面中 QL 可显示圈梁名，按什么布置平面图中的什么图元可显示其构件名）→点构件名显示布置范围→单击需要布置的一侧→负筋图元已布上。如已布置钢筋左、右端方向不对，可用‘查改标注’菜单→单击负筋图元→还可以修改配筋信息。

【定义】→【新建板负筋】→在属性编辑页面按图纸设计输入各栏的配筋值→【绘图】→【按墙布置】▼，如图 9-8-2 所示。→选择墙→左键单点布置一侧→负筋图元已布上。

利用 F3 批量选择快捷键可批量删除。

方向画反可用“交换左右标注”菜单调换方向。用“画线布置钢筋”菜单布置任意范围内钢筋。

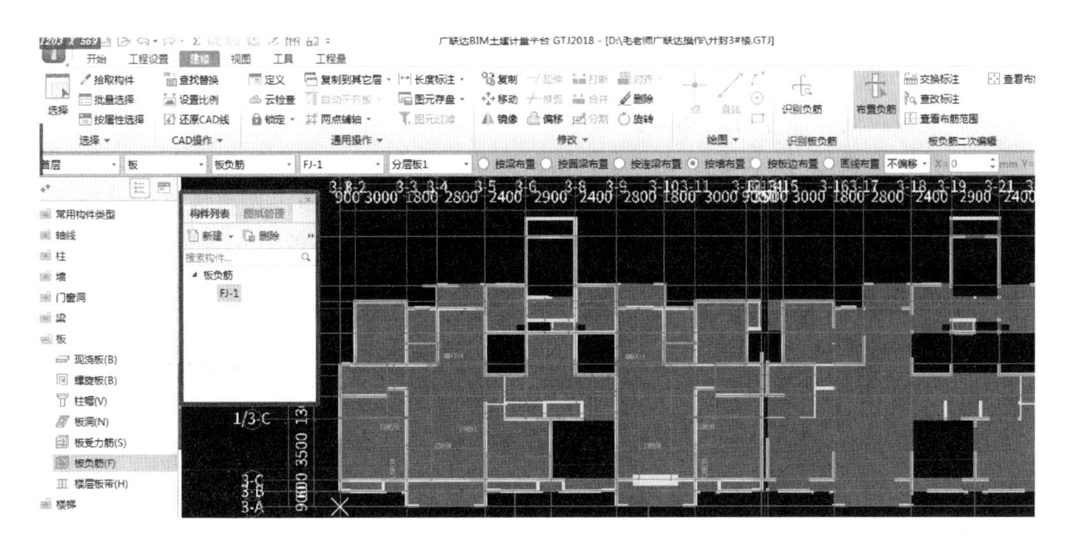

图 9-8-2 按墙布置板负筋

9.9 画任意长度线段内钢筋，布置任意范围内板负筋

老版本、新版本操作方法基本相同：

在“常用构件类型”栏下部：展开【板】→【现浇板】→【负筋】→【定义】→【新建板负筋】→在新建的板负筋构件【属性列表】页面，按各行设定的内容输入各行参数、负筋配筋信息→【布置负筋】→【直线】，如图 9-9-1 所示。

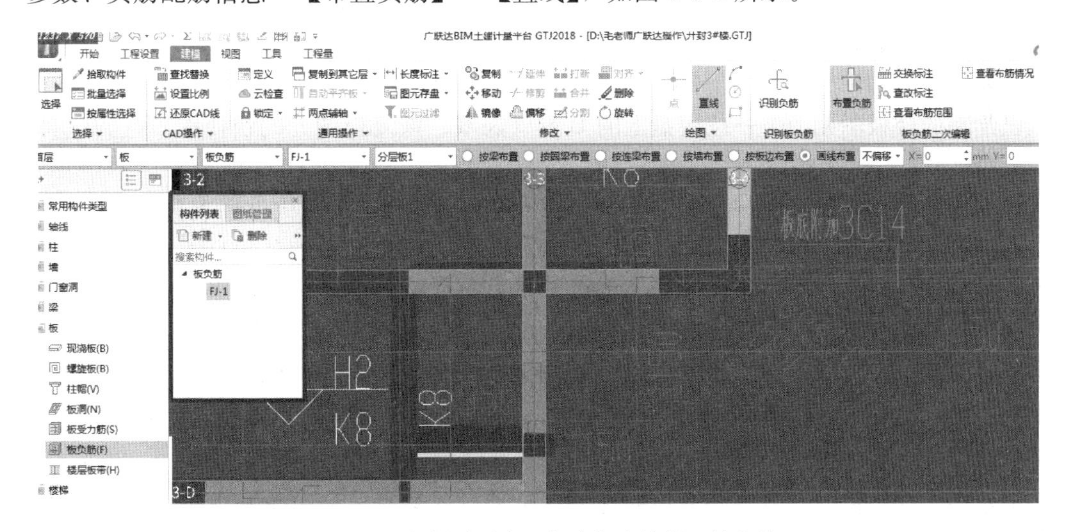

图 9-9-1 根据需要布置任意长度线段上的负筋

单击【画线布筋】菜单→左键单击布筋范围的首点→移动光标画线→单击布筋范围的终点（画线结束）→返回已画线段之间并单击已画线段的左或右侧，已画上黄色负筋。说明：此线段可不受网格节点限制，画任意长度=根据需要绘制任意长度线段之间的负筋，还可以在【属性列表】页面展开【钢筋业务属性】，在【汇总信息】行可以把

【负筋】修改为【受力筋】。方向画反可用"交换左右标注"调换布置方向。

提示：上述"画线布置""按梁布置""按墙布置""按板边布置"钢筋功能只有在板负筋、筏板负筋界面才有此功能。

移动光标至【》】显示【自动生成负筋】窗口→在显示的"自动生成负筋"页面选择布置范围，可勾选梁、连梁、圈梁、墙、板边→【确定】→单击选择或多次选择，或框选需布置板负筋的构件图元，选上的构件变蓝→提示：是否重复布置负筋→如选否，只在没布置负筋的区域布置负筋→负筋布置成功→【确定】。

9.10 绘制装配式建筑的预制楼板+后浇叠合层

如果是装配式建筑，需要在布置楼板之前，先在【构件列表】页面新建一个【现浇板】构件→在【属性列表】页面的【混凝土类型】行单击显示▼→选择【预制碎石混凝土】→展开【钢筋业务属性】→单击【马凳筋参数图】行，显示⊡→⊡，在弹出的"马凳筋设置"页面选择马凳筋图形→按照预制板加后浇叠合板的总厚度修改马凳筋尺寸，按照国家建筑标准设计图集GB10-1《装配式混凝土结构连接节点构造》第21页的要求"马凳筋腹杆直径不小于4mm，上弦杆直径不小于8mm，下弦杆直径不小于6mm"及图纸设计要求输入马凳筋布置方式，格式为"钢筋级别A\\B\\C+直径mm+间距*间距"，如C4-600*600→【确定】。【属性列表】页面各行参数设置完毕后→【智能布置】→【外墙、梁外边线，内墙梁轴线】→框选平面图上已产生的墙、梁构件图元→右键确认，装配式建筑的预制楼板已绘制成功，（在【定义】页面的【构件做法】界面【添加清单】→【添加定额】可参照其他章节，在此略）。下一步绘制后浇叠合层。

在"常用构件类型"栏下部：展开【装修】→【楼地面】，此时如果主屏幕平面图上已绘制的楼板图元消失→按键盘上的B键（隐藏、恢复板图元的快捷键），已有的板图元可恢复。

在【构件列表】页面→【新建】▼→【新建楼地面】，在【构件列表】页面产生一个DM"楼地面构件"→【属性列表】，在属性列表页面单击构件名称DM，修改为"装配式建筑后浇叠合层"→单击左键，【构件列表】页面的构件名称已联动改变为同名。在【属性列表】页面，在【块料厚度】（mm）行输入后浇叠合层厚度80→单击【顶标高】行，显示▼→选择【底板顶标高】，在属性列表页面的各行参数设置完毕后→【定义】，在定义页面的【构件做法】界面：【添加清单】→【查询清单库】→展开【混凝土及钢筋混凝土】→【现浇混凝土板】→在右邻主栏找到【平板】清单并双击，此清单已经显示在上部主栏内→双击此清单的【工程量表达式】栏，显示▼→【更多】，在弹出的"工程量表达式"页面双击【地面积】→【确定】。

【添加定额】→【查询定额库】→展开【混凝土及钢筋混凝土】→展开【混凝土】→展开【现浇混凝土】→【板】→在右邻主栏找到5-32现浇混凝土平板并双击，所选定额子目已显示在上部主栏内→双击此定额子目的【工程量表达式】栏显示▼→【更多】，在弹出的"工程量表达式"页面双击【地面积】，所选的工程量代码【地面积】显示在此页面上部，在【地面积】后输入*0.08→【确定】，在5-32定额子目的【工程量表达式】栏显示 DMJ * 0.08。

还需要选择混凝土后浇叠合层的模板定额子目方法同上，记住在此定额子目的“工程量表达式”栏应选择【地面周长】：DMZC * 0.08。在此清单、定额、工程量代码选择完毕后→关闭【定义】页面。

在主屏幕上部→【智能布置】→【现浇板】→框选主屏幕上的全部板平面图，变蓝色→单击右键确认，现浇板图元由蓝色变为粉红色。在主屏幕上部→【工程量】→【汇总计算】后→【查看工程量】，在弹出的“查看构件图元工程量”页面的【构件工程量】界面显示“装配式建筑后浇层”的构件名称，面积、周长等计算出的数据如图 9-10-1 所示。在【做法工程量】中显示所选择的清单、定额子目的工程量，经手工计算，软件计算出的数量与手工计算出的数量相一致，很准确。

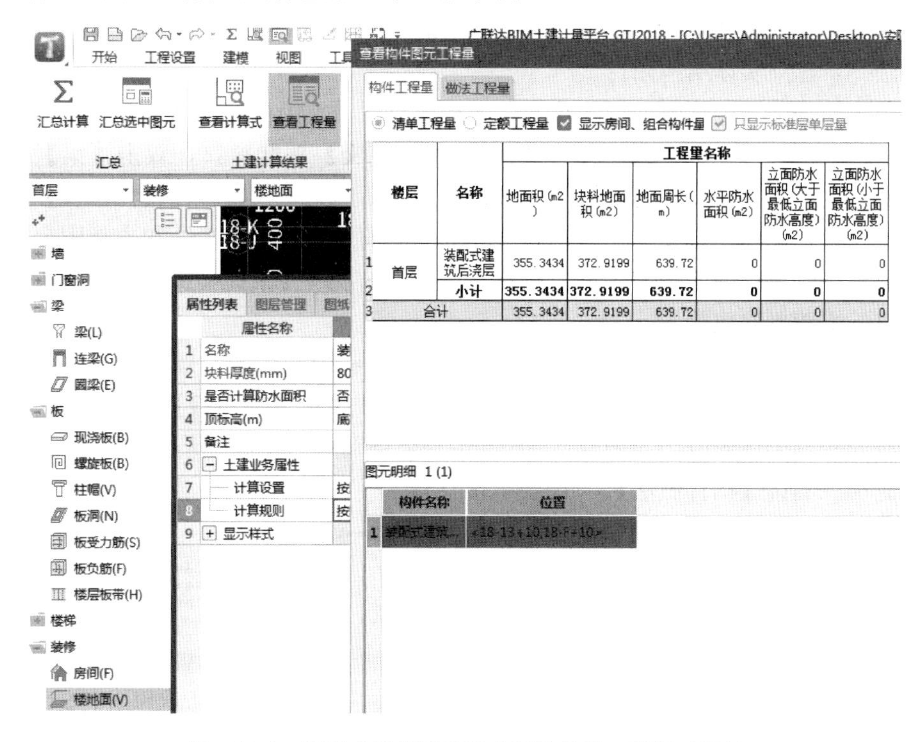

图 9-10-1　装配式建筑后浇叠合层的体积、模板工程量

10 阳　　台

10.1　绘制实体阳台与面式阳台

本章可用于老版本的土建计量软件和《2018 版》的筋量合一，不同的是老版本土建计量软件在构件属性页面没有补充钢筋的功能。

方法一：建立实体结构阳台

第一步，先建立、绘制支承阳台的梁：在导航栏“常用构件类型”下展开【梁】→【梁】→【定义】进入【定义】页面，如找不到【定义】功能窗口，双击【梁】也可进入【定义】页面，在【构件列表】下→【新建】→新建梁→在右边【属性列表】下输入梁的各行参数，关闭“定义”页面，用主屏幕上部的【直线】功能绘制支承阳台板周边的梁。连续点红色梁图元变蓝→单击右键（下拉菜单）→【重提梁跨】→左键确认，梁图元变绿，梁跨提取成功。

第二步：在“常用构件类型”下部展开【板】→【现浇板】，双击【现浇板】也可进入【定义】页面，在【构件列表】下部【新建】→【新建现浇板】→把【属性列表】下现浇板的构件名称修改为“阳台”，把构件“类别”单点选择为有梁板，各种属性参数设置完毕→右边【构件做法】，如图 10-1-1 所示。

图 10-1-1　阳台构件做法添加清单、添加定额

【添加清单】，（如河南定额）在【查询匹配清单】下部有两个其他板清单，一个“其他板”清单尾号 5010，计量单位 m^3；另一个“其他板”清单尾号 2020，计量单位 m^2。选择尾号 5010、计量单位 m^3 的清单，双击使其显示在主栏内，并可自带工程量代码“TJ”→【添加定额】→【查询定额库】，按分部分项选择定额子目，也可直接输入定额子目编号→按 Enter 键。如 5-44 现浇阳台，选择工程量代码 TJ，找到模板定额如

5-275现浇混凝土直形阳台模板并双击使其显示在上部主栏内，在此可把阳台所需的全部定额子目选齐。双击5-275的“工程量表达式”栏，显示▼，单击▼→“更多”，进入“工程量表达式”页面选择工程量代码，勾选【中间量】显示更多代码，找到并双击“现浇板底面模板面积”，使其显示在此页面上部→单击“现浇板侧面模板面积”→【追加】→双击已选择的“现浇板侧面模板面积”，后选择的工程量代码，已用加号与上次所选工程量代码组成一个简单的计算式→【确定】，此工程量代码计算式已显示在定额子目中。各行定额子目的工程量代码选择完毕（在此只讲解选择清单、定额的操作方法，究竟需要选择什么清单、定额，需按当地规定、图纸设计、工况），关闭【定义】页面。用主屏幕上部的【矩形】功能菜单在已有的阳台梁图元上画矩形阳台板。单击已画的阳台板图元变蓝→单击右键→【汇总选中图元】→【查看工程量】，已显示绘制阳台的清单、定额子目、工程量。

方法二：在已有阳台上做装修

在导航栏“常用构件类型”下部展开【其他】→【阳台】→【定义】，进入【定义】界面，有【属性列表】【构件列表】【构件做法】三个页面，在【构件列表】下→【新建】→【新建面式阳台】→在【构件列表】下产生一个阳台“YT构件”→在右边的【属性列表】下，修改阳台构件名称，在类别行选择封闭、不封闭，选择混凝土强度等级，有些参数如已在起始建立工程时统一设置可不必输入，选择建筑面积计算，可计算全部、计算一半、不计算，如果有需要补充计算的钢筋时，展开“钢筋业务属性”，单击“其他钢筋”行，再单击此行尾部→在显示的“编辑其他钢筋”页面（图10-1-2）。输入钢筋号、钢筋信息如级别、直径→按Enter键，双击图号栏，单击栏尾部→在显示的“选择钢筋图形”页面单击上部“弯折”尾部符号→输入钢筋弯折长度。还有箍筋等多种弯折形式供选择→【确定】，双击钢筋图形的尺寸符号，在显示的小白框中输入尺寸数字，需要人工计算输入根数，单击下边空白行→【插入】，增加钢筋图形行数→【确定】，选择的钢筋图形号显示在属性页面的“其他钢筋”行，属性列表页面各参数设置完毕。右边的【构件做法】下部→【添加清单】→【查询清单库】（提示：土建和装饰工程的工程量清单都在最下一行的清单库。因在此建立的是面式阳台构件，只能选择装饰并且是以面积为计量单位的清单→展开建筑工程楼地面装饰工程→“整体面层找平层”，单击所需清单→（在最下边一行【专业】右边）【清单说明信息】，在右侧可显示所选择清单的：项目待征、主要工作内容、计算规则，对选择清单、定额有参考作用。双击所选择清单，使其显示在上部主栏内，计量单位m^2，双击工程量表达式栏显示▼，单击▼→选择按“实际绘制面积”作为工程量代码。

【添加定额】→【查询定额库】→在最下行【专业】栏选择“装饰工程”，找到所需的定额子目，双击使其显示在上部主栏内，需把阳台所需定额子目全部选择齐备，给每个定额子目选择工程量代码，重要提示：需要按“查看构件图元工程量”页面的【构件工程量】界面显示的工程量类别选择代码，各定额子目的工程量代码选择完毕，关闭【定义】页面→用主屏幕上部的【直线】或【矩形】功能菜单绘制阳台，遇有墙或梁构件图元，软件会自动扣减绘制的阳台构件图元的工程量。

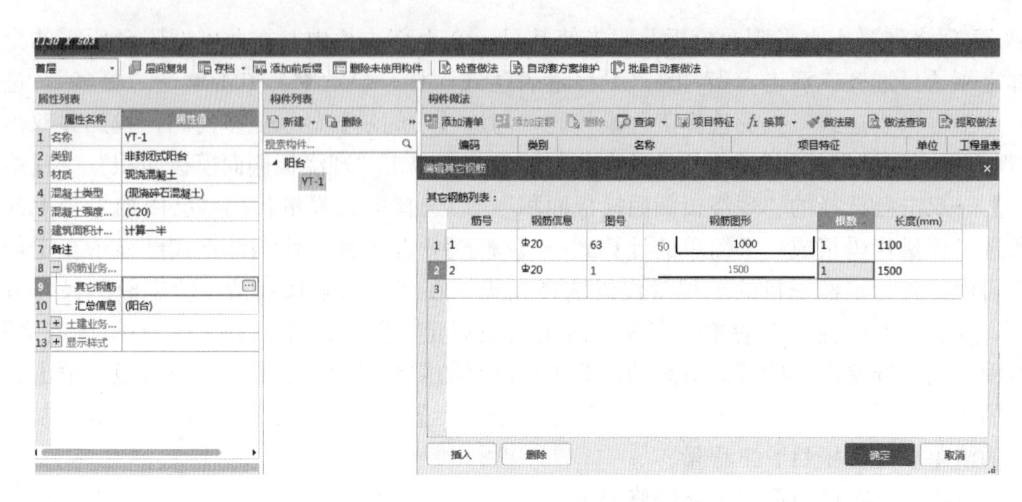

图 10-1-2　增设阳台面层的配筋

10.2　【构件做法】界面：添加清单、添加定额的更多功能

在【构件做法】界面，添加清单、添加定额的更多功能：

【添加清单】：在添加清单的同一行右边→【查询】▼→▼（下拉菜单）有比主栏中部显示的更多功能，如图 10-2-1 所示。

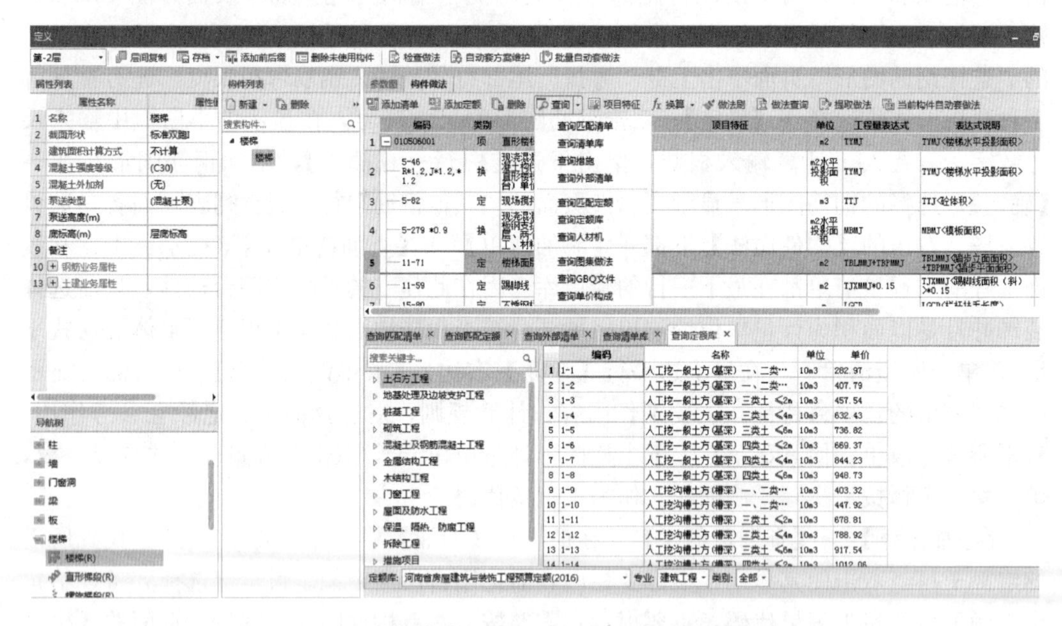

图 10-2-1　添加清单行右边【查询】▼的下级更多功能

【查询措施】：在下部主栏左边显示全部措施各分项目名称→单击右边的某一分项目，在右边显示此分项的全部清单→双击需要选择的清单，使此清单显示在上部主栏内→在此清单的工程量表达式栏→选择工程量代码，方法同前面所述。

【查询人材机】：在下部主栏右边显示人工、材料、机械台班→单击左边的人工或材料或机械，可在右边联动显示各种人工的预算信息指导价；按在左边选择的材料或机械，在右边联动显示其全部材料或机械的预算信息指导价供查阅。

【查询图集做法】：在下部主栏左边第二行单击选择需要查阅的图集名称，有各种常用图集供选择，有中南地区通用建筑设计标准 98：此图集有各种门窗；中南地区通用构件图集：有各种 YKB 预应力空蕊板做法供查阅。软件是按地区、省份配备电子版资料，其他省、区有相对应的上述电子版图集、资料。

【查询 GBQ 文件】：在下部主栏目左边第二行→【导入 GBQ 文件】，在弹出的“选择要导入的工程”页面单击【计算机】或单击【我的电脑】→双击需要导入的工程文件所存放的盘名称，使此盘名称显示在上部首行→单击与当前构件图元或者工程匹配的选项文件名称，使其显示在下部【文件名】行→【打开】，可以导入 GBQ 工程文件。

如果在主栏内添加的是清单→双击已显示在主栏内的清单行的【项目特征】栏，显示⋯→⋯，在弹出的“编辑项目特征”页面编辑简要的项目特征以示区别→【确定】。编辑的项目特征已显示在此清单的项目特征栏内，可以使此清单和其所属各定额子目在后续的报表预览或者导入计价软件汇总计算后，与相同编号的清单、定额子目不合并，用以单独查阅。清单下部所属的各定额子目不能设置项目特征，但可以使用下述办法：如因特殊原因在一个清单下选择添加了两个相同定额子目如“5-13 现浇混凝土异型柱”，首个 5-12 定额子目的工程量代码选择的是“TJ：柱体积”；第二个 5-13 工程量代码选择的是“CGTJ：柱超高体积”，需要单独设置、查阅工程量，不能合并→双击此定额子目的【名称】栏显示⋯→⋯，在弹出的“编辑名称”页面：此定额子目的名称内容已经显示在此页面，在名称内容尾部输入区别标志，注意不要输入对计量结果有影响的内容→【确定】，输入的区别标志已显示在此定额子目的【名称】栏，可在后续的汇总计算或者导入计价模块时，一个清单下相同的定额子目不合并。

对于已选择、显示在主栏内的定额子目换算：单击定额子目行首的序号，此定额子目全行发黑，成为当前操作的定额子目→单击主屏幕上部的【换算】▼（有【标准换算】【取消（已有）换算】【查看换算信息】三个功能）→【标准换算】，在下部主栏显示当前定额子目的全部换算项目→根据工况需要勾选换算项目，在下部主栏左上角→【执行选项】，在上部主栏内的当前定额子目编码栏、名称栏已显示换算信息，【类别栏】原有【定】字变为【换】字，此定额子目已换算。

在【查询定额库】的最下部底行，选择【专业】的右邻【类别】栏→▼，有【标准】定额、【全部】定额、【补充】定额可供选择。

如果需要查询定额各章节，也就是各分部的说明、计算规则→最小化当前正在操作的算量软件，按照本书 22.1 节描述的方法打开计价软件→按照描述方法查看定额各分部的说明、计算规则。查询后最小化计价软件，两个软件可以相互切换。

11　绘制楼梯用于计算混凝土工程量

老版本土建计量软件与下述《2018 版》筋量合一操作方法基本相同，用老版本钢筋计量软件计算楼梯钢筋按 13.2 节操作。

《2018 版》：在导航栏“常用构件类型”下部，展开“楼梯”→【楼梯】（R）→【定义】→【新建】→【新建参数化楼梯】，如图 11-1-1 所示。

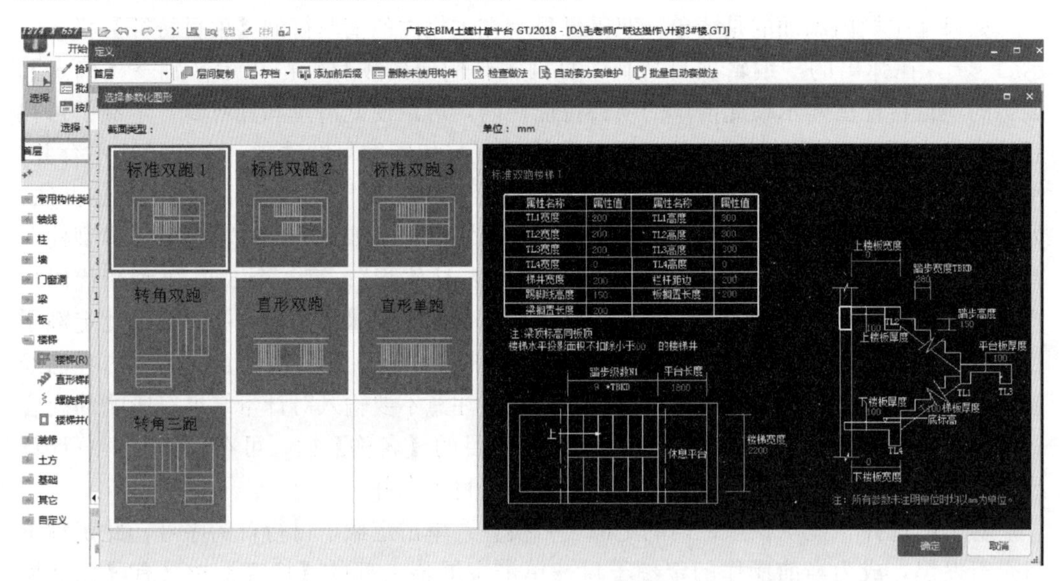

图 11-1-1　新建参数化楼梯

在弹出的“选择参数化图形”页面：有多种形式楼梯图形供选择，单击选择一个楼梯图形，蓝色线条框住所选择图形，同时在右侧显示此楼梯的平面、剖面图形，凡绿色尺寸、参数、数字均可左键单击，可在显示的小白框中输入、修改尺寸和参数，按设计需要修改完毕→【确定】，关闭【定义】页面。

在右边【属性列表】页面：产生 1 个楼梯构件，展开【属性列表】页面的【钢筋业务属性】→单击【其他钢筋】行显示⋯→⋯，进入编辑需要设置的【其他钢筋】页面（提示：《2018 版》楼梯的全部钢筋需要在此手工输入），如图 11-1-2 所示。

需要在大写状态，输入筋号、钢筋级别、直径，在钢筋图形栏双击显示⋯→⋯，进入选择钢筋图形页面，有各种图形钢筋供选择→【确定】。双击图形尺寸符号，输入尺寸数字（单位：mm），单击左键，输入根数→页下【插入】增加行……→【确定】，在此如不编辑其他钢筋，只能计算混凝土的定额工程量，自动计算楼梯钢筋按 13.2 节操作。

在“定义”页面详图左上角单击【构件做法】，切换到【添加清单】【添加定额】界面：【添加清单】→【查询匹配清单】→找到以平方米为计量单位的楼梯清单并双

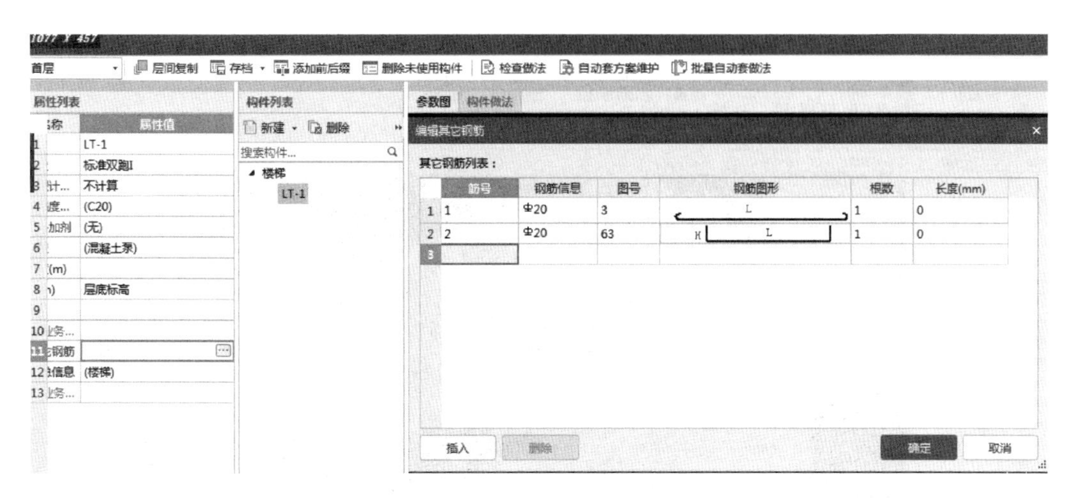

图 11-1-2　编辑楼梯钢筋

击，此清单已进入上部主栏内，在此清单工程量表达式栏已有工程量代码；【添加定额】→（如无匹配定额可）【查询定额库】，观察最下行显示的定额库专业、版本年号是否为应选定额的专业，按分部分项找到所需定额子目→展开混凝土及钢筋混凝土→展开现浇或预制→找到楼梯，双击所选定额子目如 5-46、5-82；此定额子目已显示在主栏内，还需选择模板子目 5-279，在此不需要选择钢筋定额子目，由软件根据计量结果自动套取定额→在最下行“专业”栏选择装饰工程定额，继续按装饰工程定额的分部分项选择定额子目，在【楼地面】有楼梯面层定额子目 11-71 楼梯磁砖，11-91 踏步防滑条（按需要可换算防滑条材质）→展开【其他装饰工程】→展开扶手栏杆如有 15-80 不锈钢栏杆、不锈钢扶手；15-85 铁栏杆木扶手等定额子目，在此可把楼梯所需的全部定额子目全部选齐，可跨定额专业分别双击使其显示在主栏内→分别双击各子目工程量表达式栏，单击显示▼→【更多】进入工程量代码选择页面，双击选择工程量代码使其显示在上部，可再选择一个工程量代码→【追加】，选择两个工程量代码进行简单的计算式编辑→【确定】。（说明：所选择的定额子目无工程量代码无效。在此只讲操作方法，应该选择什么清单、定额，按图纸设计、各地规定、现场工况确定。）

全部清单、定额选择完毕，关闭“定义”页面，用主屏幕上部的【点】功能→在平面图的板洞上绘制楼梯，如方向不对，单击已绘制的楼梯图元→单击右键→【旋转】→单击旋转插入点→移动光标观察图元角度旋转到所需位置→单击左键，已按所需位置画上。【动态观察】可检查三维立体图形，如图 11-1-3 所示。

有楼梯栏杆扶手，单击楼梯图元变为蓝色→【汇总选中图元】，运行计算→【工程量】→单击楼梯图元→【查看工程量】→弹出“查看构件图元工程量”页面，显示楼层数，构件名称，楼梯水平投影面积，混凝土体积（可用于换算楼梯子目的混凝土含量），模板面积，底部抹灰面积，楼梯段侧面积，踏步立面积，踏步平面面积，踢脚线长度，踢脚线（斜）面积，防滑条长度，踢脚线（斜）长度，靠墙扶手长度，栏杆扶手长度共 13 个数据→【做法工程量】，可显示已选择的清单、定额工程量，如图 11-1-4 所示。

还可【查看钢筋量】，方法同上。

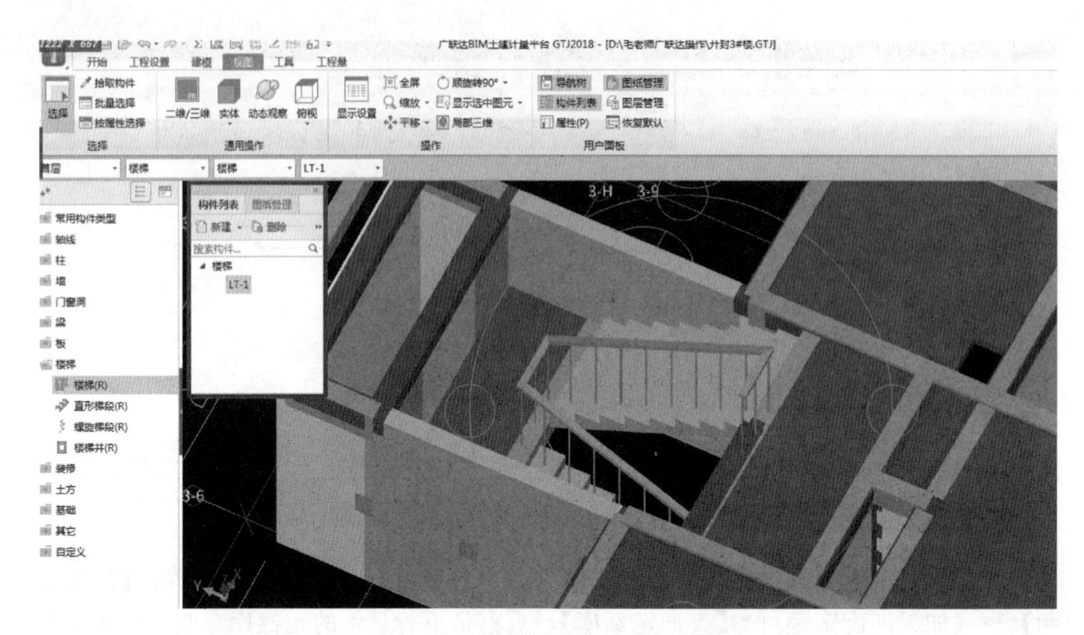

图 11-1-3　绘制楼梯的三维立体图

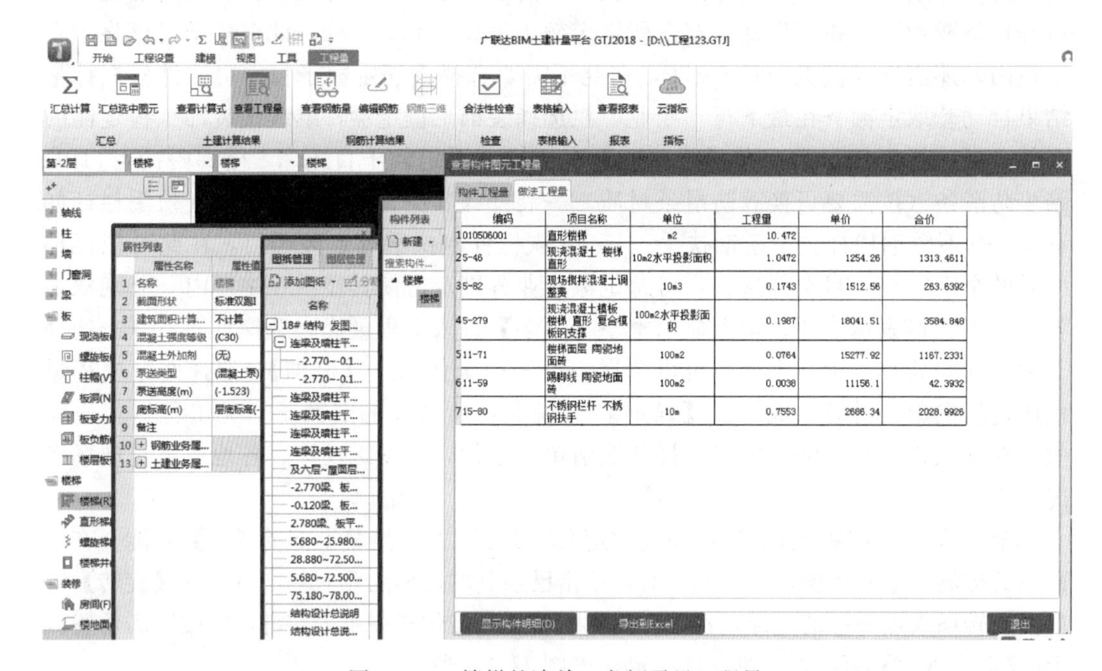

图 11-1-4　楼梯的清单、定额子目工程量

构件名称与在其【定义】页面选择套取的清单、定额做法是联动绑定的，先定义构件同时选择清单、定额→绘制构件；与画上构件图元再返回【定义】页面补充选择清单、定额，效果都一样。

12　识别与绘制基础

12.1　识别独立基础表格

老版本无此功能，《2018 版》识别独立基础表格：把有独立基础表格的基础平面图【手动分割】为一张图，并且使此一张电子版平面图显示在主屏幕→在主屏幕左上角把楼层数选择到【基础层】。

在“常用构件类型”栏下部，展开【基础】→【独立基础】（D），在主屏幕上部→【识别独基表】：光标呈十字形放在独立基础表格的左上角→单击左键，松开左键→向右下对角框选全部独立基础表格→单击左键，独立基础表格已被黄色线条围合框住→单击右键，弹出“识别独基表”页面，框选的独立基础表格已经显示在此页面，删除表头下邻行的空白行，删除重复的表头行，需要逐个在表头行与其下部内容进行核对，如与其下部内容不符→单击其表头尾部的▼，可选择到与其对应的表头名称，可以使用【增加列】功能补充表头内容，使用【删除列】功能删除空白列，在此构件名称不宜修改。

按照页面下部提示：逐个单击表头上部的空格，竖列发黑，从左向右对应竖列关系，在倒数第二【类型】列，可按照图纸设计自动显示【对称阶形】或【对称坡形】（如与图纸不符可修改），在最后列各行显示的工程名称尾部→双击显示⋯→⋯，在弹出的楼层选择页面：选择到基础层，如果显示【0】：表示基础层→【识别】，此时如果表格中有个别独立基础的尺寸、参数显示为红色，可在“识别独基表”页面为最小状态→拖动移开“识别独基表”页面，与平面图上的独立基础表格的尺寸、参数核对，有错误可修改，如果红色尺寸、参数不错，记住此数据，双击→删除，后续在其【属性列表】页面补充输入→【识别】，弹出“识别独基表”对话框：构件识别完成，共有多少个构件被识别→【确定】。返回【构件列表】检查识别效果→在【属性列表】页面补充输入删除的红色尺寸、参数。如果图纸没有独立基础表格，需要按照 12.2 节的方法，手工建立独立基础构件，才能在平面图上识别独立基础，生成独立基础构件图元。

12.2　建立独立基础构件

老版本：在“图纸文件列表”下部→双击基础层的（有独立基础的）基础结构平面图的图纸名称的行首部→此基础平面图（有的是独立基础、条形基础、筏板基础等多种形式基础综合布置在一张图上，无妨碍识别）已显示在主屏幕。

识别独立基础需要，先在导航栏上部图形输入界面，按已显示在主屏幕的电子版图上的独立基础每种型号各建立一个独立基础构件，并在其【属性编辑】页面输入各行的参数。

说明：根据《国家建筑标准设计图集》06G101-6 混凝土结构施工图平面整体表示方法制图规则和构造详图（独立基础、条形基础、桩承台）规定的独立基础编号，普通独立基础的坡形独立基础：BJp　在此 B 表示普通；P 表示坡形

阶形独立基础：DJj　　　在此 j 表示阶梯形

杯口独立基础：BJj　　　在此 B 表示杯口；j 表示阶梯

各层厚度的表示方法：从下向上分层表示如：h1/h2/h3　300/300/400　单位为 mm，h3：400 为最上层杯口从外部顶面至杯口顶面的高（又称为厚度）度。

可只在一级独立基础（不带单元二字）属性页面输入底标高。

1.（展开）基础→【独立基础】→【定义】→【新建】▼→新建独立基础→在“属性编辑”页面输入此独立基础的一级构件名称及各行的参数值（第一步必须选择【新建独立基础】或【新建参数化独立基础】，不能选尾部带单元字样的，否则会建为已有构件的下级构件），在一级构件属性页面无须输入各行的尺寸、参数，以后在其下级（二级）构件属性页面的各尺寸数字输入后，可在此页面自动生成。输入底标高，程序会按独立基础的厚度生成顶标高。

2. 如果【新建自定义独立基础】程序会自动附带一个下级独立基础单元。提示：土建计量软件在二级，也是独立基础单元才能显示工程量，如独立基础垫层顶标高与基础层底标高无高差，其属性页面相对底标高应为零。

（建立异型独立基础，在定义 X、Y 方向轴网时可用逗号分隔），按照本书 3.3 节异型截面柱的编辑方法操作。

3.【新建参数化独立基础单元】，如图 12-2-1 所示。

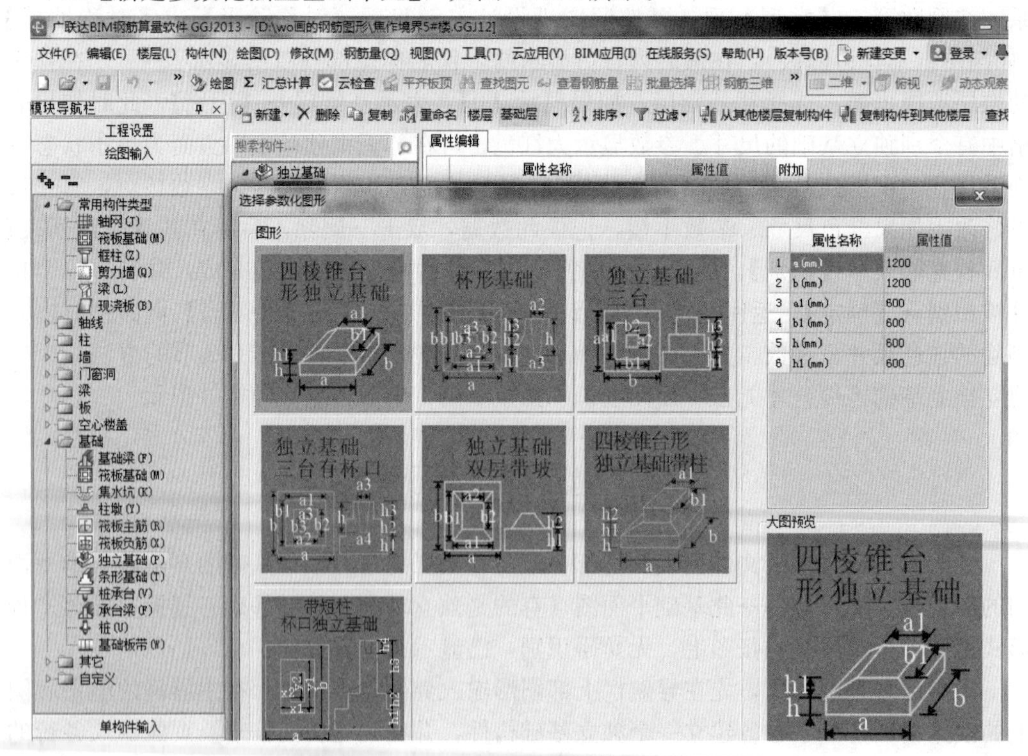

图 12-2-1　建立各种独立基础单元（老版本）

［凡尾部带单元二字的为已建当前构件的下级（二级）构件］→在显示的“选择参数化图形”页面：按图纸设计选择独立基础型式，单击所选图形，所选择的图形带蓝色边框线，并且所选图形及各应输尺寸、参数已进入右侧属性页面各栏，在其下部有详图显示，在上部属性值栏结合详图尺寸符号，输入各行应有尺寸→【确定】→所输各尺寸、参数已显示在此独立基础的二级属性编辑页面，在相对（层）底标高栏输入标高值，提示：如独立基础底（指垫层顶）标高与“工程设置”的楼层设置页面的基础层底标高有高差，需在独立基础的（二级）独立基础单元属性页面的相对（层）底标高栏输入其高差值，比层底高为正值，比层底低为负值。提示：参数化或异型独立基础的倾斜边（也称斜坡面）与水平面的夹角大于45度时，基础坡面方可计算模板面积。

在二级构件的属性页面输入横向、纵向受力筋信息：钢筋级别、直径、间距（单击显示■并单击■进入钢筋输入助手页面），也可直接输入配筋信息→【确定】。

返回到此独立基础的一级属性页面，如果独立基础底部与本层层底标高有高差→在【底标高】栏单击显示▼并且单击▼选择层底标高＋或－高差值，输入与二级构件属性页面相对底标高相同的数值。在扣减板/筏板面筋或底筋栏单击显示▼并单击▼，选择是否扣减。

按上述方法建立各种型号的独立基础构件，如果是绘制独立基础，绘后用【查改标注】菜单处理独立基础的偏移问题。建立独立基础后→【识别独立基础】。

《2018版》建立独立基础构件：

在【建模】界面→在主屏幕左上角把【楼层数】选择为【基础层】。

展开常用构件类型最下边的【基础】→【独立基础】→【定义】，在显示的【定义】页面有【属性列表】【构件列表】【构件做法】三个分页面，如果是按照导入的电子版图纸建立独立基础，需要关闭【定义】页面（目的是能够看到主屏幕上有独立基础构件的平面图），在【构件列表】下部→【新建】→【新建独立基础】（或【新建自定义独立基础】）是独立基础的一级构件，在【构件列表】页面：产生1个用“独基”二字的首个拼音字母表示的构件名称→单击此构件名称，删除P前边的字母，输入中文：“独立基础”→单击左键，包括下部【属性列表】页面的字母构件名称与之联动改变为中文构件名称。

说明：根据《国家建筑标准设计图集》06G101-6混凝土结构施工图平面整体表示方法制图规则和构造详图（独立基础、条形基础、桩承台）规定的独立基础编号，普通独立基础的坡形独立基础：BJp　在此B表示普通；P表示坡形

阶形独立基础：DJj　　　　在此j表示阶梯形

杯口独立基础：BJj　　　　在此B表示杯口；j表示阶梯

各层厚度的表示方法：从下向上分层表示如h1/h2/h3　300/300/400（单位：mm），“h3：400”为最上层杯口从外部顶面至杯口顶面的高（又称为厚度）度。

（还是在原位置）→【新建】→【新建参数化独立基础单元】（是上述独立基础的下级，也是二级构件）→弹出“选择参数化图形”页面，如图12-2-2所示。

有坡（P）形、杯（B）形、台阶形、单个、双个、等高、不等高大放脚等15个形式的独立基础图形供选择，在此选中一种图形，右边与之联动显示其平面、剖面大样

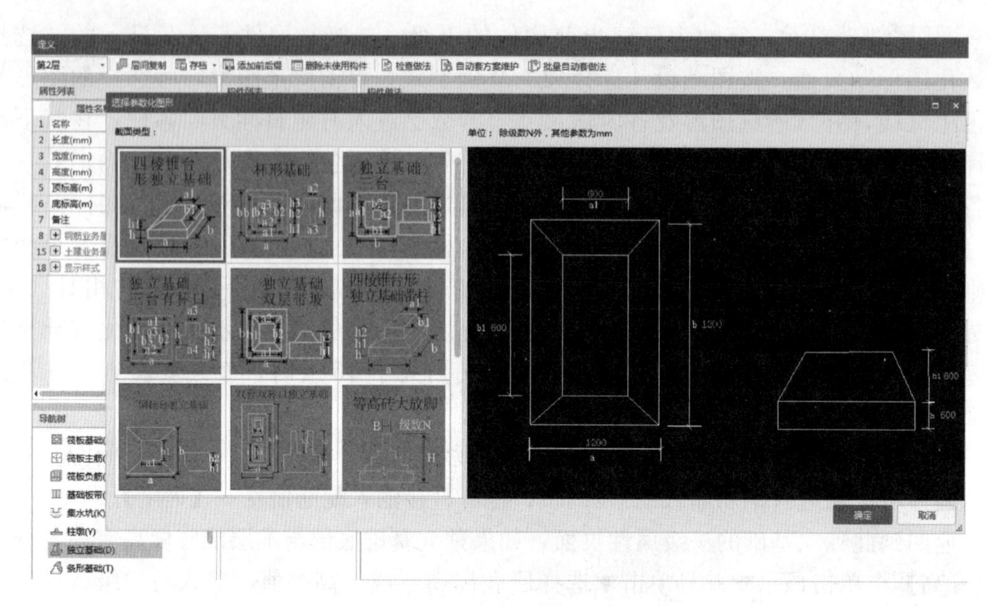

图 12-2-2　建立各种形式的独立基础

图，凡绿色尺寸数字均可单击，按图纸设计要求把应有尺寸、参数输入小白框内，修改、输入完毕→【确定】。在右边属性列表中产生一个新建立的独立基础的下级构件，并且在大样图中修改的尺寸数字已显示在此属性列表各行中，在此不能修改，如果需要修改，需要单击【截面形状】栏，显示【…】再点此行尾部显示的【…】，可以返回参数化图形页面，按照上述方法在大样图中修改。在【属性列表】页面，分别单击序号 6 栏、序号 7 栏，可显示【…】→【…】，在弹出的"钢筋输入小助手"页面分别输入独立基础底面两个方向的钢筋级别、直径、间距→【确定】。

也可直接在属性页面的序号 6、序号 7 栏直接输入配筋信息，格式为"级别（A\B\C）＋直径＋间距"，如 C12-200，如两种级别、直径、间距的钢筋布置，需要用"/"隔开，如 C12@200/C14@150 表示两种级别、直径、间距的钢筋隔一布一，实际间距 200、150 隔一布一。格式输错会有正确格式提示；还是在属性页面→展开【钢筋业务属性】→单击【其他钢筋】行，显示【…】→【…】，在弹出的"编辑其他钢筋"页面：输入【筋号】【钢筋信息】格式：A\B\C＋直径→双击【图号】栏显示【…】→【…】，在弹出的"选择钢筋图形"页面有直筋、箍筋、带钩、不带钩多种钢筋图形供选择，在此设置的是比如上部柱根与独立基础顶面为提高局部抗压承载力而另外增加的钢筋。

属性页面的相对底标高：指相对（在【识别楼层表】中可以查到）基础层的层底标高，高于基础层底为正值，低于层底标高为负值，无高差为零值，独立基础的下级构件属性参数设置完毕。返回【构件列表】页面的（一级）上级独立基础构件名称→在上级构件属性页面展开钢筋业务属性，根据所在位置、情况选择【扣减】或者【不扣减】筏板钢筋，独立基础的上级、下级构件属性字体多是蓝色字体，公有属性，只要修改构件的属性含义，其构件图元的属性含义会随之改变，属性页面的各行参数设置完毕→单击【构件列表】下的二级构件名称（二级构件名称首部有（底）字标志，方便区别）→（在【参数图】右侧）【构件做法】，进入【添加清单】【添加定额】的操作：

在【构件列表】分页面单击选择一个独立基础构件的下级构件为当前构件→（在右边【构件做法】的下邻行）【添加清单】。在【查询匹配清单】下部（以河南定额为例，全国各地也是按照此方法操作）→双击【独立基础】清单，使其显示在上部主栏内，此清单可以在其“工程量表达式”栏自动显示【工程量代码】“TJ”，表达式说明为“独立基础体积”→【添加定额】→【查询定额库】，进入按照分部分项选择定额子目的操作：→展开【混凝土及钢筋混凝土工程】→展开【混凝土】→展开【现浇混凝土】→【基础】，此时在右侧主栏内显示的全部是现浇混凝土基础的定额子目，找到并双击 5-5 现浇混凝土独立基础，使其显示在上部主栏内→双击此子目的“工程量表达式”栏，显示▼→▼，选择【独基体积】“TJ”→返回在分部分项选择定额子目栏，下拉滚动条→找到并展开【模板】→展开【现浇混凝土模板】→【基础】，此时在右侧主栏内显示的全部是现浇混凝土基础的模板定额子目→找到并双击 5-189 现浇混凝土独立基础复合模板，木支撑，使其显示在上部主栏内→双击此定额子目的“工程量表达式”栏，显示▼→▼，选择【独基模板面积】→在【查询匹配清单】的上邻行，向右拖动滚动条→单击 5-189 子目的【措施项目】栏的空白“小方格”，弹出“查询措施”页面（图 12-2-3）。→展开【建筑工程】，下拉滚动条，找到“混凝土、钢筋混凝土模板及支架”并单击→【确定】，在上部主栏内已经显示的 5-189 定额子目的上邻行多了一行，其【措施项目】栏显示【1】，并且 5-189 子目行的【措施项目】栏的空白“小方格”已勾选，很重要：作用是在后续导入计价软件时，此定额子目可以自动导入到计价软件的【措施项目】界面。清单、定额子目选择完毕，关闭【定义】页面。

图 12-2-3　在弹出的“查询措施”页面选择措施项目

提示：只有单击独立基础的二级构件，使其成为当前构件，才能查看此构件的工程量。

在主屏幕上部有【点】式布置，可连续单击选择需布置的轴线交点，布置独立基础。有【智能布置】，需框选轴网上已有的独立柱图元→单击右键，已在轴网上按已有柱子智能对号入座布置独立基础构件图元。可用【查改标注】功能调整独立基础图元与轴线交点 X/Y 方向位置偏移，如图 12-2-4 所示。

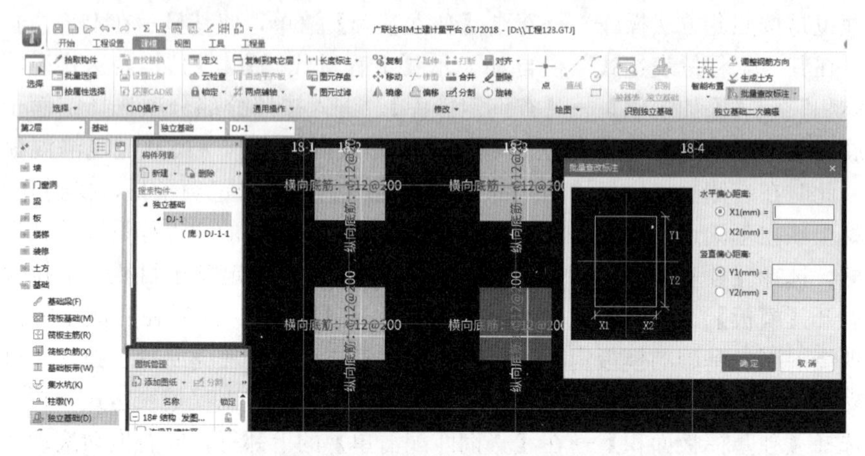

图 12-2-4　调整独立基础偏心

《2018 版》在独立基础中选择底部钢筋隔一根上翻（斜伸）或向上弯折的操作方法，按 12.9 节桩承台的操作方法。

12.3　识别独立基础、纠错；布置独立基础垫层、土方

老版本，独立基础构件建立完毕→进入识别独立基础的操作。

识别独立基础：→【绘图】（老版本【绘图】与【定义】功能菜单在定义功能键原位置可互相转换）→（展开）【CAD 识别】→【识别独立基础】，如图 12-3-1 所示。

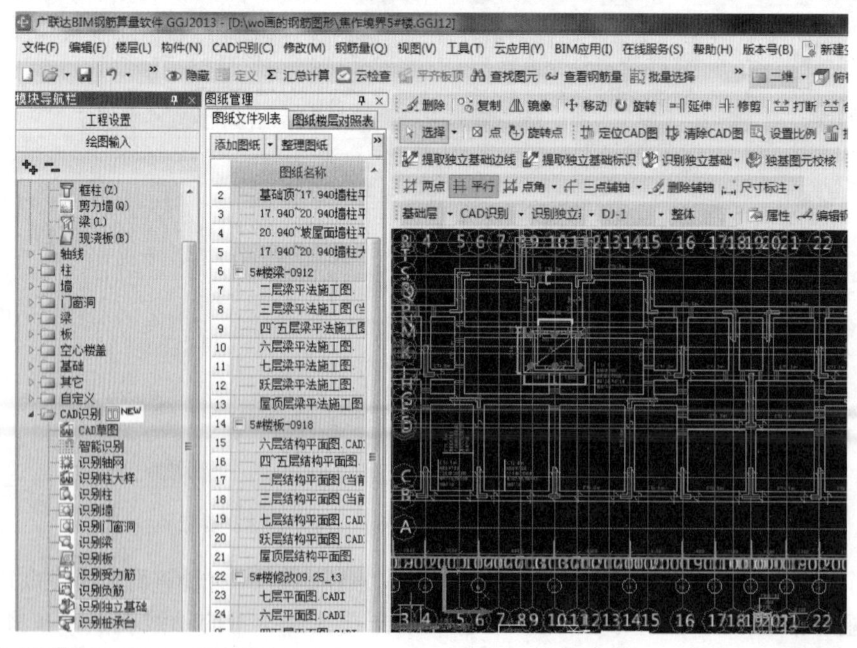

图 12-3-1　识别独立基础（老版本）

【提取独立基础边线】→任意单击电子版图中某个独立基础的外轮廓边线，边线变蓝（如独立基础中部柱边线没变蓝，再单击此小方框线使之变蓝），独立基边线、中部柱边线如有没变蓝的可再选择单击使之变蓝→右键确认，变蓝的消失。

【提取独立基础标识】→任意选择并且单击平面图上某一个独立基础名称，使之变蓝→选择并单击独立基础尺寸标注线及尺寸数字使之变蓝→右键确认，变蓝的图层消失。

【识别独立基础】▼→【自动识别独立基础】→（运行）→消失的图层恢复，并且独立基础图元已识别成功→提示“识别完毕，共识别独立基础多少个”→【确定】→显示”独立基础图元校核表”页面，有错项提示→双击错项行→进入纠错操作。

识别独立基础纠错，可能出现的错项有：

1. 同一电子版图上如有筏板基础或框架柱边线等，会错误识别为独立基础图元，并在定义下的构件列表中生成构件名称，可能会把不是独立基础图元错误识别成独立基础，单击或连续单击或框选（错误识别的）需删除的独立基础图元，图元变蓝→单击右键→删除。还需要删除构件列表下不应有的独立基础构件名称→（在校核表上）【刷新】，校核表中此类错项消失。

2. 独立基础图元与原电子版独立基础的外轮廓边线不匹配，明显偏大或偏小，删除后→选与此独立基础名称相符的构件名用【点】式功能菜单点画上即可。

其他需纠错的情况较少。

回到图形输入的“基础”下部的“独立基础”界面。

3. 用“动态观察”功能检查已识别成功的独立基础三维立体图：【选择楼层】→在三维楼层显示设置页面，选择已识别完毕的当前楼层、相邻楼层或全部楼层→【×】关闭退出此页面→【动态观察】，如图 12-3-2 所示。

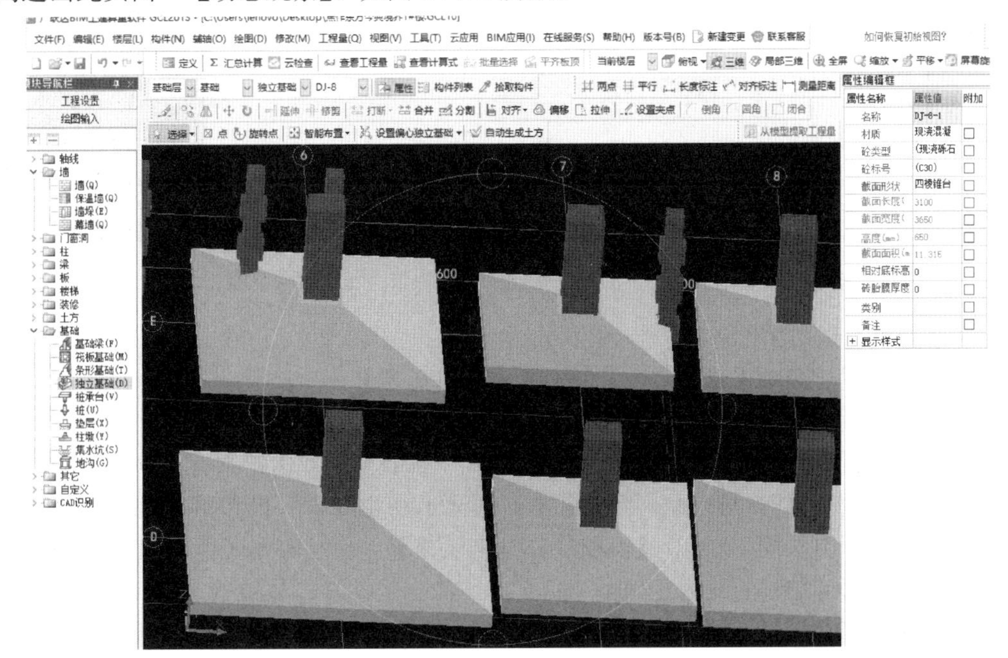

图 12-3-2　识别成功的独立基础三维立体图（老版本）

扭转或转动光标，可观察已识别成功的所选择楼层的三维立体图形进行检查→【俯视】退出动态观察，还原平面图。

《2018版》使用【动态观察】功能查看已建立的全部各个楼层的三维立体图形，用以检查识别或者绘制效果：在主屏幕左上角，单击【第N层】把“楼层数”选择到已识别或者绘制有构件图元的最上一个楼层→在主屏幕的最右侧，【动态观察】功能窗口竖列的最下部，【旋转】功能窗口的下一个功能窗口是【显示设置】功能窗口，单击【显示设置】功能窗口，弹出“显示设置”页面→单击此页面左上角的【图元显示】，在【显示图元】栏→单击第一行的“所有构件”行的小方框，此列下部所有构件已勾选，也可根据需要选择→单击【图元显示】菜单右邻的【楼层显示】→可选择【当前楼层】【相邻楼层】或者【全部楼层】→【×】关闭此页面→（还是在主屏幕最右侧上部）单击【动态观察】，转动平面图上的构件图元，可以根据已经选择显示的【当前楼层】或者【相邻楼层】或者【全部楼层】，查看竖向相连接的构件图元的三维动态立体图形，如图12-3-2所示。

在主屏幕上部单击【工程量】→【汇总计算】（计算运行）→【查看钢筋量】→选择平面图上的独立基础构件图元使之变蓝，弹出“查看钢筋量”页面，如图12-3-3所示。

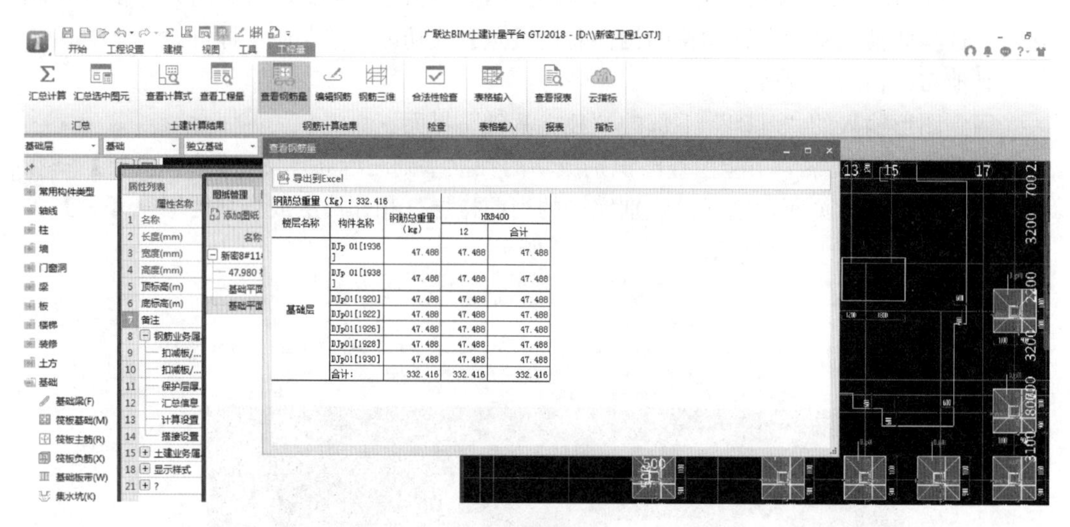

图12-3-3　识别或绘制的独立基础钢筋工程量（新老版本页面相同）

《2018版》识别独立基础：

在主屏幕左上角单击【楼层数】→选择到【基础层】。

在导航栏的“常用构件类型”下部：展开【基础】→【独立基础】（在【构件列表】右边），单击【图纸管理】，在【图纸管理】页面下部找到并双击绘制有独立基础的图纸名称行尾部的“空格”，只有此一张基础平面图显示在主屏幕（最新版本增加了【识别独基表】功能，方法同12.1节【识别独立基础表格】）。应检查电子版平面图轴网左下角白色“×”形定位标志是否正确。

按照基础平面图设计的独立基础构件种类，在【构件列表】页面，按照12.1节的方法把独立基础构件的一、二级构件建立完毕。

在主屏幕上部单击【识别独立基础】(光标放到此功能窗口有小视频，小视频播放很快并且是局部、片段、不连续、不完整、不全面，不如按照本书操作效果好)，其数个下级识别菜单显示在主屏幕左上角，如果被【属性列表】【构件列表】【图纸管理】页面覆盖，可拖动移开，如图 12-3-4 所示。

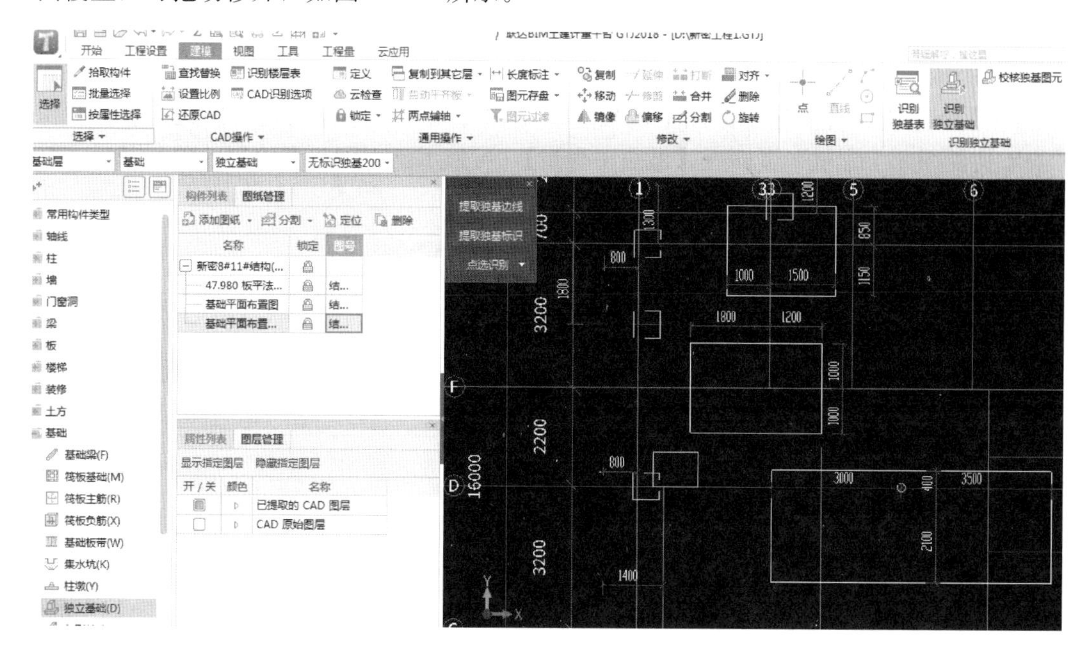

图 12-3-4 识别独立基础功能窗口位置图

按照在主屏幕左上角显示的识别菜单从上向下依次识别：

单击【提取独基边线】(此时如果主屏幕上独立基础平面图上的独立基础构件消失，造成无法识别→(在下部【属性列表】窗口右边，单击【图层管理】→勾选【已提取的 CAD 图层】，平面图上消失的独立基础构件图层可以恢复显示，下同，此情形多出现在首次识别不成功，再次识别的情况)→光标呈回字形→单击平面图上的独立基础构件的外轮框边线(可以放大图形，切记不要选择不应识别的线条、图层)，平面图上的全部独立基础构件名称、独立基础构件图形线条变蓝色→单击右键，全部变蓝色的图层消失，如果是在上述已勾选了【已提取的 CAD 图层】状态识别操作，变蓝色的图层不消失，恢复原有的颜色，但是识别有效，下同。

单击【提取独基标识】(如果此时平面图上的独立基础构件图层消失，方法同上述)→光标呈回字形→单击平面图上的独立基础构件名称，独立基础构件名称与下部集中标注的参数、尺寸界线、尺寸数字全部变蓝色→单击右键(如果是在勾选了【已提取的 CAD 图层】状态下操作，变蓝色的图层不消失，恢复原有的颜色，但识别有效)，变蓝色的图层消失。

单击【点选识别】▼→【自动识别】(识别运行)，在平面图上独立基础构件的轮廓线上已经自动产生构件图元，并且与原有的独立基础构件位置相同、大小匹配。主屏幕上弹出“校核独基图元”页面，双击“校核独基图元”页面的错项提示，错误识别的独立基础构件图元呈蓝色自动放大显示在主屏幕平面图上，核对如果确属错误识别的独立基础构件图元→【删除】。如果自动呈蓝色显示在平面图上的只是某个线条，不影响计量不需要处理。删除平面图上错误识别、产生的构件图元后，在“校核独基图元”页面如果再次双击此错项提示，弹出提示：“此问题已不存在，所选的信息将被删除”→【确定】。按照上述方法纠错后，关闭“校核独基图元”页面。

在主屏幕上部→【工程量】→【汇总选中图元】→框选平面图上的独立基础构件图元，已选择的独立基础构件图元变蓝→右键确认（计算运行），在主屏幕上部→【查看工程量】→单击或者框选平面图上的独立基础构件图元，选择的构件图元变蓝，弹出“查看构件图元工程量”页面→【做法工程量】，可显示已识别或者绘制的独立基础构件图元的清单、定额子目的工程量，如图 12-3-5 所示。

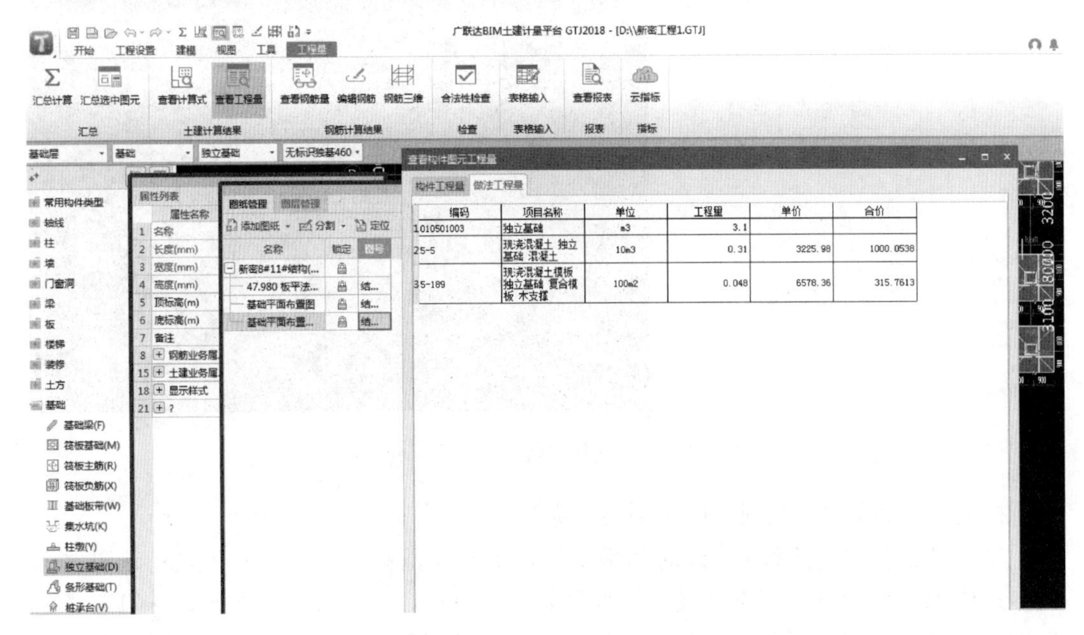

图 12-3-5　独立基础的清单、定额子目工程量

图 12-3-5 显示的是已经选择的独立基础构件的工程量，如果选择了一个构件图元，只是一个构件图元的工程量；如果选择了多个同类构件图元，其清单、相同定额子目的工程量会自动相加，显示的是相同定额子目合计的工程量。

还可以查看独立基础的钢筋工程量，与查看构件图元的清单、定额子目工程量操作方法相同。独立基础构件图元生成后，下一步布置独立基础的垫层。

《2018 版》中布置独立基础下的垫层：在导航栏“常用构件类型”下部展开【基础】→【垫层】→【定义】，在弹出的【定义】页面有【属性列表】【构件列表】【构件做法】三个分页面→【构件列表】下部→【新建】→【新建点式矩形垫层】，在【构件列表】下产生一个垫层构件→在右边【属性列表】下默认厚度 100，根据需要可修改厚度，在此的长度、宽度需加上 2 个出边尺寸，属性各行参数设置完毕。在【构件列表】页面：选择一个“独立基础垫层”构件为当前构件→在右边【构件做法】下，进入【添加清单】【添加定额】的操作。

在右边的【构件做法】页面→【添加清单】，在【查询匹配清单】下部（以河南地区定额为例，其他地区的操作方法与此相同），找到编号 010501001，名称：垫层并双击，使此清单显示在上部主栏内，可以在其“工程量表示式”栏自动显示“TJ”，表示垫层体积（如果清单的计量单位不同，可以修改）→【添加定额】→【查询定额库】进入按照【分部分项】选择定额子目的操作→展开【混凝土及钢筋混凝土工程】→展开【现浇混凝土】→【基础】，如图 12-3-6 所示。

图 12-3-6　添加独立基础垫层的清单、定额子目

在右侧主栏内显示的全部是现浇混凝土基础的定额子目，找到 5-1“现浇混凝土 垫层”的定额子目并双击，使其显示在上部主栏内→双击此定额子目的“工程量表示式”栏，显示▼→▼→选择【垫层体积】“TJ”；在左下角按照【分部分项】选择定额子目栏，展开【模板】→【现浇混凝土模板】→【基础】，在相邻右侧显示的全部是现浇基础的模板定额子目，找到并双击 5-171 现浇混凝土基础垫层模板，使其显示在上部主栏内→双击此定额子目的“工程量表达式”栏，显示▼→▼→选择【垫层模板面积】（选择垫层模板的【措施项目】操作方法如上述）。在此需要把全部定额子目选择完毕，关闭【定义】页面。

在右上角→【智能布置】▼→【独基】→在平面图上单击左键、松开左键→框选已经布置的独立基础构件图元→左键结束框选，框选上的独立基础构件图元变蓝色→右键确认→返回到【属性列表】页面，需要分别修改独立基础垫层的属性参数“长度”“宽度”（是蓝色字体，共有属性）尺寸，分别＝独立基础的矩形底面长度、宽度＋垫层两边出边距，多数为 200mm→单击左键，平面图上已经框选的独立基础垫层图元四周自动显示蓝色出边图形，如图 12-3-7 所示。

在主屏幕上部单击一级功能窗口【工程量】→【汇总选中图元】→可以根据需要连续单击选择或者一次性框选已经布置的全部独立基础垫层图元，选择上的独立基础垫层图元变蓝色→单击右键（计算运行），提示“计算成功”→【确定】→【查看工程量】，在弹出的“查看构件图元工程量”页面→【做法工程量】，如图 12-3-8 所示。

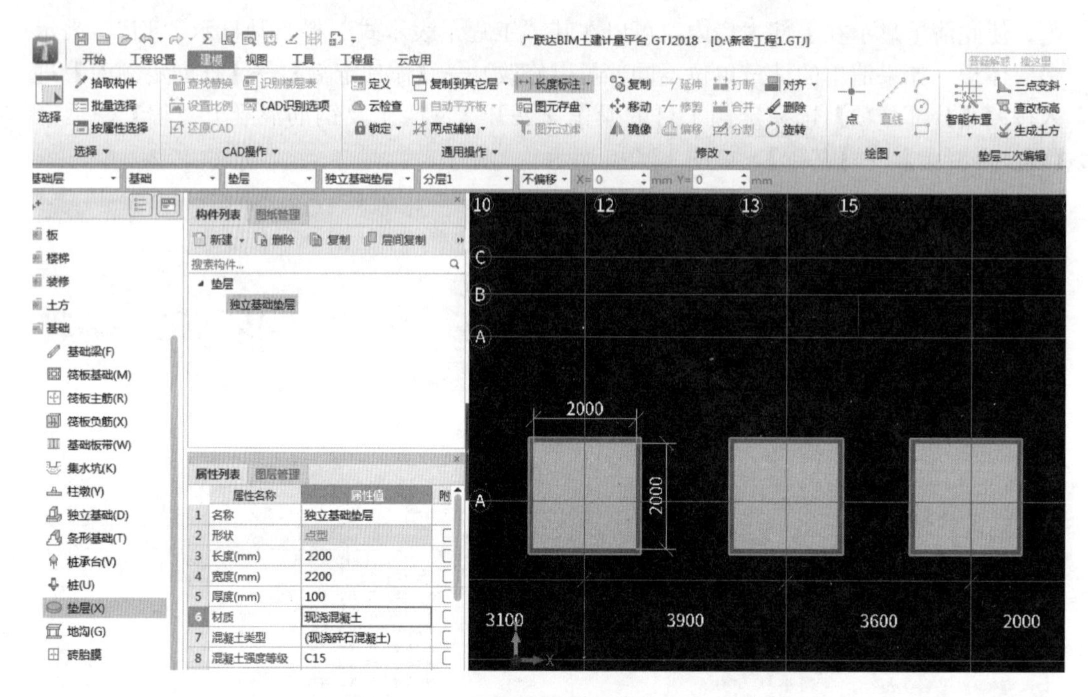

图 12-3-7　智能布置的独立基础垫层

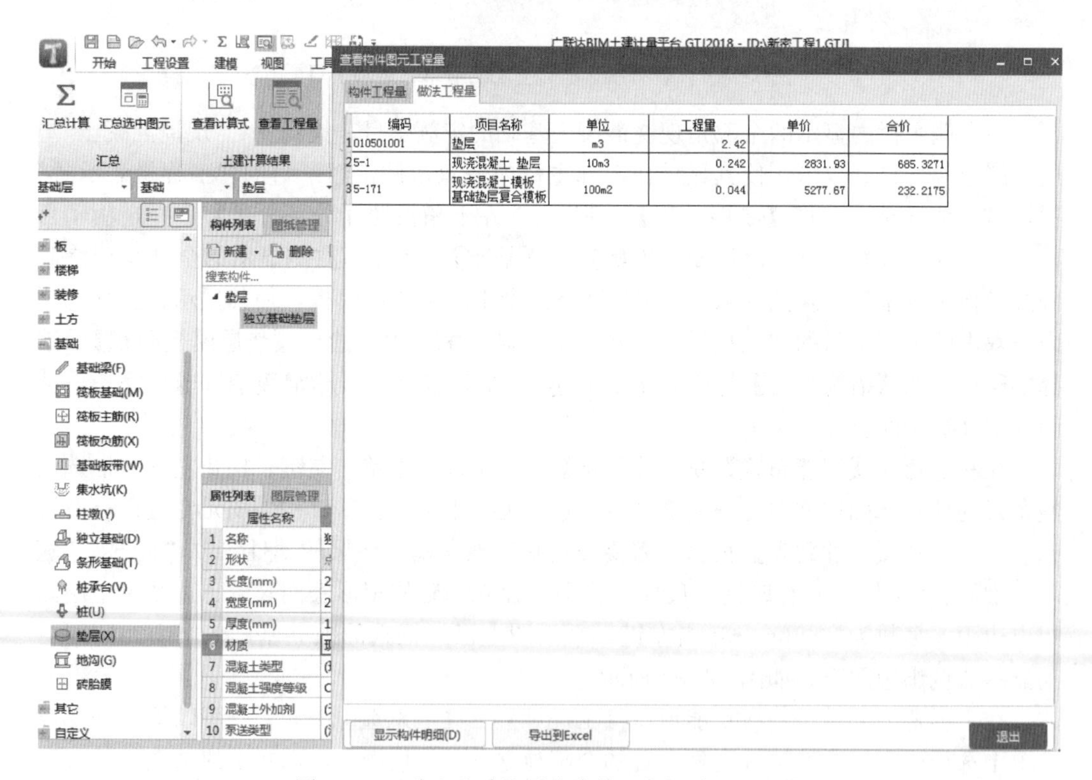

编码	项目名称	单位	工程量	单价	合价
1010501001	垫层	m3	2.42		
25-1	现浇混凝土 垫层	10m3	0.242	2831.93	685.3271
35-171	现浇混凝土模板 基础垫层复合模板	100m2	0.044	5277.67	232.2175

图 12-3-8　独立基础垫层的清单、定额子目工程量

关闭“查看构件图元工程量”页面→（在主屏幕最上部首行）【建模】，在主屏幕右上角→【生成土方】，在显示的“生成土方”页面（图 12-3-9）。选择土方类型：基坑、

基槽、大开挖。选择起始放坡位置：垫层底、垫层顶。选择生成方式：手动或自动生成。选择生成范围：选择基坑土方（在此如果独立基础的基坑较密，分不清楚大开挖还是按各个基坑开挖在经济上比较有利，可以分别做两种开挖方案，做经济技术对比后，择优选择），如同时选择灰土回填，需设置灰土回填的【属性】，在生成的土方构件上需选择添加灰土回填定额子目、工程量代码→【土方属性】选择、输入工作面宽度、放坡系数→【确定】，各垫层图元上已布置上土方构件图元。在常用构件类型下部展开【土方】→【基坑土方】→【定义】，在弹出的【定义】页面的【构件列表】下已产生有“基坑土方”构件→在右边属性列表下需选择土壤类别，重要提示：在此需要把坑底长度、坑底宽度加上两边工作面的尺寸，修改前显示的是独立基础垫层的尺寸，此处为蓝色字体公有属性，修改后构件图元属性会联动变化→在右边【构件做法】下部→【添加清单】【添加定额】，按照 12.9 节的方法操作。

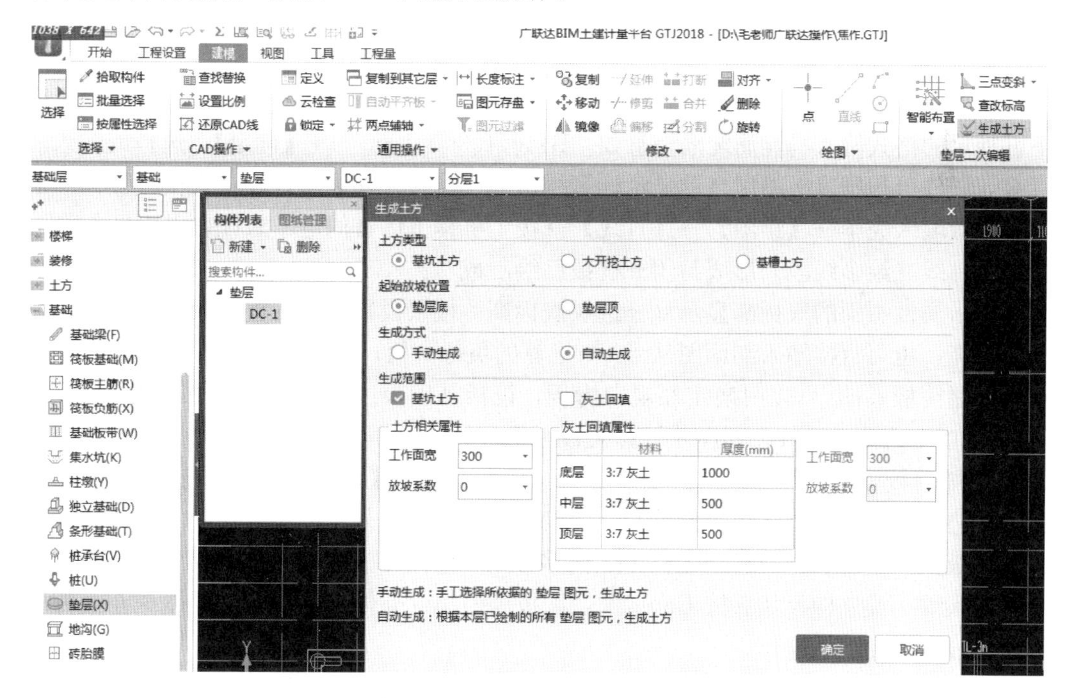

图 12-3-9　生成独立基础垫层土方

12.4　绘制筏板基础

老版本：“图纸文件列表”→双击基础层有筏板基础的基础平面图的图纸名称的行首→（只此一张）筏板基础平面图已显示在主屏幕：

在“常用构件类型”栏下部：把基础前的“+”展开为“-”→【筏板基础】→【定义】→【新建】▼→【新建筏板基础】→在“属性编辑”页面。起名如“筏板-1”“FB-1”，并在此属性页面输入各行的参数值，单击各行，行尾显示√并单击√有选项选择，单击马凳筋行，显示⋯，单击⋯进入“马凳筋设置”页面，如图 12-4-1 所示。

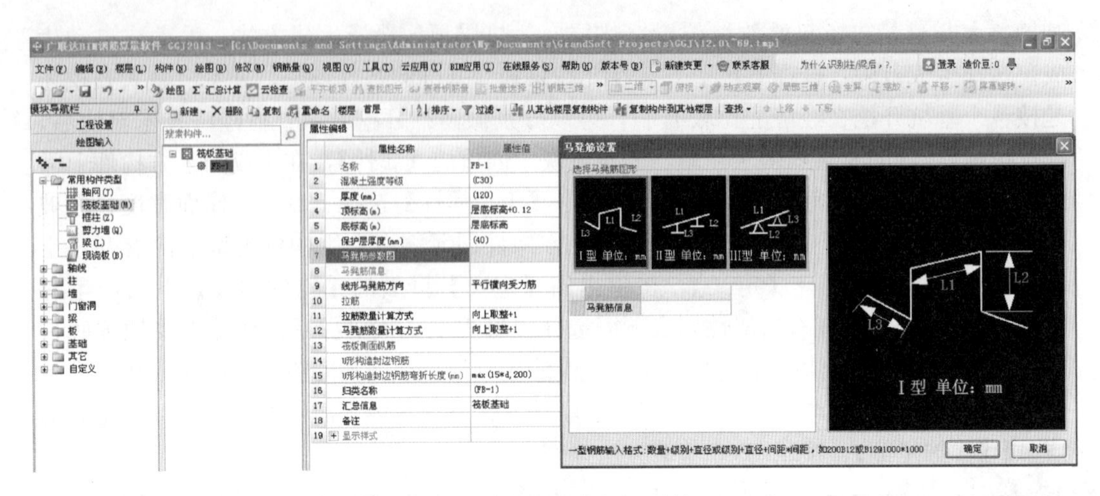

图 12-4-1　设置筏板马凳筋

选择马凳筋图形，单击马凳筋图形中绿色 L1～L3 并输入马凳筋尺寸，并按此页面下部提示的格式输入马凳筋配筋信息如“B14@1000＊1000”→【确定】。选择或输入底标高，软件可根据筏板厚度自动显示计算得出的（筏板）顶标高，并设置筏板侧面纵筋等各参数输入完毕→【绘图】→【直线】→按主屏幕上已有的电子版筏板平面图描绘筏板外轮廓线（绘多线段）形成封闭→筏板已绘制成功。

单击属性页面的底标高显示∨→选层底标高＝楼层设置页面的楼层信息页面基础层的底标高，也可直接输入剖面图从±0.0 推算的负标高值。

绘制筏板基础：（以河南定额规定为例，筏板基础板边的坡度倾斜边与水平面夹角≥45°时在土建计量软件，程序才计算模板面积）。

1. 如需筏板板边外伸：单击筏板图元→单击右键→【偏移】→（可选【整体偏移】或【多边偏移】），选择【多边偏移】→【确定】→单击需外伸的筏板边，可多点筏板需外伸的板边→单击右键→移动光标指定偏移方向，向内移光标为收缩，向外移光标为外伸→输入缩小或外伸尺寸→按 Enter 键，筏板已缩小或外伸，如各边外伸或缩小尺寸不同，可分别循环上述操作。

2. （在主屏幕上邻横行）→【》】→【设置筏板板边变截面】菜单（有多个功能菜单）【设置所有（筏板边）边坡】▼（或【设置多边边坡】），如图 12-4-2 所示。

按提示：单击需设置变截面的筏板边（可多次单击选择），筏板边变蓝→单击右键→显示“设置筏板边坡”页面；选择筏板边坡详图，并单击此边坡详图，此详图已显示在此页面下部→单点边坡详图中的绿色尺寸数字变白→修改为应有边坡尺寸数字→【确定】→所选择的筏板图元边坡已设置成功→可“动态观察”查看三维立体图，如图 12-4-3 所示。

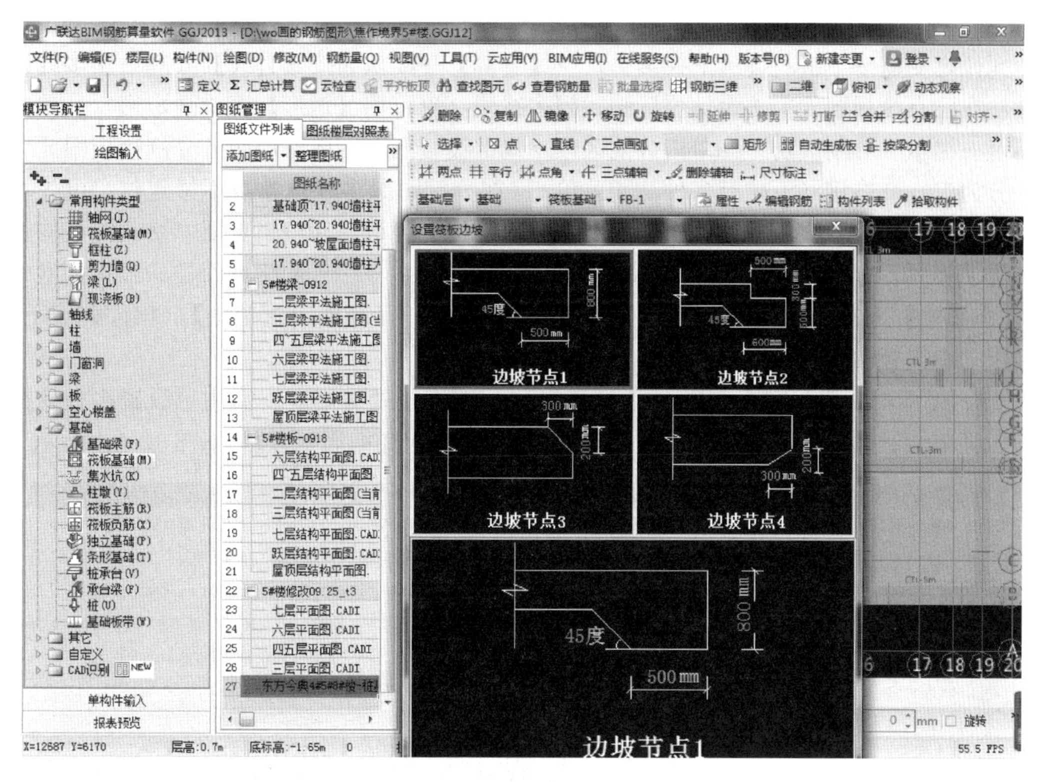

图 12-4-2　设置筏板边坡（老版本）

图 12-4-3　已绘制筏板基础的三维立体图（老版本）

3. 分割已有筏板图元为数块筏板，修改局部板厚等属性参数，单击左键已有筏板图元使之变蓝→单击右键（下拉菜单）→【分割】→默认为按【直线】分割→用多线段画法在已有筏板图元上按设计位置画封闭多线段（也可用【矩形】菜单画矩形）→单击右键→提示“分割成功”→单击分割区内→局部筏板图元变蓝（说明已分割筏板图元为一分为二）→右键（下拉有多种功能菜单）（如分割时画多线段角点不好定位，可先增加绘制定位辅助轴线）→构件属性编辑器→显示原有筏板属性编辑页面，修改筏板构件名称、板厚、标高、配筋信息等需修改的参数→属性（关闭属性页面）→Esc 退出→【动态观察】→筏板图元已改变，并且在【新建】▼→【新建筏板基础】（构件列表下）多出一个筏板构件。

4. 筏板由一块分割为 2 块（或 N 块）后，因连接处有高差，需用“设置筏板变截面”菜单绘制两块筏板连接处的坡度→【》】→【筏板变截面定义】，如图 12-4-4 所示。

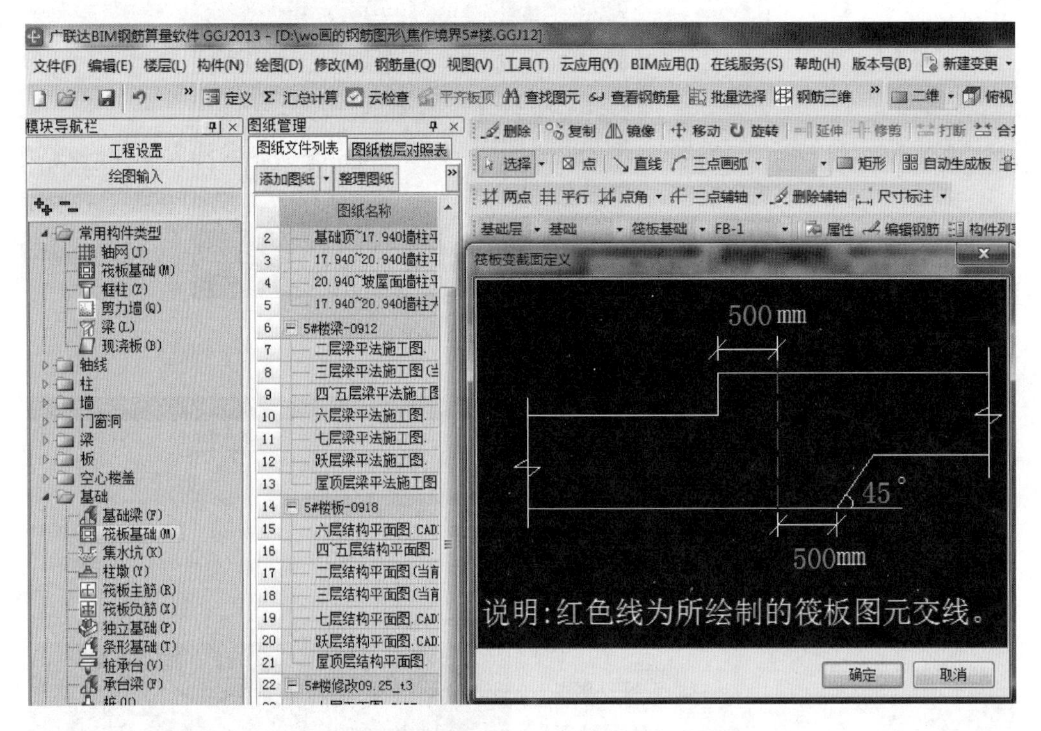

图 12-4-4　设置两块筏板之间变截面（老版本）

→分别单击连接处的两块筏板图元，图元变蓝→单击右键→显示“筏板变截面定义”页面，按设计需要分别单击两块筏板（有高差）连接处的绿色尺寸数字→单点尺寸数字使其显示在小白框内，修改为图纸设计的应有尺寸数字→按 Enter 键→【确定】→提示“设置筏板变截面成功”→【确定】。

5. 设置筏板集水坑：（在【筏板基础】下邻行）【集水坑】→【定义】→【新建】▼→【新建矩形集水坑】→在属性编辑页面，起名并参照集水坑详图所示，输入属性页面的各行参数数值、配筋值→【绘图】，软件默认为【点】式功能按图纸所示位置绘制集水坑。最后绘制筏板钢筋→在导航栏把【筏板基础】前“十”展开为“一”→【板受力筋】或【板负筋】绘制方法同楼板钢筋绘制方法，详见第 9 章各节。如果需要把某个构件的钢筋数量单独列出，计算查阅，如筏板的集水坑，操作方法按照 13.4 节所述。筏板的垫层按【新建面式垫层】按下述有关章节操作。

《2018 版》在此只讲与老版本不同的操作方法：

1. 【筏板基础】→【新建】▼→【新建筏板基础】，在筏板【属性列表】页面可设置筏板侧面纵筋、U 形封边筋信息、弯折长度等，如图 12-4-5 所示。

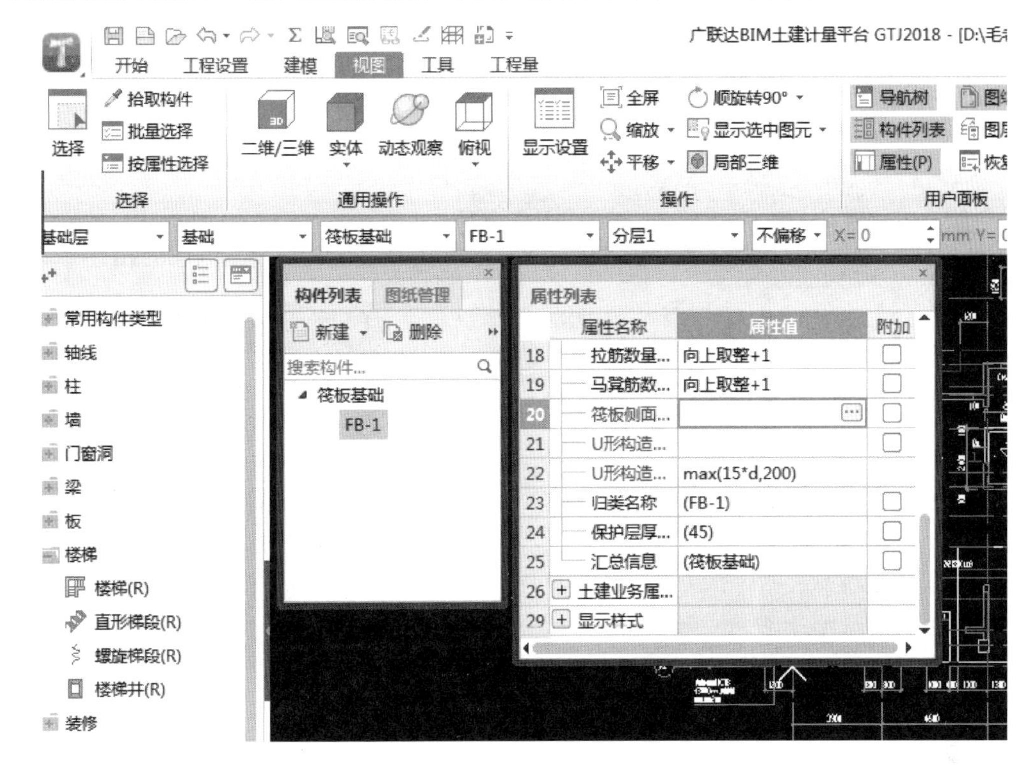

图 12-4-5　建立筏板基础

2. 筏板阳角和楼板外伸阳角放射筋直接在【工程量】界面添加到【编辑钢筋】页面或直接在表格输入法中输入，按照 13.2 节、13.4 节的方法操作。

3. 筏板基础操作时返回上一步快捷键：Ctrl＋左键。

ZS：在大写状态，基础板带按照柱下板带生成跨中板带快捷键。

ZX：基础板带，按照轴线生成柱下板带快捷键。

YY：点式绘制柱墩快捷键。

JDD：直线绘制后浇带快捷键。

4. 筏板马凳筋梅花交错或矩形布置：【工程设置】→【钢筋设置】→【基础】→在选择节点详图页面矩形布置或梅花布置附有网格，可修改间距用 S 表示。

5. 筏板主筋封边构造，也称底筋，上部筋相互弯折交错搭接的设置方法：【工程设置】→【钢筋设置】→【节点设置】→【基础】→在弹出的【选择节点构造图】页面单击选择需要的节点详图→【确定】。其余按前面筏板基础的老版本方法进行操作。

6. 在【构件做法】添加定额，利用【工程量代码】快速计算筏板的防水面积（大多有下列组成）＝筏板底部面积＋竖直面面积＋筏板的坡、斜面面积＋外墙外侧筏板（上部）平面面积，上述是筏板防水面积工程量代码后的中文说明。

12.5 绘制筏板基础梁或单独基础梁

筏板、筏板集水坑绘制完毕，绘制筏板基础梁，最后绘制筏板钢筋。

老版本、新版本操作方法基本相同：

把导航栏【基础】前的“＋”展开为“－”：【基础梁】（已画筏板图元消失，只有电子版基础平面图）→【定义】→【新建】▼→【新建参数化基础梁】，如图 12-5-1 所示。

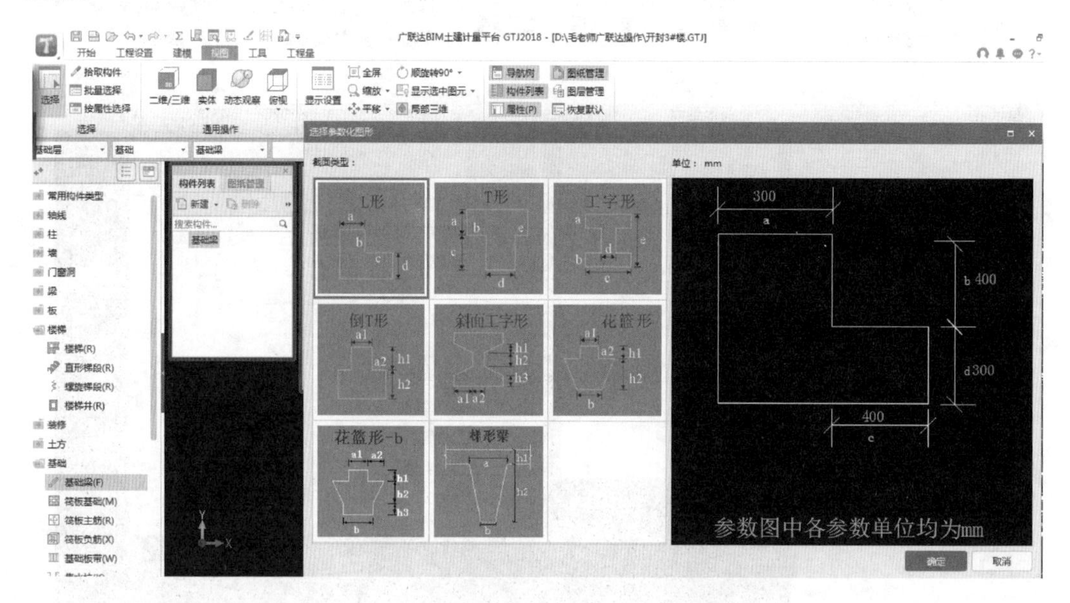

图 12-5-1　绘制各种截面形式的基础梁

在显示的“选择参数化图形”页面：选择基础梁的截面图形→参照所选基础梁截面详图的截面尺寸符号输入或修改截面尺寸数字（有多种截面图形，有上翻或下翻基础梁等）→【确定】→进入基础梁属性编辑页面，起名称，按属性页面各行要求输入各行的参数，单击类别行，基础主梁显示√再单击可选基础主梁、次梁（主梁扣减次梁工程量）、承台梁。单击截面形状行尾显示⋯，单击进入“选择参数化图形”页面，有八种截面图形供选择，可按下部详图所示输入各自尺寸→【确定】（有上翻梁、下翻梁等图形），所输截面宽度、高度尺寸已进入属性页面，输入跨数、配筋信息，如果有基础梁未计入的箍筋（《2018 版》需要展开属性页面的【钢筋业务属性】）→单击其他箍筋行尾显示⋯并单击⋯→进入其他箍筋设置页面，如图 12-5-2 所示。

（在此设置需要增加的箍筋）【新建】（《2018 版》是【插入】），（表示增加）→选择箍筋图号→输入箍筋信息如 C10-200→单点图形栏的 H（截面高度），B（截面宽度），可输入高度、宽度尺寸，提示：输入的箍筋截面 H 高度、B 宽度尺寸应扣除两侧保护层尺寸（仅指此处的其他箍筋）；如柱截面属性编辑的箍筋则不需扣减保护层的尺寸，直接输入柱的外形尺寸即可→【绘图】→程序默认为用【直线】功能绘基础梁（如基础梁终点不在轴网节点可用“点加长度”菜单绘制任意长度的基础梁）。基础梁绘毕→返

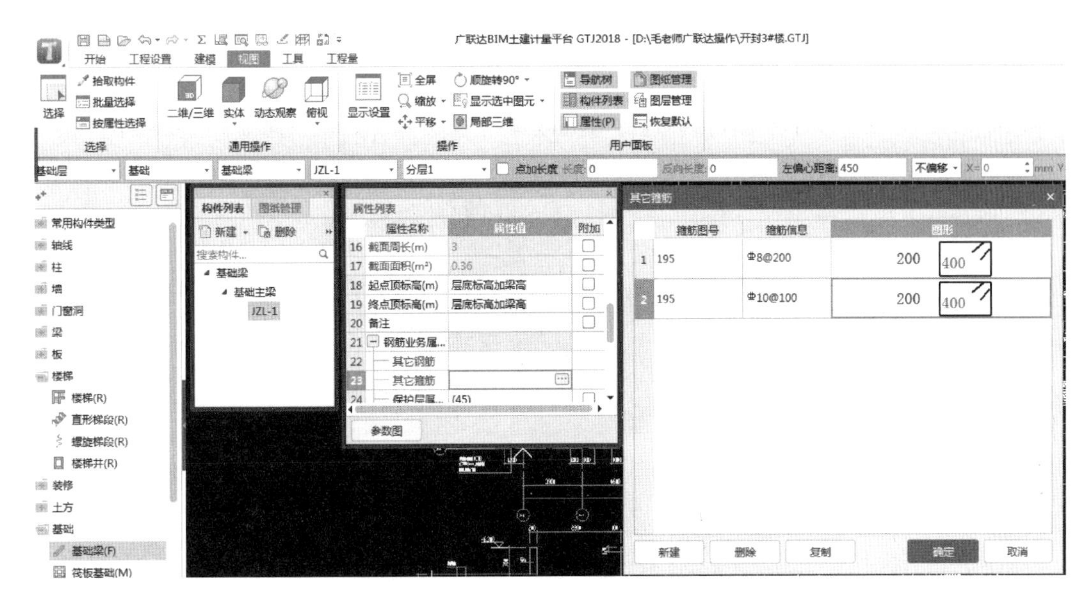

图 12-5-2　编辑增加基础梁箍筋

回“常用构件类型”下部→“筏板基础”主菜单界面，主屏幕已显示筏板与基础梁组合的画面。

基础梁绘毕：在绘制基础梁界面→单击右键→【批量识别梁支座】（也可以使用【重提梁跨】功能）→（按提示）框选未识别梁支座的梁图元，梁图元变蓝→单击右键→提示批量识别梁支座成功→【确定】→梁图元已由红色变为绿色。

12.6　绘制条形基础、垫层，生成基槽土方

适用于老版本钢筋计量、土建计量软件。

展开基础前的“+”为“−”→【条形基础】→【定义】→【新建】▼→【新建条形基础】：

工况一：条形基础底标高＝楼层设置页面的基础层底标高，在条形基础属性编辑页面单击底标高（单位：m）行尾显示√→单击√→选择层底标高（＝基础层底标高又是垫层顶标高）→单击属性页面的“类别”行尾显示√→单击√→选择主条基或次条基（主条形基础扣减次条形基础工程量），定义是否有偏心距，定义是否扣减筏板面筋、底筋，单击【搭接设置】行尾→显示⋯→单击⋯→进入搭接设置页面选择钢筋接头形式：绑扎或机械连接型式等参数（加一）→【点加长度】（可绘制任意长度的条形基础）→【智能布置】▼→有按墙轴线、墙中心线绘制条形基础。

条形基础的二级构件：【新建参数化条形基础单元】，如图 12-6-1 所示。

在“选择参数化图形”页面：选择条形基础的截面类型，有梯形、单墙、双墙、等高、不等高等多种截面形式供选择→单击拟选择的截面图形，并按进入右下角的详图所示，输入各详图尺寸→【确定】→进入条形基础的二级属性编辑页面：输入受力筋、分布筋等各行参数→【绘图】→程序默认为用【直线】菜单绘制，可选择“点加长度”绘制任意长度的条形基础，用“智能布置”▼菜单可采用轴线、墙轴线绘制条形基础单

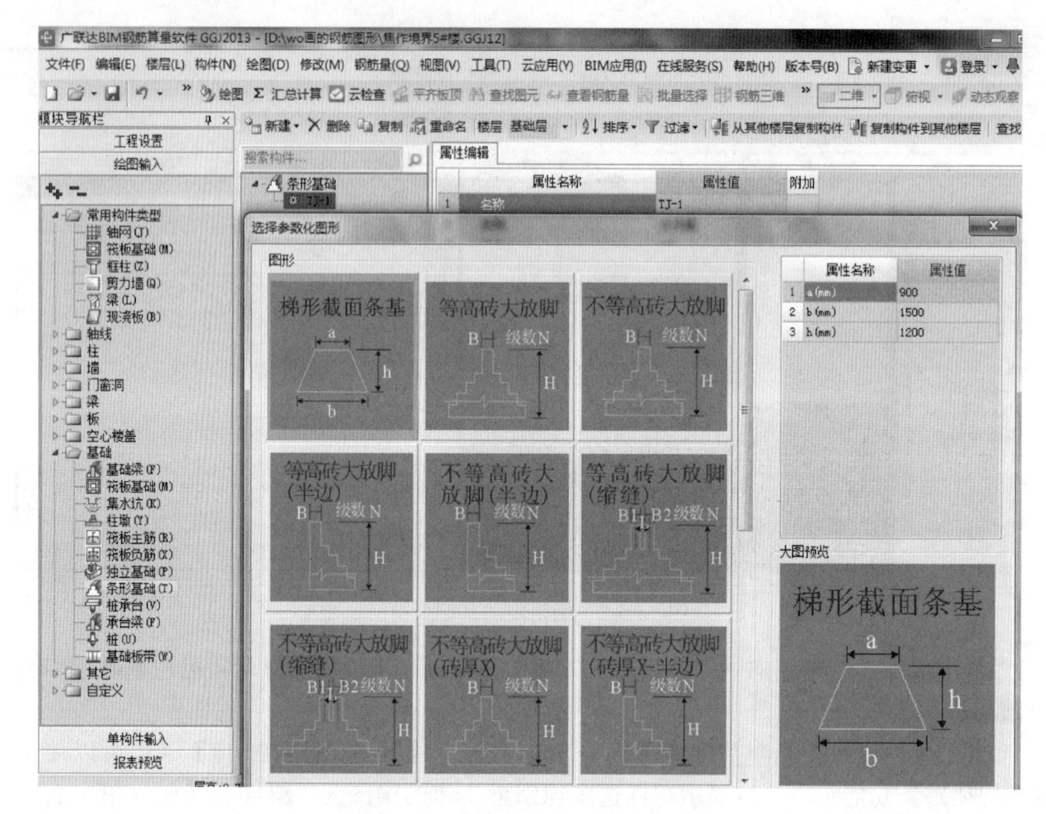

图 12-6-1　建立各种条形基础（二级）单元（老版本）

元，是从上向下的顺序分层建立的。（按河南定额规定）参数化和异型条形基础单元的倾斜边与水平面夹角＞45°才计算模板面积→选择墙中心线→【智能布置】条形基础。

工况二：条形基础底标高与基础层层底标高有高差→【条形基础】→【定义】→【新建】▼→【新建条形基础】→产生一个条形基础构件→光标放在产生的条形基础构件名上并单击右键→【新建参数化条形基础单元】→在选择参数化图形页面选择条形基础截面详图→输入详图的各行尺寸→【确定】→进入条形基础单元（二级）的属性页面，在相对底标高（m）行输入的标高值为与基础层底标高的高差值，正值为比基础层底高出的数值，单位为m，负值为比基础层底标高低的数值，单位为m，此高差值起控制作用，以红色轴网为基础层底标高的基准面，又称参照物，改变此高差值→动态观察三维立体图，可见条形基础底标高上、下移动变化情形，如图 12-6-2 所示。

条形基础单元相对底标高输入值＝基础层底标高±高差值。有高差的条形基础垫层：垫层→新建线式矩形垫层→在其属性页面的起、终点顶标高，输入值应为与±0.00的高差值为负值，也是剖面图上的标高值，属性定义完毕→【绘图】→在已绘有条形基础图元状态下→【智能布置】▼→【条基中心线】→按提示：单击或框选条形基础图元，选上的条形基础图元变蓝→单击右键→输入垫层单侧出边距多数为 100→【确定】→【动态观察】条基与垫层结合情况无误再批量绘制条形基础。

条形基础画法：条形基础上边多数都有墙，绘制方法是把首层墙图元复制到基础层，有【按墙布置条形基础】功能。

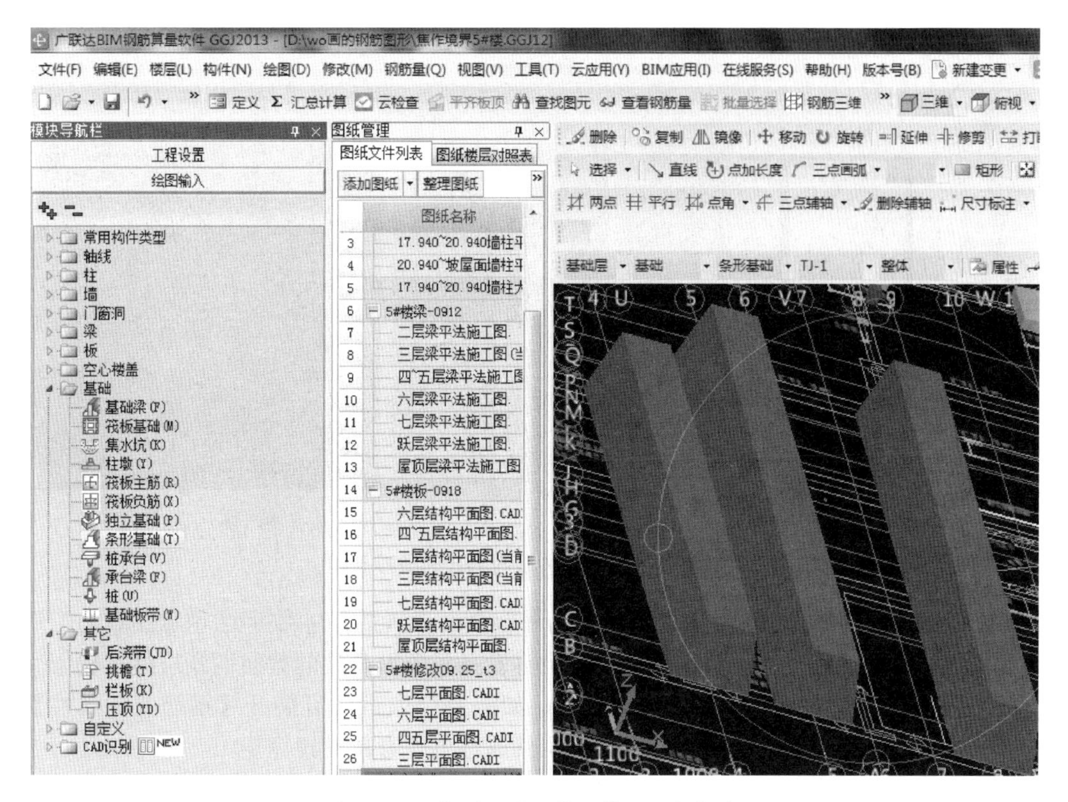

图 12-6-2　条形基础三维立体图（老版本）

有种情况：条形基础底标高与基础层底标高不相同，有高差，可在条基属性页面修改条基的底标高，按共有或私有属性操作。

《2018 版》绘制条形基础、垫层、基槽土方：

在主屏幕左上角单击【第 N 层】选择为基础层。在“常用构件类型”下部展开【基础】→【条形基础】→【定义】，进入【定义】页面，如找不到主屏幕上部的【定义】功能窗口，双击【条形基础】也可进入【定义】页面，有【属性列表】【构件列表】【构件做法】三个分页面→在【构件列表】下部【新建】→【新建条形基础】（为新建条形基础的一级也称上级构件）→在右边【属性列表】页面可把名称改为中文条形基础，单击左键，【构件列表】下的构件名称与之联动改变为中文名称的条形基础。把【属性列表】下的结构类型选择为主条基或次条基，按设计要求输入轴线距左边线距离，设置起点、终点底标高，有两种情况：条形基础的底标高＝在楼层设置页面的基础层层底标高，无高差，起点、终点底标高均选择为层底标高；有高差时正值为向上，负值为向下，只输入高差值。属性页面的宽度、高度在此不需操作设置（需在下边二级条形基础属性页面输入）。

仍在【构件列表】下→【新建】→【新建参数化条形基础单元】，如图 12-6-3 所示。（带单元二字的为上述新建条形基础的二级也是下级构件）→进入“选择参数化图形”页面，有梯形、等高、不等高大放脚、半边、伸缩缝双条形基础等 9 种条形基础样式供选择。在“选择参数化图形”页面，选择一种条基图形，右边联动显示所选择的条形基础大样图，凡绿色尺寸数字均可单击按图纸设计数字输入在显示的小白框内，各绿

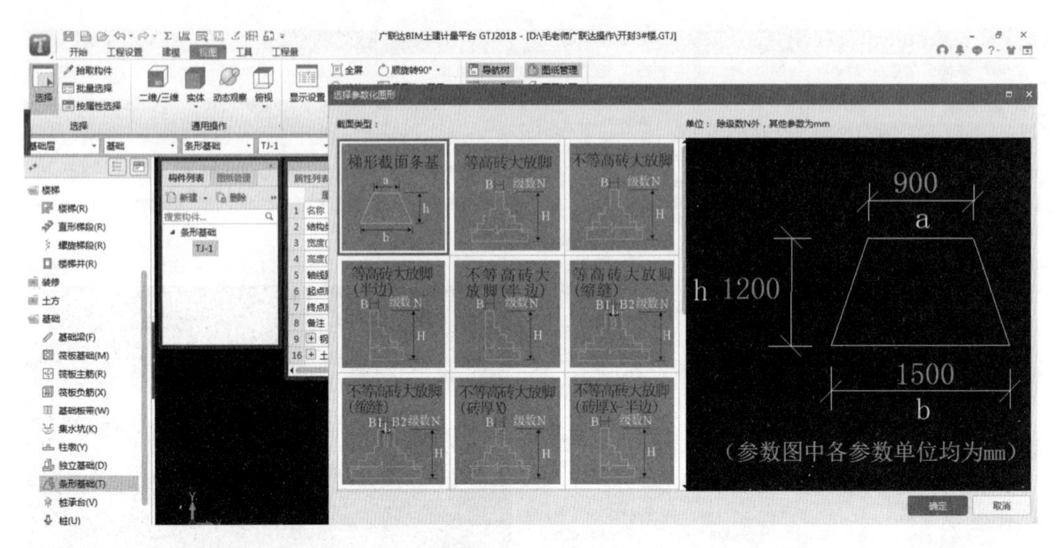

图 12-6-3　建立各种截面形式的条形基础

色尺寸数字设置完毕→【确定】。在参数化图形页面设置的尺寸数字已显示在右边二级条形基础构件的【属性列表】内，并且自动计算显示条形基础的截面面积，继续输入受力筋、分布筋信息等属性页面的各行参数，如需要增加钢筋可展开【钢筋业务属性】，在【其他钢筋】栏输入，条形基础的二级构件属性各行参数设置完毕。

单击【构件列表】此条形基础的（上级）一级构件名称→在右边一级构件的【属性列表】（如条形基础布置在筏板基础之间并且在同一标高）下部展开“钢筋业务属性”，选择是否扣减筏板钢筋和扣减方法，条形基础的上、下级构件属性各行参数定义完毕。只有在条形基础的二级即下级构件为当前构件状态→右边【构件做法】，如图 12-6-4 所示。

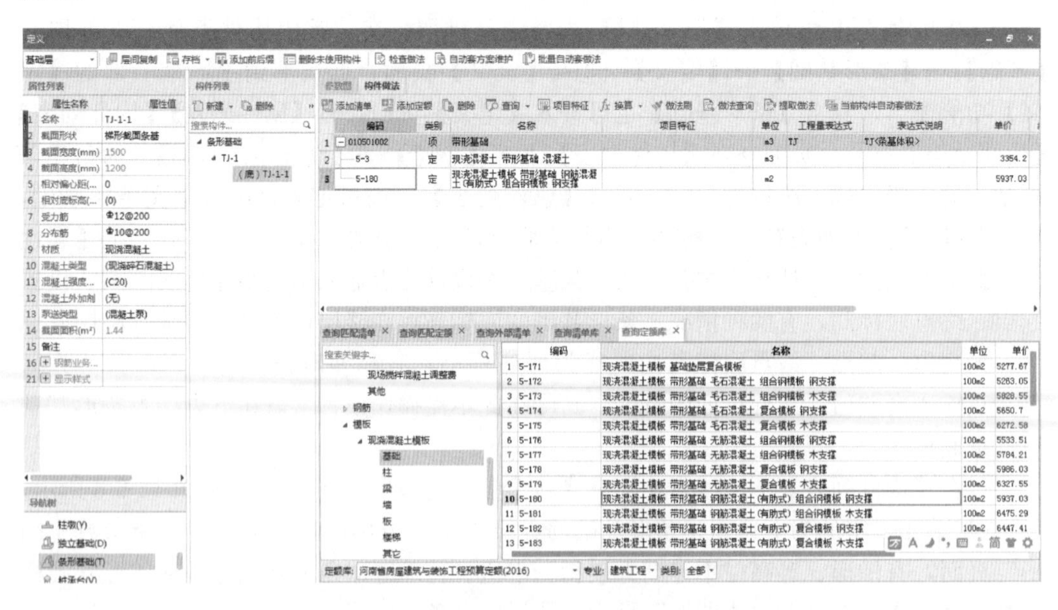

图 12-6-4　条形基础构件选择清单、定额

【添加清单】→【查询清单库】→展开【钢筋混凝土】分部→现浇混凝土基础→双击带形基础清单使其显示在上部主栏内，在工程量表达式栏，自动带有“TJ”，表达式说明栏显示“条基体积”→【添加定额】→【查询定额库】→按分部分项选择定额，在此需要把条形基础的定额子目全部选齐，展开钢筋混凝土分部→展开现浇混凝土基础，（以河南定额为例）双击 5-3 现浇带形混凝土基础，使其显示在上部主栏内，双击 5-3 的“工程量表达式”栏→单点行尾部小三角，选择“条基体积”在混凝土分部下的“模板”，找到并双击 5-180 现浇钢筋混凝土带形基础模板，使其显示在上部主栏内→双击“工程量表达式”栏，单击行尾部小三角，选择“条基模板面积”。清单、定额子目、工程量代码选择完毕。

关闭【定义】页面。在此只讲操作方法，针对实际工程需要选择什么清单、定额，按地区规定、图纸设计、实际工况选择。

在【构件列表】页面，单击“条形基础”的一级构件名称使之发蓝，使其成为当前构件→用主屏幕上部的【直线】功能菜单绘制条形基础。

在平面图上绘制条形基础的构件图元后→【工程量】→【汇总选中图元】→单击已绘制或者识别的条形基础构件图元、此构件图元变蓝，可根据需要连续单击或者框选平面图上已产生的全部条形基础构件图元，所选构件图元变蓝→右键确认，计算完毕，提示“计算成功”→【确定】→【查看工程量】，在弹出的“查看构件图元工程量”页面→【做法工程量】显示选择的清单、定额子目、工程量，如图 12-6-5 所示。

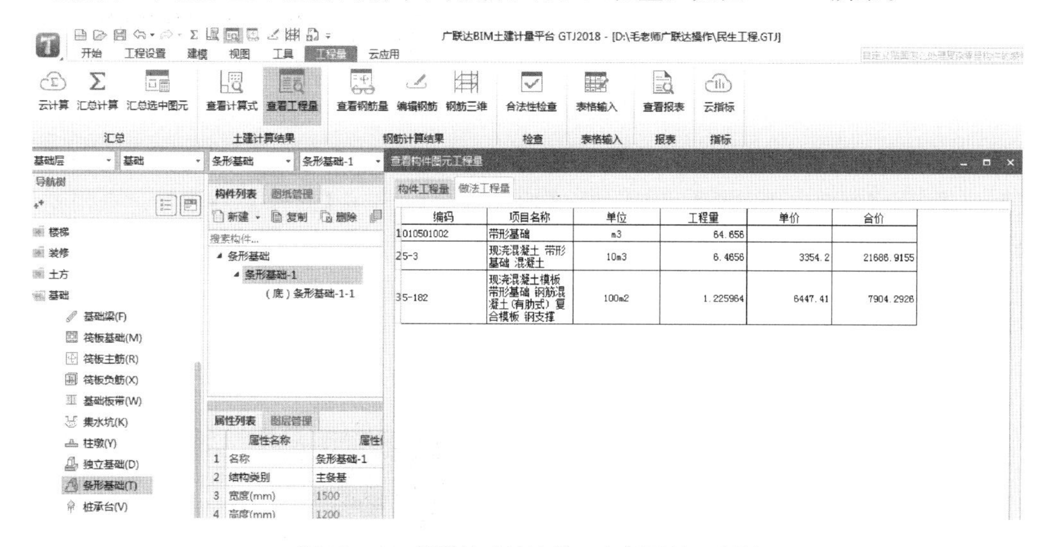

图 12-6-5　条形基础的清单、定额子目工程量

如果在条形基础一级构件属性的起点、终点底标高值选择的是层底标高，动态观察时，三维立体图条形基础底标高与红色轴网在同一平面，以轴网为参照平面，如高差为负值，条基底面明显底于轴网平面。

同样方法可以查看条形基础钢筋的各种规格、数量，如图 12-6-6 所示。

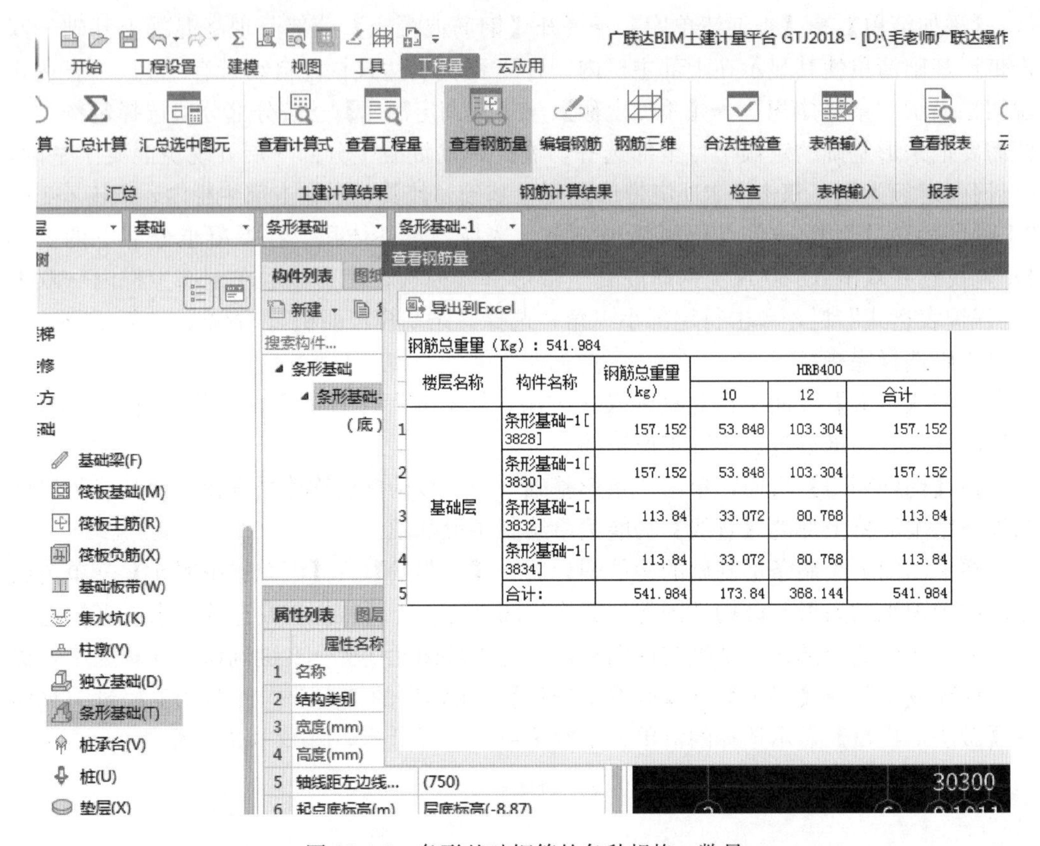

钢筋总重量（Kg）：541.984

	楼层名称	构件名称	钢筋总重量（kg）	HRB400		
				10	12	合计
1	基础层	条形基础-1[3828]	157.152	53.848	103.304	157.152
2		条形基础-1[3830]	157.152	53.848	103.304	157.152
3		条形基础-1[3832]	113.84	33.072	80.768	113.84
4		条形基础-1[3834]	113.84	33.072	80.768	113.84
5		合计：	541.984	173.84	368.144	541.984

图 12-6-6　条形基础钢筋的各种规格、数量

《2018 版》中设置条形基础垫层：在“常用构件类型”下部展开【基础】→【垫层】→【定义】，进入【定义】页面，在【构件列表】下→【新建】→（新建条形基础垫层应选）【新建线式矩形垫层】，如图 12-6-7 所示。

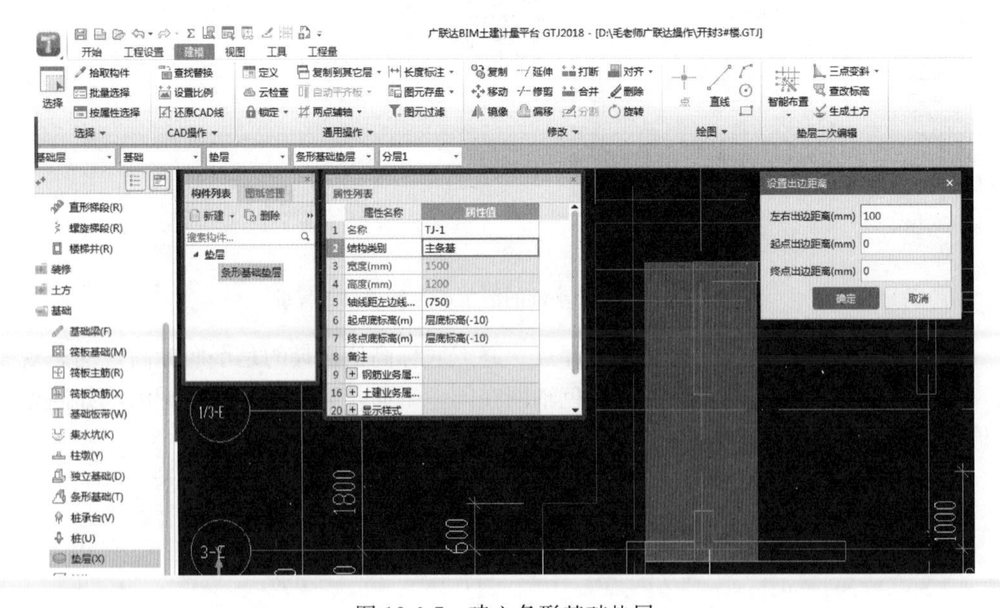

图 12-6-7　建立条形基础垫层

在【构件列表】下等于复制了一个垫层构件→把左边产生的【属性列表】中垫层名称改为“条形基础垫层”，任意处单击左键，【构件列表】下部的垫层构件名与之联动更正与属性列表构件同名。构件属性厚度默认为100可修改，宽度在此无须操作，起点、终点顶标高程序默认为基础底标高，也可按条形基础实有底标高输入，属性列表各行参数选择、输入完毕。右边【构件做法】下部→【添加清单】→在【查询匹配清单】下选择（以河南定额为例）五分部垫层清单号并双击使其显示在上部主栏内，工程量表达式栏自带“TJ”垫层体积→【添加定额】→【查询定额库】→进入按分部分项选择并双击5-1现浇混凝土垫层定额子目，使其显示在上部主栏内→双击5-1的工程量表达式栏，显示小三角，单击小三角，选择“垫层体积”→双击5-171现浇混凝土垫层模板使其显示在主栏内→双击5-171的工程量表达式栏，显示小三角，单击小三角，选择“垫层模板面积”，在此需把所需定额子目全部选齐。关闭【定义】页面。

在【建模】界面：主屏幕上部→【智能布置】→【条基中心线】→选择条形基础图元或者框选全平面图→条形基础图元变蓝，单击右键→设置出边距，输入单边出边距如100（如起点、终点出边距离为变距离，需要输入起点、终点出边距）→【确定】，条形基础的垫层已绘制成功→【工程量】→【汇总选中图元】→在主屏幕电子版图上单击已布置上的条形基础垫层构件图元，计算运行，查看垫层构件图元的工程量，如图12-6-8所示。

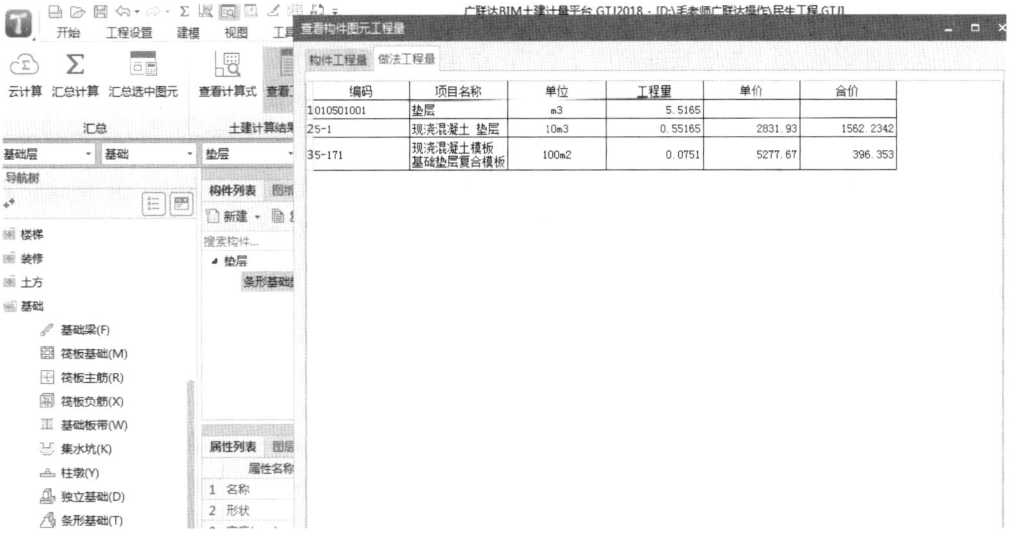

编码	项目名称	单位	工程量	单价	合价
010501001	垫层	m3	5.5165		
5-1	现浇混凝土 垫层	10m3	0.55165	2831.93	1562.2342
5-171	现浇混凝土模板 基础垫层复合模板	100m2	0.0751	5277.67	396.353

图12-6-8　条形基础垫层的清单、定额工程量

下一步生成垫层基槽土方：条形基础垫层图元绘制完毕，主屏幕右上角→【生成土方】，如图12-6-9所示。在弹出的“生成土方”页面：有基坑土方、大开挖土方基槽土方。例如：按河南定额土石方工程分部计算规则和图纸设计工况需要选择“基槽土方”，选择起始放坡位置；生成方式可选手动或自动；选择生成范围是基槽土方或灰土回填，两项可同时选择。如同时选择灰土回填，需要设置灰土回填属性，有灰土比例，分层厚度，左、右边工作面宽度，左、右边放坡系数；还需要定义土方相关属性，左、右边工作面宽度，左、右边放坡系数→【确定】。注意：手动生成，需要选择垫层图元（可多

次单击选择），生成土方，自动生成→【确定】。可根据本层已有的全部垫层图元自动生成土方，土方图元已生成。

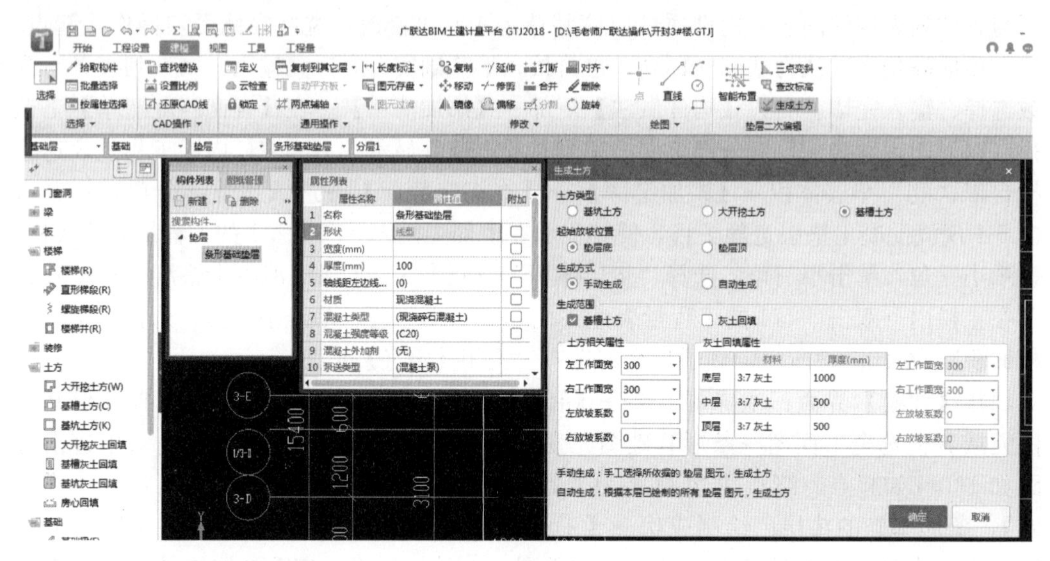

图 12-6-9　自动生成条形基础垫层基槽土方

展开“常用构件类型”下部的【土方】→【基槽土方】→【定义】，进入【定义】页面，在【构件列表】下部已产生基槽土方构件，在左边基槽土方的【属性列表】页面，修改构件名称为“条形基础垫层土方”，单击左键，【构件列表】下对应的构件名称与之联动更正。在条形基础垫层土方的属性页面，选择土壤类别，可自动显示沟槽扣除室内外高差的实际深度，但是在“生成土方”页面已设置的工作面宽度、放坡系数不能联动显示在属性页面，需要重复操作按原数字输入，选择挖土方式：人工，正、反铲挖掘机，还需要展开“土建业务属性”把各行参数定义完毕，如图 12-6-10 所示。

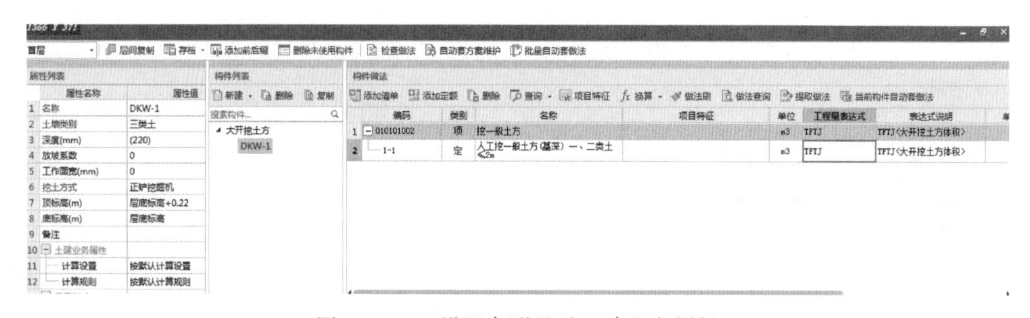

图 12-6-10　设置条形基础土建业务属性

在右边【构件做法】下部→【添加清单】→在【查询匹配清单】下找到并双击挖沟槽土方清单，使其显示在上部主栏内，在工程量表达式栏可自带工程量代码“基槽土方体积”→【添加定额】→【查询定额库】→展开“土石方工程”→展开“土方工程”，可与左边【属性列表】下的土壤类别、挖土方式相对照选择定额子目，双击使其显示在上部主栏内，再按所选择定额子目分别在每行双击定额子目的工程量表达式栏→单击此栏尾部显示的▼→“更多”→进入“工程量表达式”选择页面，各定额子目工程量代码选择举例：

1-125 基底钎探，双击“工程量表达式”栏，单击行尾部显示的▼→选择“基槽土方底面积”；

1-49 挖掘机挖槽、坑土方，双击“工程量表达式”栏，单击行尾部显示的▼→选择“基槽土方体积”；

1-133 机械回填槽坑土方→双击“工程量表达式”栏，单击行尾部显示的▼→选择“素土回填体积”；

余土外运：1-62 挖掘机装车外运土方，双击“工程量表达式”栏，单击行尾部显示的▼→“更多”→进入“工程量表达式”页面，选择【显示中间量】，在工程量代码列表下部有更多工程量代码，双击“基槽土方体积”，使其显示在此页面上部。工程量表达式下部：再单击“素土回填体积”→【追加】→双击已选择的“素土回填体积”，此代码与上次已选择的工程量代码用加号组合，把两代码之间的加号删除改为减号，在工程量表达式下部组成计算式为：基槽土方体积－素土回填体积（＝余土外运体积）。在此可选择编辑工程量代码四则计算式→【确定】，此计算式已显示在 1-62 定额子目的工程量表达式栏（其余方法同）。

定义页面构件属性设置、清单、定额、代码选择完毕，关闭【定义】页面。

单击已绘制的条形基础垫层土方构件图元，图元变蓝→单击右键→【汇总选中图元】→计算运行→单击右键（下拉众多菜单）→【查看构件图元工程量】→【构件工程量】页面，可显示基槽土方体积、基槽挡土板面积、基槽土方底面面积、基槽长度、素土回填体积六种数据，如图 12-6-11 所示。

图 12-6-11 条形基础垫层基槽土方的【构件工程量】

同样方法可以查看条形基础垫层基槽土方的清单、定额工程量（在此略）。

地沟或者基槽土方量的手工计算方法，一般采用截面法，也就是按照地沟或者基槽的截面积×长度＝地沟或者基槽的土方量，对于各段不同截面积，只有某一种或二种构造尺寸不同的基槽，可先计算出地沟基槽的加权平均综合深度值，再计算出地沟基槽的土方量：

用加权平均值计算地沟基槽的综合深度

加权平均值综合深度＝（$h_1 \times L_1 + h_2 \times L_2 + h_3 \times L_3 + h_n \times L_n \cdots$）$/L$

式中，h_1、h_2、h_3、h_n 表示按照不同深度分段的地沟基槽深度，单位：m；L 表示地沟基槽总长度。

地沟基槽的宽度×加权平均综合深度×总长度＝地沟基槽的土方量，单位：m^3。

加权平均值综合放坡系数计算详见本书 22.1 节。

12.7 地沟、创新方法生成地沟基槽土方

《2018 版》：在主屏幕左上角，单击【楼层数】→选择基础层。

在“常用构件类型”下部展开【基础】→【地沟】→【定义】，进入“定义”页面，如找不到【定义】功能窗口，双击【地沟】也可以进入【定义】页面。

在【定义】页面的【构件列表】下→【新建】→【新建地沟】→【新建参数化地沟】（另有【新建异型地沟】→进入设置网格→描绘任意形状的地沟操作……）→弹出“选择参数化图形”页面，如图 12-7-1 所示。

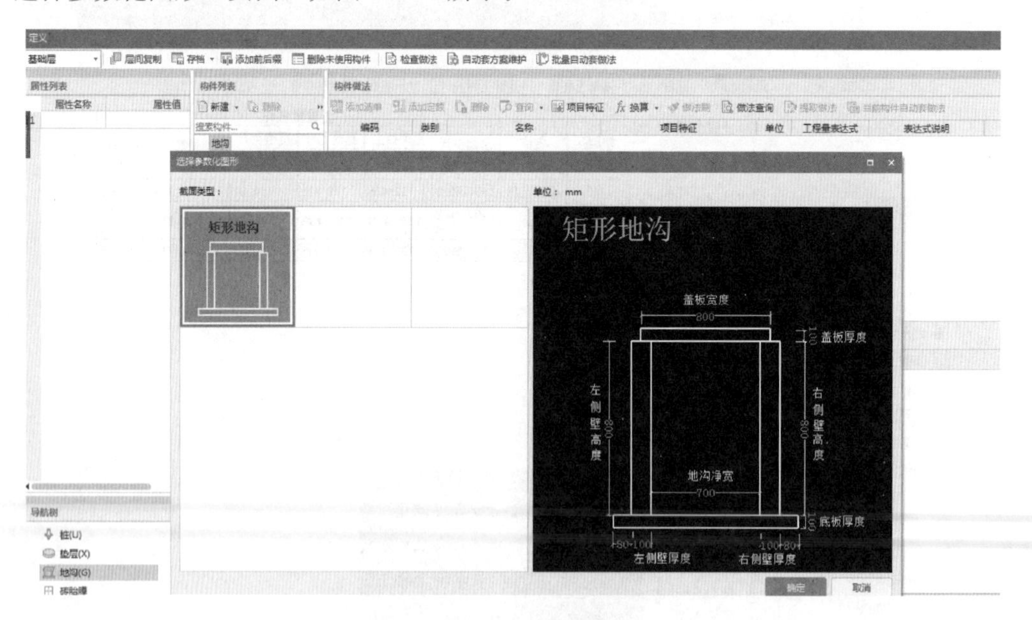

图 12-7-1 设置修改地沟截面尺寸

只有一种形式的地沟图形可选择，在有矩形地沟截面大样图中，凡绿色尺寸数字，单击可按设计要求修改、输入尺寸数字→单击左键结束。上、下、左、右可输入不同尺寸数字，可设置对称、不对称，可设置为矩形、梯形、偏心截面形状的地沟，如配合在

【属性列表】分级选择、输入不同材质，可绘制不同截面形式的地沟，在此截面大样图中各尺寸数字输入完毕→【确定】。在中间【构件列表】下可显示四层构件名称：从上到下依次是地沟盖板、两个侧壁、地沟底板。在左边【属性列表】下已显示地沟名称、宽度、高度尺寸，此尺寸是在大样图中设定的，不能修改。只能修改轴线偏移尺寸、底标高。此属性页面下部有四层构件名称，展开第一层地沟构件名称的代号：DG，名称类别为地沟盖板，材质可选择现浇、预制混凝土，选择混凝土强度级别，地沟盖板的宽度、高（厚）度、截面面积尺寸数字是在大样图中设定、程序自动计算出的，在此不能修改。盖板相对地沟中心线的偏移距离、相对底标高可修改。单击盖板下部的“其他钢筋”，再单击其行尾部→进入盖板钢筋编辑页面，按 10.1 节钢筋编辑的描述操作。

展开第二层地沟构件名称 DG：地沟代号，类别为左侧单边地沟侧壁，材质可选择现浇、预制混凝土、混凝土强度等级（如材质选择为砖，下边自动显示为选择砂浆等有关信息）。下边的截面高度、宽（厚）度、截面面积按在大样图中设置，在此自动计算生成不可修改。在下边单击“其他钢筋”，再单击行尾部进入“其他钢筋”编辑页面→编辑地沟侧壁钢筋。

展开第三层地沟构件名称 DG：地沟代号，类别为右边地沟侧壁，方法按上述第二层方法操作。

展开第四层地沟构件名称 DG：地沟代号，类别为地沟底板，材质、混凝土强度等级、截面尺寸、截面面积、“其他钢筋”操作方法同上。属性列表与参数图结合可根据设计需要，设置为多种矩形、偏心矩形、梯形截面和不同材质、配筋的地沟（在此不能设置的截面形式可在【新建异型地沟】界面下操作）。地沟盖板、侧壁、底板各级构件属性、配筋信息设置完毕。

在右边→【构件做法】→【添加清单】→在【查询匹配清单】下有砖、石明地沟→例如双击电缆沟清单，使其显示在上部主栏内，自带工程量表达式代码为长度，单位为 m→【添加定额】→【查询定额库】→在最下一行【专业】栏选择“建筑工程”→按分部分项选择定额子目，以河南定额为例，展开钢筋混凝土分部，地沟盖板选择预制混凝土板，选择并双击 5-61 预制混凝土沟盖板，使此定额子目显示在上部主栏内，因在工程量表达式选择界面无需要的工程量代码，双击工程量表达式栏，可直接输入计算每米长度地沟沟盖板的计算式：

地沟沟盖板宽度：　1.1＊厚度：0.15＊长度：1m，（下同）

→按 Enter 键，在后边表达式说明栏显示计算结果＝0.165；地沟侧壁也要选择清单，如双击清单编号 504001 直形墙，再选择并双击 5-24 现浇混凝土直形墙，显示在上部主栏内→双击工程量表达式栏，因没有对应的工程量代码选择，计量单位是每米长度地沟侧壁的工程量，直接输入地沟侧壁每米长度体积的计算式：

侧壁高度 2＊厚度 0.1＊1（单边）

在表达式说明栏显示计算结果＝0.2；沟底板选择定额子目 5-32 现浇混凝土平板，计量单位是 m^3，双击工程量表达式栏，在此可直接输入每米长度地沟底板的工程量体积的计算式：

底板宽度 1.3＊厚度 0.1＊1

→按 Enter 键，在表达式说明栏显示计算结果＝0.13，还有地沟抹灰等，方法相同，在此只讲操作方法，选择什么定额，需要按图纸设计。地沟各构件属性、清单、定额做法选择完毕。

关闭【定义】页面。用主屏幕上部的【直线】功能绘制地沟→【计算选中图元】→【查看构件图元工程量】，在“查看构件图元工程量”页面可以看到所选择的清单、定额子目的工程量，还可查看三维立体图形，如图 12-7-2 所示。

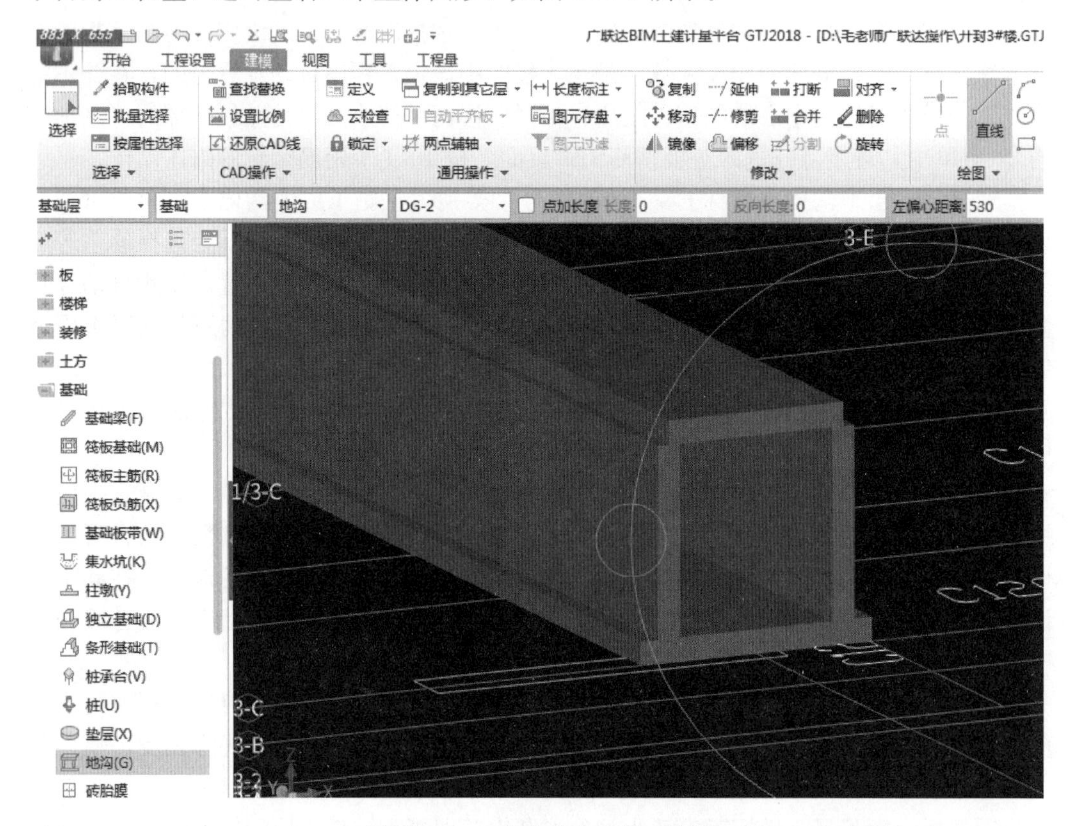

图 12-7-2　已绘制地沟三维立体图

创新方法用虚设地沟垫层的方法，以达到能够自动生成地沟基槽土方：

地沟图元绘制成功后→【垫层】→【定义】，在【定义】页面的【构件列表】下【新建】→【新建线式矩形垫层】，在【构件列表】下部产生一个不带地沟字样的垫层构件，→在左边“属性列表”修改构件名称为“地沟垫层”，属性列表任意处单击左键，连同【构件列表】下新建的构件名称与之联动更正为“地沟垫层”。把属性下的厚度修改为大于 20mm 的最小厚度，以减少对后续土方计量的影响，并记住此值在后续计算地沟土方量时扣减，其余操作方法同一般垫层。因为此垫层是虚设的，实际上没有，不需【添加清单】【添加定额】，关闭【定义】页面。在主屏幕右上角→【智能布置】→【地沟中心线】→单击选择地沟图元，可多选择或框选全部平面图，地沟图元变蓝→单击右键→输入出边距（此出边距宜是地沟底板相比地沟侧壁的出边距）→【确定】，虚构的地沟垫层图元已布置上，如图 12-7-3 所示。

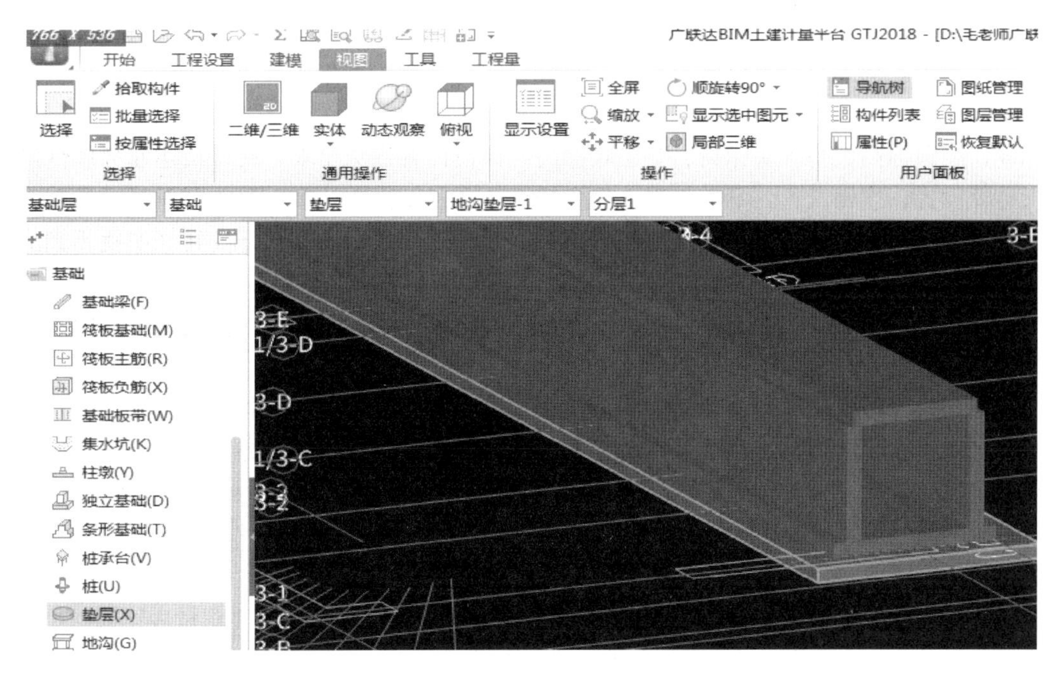

图 12-7-3　建立地沟垫层

主屏幕右上角→【生成土方】，弹出“生成土方”页面：后续操作方法同条形基础垫层基槽土方，需要记住扣除因虚加地沟垫层增加的沟槽深度土方量。

12.8　大开挖土方设置不同工作面、放坡系数

大开挖土方设置不同工作面、放坡系数用于老版本土建计量与《2018 版》筋量合一：需在地下室、基础、垫层等各种构件图元全部绘制完毕后进行，程序才能够计算：挖土方体积－埋入各种构件体积＝素土回填体积。

大开挖土方：在常用构件类型下部展开【土方】→【大开挖土方】→【定义】，在【定义】页面的【构件列表】下→【新建】→【新建大开挖土方】，在【构件列表】下产生一个“大开挖土方”：DKW 构件。→在左边“大开挖土方”构件【属性列表】：可修改构件名称为中文构件名→单击左键，【构件列表】下的构件名称与之联动改变为中文构件名，如图 12-8-1 所示。

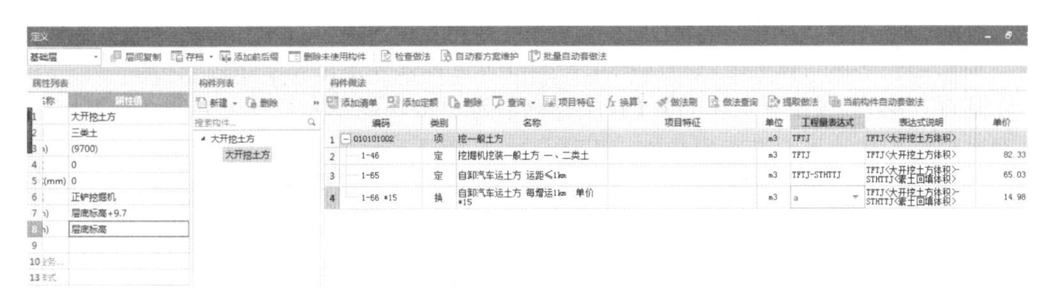

图 12-8-1　建立大开挖土方

在【属性列表】页面：选择土壤类别并且可以自动显示土方深度＝基础层底标高－室内外高差。选择或输入放坡系数、工作面宽度，选择挖土方式有人工、正铲、反铲挖掘机，输入土方顶标高，一般是层底标高＋默认显示的土方深度。选择底标高：有层底标高、层顶标高、基础底标高、垫层底标高。如设计有特殊要求，展开土建业务属性进行计算设置、规则设置，不做设置，程序按行业常规做法去计算。属性页面各行参数定义完毕→【构件做法】下部→【添加清单】→在【查询匹配清单】下找到（如找不到应选择的清单→【查询清单库】，进入按分部分项选择清单的操作）对应的清单，双击所选择清单，使其显示在上部主栏内，凡清单一般均可在工程量表达式栏显示匹配的工程量代码“TFTJ”，大开挖土方体积可修改。

【添加定额】→【查询定额库】→与属性页面的参数对照，进入按分部分项选择定额子目操作：（以河南定额为例）→展开土石方工程→展开土方工程→在机械土方找到 1-46 挖掘机挖、装一、二类土，并双击使其显示在上部主栏内，双击 1-46 的工程量表达式栏，单击栏尾部显示的▼→选择“大开挖土方体积”TFTJ；找到并双击“1-65 自卸汽车运土方运距≤1km”，使其显示在上部主栏内，方法同 1-46。找到“1-66 自卸汽车运土方　每增运 1km　单价＊15”并双击，使其显示在上部主栏内→双击 1-66 的工程量表达式栏，单击栏尾部显示的小三角→“更多”→进入“工程量表达式”页面，勾选【显示中间量】显示更多工程量代码→双击“大开挖土方体积”TFTJ，使其显示在此页面上部→单击“素土回填体积”STHTTJ→【追加】双击已选择的“素土回填体积”，使其与前面已经显示在工程量表达式下部的工程量代码用加号连接在一起，删除加号改为减号，组成计算式：大开挖土方体积－素土回填体积（说明＝余土体积）→【确定】，此计算式已显示在 1-66 的工程量表达式栏内；如需计算护坡面积：展开地基处理及边坡支护，找到并双击“2-94 喷射混凝土护坡、初喷混凝土厚度 50mm”，使其显示在上部主栏内，双击 2-94 的工程量表达式栏，单击栏尾部显示的小三角，选择“大开挖土方侧面积”；找到“2-96 喷射混凝土护坡每增减 10mm”，选择工程量代码方法与 2-94 同，不同之处在于需要单击 2-96 在其尾部输入＊5（说明：增加厚度 10mm＊5）→单击左键，在此定额子目名称栏尾部显示单价＊5。定额子目、工程量代码、换算操作设置完毕，关闭【定义】页面。在此只讲操作方法，清单、定额的选择需按设计工况、当地规定、施工组织设计、施工方案等确定。

主屏幕上部布置“大开挖土方”【智能布置】，如图 12-8-2 所示。

有按“筏板基础”“面式垫层”“自定义独基”“桩承台”“外墙外边线”布置功能→选择【直线】布置，沿主屏幕电子版图纸，大开挖土方底边线绘制多线段形成封闭，包括工作面、放坡的大开挖土方图元绘制成功。还可以：【智能布置】→（在筏板基础下的）面式垫层→单击筏板基础垫层图元→单击右键，大开挖土方已布置成功。

还有（修改）【设置工作面】【查改标高】等更多功能。大开挖土方图元绘制完毕，还可以根据现场地形，进一步修改、调整基坑土方图元尺寸，主要功能有：

在主屏幕右上角【三点变斜】改变基坑顶标高：【三点变斜】，→单击大开挖土方图元，不要选择到土方图元中其他构件的图层，在土方图元各角点显示当前基坑底标高为负值→依次单击需修改的角点标高值为小白框→按现场实测值输入，输入数值为：实际开挖深度＝当前显示的基坑底标高－基坑顶实测的高差值。在显示的小白框内输入目标值→按 Enter 键，达到修改、调整土方图元各角点深度与实际深度相一致的目的。缩小

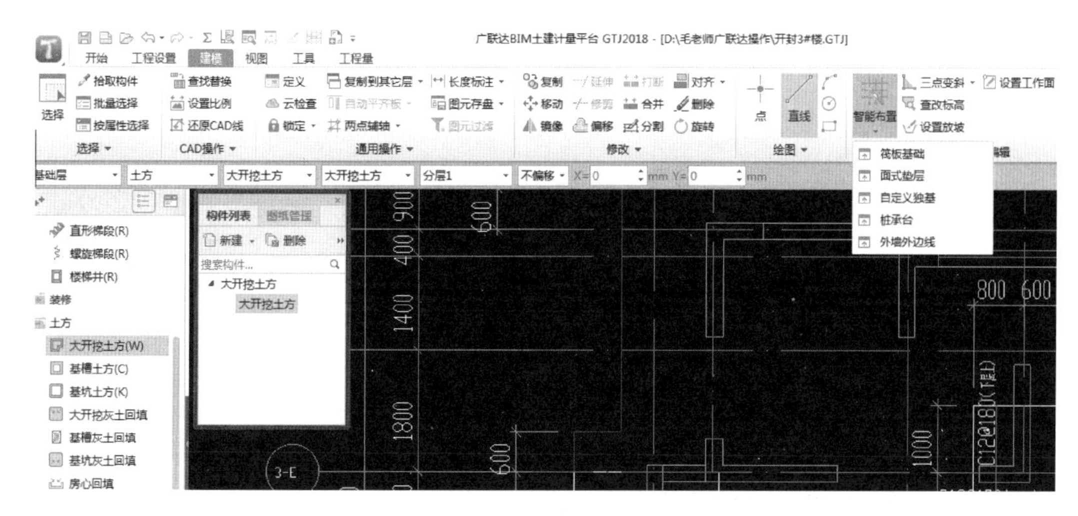

图 12-8-2 智能布置大开挖土方

大开挖土方图元可看到图元全部各角点→按逆时针方向逐个角点单击→单击右键确认。土方图元中显示的白色线条变为示坡箭头指向基坑深处。

大开挖土方图元绘制完毕，在主屏幕右上角→【查改标高】（在绘制的大开挖土方图元中快速调整底标高）→单击大开挖土方图元，显示图元内各角点当前底标高，分别单击需修改底标高的数值显示在小白框→把目标值输入小白框内→按 Enter 键。检查无误后单击右键确定。

【三点变斜】→【抬起点变斜】，设置土方图元抬（升、降）起点使其成为倾斜的三维立体图形，单击大开挖土方图元→选择基准边（白色基准边边线有动感）与升、降抬起点→在弹出的对话框中输入基准边底标高目标值，正值向上，负值向下→【确定】，显示坡向箭头。

在主屏幕右上角→【设置工作面】：在主屏幕下邻行左上角选择【指定图元】可一次修改或设置土方图元全部各边相同宽度的工作面；选择【指定边】可在同一土方图元各边设置不同宽度的工作面。可用于大开挖土方、大开挖灰土回填。操作方法：

1.【设置工作面】→选择【指定图元】→单击大开挖土方图元→单击右键，在弹出的“设置工作面”窗口输入目标工作面宽度→【确定】，大开挖土方图元全部各边已经设置了相同宽度的工作面；

2.【设置工作面】→选择【指定边】（图 12-8-3），单击土方图元→分别选择需修改或设置工作面的土方图元的底边线→单击右键，在弹出的“设置工作面”对话框中输入工作面宽度→【确定】，工作面宽度已按输入数值改变→单击下一个需设置不同工作面宽度的指定边→单击右键，在弹出的“设置工作面”对话框中输入工作面宽度……。

【设置放坡】：在主屏幕下邻行左上角单击【指定图元】→单击需要设置或修改放坡系数的土方图元，图元变蓝→单击右键，在弹出的“设置放坡系数”窗口输入或选择放坡系数→【确定】，已设置所有各边相同的放坡系数；

放坡系数＝（放坡宽度也就是坡底至坡顶的水平投影宽度）/基坑深度

设置各边不同的放坡系数：

【设置放坡】→选择【指定边】→选择土方图元基坑底边线（有动感）并单击→单

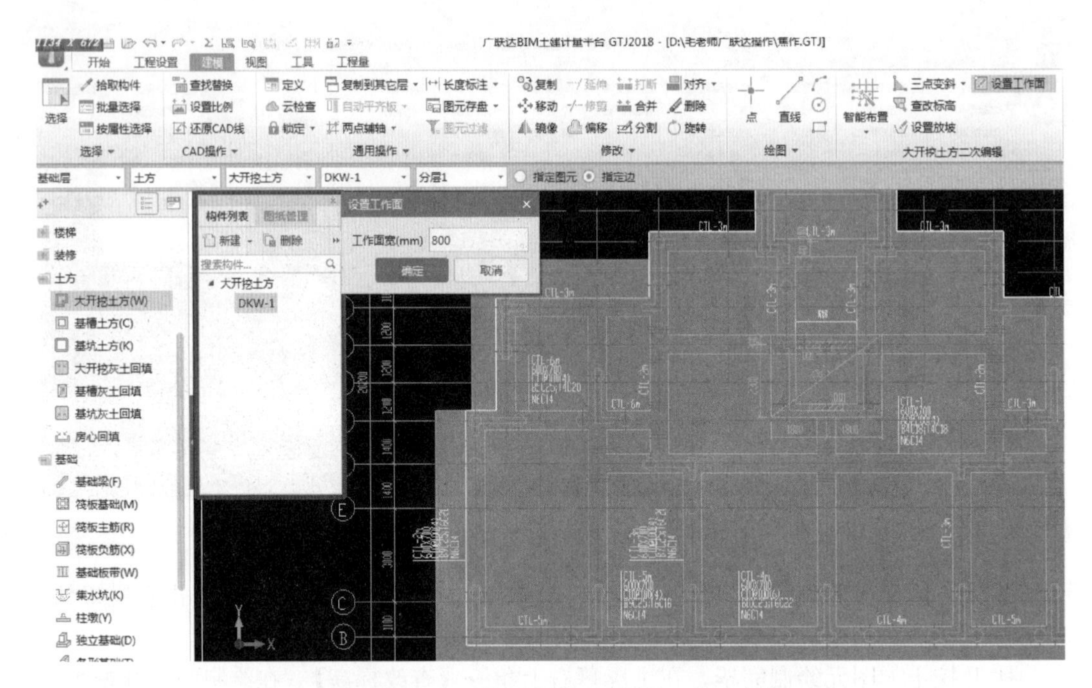

图 12-8-3　大开挖土方设置不同的工作面宽度

击右键，在弹出的“设置放坡系数”对话框中输入放坡系数→【确定】，只有选择的一条边设置了放坡系数。选择基坑底的另一条边，重复上述操作，可在同一个土方图元的不同边设置不同的放坡系数。还可以在土方图元中选择设置如集水坑等局部土方图元的放坡系数→单击右键（下拉菜单）有更多功能。

如果各层的土质不同，需要根据各层不同厚度的土质设置不同的放坡系数，可以输入或者选择一个加权平均值放坡系数＝（$H_1 \times K_1 + H_2 \times K_2 + H_3 \times K_3 \cdots$）/$H$

式中，H_1、H_2、H_3 分别表示从上向下各层不同土质的厚度，单位：m；H 表示基坑的总深度，单位：m。

12.9　识别桩、绘制桩承台自动生成基坑土方

老版本：“图纸文件列表”→双击基础层桩平面布置图的图纸名称首部→此单独一张电子版图已显示在主屏幕。

【识别桩】，如图 12-9-1 所示。

【提取桩边线】→单击平面图中某一根桩的圆圈线，此图层全部变蓝（有没变蓝的可再选择并单击，使此图层全部变蓝）→单击右键，变蓝的消失。

【提取桩标识】→任意选择并单击平面图中桩的圆圈中的填充线，平面图中桩的填充全部变蓝→单击右键，变蓝的消失。

【识别桩】▼→【自动识别桩】→（运行）→提示“识别完毕，共识别到桩几百几十几个”→【确定】。

【动态观察】→可看桩三维立体图。

显示“桩图元校核表”：双击跟踪桩图元查看修改纠错（另见“单构件输入计算桩

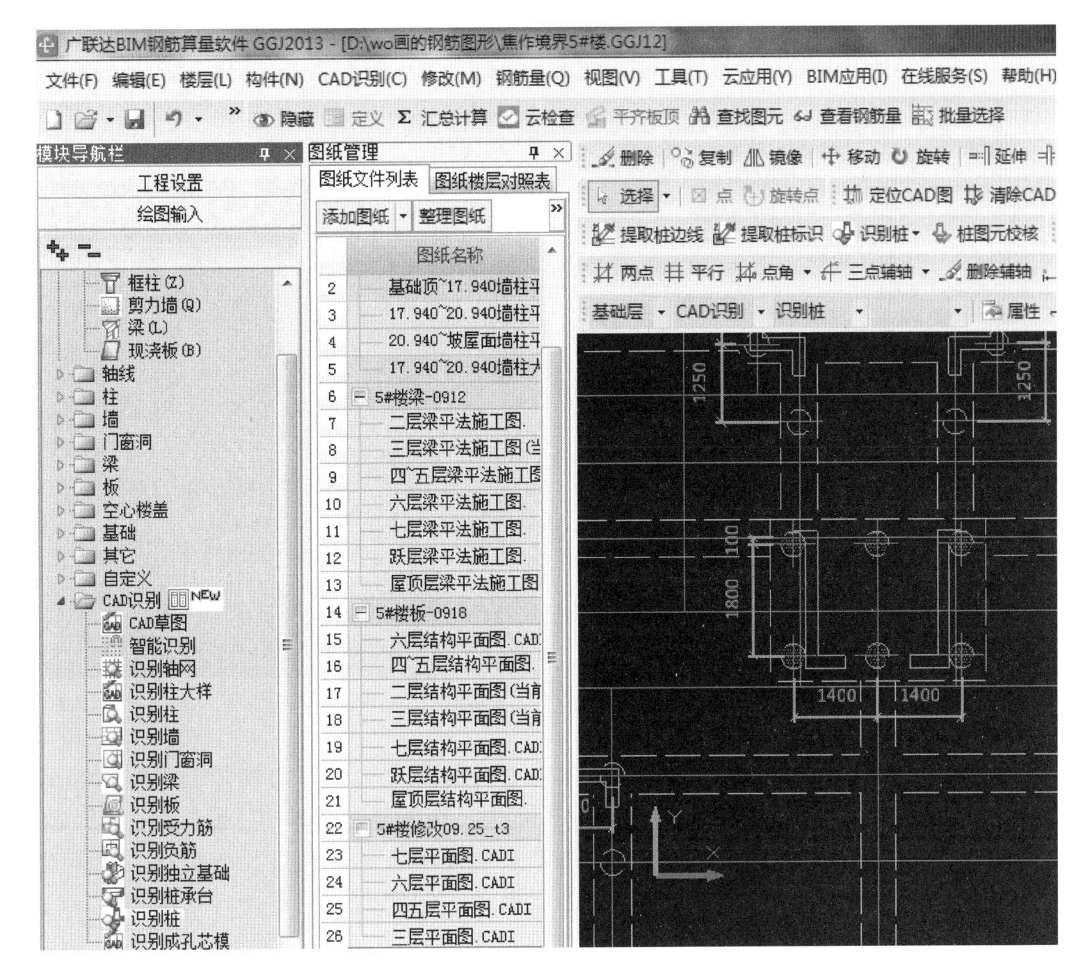

图 12-9-1　平面图上识别桩（老版本）

钢筋”一节。

《2018 版》绘制桩承台：在“常用构件类型”下部展开【基础】→【桩承台】→【定义】→【新建桩承台】，在构件列表下产生一个桩承台“ZCT”（一级也称上级构件）→【新建桩承台单元】，在弹出的“选择参数化图形”页面（图 12-9-2），显示有 17 个桩承台图形，根据设计需要选择一个承台图形，右边联动显示所选择承台的平面、剖面大样图，凡绿色尺寸、配筋信息单击可按设计要求数值输入在小白点内，各尺寸、配筋信息修改、输入完毕→【确定】，在【建模】界面→【桩承台二次编辑】，有【设置承台放坡】【取消承台放坡】【编辑承台加强筋】【生成土方】（本书有关章节有详细描述）的功能。遇到高、低承台可以按照筏板变截面的方法处理，见本书 12.3 节的描述。承台上设计有集水坑，可以把建立的集水坑构件直接用【点】菜单点画到承台上。

在【构件列表】和【属性列表】产生一个新建承台的下级也称二级承台构件，在“参数图”页面设置的尺寸、配筋信息、自动计算出的承台截面面积已显示在新建承台二级构件的属性页面，（双击“截面形状”栏可返回“选择参数化图形”页面），此二级承台属性页面的长度、宽度、高（厚）度数字不能修改，右边“参数图”中进一步显示的大样图中绿色尺寸、配筋信息仍可修改、删除，如有未设置的钢筋可展开

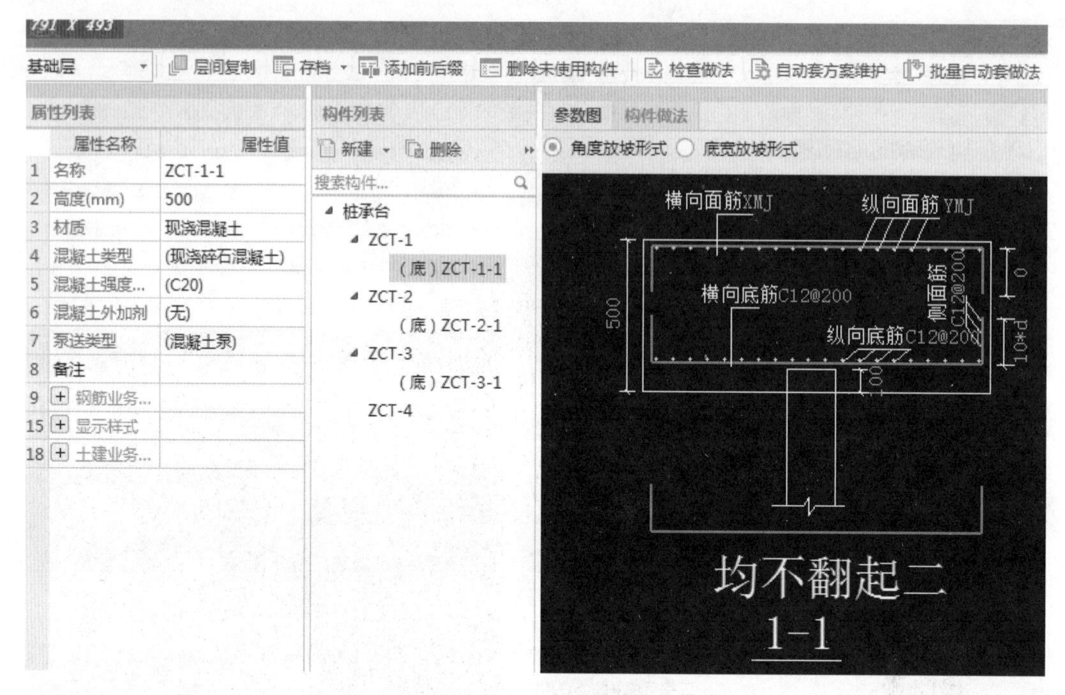

图 12-9-2　绘制桩承台

“钢筋业务属性”：有其他钢筋、承台（三边承台的一个边）单边加强筋，输入格式“根数、级别、直径、间距”。展开土建业务属性，在类型栏选择“带形”“独立”。在属性各行参数定义完毕→在右边【参数图】页面还可以选择角度、放坡或者底部宽度、放坡→参数图右上角【配筋形式】可显示承台的侧面、剖面图，参数图定义完毕，如图 12-9-3 所示。

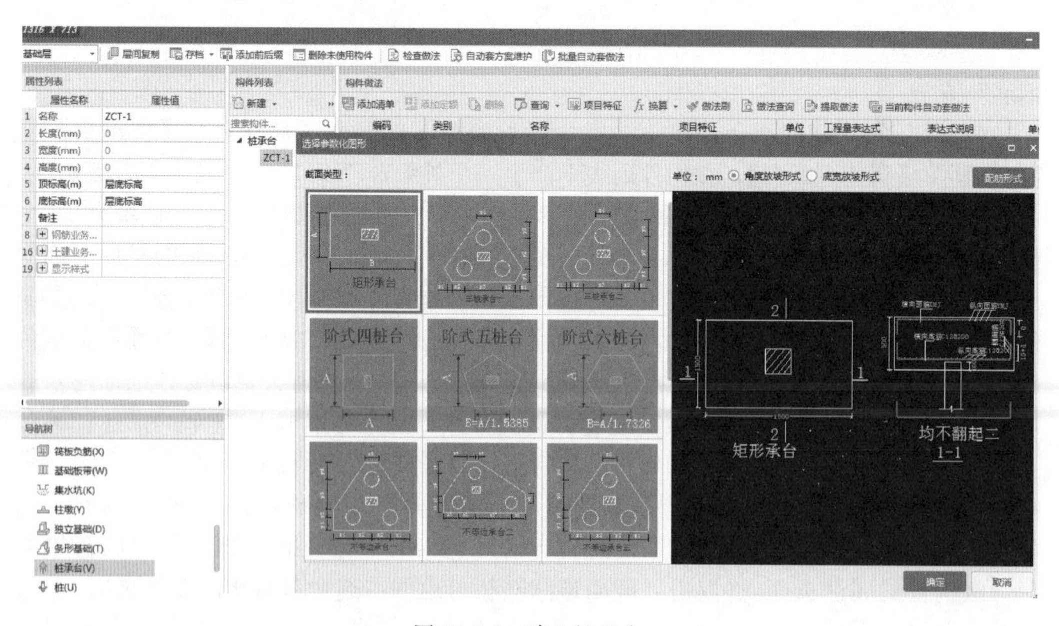

图 12-9-3　建立桩承台

在【构件列表】下→单击 ZCT，桩承台的二级构件名称，使其发黑成为当前构件→【构件做法】→【添加清单】→【查询匹配清单】（如找不到匹配清单）→【查询清单库】→按分部分项查找清单（如河南地区的桩承台清单在混凝土分部→现浇混凝土基础）→双击与之匹配的清单使其显示在上部主栏内，在“工程量表达式”栏可自带“TJ”：桩承台体积。双击已选择的清单的“项目特征”，输入区别标志，可让此清单和下属定额子目汇总后不合并，单独查阅此清单、定额子目的工程量→【添加定额】→【查询定额库】（也可直接输入定额子目编号）→按分部分项选择定额子目，如河南定额，展开混凝土及钢筋混凝土工程→现浇混凝土→基础→双击 5-5 现浇混凝土独立基础（桩承台可选择独立基础子目），使其显示在上部主栏内，双击“工程量表达式”→单击行尾部的▼，→选择“承台体积”→展开五分部模板→现浇混凝土模板→基础，双击 5-189现浇混凝土独立基础复合模板，使其显示在上部主栏内，双击“工程量表达式”栏，显示▼，单击▼，选择“承台模板面积”：MBMJ，……桩承台防水工程量的提取（如有时）→选择承台防水定额子目→选择承台防水工程量代码：（代码文字说明为）【底面积】＋【侧面面积】。定额子目、工程量代码选择完毕。关闭【定义】页面。主屏幕上部有：

1. 【点】式布置，有偏移、不偏移、角度、正交、输入 X/Y 向偏移值→可在任意位置用【点】功能绘制桩承台图元。

2. 【智能布置】→【选择桩、柱、基坑】（只能选择一种）→框选全平面图，所选择桩、柱、基坑变蓝→单击右键，平面图上的桩已布置上桩承台，汇总计算后→【工程量】→【查看工程量】，已有所选择的清单、定额子目、工程量，如图 12-9-4 所示。

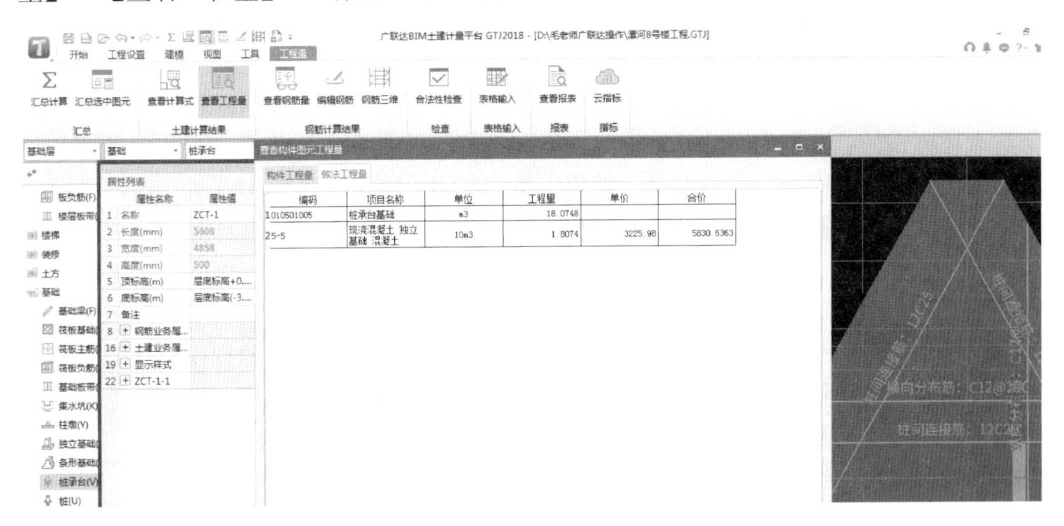

图 12-9-4　桩承台的清单、定额子目工程量

在此只讲解操作方法，需要选择什么清单、定额子目，需要按照图纸设计、当时工程情况，经认可的施工组织设计、施工方案来确定。

下一步自动生成承台基坑土方：桩承台图元绘制完毕，在主屏幕右上角→【生成土方】，在弹出的【生成土方】页面（图 12-9-5），选择土方类型，有基坑、大开挖；选择生成方式，有手动、自动生成；选择生成范围，有基坑土方、灰土回填，两项可同时选择→

【基坑土方】→【土方相关属性】，输入工作面宽度，选择或输入放坡系数。如选择【灰土回填】→【灰土回填属性】，设置工作面宽度，选择或输入放坡系数→【确定】。手动生成，手动选择桩承台图元，可多次选择，桩承台图元变蓝→单击右键确认，已生成基坑土方图元；自动生成，程序按主屏幕当前已有桩承台图元自动生成基坑土方图元。

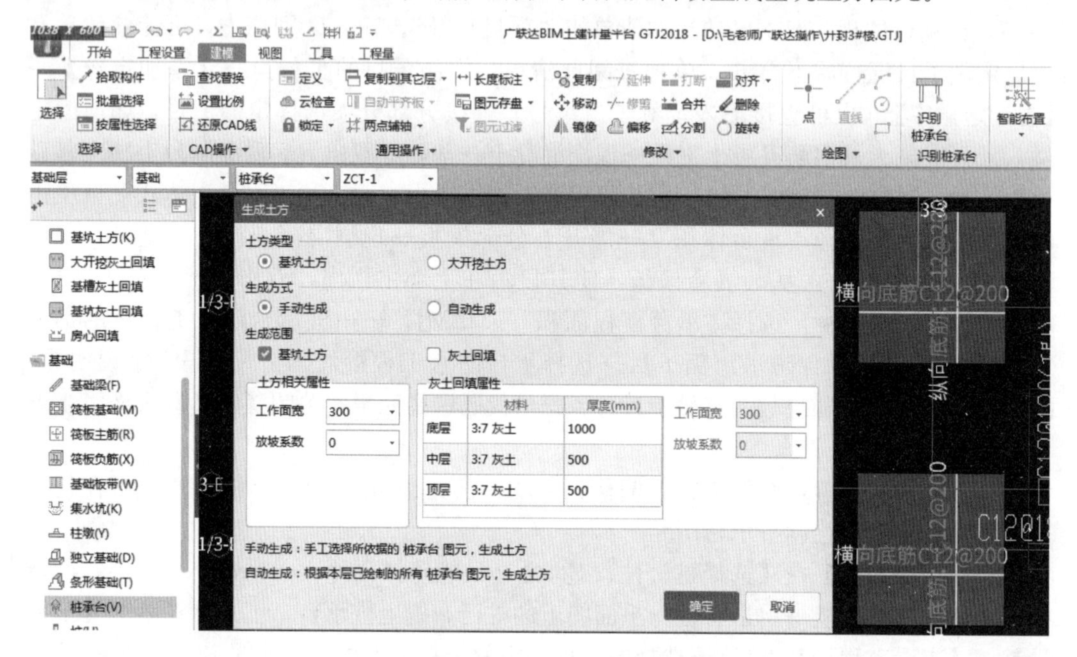

图 12-9-5 生成桩承台土方

展开上部【土方】→【基坑土方】→【定义】，在显示的【定义】页面下的【构件列表】下已有生成的基坑土方构件→在右边【属性列表】页面产生的基坑土方构件下部已显示基坑底长、基坑底宽、基坑深度，需要选择土壤类别，重复输入工作面宽度、放坡系数，在属性页面各行参数定义、设置完毕。

在【构件做法】的下部→【添加清单】，在【查询匹配清单】下部找到所对应的挖基坑土方清单并双击使其显示在上部主栏内，在“工程量表达式”栏可自带工程量代码：TFTJ 基坑土方体积。

【添加定额】→【查询定额库】，进入按分部分项选择定额子目的操作：展开土石方工程→展开土方工程，与左边构件属性参数相对照选择机械土方下属的 1-50 挖掘机挖槽坑土方三类土，并双击使其显示在上部主栏内→双击 1-50 的工程量表达式栏，单击栏尾部的小三角→选择基坑土方体积：TFTJ（需要按经认可的施工组织设计方案选择）→土石方工程下部的“回填及其他”→双击 1-131 夯填土人工槽坑，使其显示在上部主栏内→双击 1-131 的工程量表达式栏，单击显示的小三角→选择“素土回填体积”……清单、定额子目、工程量代码选择完毕→【工程量】→【汇总选中图元】→单击主屏幕电子版平面图上已布置的桩承台基坑土方图元，计算运行→查看构件图元工程量，如图 12-9-6所示。

【做法刷】（按【做法刷】章节描述操作）→关闭【定义】页面。汇总选中图元，计算后，查看构件图元工程量，已显示所选择的清单、定额、工程量。

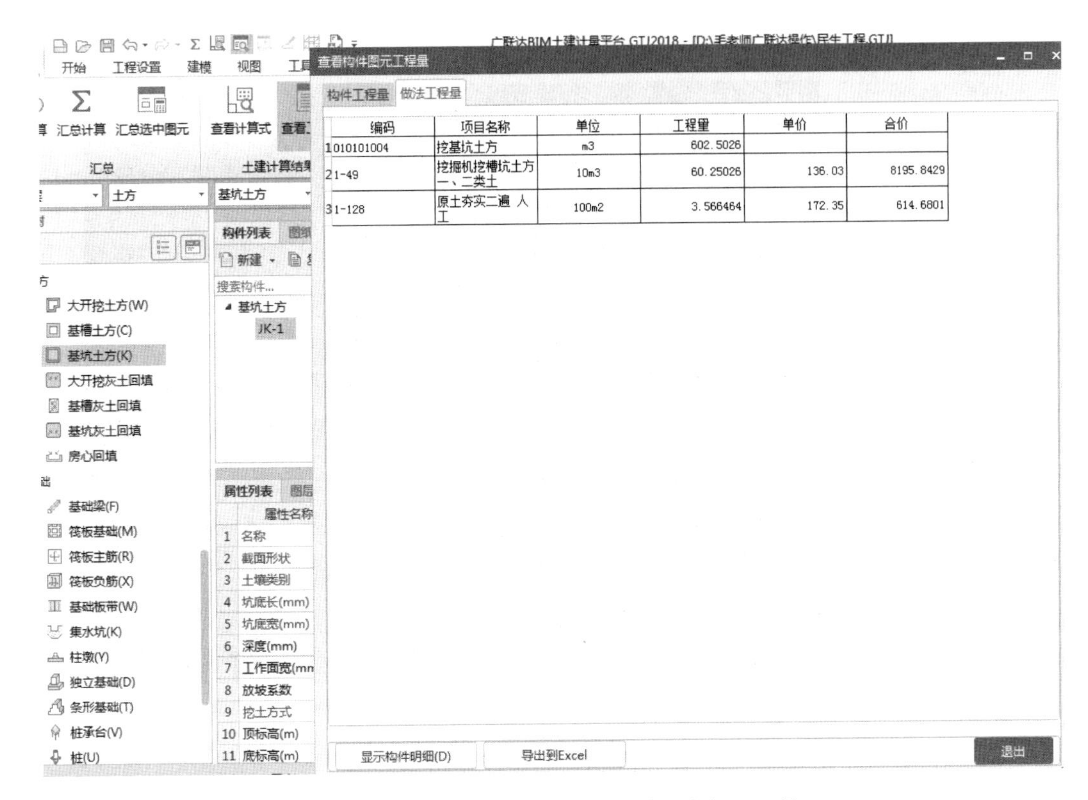

图 12-9-6 桩承台基坑土方的清单、定额工程量

12.10 （优选）单构件输入计算桩钢筋

老版本：在导航栏底部单击【单构件输入】→（在最上部第三行【视图】菜单下部）【构件管理】→在显示的“单构件输入构件管理”页面选择【桩】→【添加构件】→在其主栏目下产生“桩 ZJ-1”，按图纸设计修改桩名称，修改桩型号，输入桩构件数量，在预制类型栏双击选择预制或现浇→【确定】→【参数输入】→【选择图集】→在显示的“选择标准图集”页面展开现浇桩，下部有灌注桩，如图 12-10-1 所示。

桩（处理（箍筋）加密与非加密）人工挖孔灌注桩有Ⅰ型、Ⅱ型等四种桩型供选择。(可以放大观察）→进入桩的直径、纵筋直径，设定接头、定尺尺寸、搭接长度、保护层厚度、承台厚度、锚固长度，加密区、非加密区长度，螺旋箍筋信息等参数，凡绿色参数，数字单击可输入、修改，不需要的可以改为 0 等于取消，当删除某绿色不需要的参数时，提示“格式错误”或提示“请输入正确的数字表达式，此表达式可以是多个数字的加、减、乘、除计算式，并且运算结果必须大于 0”→【确定】。当不允许修改时，光标放在修改处→单击右键→【撤销】→可恢复修改前的数值，或修改下个参数，也可恢复不允许修改的数值。

技巧 1：不需要的改为 0 又不行，可把此配筋值参数改为偏大或偏小→【计算退出】→在下一步的桩钢筋下料大样图中删除其所在行：光标单击行首全行发黑→单击右键→删除。加劲箍筋手工计算输入根数。以上输入修改完毕→【计算退出】。

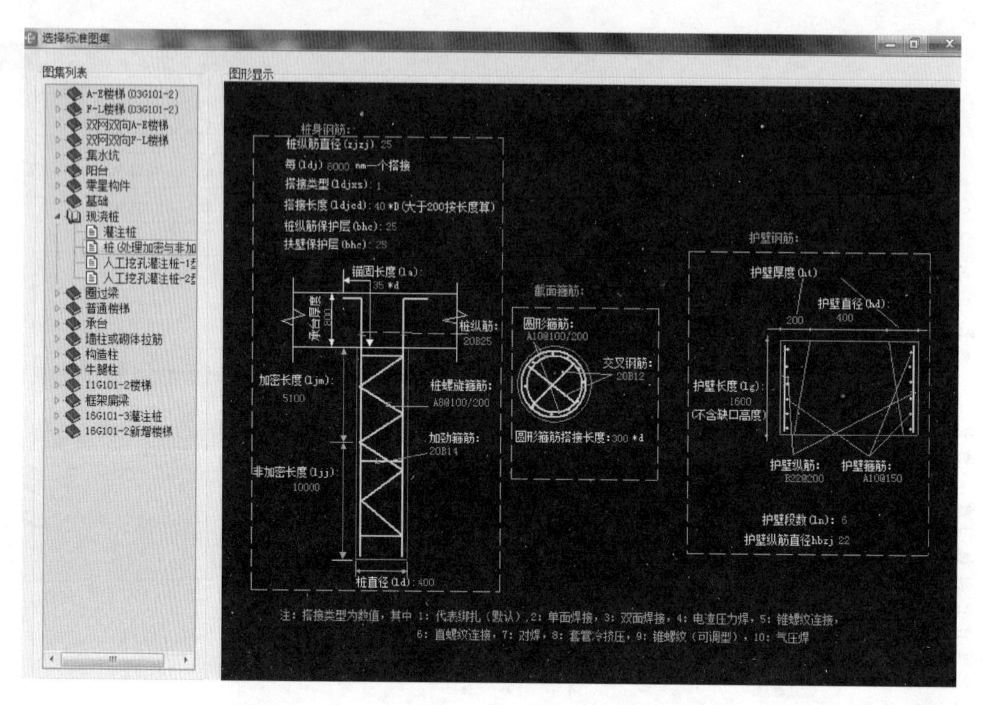

图 12-10-1　单构件输入计算桩钢筋（老版本）

技巧 2：如桩纵向钢筋有几根非全长，也就是长度不同，可在计算退出后，在计算出桩钢筋下料大样图中：光标单击纵筋的行首，此行发黑→单击右键→复制（此行的纵筋信息）→修改其长度、根数、计算公式即可。

桩直径按设计图示外径，其螺旋箍筋、加劲箍筋程序可自动扣减保护层→【汇总计算】→在【汇总计算】页面，程序可自动勾选【单构件输入】→【计算】。

《2018 版》在主屏幕左上角把楼层数选择为【基础层】→【工程量】→【表格输入】→弹出“表格输入钢筋”页面（此页面可移动）→在主要构件类型栏展开【基础】→【桩】→【添加构件】→【参数输入】→在图集列表下选择需要【单构件输入】的构件→展开【现浇桩】→选择桩型【桩】（处理加密与非加密），在右边“图形显示”栏同时显示所选择桩型的详图→放大此页面，凡绿色参数，单击可修改，各绿色参数修改设置完毕→【计算保存】→主栏目下显示桩的筋号、图形、下料大样图，可修改，其余方法同老版本，按本章前述。

《2018 版》的单构件输入取消改为表格输入：【工程量】→【表格输入】，方法同前述。

《2018 版》桩承台属性页面：双层钢筋指定格式为“底层钢筋信息/顶层钢筋信息”；X 表示横向钢筋/Y 表示竖向钢筋。

桩承台→在【构件列表】下新建桩承台（一级构件）→（在原位置）新建桩承台单元（二级构件）→弹出“选择参数化图形”页面，如图 12-10-2 所示。

其余操作方法同老版本。

《2018 版》各承台有平面、剖面详图，在图中输入下层、上层钢筋；需要把桩承台定义为上、下两个单元，两个单元高度相加＝承台总高度。

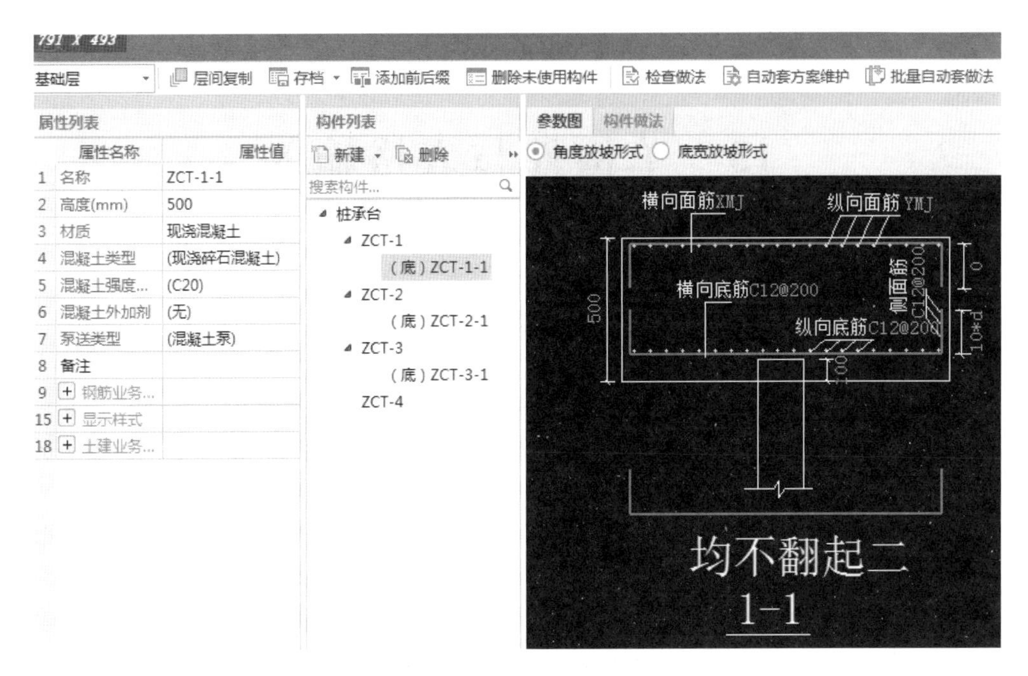

图 12-10-2　绘制参数化桩承台

13　单构件与表格输入

13.1　单构件输入的范围

老版本：【单构件输入】(《2018 版》改为【表格输入】)→【构件管理】→在显示的“单构件输入构件管理”页面，可选择添加构件的构件类型有（也是单构件输入的范围）：柱、墙、暗梁、连梁、梁、圈梁、现浇板、楼层板带、基础板带、条形基础、独立基础、筏板基础、集水坑、桩承台、桩、砌体加筋、楼梯、其他。适用于在图形输入不方便或需单独计算列出的情况。

【单构件输入】→【参数输入】→【选择图集】→在选择标准图集页面：有各型楼梯、各型集水坑、A\B型阳台；零星构件下有飘窗、(多种) 挑檐、雨篷、栏板；基础下有独立基础、有梁条型基础、无梁条型基础、杯型基础；各种桩、圈梁、过梁下有外墙圈梁、内墙圈梁；普通楼梯下有各型式的平台楼梯、无平台楼梯，有上平台楼梯、下平台楼梯；承台下有九种型式的承台；墙柱或砌体拉筋下有九种型式的柱墙拉筋；构造柱下有基础层、中间层、顶层形式的构造柱；牛腿下有单侧 1、单侧 2、双侧牛腿；11G101-2 楼梯下有 22 种型号的楼梯详图供选择，展开→单击选择。

《2018 版》板的阳角放射筋需要直接在【表格输入】中设置。

13.2　《2018 版》表格输入计算楼梯钢筋量

《2018 版》楼梯钢筋暂时不能在【单构件输入】的参数化楼梯中输入，只能在【工程量】界面的【表格输入】中操作。

《2018 版》：在弹出的【表格输入钢筋】页面→【添加构件】→【参数输入】→“在图集列表”下展开楼梯型号→在选择楼梯的同时，右侧显示所选楼梯的平面、剖面大样详图，如图 13-2-1 所示。

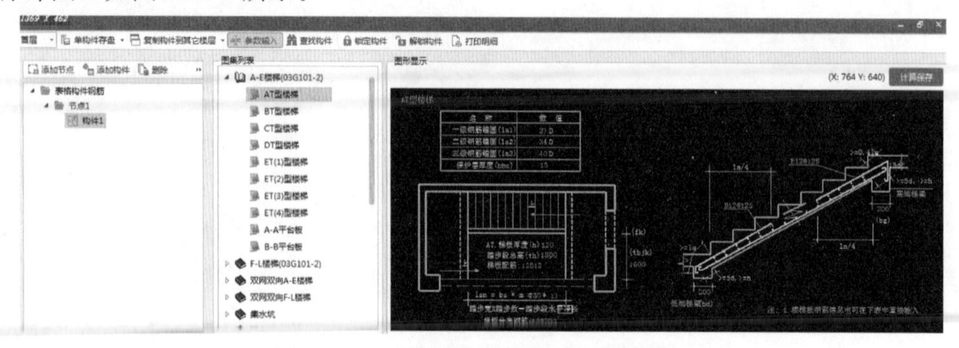

图 13-2-1　表格输入计算楼梯钢筋工程量

老版本：【单构件输入】→【构件管理】→在显示的“单构件输入构件管理”页面选择【楼梯】→【添加构件】→在其下部产生一个楼梯“LT-1”，在此行根据需要可修改构件名，输入同类型构件的数量，双击楼梯类型栏显示▼并单击▼→选择现浇、预制，制作方式→【确定】。

上接《2018 版》：在主屏幕上部的【表格输入】→【添加构件】→把在右边“表格构件钢筋”栏下产生的构件名称修改为后续选择的楼梯→【参数输入】→【选择图集】（或选配：可从已有的工程的某层选相同的构件……）→在显示的“选择标准图集”页面展开拟选择的楼梯型号→单击需选择的楼梯→此楼梯图样已显示在主屏幕上→【口】放大观察→选择→进入楼梯各种参数输入、修改页面。凡绿色字体、配筋信息、尺寸数字，单击此数值显示在小白框内，可修改，有平面图、剖面图→修改完善后→【计算退出】→所计算出的楼梯各种钢筋下料大样图已显示在钢筋下料单中，其中各尺寸数字、计算公式可根据需要修改，单击某行的序号，全行发灰成为当前行→单击右键有插入、删除、复制等多种功能供采用。

【参数输入】→可返回楼梯尺寸、配筋信息输入和修改页面→【汇总计算】→查看【报表】→可从报表里某层的（表格输入）构件名称为“楼梯”处查看到楼梯钢筋的数量。

【绘图输入】（《2018 版》是【建模】）→结束单构件输入的操作，进入图形输入界面。

关于楼梯平面、剖面图各尺寸、参数的说明：AT2 是楼梯型号、构件编号，h 是梯段板厚。

梯段踏步总高/台阶数。

梯段两端上部钢筋；底部受力筋。

F：分布筋，垂直与上、下板方向每个踏步 1 根。

顺楼梯板宽度方向底部受力筋根数＝楼梯板宽度/间距＋1。

L：与台阶平行　　　S：平行与梯段上下方向。

c10@150 双层双向可输为 c、10、一、150/150。

不需要的配筋当不能改为 0 或删除时→【计算退出】→在显示的钢筋尺寸、图形下料单页面→单击行首的序号→此行成为当前行→单击右键→删除或把其计算公式改为 0，只要此行不显示总质量，即可不汇总计入此数据→【绘图输入】→返回绘图界面。

13.3　单构件输入阳台等更多功能

老版本：

【单构件输入】→【构件管理】→在弹出的“单构件输入构件管理”页面，在“添加构件类型”栏下：（此时并无阳台等构件）→任意选一种与阳台无关的构件如桩、梁等→【添加构件】→按前述操作，自动产生了一个所选构件→【确定】→参数输入→选择图集→在弹出的“选择标准图集”页面下（有阳台等功能见单构件输入的选择范围（图 13-3-1）：

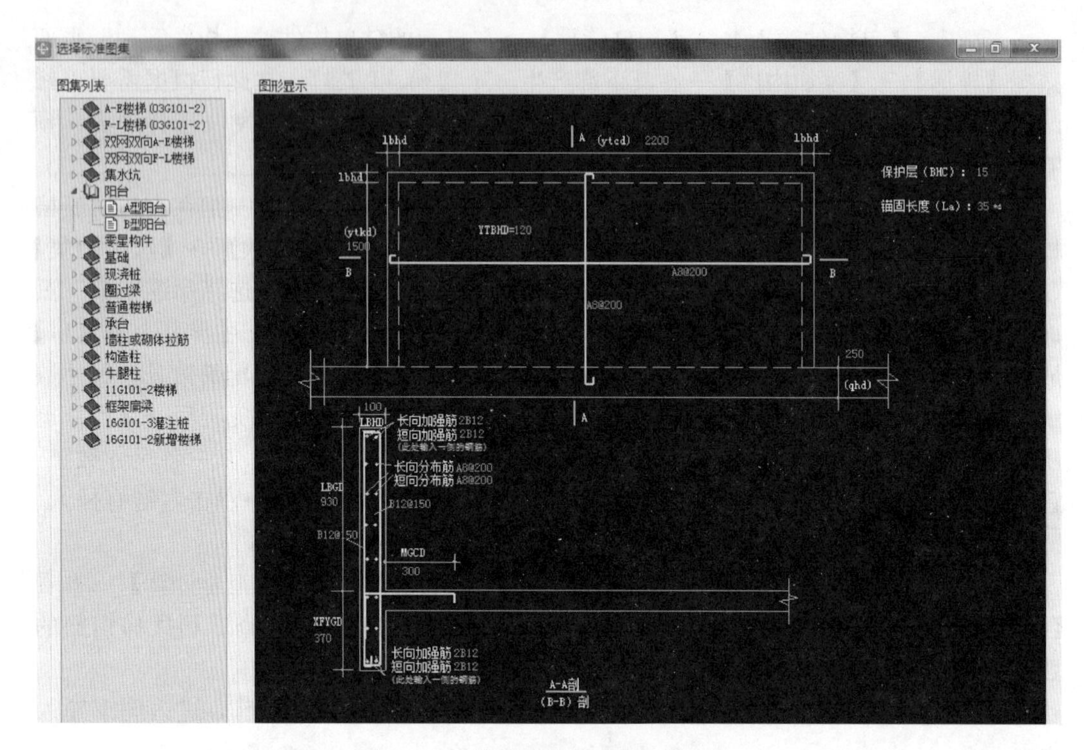

图 13-3-1 单构件输入阳台（老版本）

（此类构件只能作为在【其他】构件下的下级构件，在有【其他】标志下的构件，有钢筋数量）；

展开阳台前的“+”为“－”→选择 A 型或 B 型阳台→显示 A 型或 B 型阳台的平、立面大样图→选择图形→进入阳台平、立（剖）面图，参数尺寸设定修改操作，在主屏幕，各参数、配筋信息等蓝色的单击可修改→有增加、删除、编辑钢筋功能选择“增加钢筋”→进入选择钢筋图形页面……

设置完毕→【计算退出】→展现阳台钢筋下料单页面，并在此页面的左边产生了一个主构件和一个下级构件，单击【其他】下的构件名，可修改为阳台。只能在此可以查到阳台的钢筋数量→单点下料单的 1 个行首→单击右键，有删除、复制等功能→【汇总计算】→【报表预览】，在楼层构件类型经济指标表可查到上面任选的主构件的钢筋质量，主构件的下级构件数量已合并。

13.4 《2018 版》筋量合一：表格输入（只能）计算钢筋量、钢筋定额

《2018 版》无【单构件输入】，改为【表格输入】：

【工程量】→【表格输入】，在显示的“表格输入钢筋”页面选择楼层→【添加节点】或【添加构件】→【参数输入】在图集列表下部→选择构件类型如集水坑，如图 13-4-1 所示。

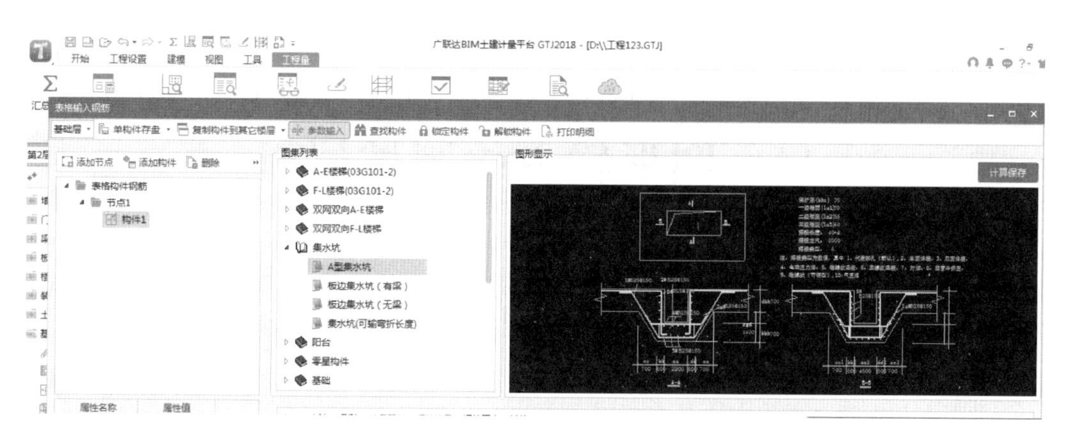

图 13-4-1 在表格输入界面建立集水坑

展开其下部某个主构件前的“+”为“—”→单击其下级构件名【集水坑】→在右侧的“图形显示”页面有所选【集水坑】构件的平面、剖面图可放大，凡绿色字体、参数，单击可修改→【计算保存】→在此页面下部已显示此构件的各种钢筋图形下料单、质量，可修改，双击根数、显示，可设置加密、不加密等。

在表格输入钢筋构件属性页面“汇总信息”栏输入【集水坑】→【工程量】→【汇总计算】→【查看报表】→在“楼层构件统计校对表”下部显示为基础层（表格输入）【集水坑】构件名称，有工程量。在此功能窗口可选择的构件种类很多，适用于需要单独列项查阅的构件、情况。

表格输入范围同 13.1 节【单构件输入】的范围、操作方法相同。

14　图形输入绘制坡屋面

14.1　图形输入绘制斜梁坡屋面、老虎窗

老版本与新版本操作方法基本相同。

主要过程：先画斜梁（或先画折梁），在梁的属性编辑页面输入起、终点标高→【板】→【现浇板】→【定义】→【新建】→【绘图】→“平齐板顶”，框选已画好的斜梁或折梁平面图。

具体操作方法：

1. 先定义支承坡屋面的墙、柱、梁，在属性编辑页面输入各自的起、终点（指梁）标高，墙的底标高、起点、终点顶标高，柱的底标高、顶标高。其余同普通墙、柱、梁。并且绘制支撑屋面板的竖向构件。

2. 画斜梁或折梁。

3. 【现浇板】→【定义】→【新建】▼→【新建现浇板】→在属性编辑页面默认为层顶标高，其余同平板操作。

（1）绘图（在板界面）→用“直线”功能键按板的平面形状顺序沿板边画封闭折线，先绘制成平板。

（2）板边如需外伸（水平板带），光标放在板图元边，光标由“箭头”形变为回字形，并单击左键，板图元变蓝→单击右键（下拉菜单）→【偏移】（如板的各边均有外伸且外伸宽度相同→选【整体偏移】），如只有某边外伸或外伸宽度不同→【多边偏移】→单击需偏移的板边→单击右键→向外移动光标有虚线（外移为扩大，内移为缩小）→同时输入偏移值（单位：mm）→按 Enter 键，板图元已外伸（扩大），按此过程处理另一需外扩的板边。

4. 单击板图元使之变蓝→单击右键（下拉菜单）有【平齐板顶】【三点定义斜板】（按无斜梁坡屋面方法操作）【按基准边抬起点定义斜板】【按坡度系数定义斜板】等六种方法画坡屋面，如图 14-1-1 所示。

坡度＝坡度系数＝坡高 h/水平投影长度 A

用于老版本土建计量：

河南定额规定：坡度≥0.5 按有梁板或平板的模板料及人工均乘 1.3 的系数。只要在主屏幕已有现浇板图元的状态单击板→单击右键（下拉菜单），有“平齐板顶”“三点定义斜板”“按基准边抬起点定义斜板”“按坡度系数定义斜板”等方法画坡屋面。

《2018 版》：【平齐板顶】的操作在【建模】界面：【自动平齐板】▼下有【自动平齐板】和【指定平齐板】两种功能，另有更多功能，如图 14-1-2 所示。

其余方法同老版本。

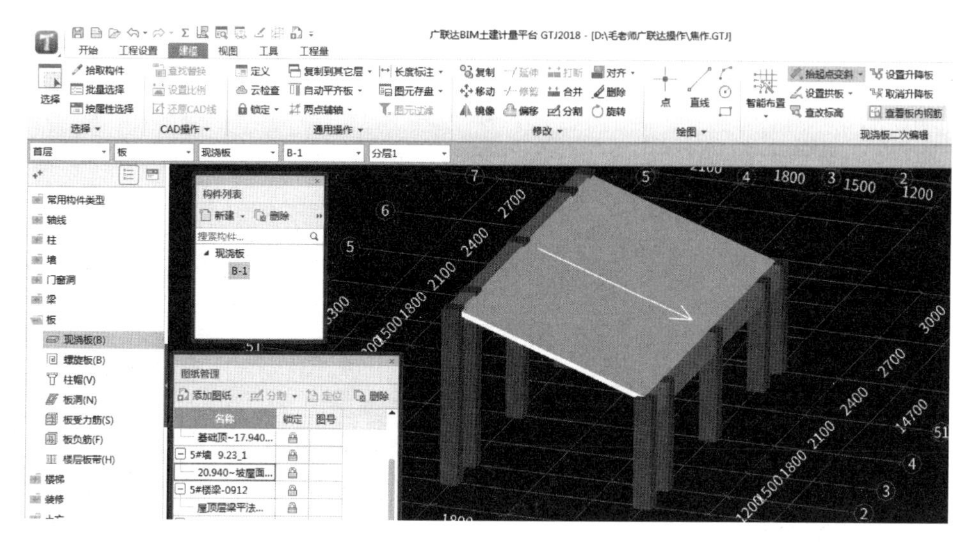

图 14-1-1　用抬起点变斜绘制斜板坡屋面

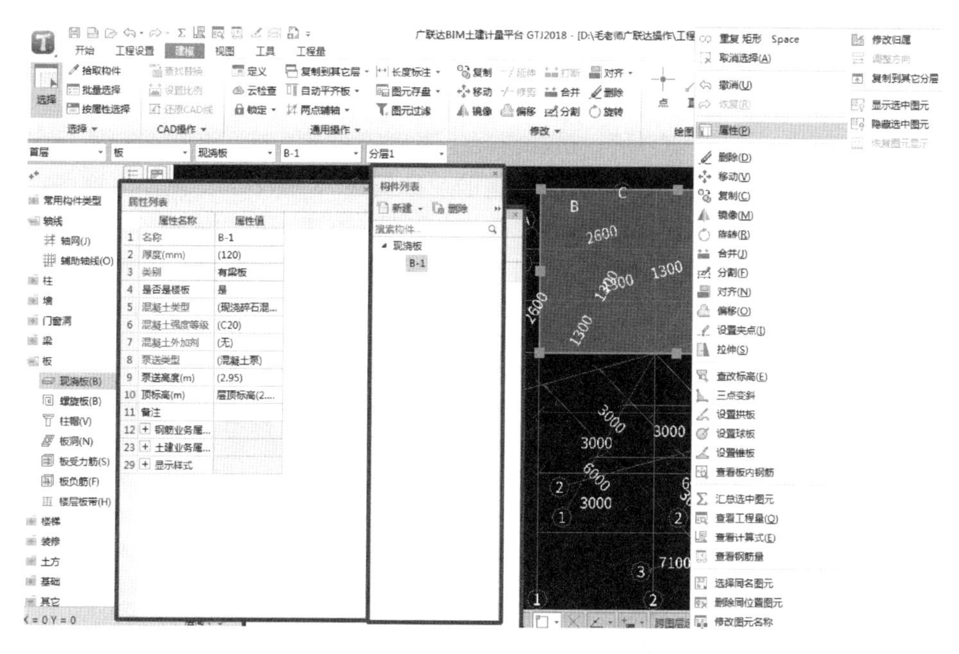

图 14-1-2　设置坡屋面现浇板的更多功能菜单

老虎窗：在主屏幕坡屋面图元绘制完成才能绘制老虎窗。

在常用构件类型下部，展开【门窗洞】→【老虎窗】→【定义】，在弹出的【定义】页面：从左向右有【属性列表】【构件列表】【构件做法】三个分页面。在【构件列表】下部→【新建】→【新建参数化老虎窗】，如图 14-1-3 所示。→进入“选择参数化图形”页面，有 7 种老虎窗图形供选择，选择一种老虎窗图形，右边联动显示此老虎窗的正面、侧面大样图，图中凡绿色尺寸数字，单击可在显示的小白框内修改或输入，光标放到绿色字体上显示输入格式，各参数修改、设置完毕→【确定】→在【属性列表】页面修改老虎窗构件名称→单击左键→【构件列表】下新建的老虎窗构件名与之联动改变，

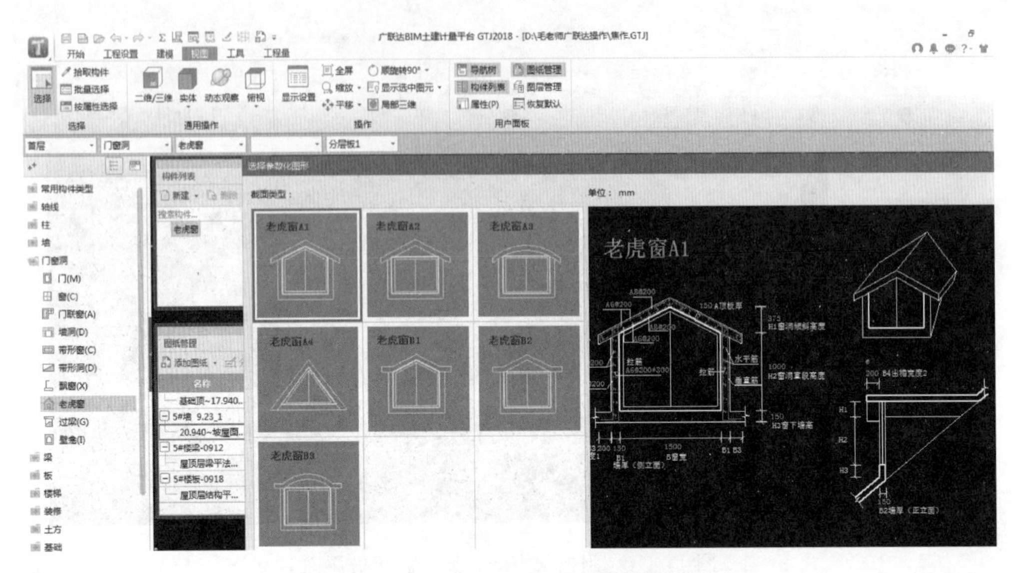

图 14-1-3　新建参数化坡屋面老虎窗

单击属性页面的“截面形状”，再单击行尾可返回“选择参数化图形”页面。在属性页面的板长跨、板短跨加筋栏，输入加筋格式“根数＋级别 A\B\C＋直径”；在斜加筋行输入格式“根数＋级别＋直径”；选择混凝土强度等级如 C25，有些在初始建立工程时已经设定，在此无须重复设置，展开“钢筋业务属性”，在平面、侧面大样图中无法设置的钢筋，可在“其他钢筋”行单击，再单击行尾→在进入的“编辑其他钢筋”页面设置。属性列表各参数输入设置完毕。在右边大样图上部【参数图】右边→【构件做法】→【添加清单】【添加定额】，选择工程量代码，在此需要把老虎窗的全部定额子目选齐（钢筋不需要选择定额子目，程序可自动套取定额子目）。清单、定额、工程量代码选择完毕，关闭【定义】页面，必须在坡屋面斜板上绘制老虎窗。绘制的坡屋面老虎窗三维立体图如图 14-1-4 所示。

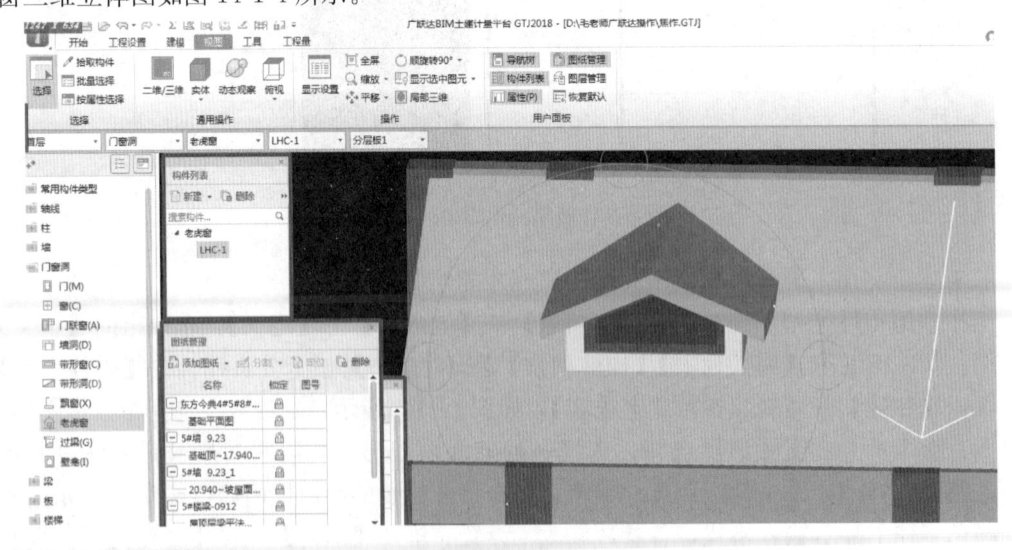

图 14-1-4　坡屋面老虎窗三维立体图

14.2　图形输入绘制无斜梁坡屋面

老版本、新版本操作方法基本相同。

1.（梯形、三角形）在现浇板界面平板绘制完毕→（在画板界面的主屏幕上邻行）【三点定义斜板】▼→按提示，单击板图元，变蓝为有效→同时板的三个或四个角点已显示各角点的现有标高，此标高为建立板构件在其属性编辑页面默认的层顶标高（扣除建筑面层厚度）→单击角点标高数字，使其显示在小白框→输入拟定的目标标高（单位：m），标高不变的角点不需处理→再单击一下角点（如与先选择的角点为相同标高，此角点标高会随之自动变更），变为小白框→输入目标标高（单位：m），需按剖面图应有的总标高值输入→单击左键或按 Enter 键→可自动显示箭头指向低处为操作成功。

2. 按坡度系数定义斜板，如图 14-2-1 所示。

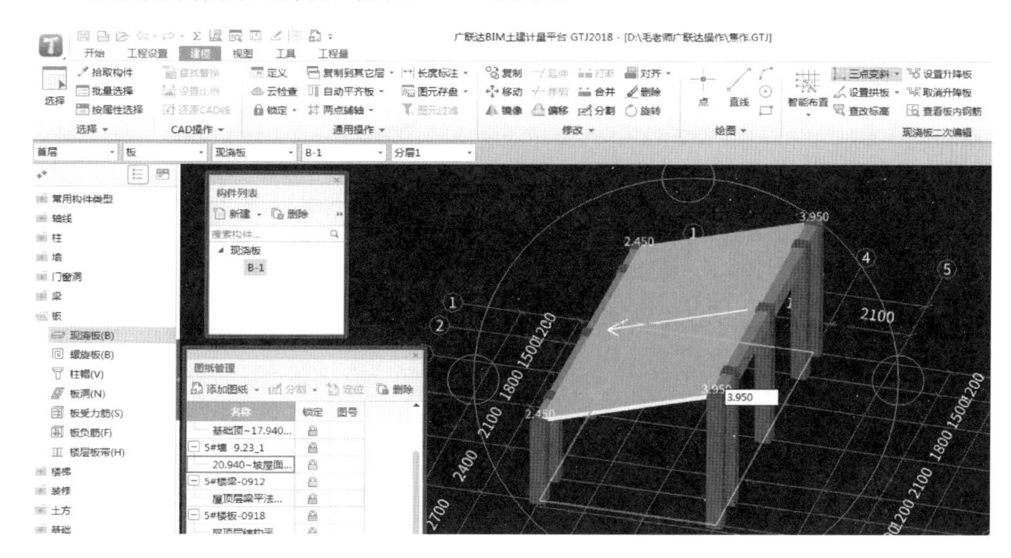

图 14-2-1　按坡度系数定义斜板坡屋面

单击板图元，板图元变蓝→单击现有标高不需升降的板图元边线作为基准线→显示“输入基准边标高”页面，程序可自动显示已选基本线现有标高（单位：m），→输入坡度系数，负值为向下，正值为向上→【确定】，已有坡向箭头显示→【动态观察】可观察三维立体图。

坡度斜板绘制完毕，再画板钢筋方法同平板。

14.3　按标高批量布置多坡屋面

老版本、新版本操作方法基本相同。

适用工况：多坡、四坡屋面在定义柱的底标高、顶标高，定义墙的起点、终点底标高、顶标高，定义梁的起点、终点顶标高、柱、墙，（梁）图元绘制完毕，再定义斜梁、屋脊梁的构件名称、属性，并且各自竖向构件图元绘制完毕，如四坡屋面，周边支承墙▭图元绘制完毕，并且按应有位置各种如梯形⏢、三角形△的现浇板图元绘制完毕（按其水平投影平板绘制在支承的墙、柱、梁、斜梁、屋脊梁全部绘制完毕）。

连续单击各种形状的板图元，板图元变蓝→单击右键（下拉菜单）→【按标高批量定义斜板】→板图元各个角点显示现有标高，是定义板时的默认层顶标高减去建筑面层厚度的标高值（单位：m），不需调整标高的角点数字无须操作→分别逐个角点单击需调整修改角点标高的数字→数字变白→输入目标标高值，为剖面图的此角点总标高→按 Enter 键→各角点按此方法修改标高后→单击右键确定→各板块已显示示坡箭头指向低处，可【动态观察】检查。

把绘制好的平板定义成斜板：

单击已有平板，图元变蓝→单击右键→【按基准边抬起点定义斜板】或【按基准边】【坡度系数（按 14.1 节描述操作）定义斜板】→单击基准边→选择需要抬高或者降低的板边→弹出“输入标高 m”，此值不需要输入，可自动显示当前板顶标高，只需输入坡度系数，正值为向上，负值为向下→【确定】→板图元中已显示坡向箭头指向低处。操作方法同本章前边所述。

15　图形输入车辆坡道、螺旋板[①]

老版本与新版本操作方法基本相同。

1. 应先有车辆坡道轴网或补充建立车辆坡道轴网

（1）【梁】→【定义】→【新建】→【新建矩形梁】→在属性编辑页面按各栏含义起名，截面宽度、高度、配筋信息等同普通梁，不同的是需输入梁的起、终点梁顶标高，当为有高差的斜梁时，应按剖面图的标高输入应有标高值。当梁与坡道方向垂直布置，同根梁的起点、终点顶标高相同，只是可能每道梁的标高不同，可按坡度、水平投影间距计算：

图示坡度百分比×水平投影距离＝梁顶高差

坡度＝两道梁之间的梁顶高差÷水平投影距离，定义各道梁构件名称、属性各行参数输入完毕→【绘图】→用【直线】功能菜单绘制各道梁图元→动态观察→检查观看梁的三维立体图是否正确。

（2）【现浇板】→【定义】→【新建】→【新建现浇板】→在属性编辑页面，起名，设置板的标高，按最高端的梁顶标高值输入，板构件定义完毕→【绘图】→布置方法同普通板。此时绘制的板为一端悬空，与坡道坡度不符，没有依附在低端梁上。

（3）调整斜板的坡度：【按标高批量定义斜板】→框选已画的板图元→单击板图元的悬空端，板角点的标高值数字（单位：m）→此需修改的标高值显示在小白框内→输入拟修改的目标标高值（单位：m）→按 Enter 键（用上述方法单击另一个板悬空角点……）各角点标高按要求修改完毕→左键确认，板图元已显示坡向箭头指向低处，依附在梁上。

2. 绘制弧形（坡道转弯处）坡道

坡道的直线段板图元应绘制完毕。方法 1：→新建螺旋板，如图 15-1-1 所示。

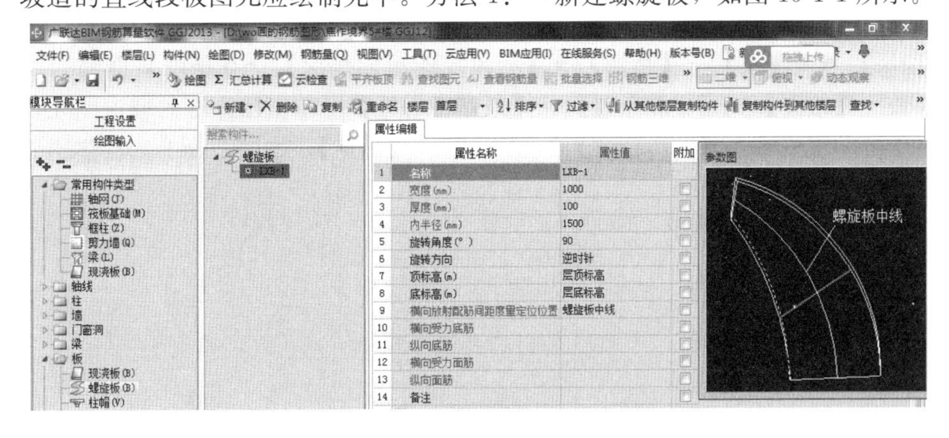

图 15-1-1　建立车辆坡道转弯处螺旋板（老版本截图）

---

① 老版本土建计量同此方法。

老版本与新版本操作方法基本相同：在此构件的属性编辑页面输入坡道的宽度、厚度、转弯角度（均按图示设计值）、半径和顶、底标高→试画并观察是否与图纸设计方向一致→按 Enter 键，螺旋板绘制完毕。

3. 用于老版本土建计量或者《2018 版》筋量合一，绘制螺旋板的垫层

方法 1：选择并单击已绘制螺旋板图元的轴线圆心，应与电子板底图的圆心吻合；→“垫层”→【定义】→【新建】→【新建线式矩形垫层】→【绘图】→【智能布置】→【螺旋板】，螺旋板的垫层已绘制成功。

转弯处弧形坡道图元绘制完毕→动态观察检查无误后→绘制坡道板钢筋，绘制方法同普通现浇板受力筋、负筋的绘制。

方法 2：在基础层→【条形基础】→【定义】→【新建】→【新建条形基础】→把构件名称修改为车辆坡道→在属性编辑页面填入弧形坡道的宽度、厚度（单位：mm），（此栏的字体为蓝色公有属性，只要修改此栏的属性含义，不点已画的此类构件图元，其图元属性内容也会随之改变。）并输入标高值。

构件属性定义完毕→【绘图】→根据图纸轴线定位→用“三点画弧”功能菜单画弧形坡道，由坡底到坡顶画弧形坡道。【三点画弧】只画直线与坡道转弯处的弧形连接部分，如图 15-1-2 所示。

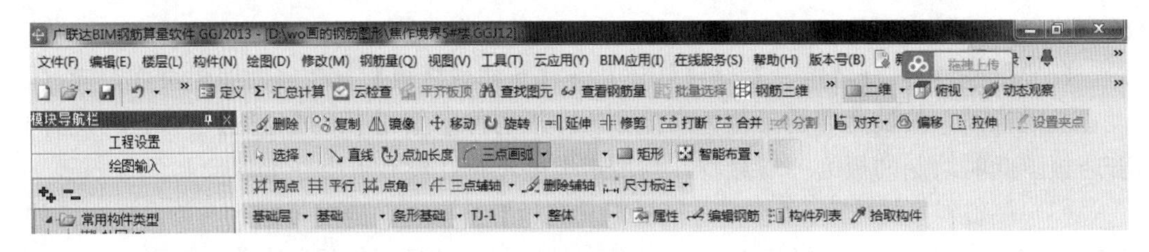

图 15-1-2 【三点画弧】功能窗口位置图

坡道全部画好后绘制坡道配筋，钢筋依附于板，绘制方法同普通板的受力筋、负筋的绘制。

用于老版本土建计量或者《2018 版》筋量合一：螺旋板的坡道图元（全部）画好后，绘制螺旋板的垫层：

【垫层】→【定义】→【新建】→【新建线式矩形垫层】→在属性页面输入厚度等主要参数→【绘图】→【智能布置】→【条基中心线】→单击已画好的坡道图元，图元变蓝→单击左键→输入【出边距离】如“100”→【确定】，垫层已画上。在垫层界面可【生成土方构件】。

16　屋面工程

16.1　平屋面铺装

平屋面铺装必须是在顶层屋面，宜在周边女儿墙绘制完成后进行。

用于老版本土建计量与《2018版》筋量合一：在“常用构件类型”下部展开【其他】→【屋面】→【定义】，在显示的【定义】页面有【属性列表】【构件列表】【构件做法】三个分页面。在【构件列表】下→【新建】→【新建屋面】，产生一个屋面“WM构件”→在左边【属性列表】下把构件名称的字母修改为中文屋面构件名称，单击左键，【构件列表】下的字母构件名与之联动改变。在属性页面选择屋面的底标高，可选择“顶板顶标高”，如屋面有配筋保护层→展开属性页面下的【钢筋业务】→双击【其他钢筋】，如图16-1-1所示。

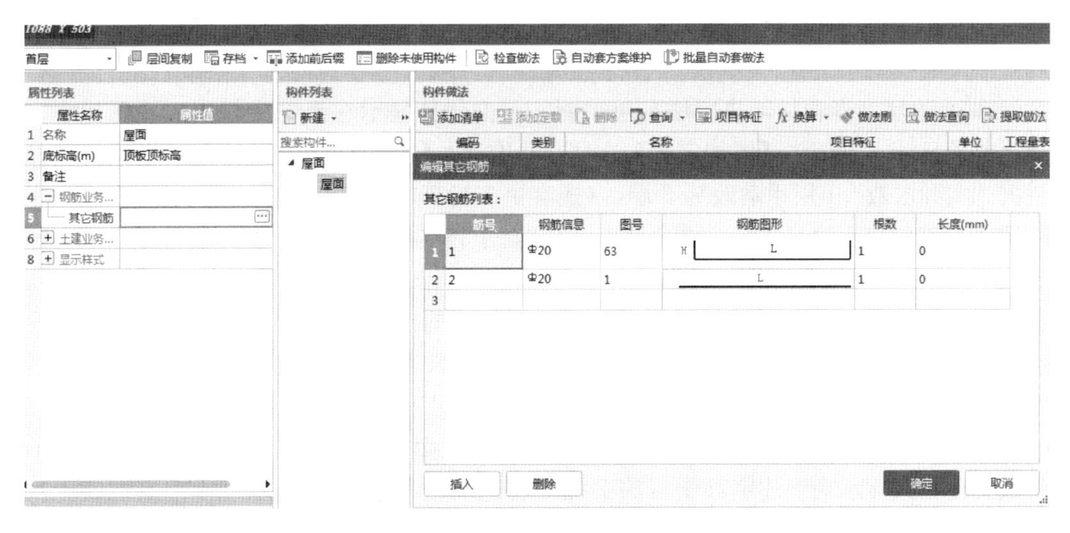

图16-1-1　建立屋面铺装其他钢筋

单击行尾显示的小黑框，在显示的“编辑其他钢筋”页面设置，以上各节有详细描述。属性页面各行参数定义完毕。

在右边【构件做法】下→【添加清单】→在【查询匹配清单】下部找到匹配清单，双击使其显示在上部主栏内，所选择的清单多数可在其工程量表达式栏自带工程量代码，屋面计量单位多按面积计算，有不符合的可修改。

【添加定额】→【查询定额库】，进入按分部分项选择定额子目操作：平屋面为排除雨水设计有找坡，保温层可兼作找坡层，保温层或找坡层的工程量多按图示尺寸面积乘以平均厚度以立方米计算，平均厚度是计算找坡层或保温层工程量的重点，平均厚度计算有以下几种方法：

（1）各处厚度相同时，平均厚度等于设计厚度；

（2）当最薄处为零时，双坡屋面的平均厚度＝屋面坡度×（$L/2$）/2；（L 表示双坡屋面水平投影总宽度或者单坡屋面的水平投影宽度）；

（3）最薄处为零时，单坡屋面的平均厚度＝屋面坡度×$L/2$；

（4）单坡屋面最薄处为 h 时，平均厚度＝屋面坡度×$L/2+h$；

（5）双坡屋面最薄处为 h 时，平均厚度＝屋面坡度×（$L/2$）$/2+h$；详见第 22.13 节手算技巧。

【添加定额】→【查询定额库】，进入按分部分项选择定额子目操作。

以河南定额为例：展开保温隔热、防腐工程→保温隔热→屋面，按设计要求找到定额子目 10-3 屋面加气混凝土砌块浆砌厚度 180mm，并双击使其显示在上部主栏内→双击 10-3 的“工程量表达式”栏，单击栏尾部显示的小三角→“更多”，进入“工程量表达式”页面选择工程量代码，双击屋面面积“MJ”，使其显示在此页面的工程量表达式栏下，手工输入＊平均厚度：单位为 m，在此可配合选择工程量代码编辑计算式→【确定】，此计算式已显示在 10-3 的工程量表达式栏内→最底行【专业】，把【建筑工程】切换为【装饰工程】→展开“楼地面”→“找平层及整体面层”，双击 11-2 平面砂浆找平层在填充材料上，使其显示在上部主栏内→双击 11-2 的工程量表达式栏，单击栏尾部显示的小三角，选择“屋面面积”MJ→在最底行【专业】尾部选择【建筑工程】→展开“屋面及防水工程”→展开“防水及其他”→展开“卷材防水”→改性沥青卷材，找到 9-34 改性沥青卷材，热熔法一层平面，双击使其显示在上部主栏内，并保持 9-34 为当前子目→（上部与【添加定额】在同一行右边）【换算】，在主栏下显示的换算信息栏把“实际层数”1 层手动改为 2 层，（还有更多换算功能）→【执行选项】，在主栏中 9-34 子目编码栏程序自动显示 9－34＋9－36，子目名称栏主要工作内容尾部显示实际层数“2”→双击此子目的“工程量表达式”栏，单击栏尾部显示的小三角→“更多”，进入“工程量表达式”页面，双击【代码列表】下的“屋面卷材面积”JBMJ，使其显示在此页面的“工程量表达式”下，单击“屋面周长”ZC→【追加】→双击已选择的“屋面周长”，使其与前边已选择的“屋面卷材面积”用＋号连接在一起，手动输入×0.3（卷材上翻高度），组成“屋面卷材面积＋“屋面周长”×0.3 计算式→【确定】，组成的计算式显示在上述定额子目的工程量表达式栏。卷材保护层 11-4 细石混凝土找平层，在工程量表达式栏用同样方法选择“屋面面积”；……所需要的全部定额子目、工程量代码选择完毕→【定义】（有开、关功能），关闭【定义】页面。在此只讲操作方法，选择什么清单、定额需按设计工况确定。

主屏幕上部→【智能布置】：有“外墙内边线、栏板内边线”“现浇板”“外墙轴线”“外墙内边线”等五种布置方法，如图 16-1-2 所示。

【智能布置】→【外墙内边线】→框选全平面图，墙、梁图元变蓝→单击右键，屋面铺装已布置成功为粉红色，洞口除外。左键单击屋面图元，图元变蓝→单击右键（下拉菜单）→【汇总选中图元】→计算完毕→单击右键→【查看工程量】，弹出“查看构件图元工程量”页面→【做法工程量】，有选择的清单、定额子目、工程量，在这里如有相同定额子目，程序有自动合并功能。

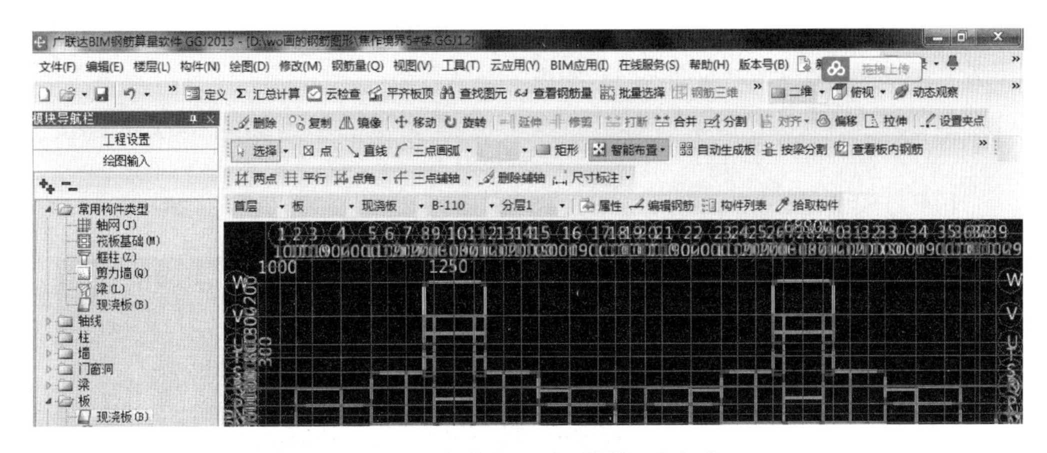

图 16-1-2 智能布置屋面铺装（老版本）

【智能布置】→选择【现浇板】，平面图上才显示屋面楼板的图元。

16.2 用自定义线绘制挑檐、天沟

用自定义线绘制挑檐、天沟，用于老版本钢筋计量与《2018 版》筋量合一，操作方法包括电脑画面都基本相同。

描绘挑檐、天沟节点详图前的准备工作：如挑檐、天沟等节点详图的比例尺寸与其所在屋面或楼板平面图的制图比例尺寸不一致，需把此详图用手动分割的方法分割，再用（CAD 识别界面）【设置比例】的功能，把节点详图的制图比例修改得与主平面图制图比例一致，再描绘挑檐、天沟节点详图。

在某层电子版楼板平面图上，需有天沟、挑檐大样详图的画面上绘制天沟、挑檐。

展开导航栏“图形输入”下部的【自定义】→【自定义线】→【定义】→【新建】▼→【新建异型自定义线】→在显示的“多边形编辑器”页面，按挑檐或天沟详图的截面尺寸定义水平、垂直网格，用“多线段”功能描绘详图的截面外轮廓线形成封闭→右键确定。定义的网格尺寸以 100 或者 50 用逗号隔开，尾数忽略，可以在后续操作过程中修改，详图的外轮廓线描绘后可修改。更多更好的功能方法可以参照本书 3.3 节编辑异型截面柱的操作方法。

也可（不按详图的外轮廓水平、竖向尺寸）定义水平、垂直网格。直接【在 CAD 中绘制截面图】（使用于截面边框线没有形成封闭的大样详图）→按提示，进入有挑檐或天沟的节点详图的楼板平面图中，找到该详图→用多线段画法描绘节点详图的外轮廓线形成封闭→单击右键，已把挑檐或天沟节点详图导入多边形编辑器，核对修改尺寸，方法为：光标移动到需修改尺寸的角点或节点，光标由箭头状变为回字形→双击左键→移动光标显示虚线，移动光标拉虚线至应有网格尺寸位置→按 Enter 键→双击尺寸数字，修改为应有尺寸数字→【确定】。

方法一：

【属性】→进入属性编辑页面，起名→（在属性页面中部）弹出→【配筋】→【纵筋】（并输入纵筋配筋值）→选择【含起点】（不勾选为不含起点）、【含】或【不含终

点】（按提示）→单击起点、终点，生成点壮布置的纵筋，按此方法分别布置截面大样图中水平方向、竖向方向分布的纵筋，如图 16-2-1 所示。

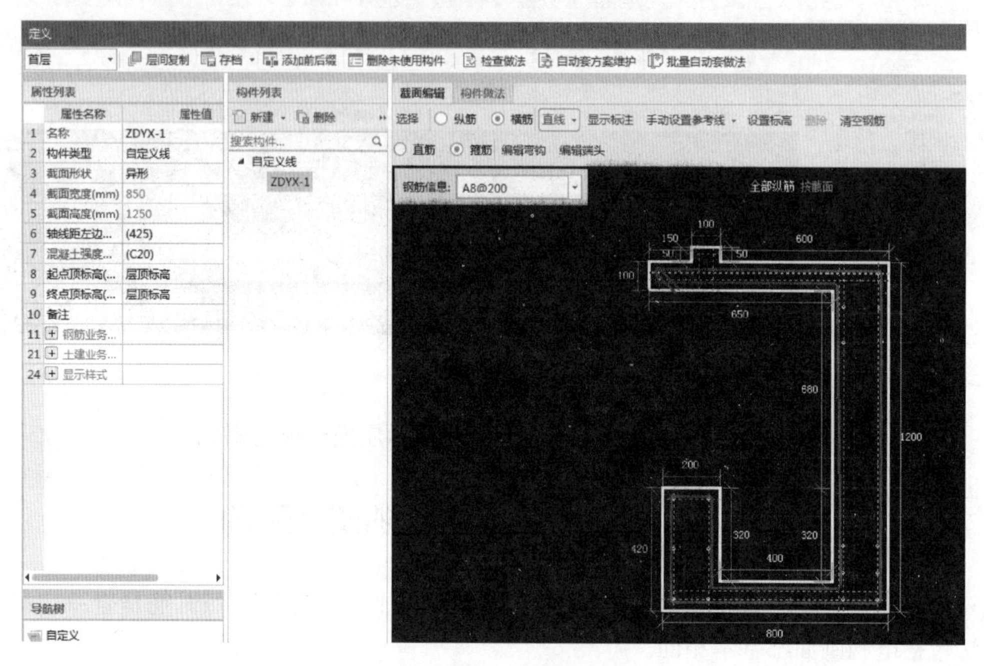

图 16-2-1　用自定义线功能绘制挑檐、天沟

【横筋】（有时也称箍筋）→在配筋信息栏输入配筋信息值→单击确认→按提示，光标移动到截面图上需画横（或箍）筋的起点，单击→移动光标画横（或箍）筋，画出横筋为黄色线条，可按截面图示画转折钢筋线→右键结束，黄色线条变为红色钢筋线→（纵向、横向钢筋画完毕）【设置标高】→按提示：左键单击需修改或设置标高的截面外边线→在显示的小白框内输入标高值，此值为剖面图中竖向总标高值（单位：m）→按 Enter 键，输入的标高数字消失但有效→“确认”（截面详图绘制完毕）→（在此页面上行）【恢复】→返回属性编辑页面，属性页面各行参数输入完毕→【属性】（关闭属性页面）→【绘图】→按此详图在已有楼板或屋面平面图的所在位置画上挑檐或天沟→【动态观察】用以检查是否方向画反，可删除调整方向再画。位置不正→单击已绘制的详图，详图变蓝→单击右键→【偏移】，可调整位置。使用 F4 快捷键可改变绘图插入点。绘制方向错误，选中已绘制构件→单击右键→【调整方向】，调整绘图方向→【局部三维】可以查看已绘制构件的三维立体图→【计算】，可查看其钢筋量。

提示：所画钢筋如无法删除可在计算构件图元或汇总计算后→【编辑钢筋】→单击此详图→在屏幕下部显示的钢筋图形下料单中单击行首，全行变色→单击右键→【删除】；在此双击【根数】栏可以查看计算式。

方法二：

在【异型截面编辑器】页面→【从 CAD 选择截面图】，如图 16-2-2 所示。

使用于截面边框线能够形成封闭的大样详图，通过选择封闭的 CAD 线条建立截面。进入并找到有挑檐、天沟的平面图，光标呈“十”字→框选挑檐或天沟节点详图，详图变蓝→单击右键→此节点详图已进入多边形编辑器→校核并修改此详图的截面尺寸（方

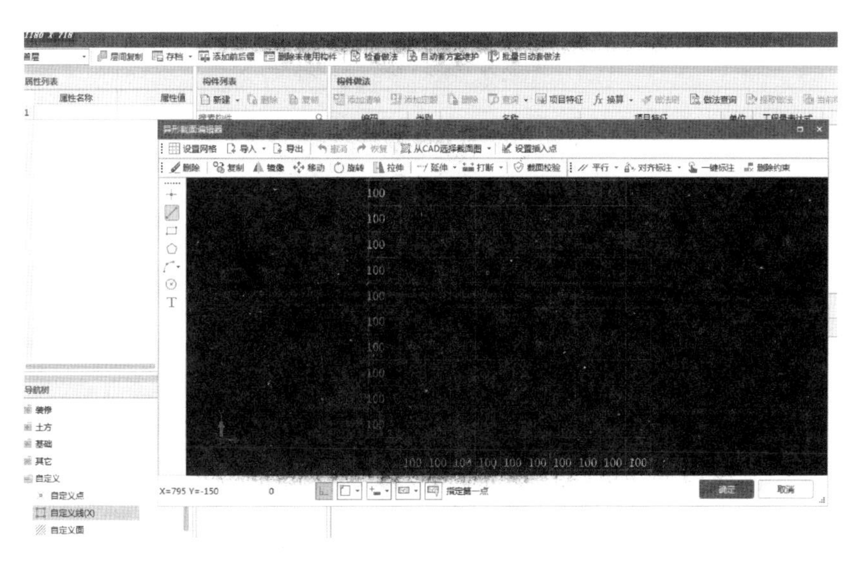

图 16-2-2 【从 CAD 选择截面图】功能窗口位置图

法①：单击截面尺寸数字可修改。方法②：光标捕捉到不规则、挑出部位的角点，光标由箭头状变为回字形→双击左键，移动光标显示虚线移动至应在位置→按 Enter 键，并配合修改尺寸完毕）→【确定】→返回属性编辑页面，按此页面栏目输入各行参数，单击截面形状栏空白处显示■→单击■可返回多边形编辑器页面，此详图截面尺寸校核、修改完毕→【确定】。

→【属性】→进入属性编辑页面→（在属性编辑器页面中部）【弹出】→【配筋】→【纵筋】→在配筋信息栏输入纵筋配筋值，其余操作方法同前面所述（属性 1）。

绘制成功的挑檐、天沟三维立体图，如图 16-2-3 所示。

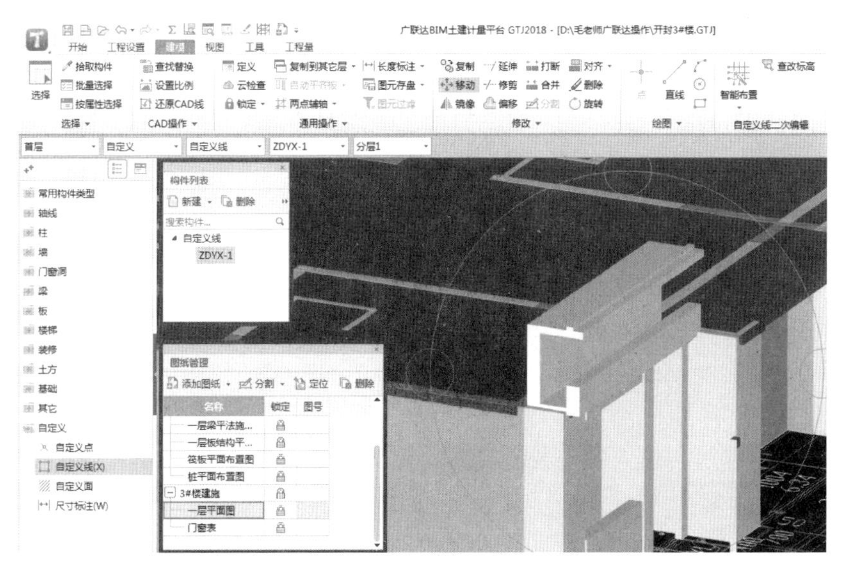

图 16-2-3 挑檐、天沟三维立体图

在【自定义线】下部有【自定义面】【自定义贴面】可用于计算装修工程量。

17 装修工程

17.1 识别装修表

《2018 版》识别装修表：

17.1.1 按构件识别装修表

在【构件列表】右邻→【图纸管理】，在【图纸管理】页面下部找到建筑总图纸文件名称，并双击其行尾部空格，使此建筑总图下的多个电子版图显示在主屏幕。

在【建模】界面的导航栏“常用构件类型”下部：展开【装修】→【房间】，在主屏幕右上角有【按构件识别装修表】，作用是把 CAD 图纸中的装修表识别为装修构件。在主屏幕有多个电子版建筑图状态，找到装修表（又称构造做法表）→单击主屏幕右上角的【按构件识别装修表】（如果设计者设置了多个装修表，一次只能框选一个装修表）→光标放在“装修表”左上角呈十字→框选装修表、装修表变为蓝色，并被黄色粗线条框住→单击右键，弹出“按构件识别装修表”页面，如图 17-1-1 所示。

图 17-1-1　“按构件识别装修表”页面

单击表头左上角的▼→选择为【名称】，删除表头下邻行重复的表头、删除表头下邻行的空白行，如果首列是多余也可以删除（因为许多装修表的图面排列、布置格式并不是按照一行一个装修构件排列，有许多地方可以修改）。如果有的竖列尺寸比较窄，造成装修做法内容显示不清楚→光标放到装修表头上邻空白行的各列界线上，光标呈微型水平双箭头→横向拖动可展宽各列的宽度；如某个装修部位有多层做法→双击此部位，使此部位变为蓝色，按住键盘右下角的向左或向右方向键，可以滚动观察此部位的多层做法文字内容（下述【按房间识别装修表】也有此功能）。在表头尾部【类型】栏下部，逐行依次双击显示▼→▼选择为每行与首列名称相同的【楼地面】【踢脚】【内墙裙】【内墙面】……【顶棚】等，按照横向每行1个装修构件，竖向每列一层装修做法的格式排列；也可以在表头下部从【名称】栏开始，可以使用【复制】【粘贴】功能把【类型】栏各行的【楼地面】【踢脚】【内墙裙】【内墙面】……【顶棚】等复制到与其水平对应的首列各行（复制方法：在【类型】栏下部各行，如在显示【楼地面】▼状态，双击首个字体使此数个字体变为蓝色→单击右键→【复制】→把此构件名称【粘贴】到与其对应的同一行左边的首列【名称】栏，使前边的【名称】与后边的【类型】栏构件名称相同），中间各列是装修构件的各层做法，如果有某个部位做法与图纸设计不相符，可修改。

可以使用【插入行】【插入列】功能增加行或列；使用【删除行】【删除列】功能删除行或列。装修构件各部位、各层做法设置完毕，在最后【所属楼层】栏下部分别双击各行显示【…】→【…】，把装修构件选择到应有的各个楼层。

在表头上部空行从左向右依次单击空格，全列发黑，对应竖列关系→【识别】，提示“识别完成，共有多少个构件被识别”→【确定】。

检查识别效果→【定义】，在显示的【定义】页面左边“常用构件类型”栏【房间】下部，分别打开【楼地面】【踢脚】【墙裙】【墙面】【顶棚】等各自界面，可显示已识别成功的所属多个装修构件名称、属性，还可以在“常用构件类型”栏展开【其他】→【屋面】（W）→查看已识别成功的【屋面】构件名称、属性。

17.1.2 【按房间识别装修表】

【按房间识别装修表】作用是把CAD图纸中的装修表识别为包含装修构件的房间，适用于装修表中的构造做法按照房间排列组合的情况，可修改调整。

单击主屏幕右上角的【按房间识别装修表】→框选平面图上的装修表，装修表变蓝色（不要框选不应该识别的内容）→单击右键，在弹出的“按房间识别装修表”页面，单击表头左上角的▼→选择为【房间】；单击表头第二列的▼→选择为【楼地面】；单击表头第三列的▼→选择为【踢脚】；单击表头第四列的▼→选择为【内墙裙】；在表头依次用同样方法分别按照图纸设计选择为【内墙面】【顶棚】等→在下部表内根据设计需要把各行的首列向下依次选择或输入房间名称如主卧、次卧、客厅、厨房、卫生间、楼梯间、地下室等。格式按照：一行作为一个房间排列，竖向一列作为每个房间的一个构件，如图17-1-2所示。

可以根据实际需要增加、删除列或行。各房间如果某个部位做法不符合要求可以使用【删除】【复制】【剪切】【粘贴】等功能调整。各行的房间做法设置完成后。单击装

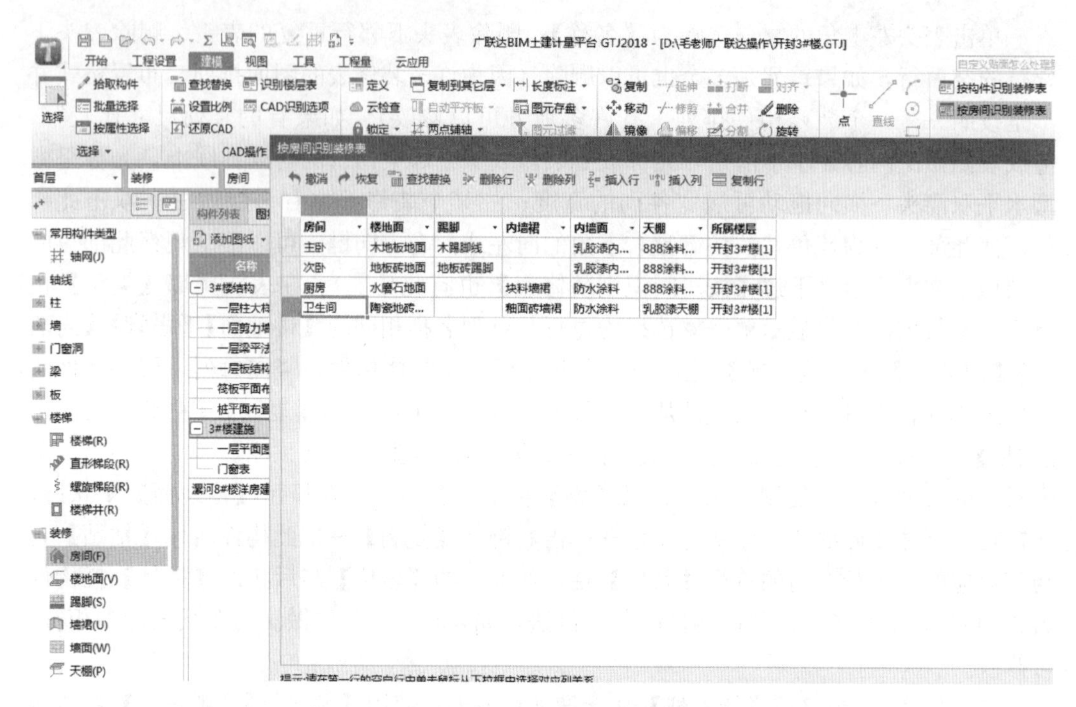

图 17-1-2 按房间识别装修表

修表上部首行的空格，从左向右逐个单击空格、全竖列发黑，作用是对应竖列关系→【识别】，弹出“按房间识别装修表”页面，提示“共识别房间、地面、顶棚、踢脚、墙裙……构件多少个”→【确定】。

检查识别效果，单击【定义】，在弹出的【定义】页面，单击“常用构件类型”下部的【房间】，在【属性列表】页面可显示此房间的属性内容；在【房间】下部分别打开【地面】【踢脚】【墙裙】【墙面】【顶棚】的各自界面，可以显示识别成功的各层做法、属性内容，如有不详可修改完善。可在【构件列表】页面分别显示已经识别成功的【房间】【地面】【踢脚】【墙裙】【墙面】【顶棚】的构件名称、图集号。

在“常用构件类型”栏下部→【房间】，在【构件列表】下部→选择一个房间→在【构件类型】栏下分别选择【踢脚】【墙裙】【墙面】→【依附构件类型】→在显示的【踢脚】项中修改踢脚的高度；在显示的【墙裙】项中修改墙裙高度；在显示的【墙面】项中修改起点、终点底标高高度=层底标高+墙裙高度，输入【墙面】的起点、终点底标高。并且需要把在各自的【属性列表】页面的参数也要修改为与各自【依附构件类型】页面相同的数值。关闭【定义】页面，在主屏幕左下角可以看到当前楼层的层高、扣除建筑面层厚度的楼层底到层顶高度 m。

下一步在“常用构件类型”栏下部→【房间】，在【构件列表】下选择一个房间作为当前操作的房间→在【构件类型】栏下【楼地面】→【构件做法】→【添加清单】，(下接按照) 17.2 节的【添加清单】……操作。

17.1.3 手工定义、建立房间各级构件的操作方法

【定义】→弹出【定义】页面，在“常用构件类型”下部展开【装修】，在【房间】

的下部（按照装修表提供的构造做法）→单击【楼地面】→在【构件列表】页面→【新建楼地面】→输入有房间或使用部位标志的楼地面名称，用于后续操作过程中的区别，下同；

在【房间】下部单击【踢脚】→在【构件列表】页面→【新建踢脚】→输入有房间或使用部位标志的踢脚名称；

在【房间】下部单击【墙裙】→在【构件列表】页面→【新建内墙裙】→输入有房间或使用部位标志的内墙裙名称；

在【房间】下部单击【墙面】→在【构件列表】页面→【新建内墙面】→输入有房间或者使用部位标志的内墙面名称；

在【房间】下部单击【顶棚】→在【构件列表】页面→【新建顶棚】输入有房间或者使用部位标志的顶棚名称；

在【构件列表】和【属性列表】页面分别产生带有房间或者使用部位标志的【楼地面】【踢脚】【内墙裙】【内墙面】【顶棚】构件。

在主屏幕左上角→【工程设置】→【计算设置】，在弹出的“计算设置”页面，在【清单】或【定额】界面操作方法相同，在此页面左边→【墙裙装修】，在右边主栏序号1，内墙裙抹灰底标高计算方法：0 从踢脚开始算起（与实际不符）→双击此行显示▼→▼，选择 1 从地面开始算起（还有外墙裙的【计算设置】）。

在左边主要构件栏下的→【墙面装修】，在右边主栏内序号 1，内墙面装修抹灰底标高计算方法显示为 0，如果有墙裙，从墙裙算起，否则从地面算起；序号 3，内墙面装修块料底标高计算方法，双击此行显示▼→选择为“如果有墙裙，从墙裙算起，否则高度从地面开始算起”，其他需要逐行检查以保证计量精确。

17.2 房间装修

在“常用构件类型”下部→【房间】→在【构件列表】下部→【新建】→【新建房间】，在【构件列表】下产生一个房间构件→在右边【属性列表】页面同时产生一个房间构件属性，在【属性列表】页面起房间名称，并在【属性列表】页面其他任意处单击左键，构件列表下的房间名称与属性列表的房间名称同时联动改变。

在【构件列表】右边“构件类型”栏下部→【楼地面】→最右边的依附构件栏下【新建】，在构件名称下自动产生一个【楼地面】（单击产生的【楼地面】尾部，在此有记忆功能，可选择已建有的各种地面构件）→在左边【楼地面】构件的【属性列表】页面（多是黑色字体私有属性），把构件名称修改为带有房间名称后缀地面的构件名称，用于在以后操作过程中与其他房间地面区别→在【属性列表】页面其他处单击左键，最右边依附构件下部的楼地面构件名与之同时联动改变为同名（《2018 版》无须返回导航栏“常用构件类型”下部的【房间】→单击下邻行的【地面】，仍在“定义”页面）：（上接 17.1 节的【添加清单】）→（最右边【依附构件】右邻）【构件做法】→【添加清单】→下部【查询匹配清单】→找到并双击所选择清单，此清单已显示在上部主栏内，并且可以自动显示工程量代码。

【添加定额】→【查询定额库】→在最下行【专业】→选择【装饰】→按所在分部

分项选择定额子目→双击应选定额子目，使其显示在主栏内，在此楼地面如有几层做法，需要把楼地面所需全部定额子目选齐全→在各定额子目行的工程量代码行，分别选择工程量代码，同有关章节描述，无工程量代码所选择清单、定额子目无效，计算不出工程量，如图 17-2-1 所示。

图 17-2-1　房间装修

在【构件类型】下部【踢脚】或【墙裙】→最右边【依附构件】下部【新建】→在构件名称栏下自动产生一个踢脚或墙裙构件（在此有记忆功能，可选择以前在其他房间建有的同类构件）→在自动产生的构件属性列表页面修改构件名称：（加前缀）房间名＋踢脚或墙裙，方便在后续操作过程中，与其他房间同类依附构件的区别→在属性列表其他处→单击左键，依附构件下部产生的踢脚或墙裙名称同时联动改变→提示：在属性页面选择的踢脚或墙裙需按设计要求输入踢脚或者墙裙的高度（单位：mm），并需要选择起点、终点底标高，应是当前楼层的层底标高（单位：m），并且在联动产生、显示的最右边【依附构件】下，也要输入踢脚或墙裙行的高度（单位：mm），并在起点、终点底标高栏，也要输入相同的数值→（在【依附构件】右侧）【构件做法】→【添加清单】→【查询匹配清单】→双击所选择的清单，此清单已显示在上部主栏目内，并且可自动带有工程量代码→【添加定额】→进入按分部、分项选择定额子目的操作，方法同前。

提示：如果记不清当前楼层的层底标高，关闭【定义】页面，在主屏幕左下角可以查到当前楼层的层高，查到扣减建筑面层厚度的层底、层顶标高值（单位：m），方便输入。

在【构件类型】下部→【墙面】→在【依附构件】下部【新建】→在“构件名称”：下部自动产生一个墙面“QM（内墙面）构件”→在最左边属性列表页面联动产生一个墙面“QM构件”，如图 17-2-2 所示。

把此构件名称修改为带房间名称（前缀）＋（内）墙面，用于在后续操作中与其他房间同类构件相区别，在属性页面其他处单击左键，依附构件下部的墙面“QM构件”

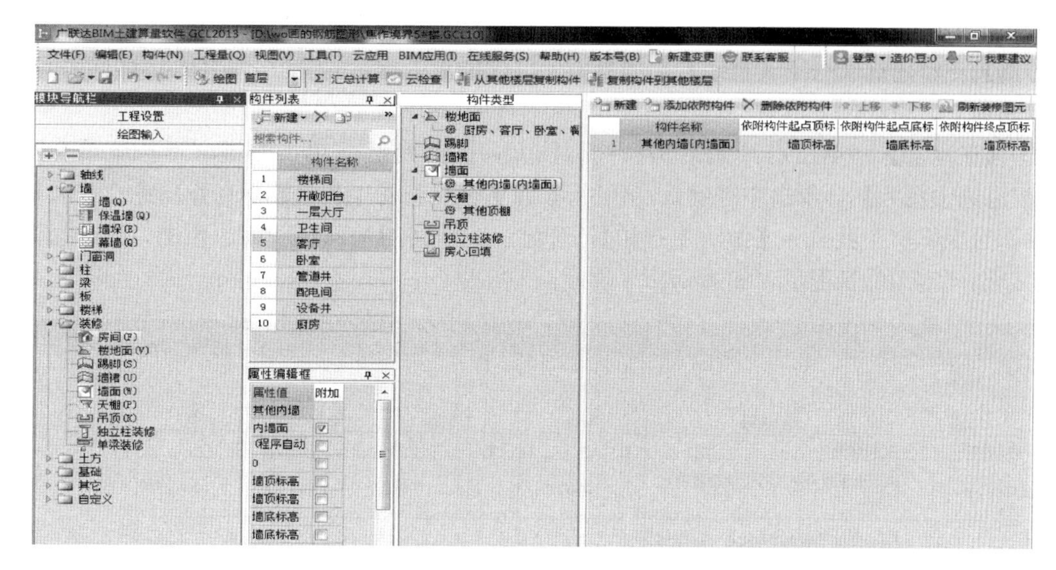

图 17-2-2 房间装修建立内墙面

名称联动改变为同名称，重要提示：必须把【属性列表】下的起点、终点底标高修改为踢脚或墙裙的顶标高值＝当前楼层的底标高＋踢脚或墙裙的顶标高（单位：m）→在依附构件下部的构件名称的起点、终点底标高也要修改为相同数值。当前楼层的底标高值，向上移动定义页面，可在电脑屏幕左下角查到→（右边【依附构件】右侧）【构件做法】→【添加清单】→【查询匹配清单】→选择清单→【查询定额库】……方法同上，如此内墙面有多层做法，在此需要把所需定额子目全部选上。

在【构件类型】栏下部→单击【顶棚】→（右侧【依附构件】页面）下【新建】，在构件名称下产生一个“顶棚”构件（在此有记忆功能，单击其尾部可选择以前在其他房间已建的顶棚构件）→在属性列表页面自动产生一个“顶棚”构件，在此需把构件名修改为带房间名称＋顶棚，用于在后续操作中与其他房间相区分，在属性页面其他处单击左键，与依附构件下的构件名称联动同时改变为同名→（在【依附构件】右侧）【构件做法】→【添加清单】→【查询匹配清单】→找到并双击匹配清单……→【查询定额库】，在装饰专业定额，顶棚分部下找到匹配定额子目，双击使所选择的定额子目显示在主栏目，顶棚如有多层做法，在此需要把所需定额子目全部选择上→分别在已选择定额子目的工程量代码栏双击进入选择工程量代码操作……→【定义】（老版本单击【定义】有开关切换功能，《2018 版》需要关闭定义页面）。

房间装修选择清单、套用定额子目操作的复核：

在【建模】的【定义】页面：单击【房间】→在“构件列表”下，单击已定义的房间，房间发蓝，成为当前构件→向右边【构件类型】栏下部，依次逐个单击“楼地面”，在最右边把【依附构件】切换到【构件做法】界面，已联动显示“楼地面”所选择套用的清单、定额子目，可复核→（在【构件类型】栏下部）“踢脚”或者“墙裙”，在右边【构件做法】下部已联动显示踢脚或墙裙的清单、定额子目→在【构件类型】栏下单击“墙面”，在右边【构件做法】下部联动显示墙面的清单、全部定额子目。以此类推……核对。

在导航栏“常用构件类型”下→【房间】，显示已定义的房间名称下，用【点】功能菜单画房间，如所绘制的房间不封闭，需在“常用构件类型栏”下展开“墙”→【砌体墙】→新建虚墙→用【直线】功能画虚墙（虚墙无工程量），使房间封闭后再点房间。房间画上为粉红色。

【工程量】→单击已绘制的房间构件图元，图元变蓝→单击右键（下拉菜单）→【汇总选中图元】→单击左键确认，（运行）计算→【查看工程量】→在弹出的“查看构件图元工程量”页面→【做法工程量】，可显示此房间的地面、墙面、顶棚，已选择清单、全部定额的工程量，如图 17-2-3 所示。

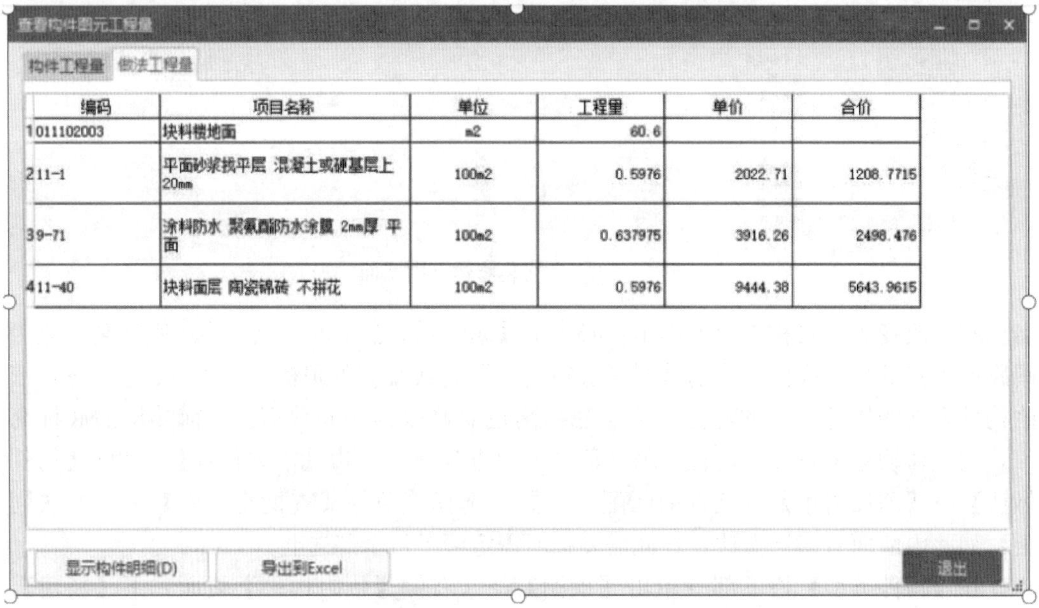

查看构件图元工程量

构件工程量　做法工程量

	编码	项目名称	单位	工程量	单价	合价
1	011102003	块料楼地面	m2	60.6		
2	11-1	平面砂浆找平层 混凝土或硬基层上 20mm	100m2	0.5976	2022.71	1208.7715
3	9-71	涂料防水 聚氨酯防水涂膜 2mm厚 平面	100m2	0.637975	3916.26	2498.476
4	11-40	块料面层 陶瓷锦砖 不拼花	100m2	0.5976	9444.38	5643.9615

显示构件明细(D)　导出到Excel　退出

图 17-2-3　计算出房间的清单、定额子目工程量

页面下部有【导出】功能。

把已建立的房间构件【复制构件到其他层】→到目的层后，需要在此【房间】构件的“属性列表”页面按照上述（“重要提示”的要求）修改踢脚或者墙裙高度，在【依附构件】下同名称构件的此数值也要修改为相同数值；在（内）墙面的属性列表页面的起点、终点底标高也要修改为当前层的“墙面”起、终点底标高＝当前层的层底标高＋踢脚或者墙裙的净高度，【依附构件】下联动的同名称构件的此值也需改为相同数值。才能用【点】功能菜单绘制房间。

【复制构件图元到其他层】，只能把房间构件图元按照轴线原位置复制，不能改变位置，并且无须按照上述“重要提示”的要求修改踢脚或者墙裙的起、终点顶标高，无须修改墙面的起、终点底标高→查看构件图元工程量，有选择的清单、定额子目和工程量。

17.3　外墙面装修、外墙面保温

《2018 版》的建模界面，在【定义】功能窗口右边的【从其他层复制】或【复制到其他层】功能指构件图元复制，在【定义】页面的【层间复制】为楼层之间复制构件。

以下老版本的土建计量与《2018版》筋量合一操作方法基本相同：

在导航栏“常用构件类型”下部，展开【装修】→【墙面】（W）→【定义】，在弹出的【定义】页面有【属性列表】【构件列表】【构件做法】三个分页面。

在【构件列表】下→【新建】（新建内墙面、新建外墙面）→【新建外墙面】，因为是在常用构件类型装修的【房间】下，在【构件列表】下产生一个“某房间墙面（外墙面）”构件→在【属性列表】下修改构件名称为“外墙面”→单击左键，【构件列表】下的构件名称与之联动更正为“外墙面”→在【属性列表】根据设计要求选择或输入起点、终点顶标高；起点、终点底标高，如果本次只绘制当前楼层的外墙面→关闭【定义】页面。在主屏幕左下角有当前楼层的层高，扣减建筑面层厚度的层顶标高、层底标高。也可直接输入剖面图上的标高值（单位：m），在属性页面的各行参数，选择或输入完毕→右边【构件做法】下→【添加清单】，在【查询匹配清单】下双击所选择的清单，使其显示在上部主栏内，已自带工程量代码，可修改。

【添加定额】→【查询定额库】，在最下一行“专业栏”选择【装饰工程】→按装修专业的分部分项选择并双击所选的定额子目，使其显示在上部主栏内，在此外墙面如有几层做法，需把所需定额子目全部选齐，再按各行定额子目的工程量表达式行，双击→选择工程量代码。如外墙面不同区块有不同做法可建 N 个外墙面构件。在【构件列表】【属性列表】【构件做法】各行参数选择、输入操作完毕→【定义】（有定义页面的开、关切换功能），关闭【定义】页面。

经验提示：宜优先建立局部不同的外墙面构件，并绘制局部不同的较小墙面装修构件，再建立并绘制整个全部大墙面，在绘制大墙面时→选择“不覆盖”，不会覆盖局部已布置的小墙面装修构件图元。

在主屏幕上部→【智能布置】→【外墙外边线】，如图17-3-1所示。

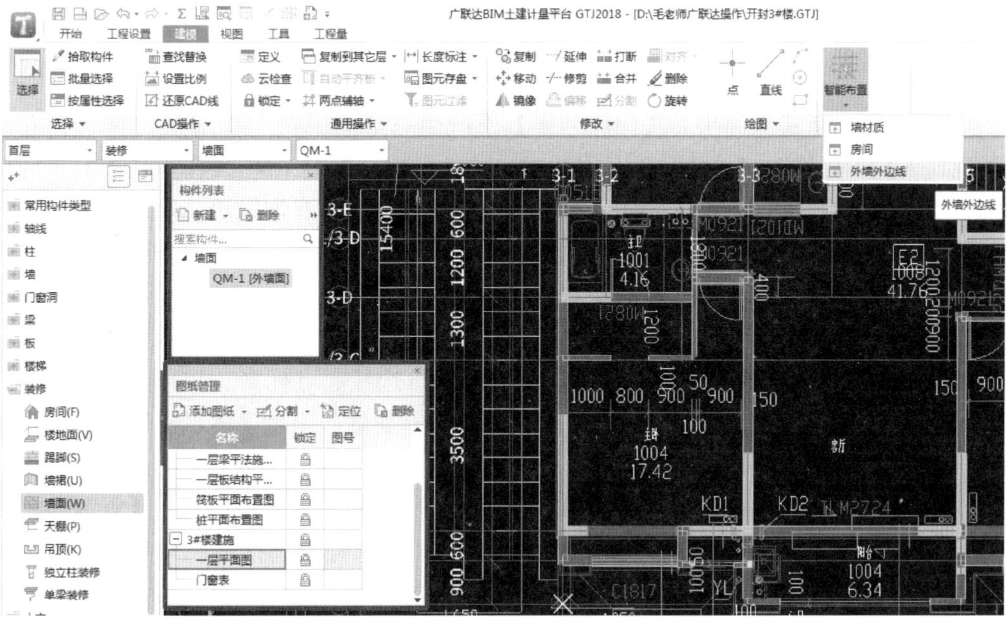

图17-3-1　按外墙外边线布置外墙面装修

弹出“按外墙外边线布置墙面”页面，勾选需布置的楼层→【确定】，提示：布置成功。当所布置的外墙面已局部布置了外墙面做法，提示“是否覆盖”→选择“不覆盖”，保留已有外墙面装修做法；选择“覆盖”，删除已有外墙面装修做法→【动态观察】，转动到可看到的外墙面→单击右键，光标放到外墙面上由箭头变为回字形，可显示已绘制的外墙面装修构件名称，单击外墙面，绘制的一个外墙面变蓝→单击右键→【汇总选中图元】，计算后→【确定】→单击右键→【查看工程量】，在弹出的“查看构件图元工程量”页面显示所选择的清单、定额子目的工程量，如图 17-3-2 所示。

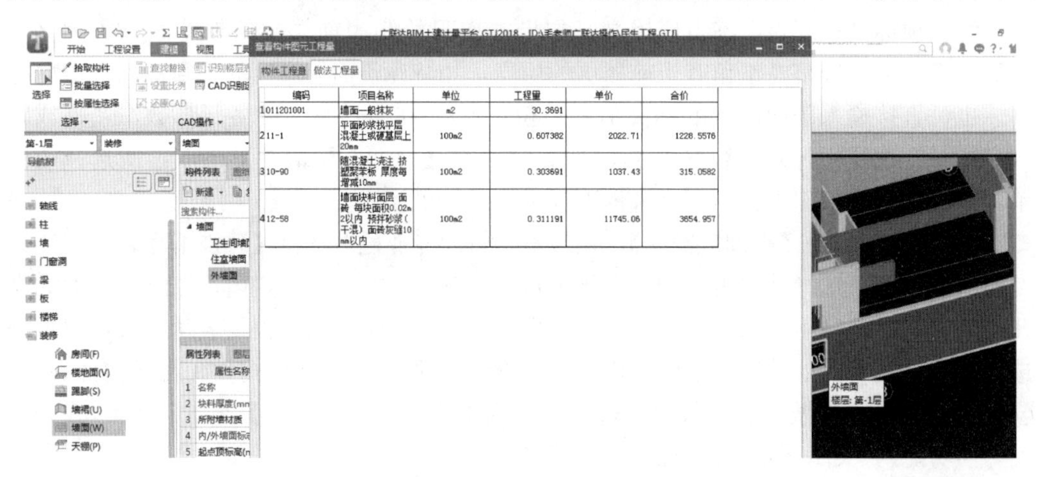

图 17-3-2　绘制外墙面装修的清单、定额工程量

如绘制错误，框选全平面图→单击右键→删除，可删除全部已绘制上的外墙面构件图元，重新绘制。

《2018 版》绘制保温层：

在“常用构件类型”栏下部展开【其他】→双击【保温层】（或定义）均可进入【定义】页面，有【属性列表】【构件列表】【构件做法】三个分页面。在【构件列表】下→【新建】→新建保温层，【构件列表】下产生一个“BWC”保温层构件→在左边【属性列表】下可修改构件的字母名称为中文构件名称，单击左键，【构件列表】下的构件名称与之联动改变。在【属性列表】下材质行选择材质，有加气块、珍珠岩，按图纸设计选择聚苯板，输入厚度、起点、终点底标高；起点、终点顶标高，程序默认为当前层的层底、层顶标高，也可按设计要求输入剖面图中跨层顶、层底部的标高，正常情况起点与终点底标高数值相同；起点与终点顶标高为相同值，单位为 m。展开“土建业务属性”，分别双击计算设置或计算规则设置界面，可选择起点标高、扣减关系，不选择程序按行业通用条件默认规则计算。有蓝色字体公有属性、黑色字体私有属性之分，属性页面各行参数定义完毕。

在右边→【构件做法】下部→【添加清单】（以河南定额为例）→在【查询匹配清单】下部（如找不到匹配清单→【查询清单库】，按分部分项选择清单）找到“保温隔热墙面”清单，并双击使其显示在上部主栏内→双击此清单的“工程量表达式”栏，单击此栏尾部小三角→【更多】，进入“工程量表达式”页面，选择【显示中间量】，在代码列表下有更多工程量代码供选择，双击“保温层面积”MJ，使其显示在此页面的

“工程量表达式”下→【追加】，双击“门窗洞口侧壁保温层面积”MCDKCBBWCMJ，使其与上部已显示的MJ用加号连接在一起，组成MJ＋MCDKCBBWCMJ工程量代码计算式→确定，此计算式已显示在所选择清单的工程量表达式栏。

【添加定额】→【查询定额库】→展开保温隔热、防腐→展开保温隔热，按照施工图纸设计找到10-79单面钢丝网聚苯板厚度50mm定额子目，并双击使其显示在上部主栏内→双击10-79的工程量表达式栏，单击栏尾部显示的小三角→“更多”，方法同前。12-53墙面块料方法同上。如图17-3-3所示。

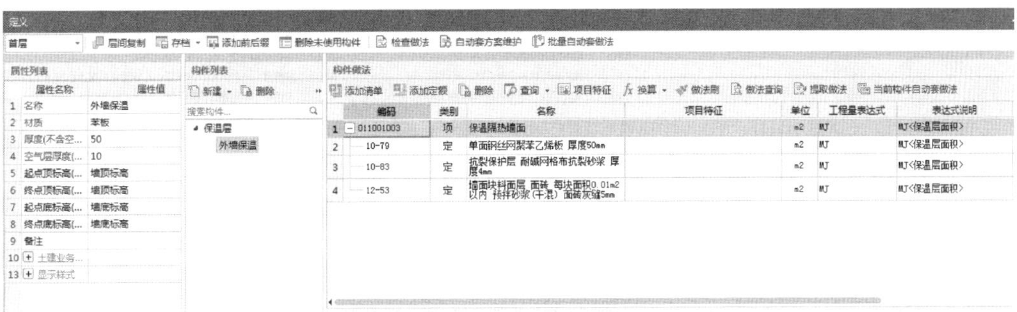

定义

首层　层间复制　存档　添加前后缀　删除未使用构件　检查做法　自动套方案维护　批量自动套做法

属性列表

	属性名称	属性值
1	名称	外墙保温
2	材质	苯板
3	厚度(不含空...	50
4	空气层厚度(...	10
5	起点顶标高(...	墙顶标高
6	终点顶标高(...	墙顶标高
7	起点底标高(...	墙底标高
8	终点底标高(...	墙底标高
9	备注	
10	+ 土建业务...	
13	+ 显示样式	

构件列表

新建　删除

搜索构件...

保温层

外墙保温

构件做法

添加清单　添加定额　删除　查询　项目特征　换算　做法刷　做法查询　提取做法　当前构件自动套做法

	编码	类别	名称	项目特征	单位	工程量表达式	表达式说明
1	011001003	项	保温隔热墙面		m2	MJ	MJ<保温层面积>
2	10-79	定	单面钢丝网聚苯乙烯板 厚度50mm		m2	MJ	MJ<保温层面积>
3	10-83	定	抗裂保护层 耐碱网格布抗裂砂浆 厚度4mm		m2	MJ	MJ<保温层面积>
4	12-53	定	墙面块料面层 面砖 每块面积0.01m2以内 预拌砂浆(干混) 面砖灰缝5mm		m2	MJ	MJ<保温层面积>

图17-3-3　布置外墙面保温

如记不清楚所选择的定额子目在什么分部、分项，找不到所需要的定额子目，可在分部分项栏顶行尾部有小镜子行前边输入定额子目的关键字→单击小镜子图标“搜索”，右边可显示所有与此关键字有关的全部定额子目。在此只讲操作方法，具体选择什么清单、定额子目需按照图纸、图集选择。在此需把所需要的定额子目、工程量代码全部选中，关闭【定义】页面。

在主屏幕上部右上角→【智能布置】→【外墙外边线】→在弹出的“按外墙外边线智能布置保温层”页面勾选楼层→【确定】，单击左键选择外墙图元或框选全部平面图→单击右键确定→【动态观察】，已布置上保温层的外墙面为深红色，单击右键，光标放到外墙面上由箭头变为回字形，可显示保温层构件名称，→单击外墙面变蓝→单击右键（下拉菜单有众多功能）→【汇总选中图元】，计算毕→单击右键→查看工程量，在弹出的“查看构件图元工程量”页面的【构件做法】、工程量页面显示已选择的清单、定额子目、工程量。

17.4　独立柱装修

《2018版》展开“常用构件类型”下部的【装修】→【独立柱装修】→【定义】，在显示的【定义】页面有【属性列表】【构件列表】【构件做法】三个分页面。

在构件列表下→【新建】→【新建独立柱装修】，在构件列表下产生一个“独立柱装修：DLZZX”构件→把右边的【属性列表】下的构件名称栏修改为中文构件名称“独立柱装修”→单击左键，构件列表下的字母构件名称联动改变为中文构件名。展开属性列表页面下的土建业务属性，双击【计算设置行】，单击行尾进入“计算设置”页面，如图17-4-1所示。

图 17-4-1　独立柱装修

在“计算设置”页面，独立柱装修已展开，有室内、室外独立柱装修抹灰底、顶标高计算方法，在“计算规则”行也是如上述方法操作，属性定义完毕。

在最右边的【构件做法】下部→【添加清单】→在【查询匹配清单】栏下双击选择的清单，可自动显示工程量代码在上部主栏内→【添加定额】→【查询定额库】→在最下一行【专业】行尾部选择装饰工程→按分部、分项选择并双击需要选择的定额子目，在此需把此独立柱装修所需定额子目全部选择完毕，使其显示在上部主栏内，在已选择定额子目的各行的工程量表达式栏选择工程量代码，如“（河南省定额）12-24 柱梁面一般抹灰”，双击其工程量表达式栏，单击栏尾部，选择独立柱抹灰面积；重要提示：如独立柱从楼地面向上 1m 高度范围内设计有 12-178 柱（梁）装饰布置龙骨基层包方柱不锈钢板（有柱墙裙），柱裙上部为乳胶漆。在 12-178 子目的工程量表达式栏双击显示▼，单击▼→“更多”→进入“工程量表达式”选择页面，勾选【显示中间量】有更多工程量代码选择→在“代码列表”下，有柱墩、柱冒等更多代码，双击【柱截面周长】，此代码显示在上部“工程量表达式”栏下：输入＊1（m）（＝下部柱裙的面积）→【确定】，此工程量代码计算式已显示在 12-178 定额子目的工程量表达式栏，并且有代码文字说明；14-198（柱裙上部的）乳胶漆→双击工程量表达式栏，单击栏尾部显示的小三角→“更多”→进入“工程量表达式”选择页面，在“代码列表”双击选择“柱截面周长”使其显示在此页面上部，输入＊→输入手工计算的柱裙以上柱净高度（单位：m）→【追加】，在此可编辑简单的加、减、乘、除四则计算式，还可选择独立柱内脚手架定额子目，工程量代码计算式。清单、定额、代码选择完毕→【定义】（有【定义】页面的开、关切换功能），关闭定义页面。

绘制独立柱装饰构件图元：

在主屏幕上部→【点】（点式布置功能窗口）→单击已有独立柱图元，柱图元变蓝，可连续单击选择，图元变蓝→独立柱装修图元已绘制到已有柱上→【工程量】→【汇总选中图元】→单击已布置装修的柱构件图元，图元变蓝，可连续单击选择→单击右键，计算运行，提示“计算成功”→【确定】→【查看工程量】→单击已布置装修的柱构件图元，可连续单击选择，弹出“查看构件图元工程量”页面→【做法工程量】，如图 17-4-2所示。

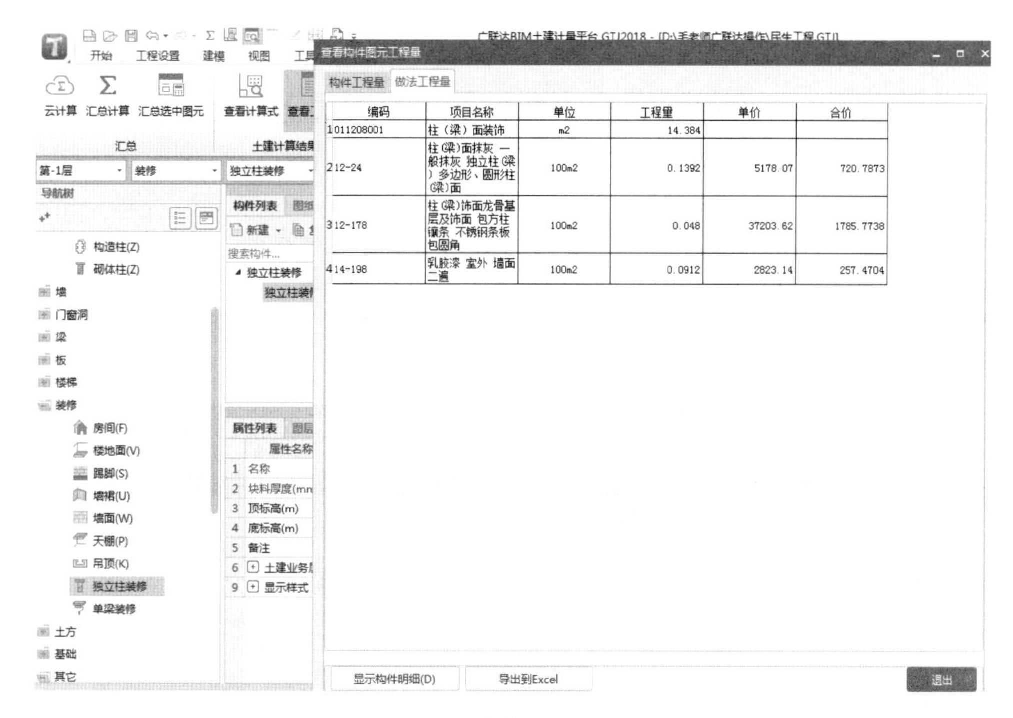

	编码	项目名称	单位	工程量	单价	合价
1	011208001	柱（梁）面装饰	m2	14.384		
2	12-24	柱(梁)面抹灰 一般抹灰 独立柱(梁)多边形、圆形柱(梁)面	100m2	0.1392	5178.07	720.7873
3	12-178	柱(梁)饰面龙骨基层及饰面 包方柱镶条 不锈钢条板包圆角	100m2	0.048	37203.62	1785.7738
4	14-198	乳胶漆 室外 墙面二遍	100m2	0.0912	2823.14	257.4704

图 17-4-2　独立柱装修的清单、定额工程量

已有选择的清单、定额子目的工程量。

新版本与老版本操作方法基本相同。

18 后续的导出、导入功能

18.1 把老版钢筋软件计算的钢筋定额导出为 Excel 文件，并导入计价软件

老版本:【报表预览】→【钢筋定额表】(或钢筋接头定额表，二者方法相同)→钢筋定额表显示在主屏幕→光标放在已显示在主屏幕的钢筋定额(或接头定额)表任意处右键单击→“导出为 Excel 文件(XLS)”(X)→弹出“导出到 Excel”页面，如图 18-1-1所示。

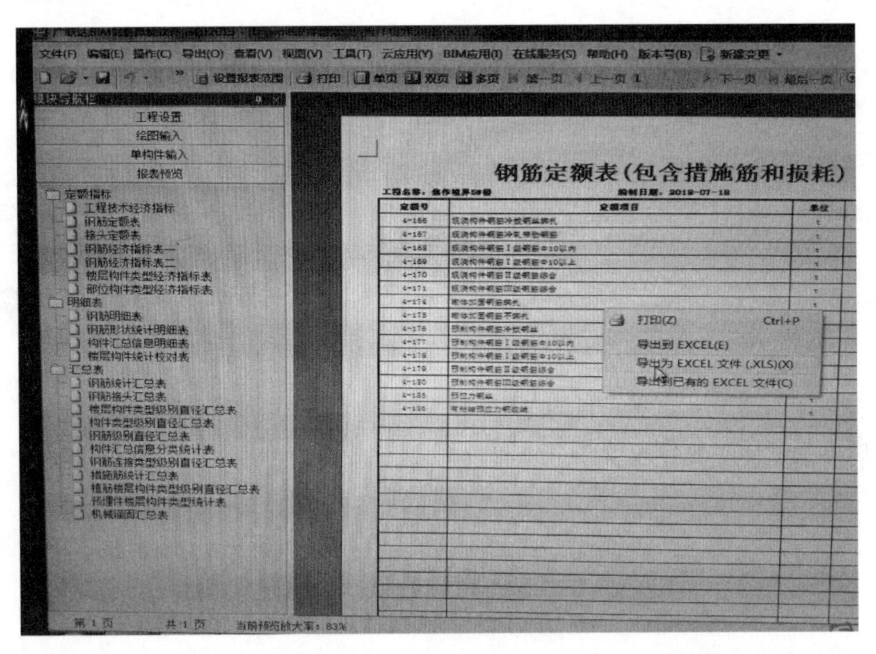

图 18-1-1 把钢筋软件计算的钢筋定额表导出为 Excel 文件

在此页面上部保存在(I)行，显示的为导出文件所保存的盘名，系统默认为 E 盘，页面下部【文件名】行自动显示拟导出的工程名称如“18 号楼工程-钢筋定额表”→“保存”→提示“报表导出成功”→【确定】→关闭钢筋算量软件→双击“我的电脑”→双击导出文件所保存的盘名，本例(见上述)为 E 盘→找到已导出的工程文件名，如上述“18 号楼工程-钢筋定额表”尾部带“. XLS”标志的文件→双击文件可打开(与钢筋计量软件的钢筋定额表数值、定额子目相同)；返回钢筋软件光标放在报表预览中的接头定额表上任意处→单击右键→导出为 Excel 文件(XLS)(X)。方法同上描述，再导出第二个定额报表。

把导出的 Excel 文件“钢筋定额表”导入计价软件：

→双击进入 P5.0 计价软件→在首行广联达▼→▼（下拉菜单）“新建”→选地区→必需选定额（默认为清单，应与导出文件所选择的定额版本、方式相一致），否则导入的 Excel 文件为灰色不能用。

打开 P5.0 或 GBQ4.0 计价软件→在分部分项界面的左上角（第三行）【导入】→【导入 Excel 文件】→在显示的导入 Excel 招标文件页面，左上角首行导入 Excel 表行尾部→【选择】→在弹出的“打开”页面左边找到拟导入 Excel 文件所存盘并单击→在钢筋计量软件导出的 Excel 文件，已显示在此页面的右边主栏（显示在此页面右边主栏的全部是该盘的文件，后建的文件在上部即按时间先后倒排序）→找到钢筋软件导出的 Excel 文件尾部有“.XLS”标志，并显示修改、创建日期→单击此文件使其显示在下部文件名行→“打开”→在显示的需要导入定额子目页面单击【定额项目】，“定额主要内容”栏上部表头【未识别】变为【名称】→单击【钢筋量】栏上部【未识别】三字→【子目工程量】→【未识别】改为【子目工程量】，前边第一竖列无效行无须操作处理→【导入】→提示“导入成功”→【结束导入】，删除定额子目为 0 的定额子目行。此方法还可以用于导入广联达 GBQ4.0。

18.2 《老版本》把钢筋计量软件产生的构件图元导入土建计量软件

导入土建计量软件选择清单、定额。

老版本：关闭钢筋计量软件时应记住工程名称、所存的盘名称。

双击打开 GCL2013 土建计量软件→关闭【新版特性】页面，在欢迎使用 GCL2013 页面→【新建向导】，在新建工程，第一步页面：按照各行内容输入工程名称，选择清单规则，选择定额规则，选择清单库，选择定额库，按最下一行默认为【纯做法模式】→【下一步】。

在新建工程，第二步：按照各行内容选择或者输入工程信息，属性参数，只有蓝色字体：室外地坪相对±0.00 标高对计量有影响，如四周室内外高差不一致，可取加权平均高差值（单位：m）→【下一步】，在新建工程第三步页面输入各行的编制信息→\［下一步】，进入新建工程，第四步操作，输入各行内容→【完成】。

进入【楼层信息】页面：可用【插入】【删除】楼层功能菜单增加或者删除楼层，但是必须与导入工程的楼层信息相一致。如果是导入钢筋计量模块计取的工程，【插入】（增加）、【删除】楼层不需要操作。

在此页面下部可选择各类构件的混凝土强度等级、水泥强度等级、砂浆强度等级、砂浆种类、石子粒径→【复制到其他楼层】→在显示的选择楼层页面选择楼层→【确定】，提示“成功复制到所选择楼层”→【确定】。在此选择的各类构件的混凝土强度等级、水泥强度等级、砂浆强度等级、砂浆种类、石子粒径，在后续操作的各楼层构件的属性页面起控制作用，针对单独一个构件可修改。

楼层信息页面设置完毕，在左边【工程设置】栏下部→【计算设置】，在计算设置界面有土方、基础、柱、梁、墙、板、其他、墙面装修、墙裙装修、顶棚装修、独立柱装修、土方回填、踢脚等众多功能的计算设置功能。【工程设置】按设计要求设置完毕→进入下邻行的【计算规则】界面，针对各主要构件的计算规则设置操作，在此设置的计算规则在后续操作中起控制作用，针对具体构件可修改。

→【文件】(下拉菜单)→【导入钢筋工程】→在弹出的“打开”页面单击【我的电脑】或【计算机】→双击需要导入的工程文件所存盘（钢筋计量软件的计量结果文件一般默认自动保存在E盘），使此盘名称显示在上部，在下部主栏内显示的就是上部盘名的全部文件，找到欲导入的文件名首部带有钢筋计量软件标志的工程文件名并且单击，使其显示在下部文件名行，如图18-2-1所示。

图18-2-1 《老版本》把钢筋计量软件产生的构件图元导入土建计量软件选择清单、定额

单击【打开】，提示“楼层高度不一致，请修改后导入”→【确定】。在弹出的【层高对比】页面→【按照钢筋层高导入】。弹出“导入GGJ文件”页面，在此页面勾选欲导入的钢筋计量软件工程的楼层。在页面右侧程序默认欲导入的构件已勾选（可查看【导入原则】【剪力墙结构互导建议】有中文说明），需要手工补充勾选的有辅助轴线、勾选肋梁、检查有无漏选择的（剪力墙结构的暗柱、暗梁由剪力墙履盖，并入剪力墙体积，所以程序默认已取消勾选，不选择导入）→【确定】。(运行)→提示“导入完成，建议进行合法性检查”→【确定】→【绘图】，如果导入的构件图元是在钢筋计量软件通过识别产生的，需要展开“常用构件类型”下的→（根据主屏幕平面图上当前构件图元的类型）【CAD识别】→【识别柱】或者【识别墙】等，在主屏幕平面图上才能够显示导入的构件图元→【三维动态观察】，可查看已导入的构件图元三维动态立体图形。

下一步汇总计算后→【构件做法】→添加清单、添加定额，方法见12.8节的详细描述。

19 老版本：新建变更①

19.1 计量软件新建变更操作

新建变更前，需要汇总计算需变更的楼层并保存。

进入钢筋计量软件，可在主屏幕显示的钢筋工程任何需要修改、设计的电子版图纸界面→（在主屏幕最上部）【新建变更】（另有【打开（已有）变更】）→在【新建变更工程】页面，需要修改设计的当前钢筋工程名称已显示在此页面上部的“选择钢筋工程”行内，另外此页面中部已自动显示×××工程变更，可输入变更编号，此页面下部变更保存路径默认为E盘，也可重新选择保存路径→如不改变路径→【确定】→进入【变更单编辑页面】，如图19-1-1所示。

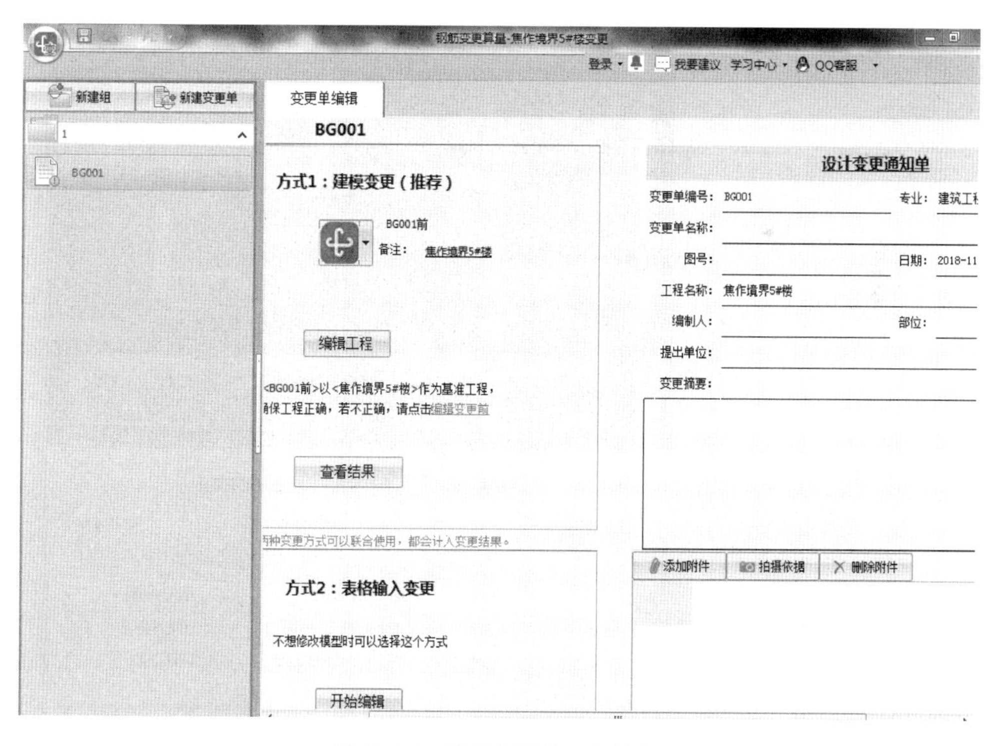

图19-1-1 编辑变更单（老版本）

（提示：在上述弹出的“新建变更工程”页面下部“变更保存路径行显示的盘名默认E盘为变更文件保存盘”，无须操作，变更编辑结束→汇总计算→保存→导入变更

① 《2018版》无此项功能。

结果文件，关闭退出→可进入该盘找到打开首部有钢筋标志的变更结果文件。）

在【变更单编辑】页面：按设计变更通知单显示的格式、内容填写。向左拖动下部滚动条进入上部（方式 1，建模变更；方式 2，表格输入，可不修改建筑模型）→【编辑工程】进入图形输入建模界面，按设计变更要求增加、修改、删除构件。在图形输入界面，此时主屏幕显示的是已有的构件图元→进入拟变更的楼层→在拟编辑的主要构件界面，操作方法同图形输入建模的方法→增加、减少、删除、修改操作完毕→【汇总计算】（可只计算变更修改的楼层）→【返回变更】（→【编辑工程】可返回图形输入界面，重新修改变更）在返回的建模变更页面→【查看结果】（显示提示可不操作关闭）→（运行）→正在打开变更→变更分析完成→【确定】→显示变更前后工程量对比，量差表→左键单击此表头的【模型明细】→进入主屏幕→双击“加载模型”→（运行）显示平面图形，增加或删除的构件图元上有小旗显示，如图 19-1-2 所示。

图 19-1-2　设计变更增加或减少的构件（老版本）

“＋”为增加的构件，“－”为减少的构件，（在上述【模型明细】同时显示“＋”或“－”小旗构件图元的下部），单击【钢筋汇总】可分行显示增加、删除构件图元的名称，变更前后量差表。右上角【批量生成报表】→在批量生成报表图片页面，有变更前后对比图；变更后图；变更的当前层；当前变更单；→【确定】，生成报表完成→

【确定】。

右上角→【×】关闭，可返回【变更单编辑】页面→【编辑工程】→保留并进入下一个变更修改操作→（在主屏幕上横行）从模型提取工程量→单击选择构件图元，选上构件图元变蓝→单击右键→在此构件待选择参数页面可个别选择或全选→【确定】生成报表完成→【确定】→可显示所选构件各种工程量→【退出】→（在变更前后分析表页面的表头）做法汇总表→可显示变更前后的清单，定额子目的工程量对比。

在建模变更（初始）页面：表格输入方法（按照 13.2 节的方法操作）另有多种功能。

在变更前后量差表页面有工程变更的多种表格。还有导出变更文件等更多功能。

在【变更单编辑】页面的右边下部有【拍摄依据】【添加附件】删除等功能→【拍摄依据】→按显示的提示→【确定】→【启动】进入【拍摄】操作。有【视频设置】功能，【关闭】返回变更单编辑界面。

另有【报表预览】功能。

19.2 设计变更包括现场签证商务、法律必读

1. 工程设计变更

设计变更应该有必要的程序和正式手续，各单位手续、方式大同小异，一般来说需要由设计变更要求方提出，应该是参与建设工程的五大责任主体单位：规划、勘察、设计、施工、监理。提出书面设计变更申请，内容包括变更的工程名称、变更的节点、部位，变更理由，变更实施后对于工程的影响，包括性价比问题。

设计变更书面申请应该提交建设投资方的技术主管门负责人同意并签字认可，送交施工图设计单位由设计人同意并签字确认，才能作为正式设计变更文件由施工单位实施。

2. 施工过程中的现场签证

现场签证是指在施工过程中经授权、有资格的发包或承包方现场代表或者受托人，要求承包人完成施工合同以外的额外工作及产生的费用，作出书面签字确认的证据，具有以下属性：

（1）现场签证是施工过程中的例行工作，可以作为证据使用。

（2）是发包方、承包方的补充协议，对于双方均有约束力。

（3）现场签证所涉及的双方利益已经确定，应该作为工程结算的依据。

（4）特点虽然是临时发生、内容零碎、没有规律性，却是施工阶段对工程成本控制的重点，是影响工程造价、成本的重要因素。

现场签证常见的问题及处理方法：

存在问题是应该签证的没有办理签证手续：由于有些发包方在施工过程中随意、经常改动一些节点、部位，既没有设计变更，也没有办理现场签证，还有个别承包方不清楚什么费用需要办理现场签证，在结算时补办困难，引起经济纠纷。

3. 处理办法：

（1）熟悉合同，应做好合同签订前的“合同评审”和合同执行前的“合同交底”，

特别应该关注影响施工费用、工程造价的合同条款。

(2) 解决签证手续不规范的问题：现场签证应该要求发包方、监理方、承包方三方经过授权的工程师在现场共同签字确认。

(3) 防止采取不正当手段、违范规定获得的签证，这些签证不应认可。

(4) 各方签证代表应经授权、具有资格，应该有必要的专业知识，熟悉施工承包合同和有关规范、政策法规的规定。

(5) 对于签证事项应该及时处理，很多工况需要签证的事项会被下道工序覆盖，或者某方人员变动以后难以取证，应实事求是、客观公正、一事一签证，及时处理不拖延。

现场签证工作应注意事项：

(1) 签证事项要齐全，必须注明：工程名称、节点或者部位、工作内容、工程量、单价及计价依据。

(2) 签证时应该查看预算定额注明的工作内容，防止承包方使用较高单价的相近定额子目去做低单价定额子目的工作，获取较高的利润。

(3) 现场签证项目内容要齐全：注明工程名称、时间、地址、节点、部位、事由，附上计算简图，注明尺寸，标上原始数据、工程量、单价、结算方式及关联内容。

(4) 注意签证的时效性：按照承包合同规定的时限，承包方一定要在规定的时间内把书面签证手续提供给发包方，避免超时被拒签。

(5) 与预算定额中的主要工作内容重复的不应再要求签证。

(6) 签证手续要齐全，按照事先约定的流程办事（下有示例）。

(7) 签证单据应该专用、有编号，避免重复签发，必须有存根，避免改动。

(8) 应该明确采用材料规格、品牌、质量标准、价格的确认权限。

(9) 临时用工应该注明用工的专业、技术等级，约定工日单价。

(10) 现场签证办事工作流程示例：各专项工程应有各专业的承包方或者指令发包方技术负责人提出书面（变更）签证单→业主单位主管技术负责人按照审批权限签认→由施工单位实施→现场业主工程师、监理工程师、施工方工程师现场验收、签字→承包方由资料员把签证单编号登记、建立台账，造价工程师编制预算报表→业主、造价工程师审核→业主主管领导审批生效→竣工结算并入对应的工程款支付。

20 通用、共性问题

20.1 通用、共性（公有、私有属性）

老版本与新版本操作方法基本相同。

1. 属性编辑页面的公有、私有属性：蓝色字体为公有属性，只要修改构件属性页面的蓝色字体栏的含义，不选择单击平面图上已绘制此类构件的图元，其属性含义也会随之改变；属性编辑页面的黑色字体为私有属性，需先选择单击已绘制此类构件的图元（变蓝）→【属性】→再在显示的属性编辑页面修改其含义才会发生属性含义变化。可批量修改。

2. 批量修改已有构件图元属性编辑页面的黑色字体私有属性→（在主屏幕上部二横行）【构件】→【批量选择构件图元】（N）→在显示的“批量选择构件图元”页面，所显示的均为当前层构件，如需细分至按构件名称选择需展开其名称前的“＋”号为“－”，选择构件名称→【确定】→【属性】→在显示的属性编辑页面，其名称、属性含义栏显示为“?”号→修改黑色字体，私有属性行的参数→关闭属性页面→构件属性已修改，可动态观察或用其他方法验证。

3. 在识别过程中，例如在提取钢筋线或者提取钢筋标注时，发现在前面识别时已经错误提取，平面图上的此图层消失，无法继续识别，可以使用【CAD 操作】下的【还原 CAD】功能→在平面图上选择需要还原的图层。等于提取的反向操作，可以把已经提取的图层还原回【CAD 原始图层】，可以继续识别操作。

4. 关于接头定尺的说明：在暗柱、KZ、GZ、QL 等有钢筋的构件属性页面，展开其他属性，单击“搭接”设置行尾显示⋯，单击⋯进入搭接设置页面，在各行的连接形式栏单击显示▼，单击▼有多种连接接头可选择。可修改各规格定尺长度，修改完毕→【确定】。如不设定，按软件默认形式计算。如图 20-1-1 所示。

5. 在构件名称后加区别标志：在属性编辑页面栏尾选择附加项，可在构件名称后显示此选择项，又叫构件名称后缀，用以在后续操作过程中与同类构件的区别。

6. 在绘制柱或墙时明明此处无构件图元、位置不错，绘制时却提示“不能重叠布置”，原因是此绘制构件的底标高与同位置的下层构件图元的顶标高有冲突，记住所在位置，修改此构件属性页面的底标高，或记住位置进入下层修改此位置构件图元属性的顶标高即可。

7. 找不到“动态观察”功能窗口（并非属性编辑页面覆盖），不能查看立体图→顶二横行“视图”（下拉菜单）→【动态观察】→可显示【动态观察】功能窗口，在主屏上部第三行。

8. 主屏幕右侧无导航栏→顶横行【视图】下拉菜单→【模块导航栏】→已显示导航栏。

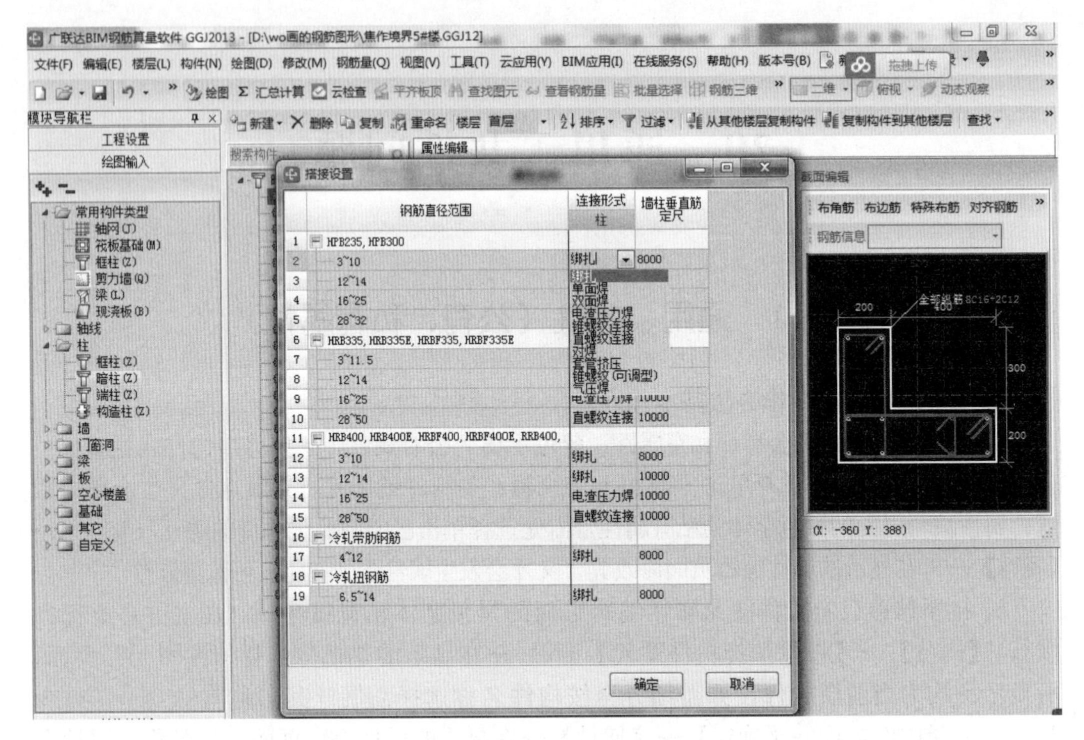

图 20-1-1　设置竖向构件钢筋接头形式、定尺长度（老版本）

9.《2018 版》找不到【图纸管理】版面→【视图】下拉菜单→【图纸管理】，单击【图纸管理】图标即可。

10. 软件提示操作错误或此程序正在运行，进退不能，又称死机，并且无法关闭电脑，需要结束操作；移动光标放在主屏幕底部栏色边框任意处→单击右键→任务管理器（K）→在任务管理器页面；选择正在运行操作的程序名称，并单击使其成为当前选项→【结束任务】。

11. 初始进入钢筋计量软件，出现提示“被其他程序文件访问，无法使用”→【确定】→可操作使用。

12. 只要（各种）构件识别后返回上部图形输入界面在“新建”→“定义”里检查构件名称，属性编辑页面各行的参数、截面尺寸、配筋值都不错；在平面图中提取的构件图元位置、数量不错，构件图元与导入的电子版原图位置大小吻合→动态观察检查三维立体图无误。再在校核表有错项提示，不影响计量结果，可忽略不需要纠错→计算构件图元或汇总计算→查看此构件有配筋数量、有下料单。

13. 如不需计算钢筋量，可把结构、建筑施工图直接导入土建计量软件识别→【构件做法】：选择清单、定额。

14. 批量删除未使用（或没识别成功的）构件：→（顶横行）【构件】（下拉菜单）→批量删除未使用构件→在显示的批量删除未使用构件页面，选择拟删除的构件名→【确定】。

15. 在钢筋计量软件计取的全部定额子目，不能像土建计量软件把计取的全部定额子目直接导入计价软件，但可以在计价 5.0 界面左上角→导入 Excel 文件→选钢筋计量软件计取的全部定额→或在钢筋软件→报表预览→选计取的全部定额专页打印→手工输入。也可以按 18.1 节操作。

16. 已做的钢筋工程均自动存在 E 盘，土建工程存在 D 盘。

17. 把已做的钢筋工程复制到 U 盘，再复制到其他电脑继续操作；在源电脑上找到（多在 E 盘）同名的钢筋工程和同名的文件夹，如不在一处可拖过来，只能横向相邻，不能上下相邻，否则会合并。框选这两个文件夹同时发蓝，光标放在其中一个文件夹上右击→复制→关闭退出。打开 U 盘→光标放在任意空白处→单击右键→粘贴。这两个同名文件已同时复制，粘贴到 U 盘→同法复制，粘贴到另台电脑继续做。

18. 复制、删除已建立的工程：初始进入钢筋计量软件，在显示的“欢迎使用 GGJ2013”→【打开工程】→显示“打开工程”页面，显示已建的所有钢筋工程名称→光标放到拟复制或删除的钢筋工程名称上并单击→单击右键→复制或删除。

19. 导出预算结果文件；在报表预览页面选择拟导出的报表→单击右键→（下拉菜单）导出 Excel→稍等→显示拟导出的表格文件→（顶行）文件（下拉菜单）→“另存为”（A）→单击“我的电脑”→双击拟存入的盘名→在此盘任意空白处单击右键→新建文件夹→起名→空白处单击左键确认→把页面下部文件名行的 XLS 点前字母删除并起名→“保存”。提示“需记住所存盘名”→找到所存盘→找到已存的文件名→双击可打开。

另法：单击文件右邻的导出，导入……

20. 造价软件导出预算报表：在左上角报表状态，单击右键或文件（或报表）下拉菜单→批量导出 Excel→显示导出 Excel 页面→在拟导出的报表前选择，【确定】→浏览文件→选择导出位置（盘或桌面）→【确定】→不用加密锁可打开，在报表状态利用此页面下部收藏的常用功能可以导出。

21. 老版本：把计价成果文件导出或发邮件无加密锁查阅，打开计价软件→【文件】→下拉菜单→【工程文件管理】→在显示的广联达计价软件文件管理页面选清单计价或定额计价两个界面均可→找到拟导出的文件名→光标放在此文件名上单击左键，→单击右键→下拉有多个功能可选择，如 QQ 发送到手机或邮箱，发送我的文档或者桌面→选发送到桌面或某盘→在某盘已可找到此文件→光标左键单击，单击右键→使用 G+工作台无锁预览→可无加密锁查看此造价文件的各项文件但不能修改。

22. 【复制选定图元到其他层】（与【从其他层复制构件图元】方法相近）一次只能复制“常用构件类型”下部的某一个主要类别构件如剪力墙、砌体墙、梁、柱等→单击某主要类别构件如剪力墙使其成为当前构件→选择主屏幕已布置的此类构件图元的楼层为当前楼层→（顶二行）【楼层】→（下拉菜单）→【复制选定图元到其楼层】，如图 20-1-2所示。→（按提示）单击需要复制的构件图元，图元变蓝色，可连续多选构件图元，变蓝为选上，也可框选全平面图，当前主要类型构件图元变蓝为选上→单击右键→弹出“复制图元到其他楼层”页面→选择拟复制的楼层→【确定】→运行→复制完成→【确定】。

23. 如果在识别过程中出现错误或者识别不成功（在【建模】界面的左上角）→【还原 CAD】→单击平面图上需要还原的构件图元，或者框选全平面图→单击右键确认。

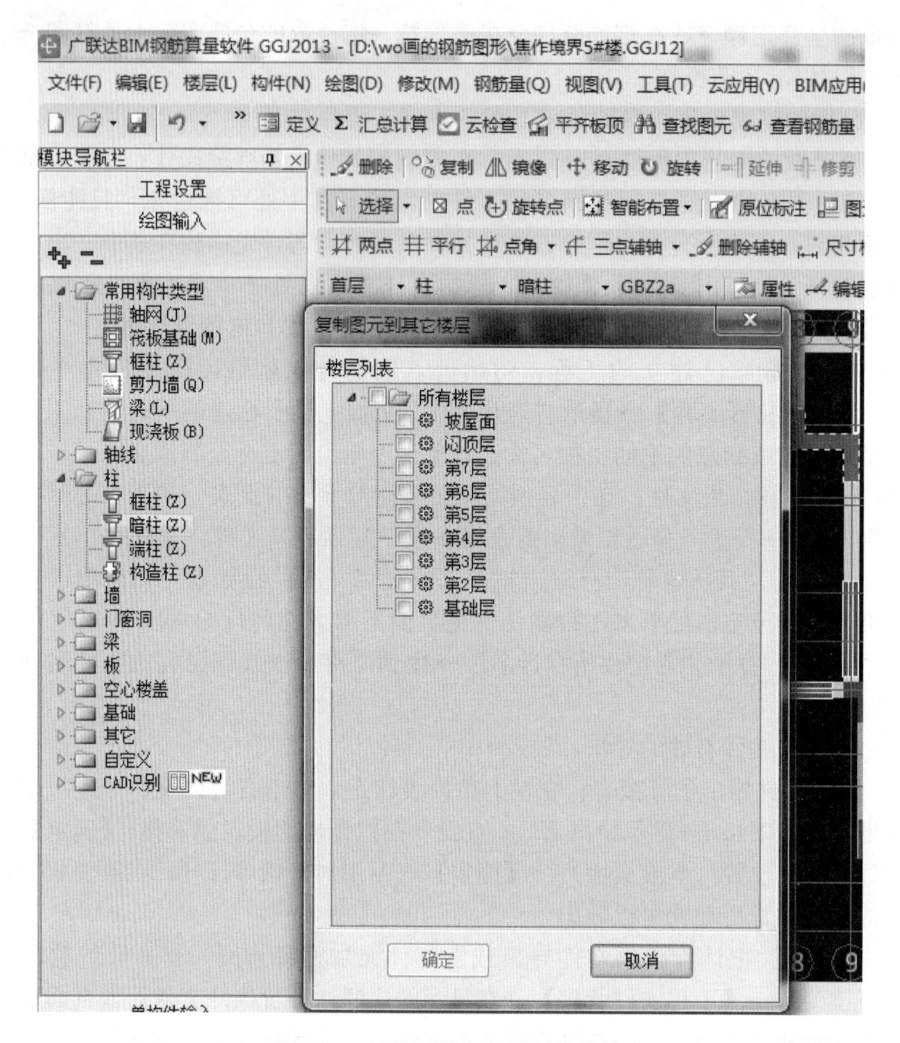

图 20-1-2　复制选定图元到其他层

单击或框选已经生成的构件图元，构件图元变蓝→【删除】，可以删除已经生成的全部构件图元。还可以在【图纸管理】页面删除此图纸文件。

在【图纸管理】页面双击结构总图纸文件名行尾部的空格，使结构的全部多个电子版图显示在主屏幕，找到并手动分割此需要重新识别的电子版图→此图已经显示在【图纸管理】页面的结构图纸的最下部→双击此图纸文件名行尾部的空格，使此单独一张电子版图显示在主屏幕→可以重新识别。

24. 恢复主屏幕丢失的构件图元或轴网

进入工程的图形输入建模界面（因识别界面主屏幕构件图元丢失了），如此时主屏幕只有轴网，没有各层已有的构件图元或有构件无轴网→（在主屏上部动态观察行尾）→【全屏】→可显示已有构件图元，如主屏幕只显示墙柱图元的平面图，整层轴网丢失，可从其他楼层把轴网图元复制过来：楼层（下拉菜单）→从其他楼层复制构件图元，方法按照本章节 22 条的描述操作。

25. 《2018 版》取消《2013 版》中的【块存盘】，改为：（在【长度标注】下邻行）

【图元存盘】＋（在主屏幕下部）【跨图层选择】＋【图元过滤】三个功能组合使用，比以前更灵活。

26.【构件层间复制】功能菜单位置在：【定义】→【构件层间复制】。

备注：本条以下是增加的，《2018版》：【构件层间复制】（同老版本的【从其他层复制构件】的操作方法）。

方法1："从其他层复制构件"：需要先在左上角把【楼层数】选择到其他，也就是目标楼层→【定义】→在【定义】页面的左上角，选择需要复制到的目标楼层（在【定义】页面的左上角第二个功能窗口）→【层间复制】，弹出"层间复制构件"页面：选择需要复制构件的"楼层"→在"要复制的构件"栏下部展开主构件名称，如展开【门窗洞】→勾选首个【门】→勾选首个【窗】，门下或窗下的全部门、窗已全部选上，不需要选择的可单击取消勾选→勾选【同时复制构件做法】，或者选择【覆盖同类型同名称构件】（覆盖的意思是表示删除原有同类型、同名称构件），两个功能可根据需要，同时选择或者只选择一项→【确定】，提示"层间复制构件完成"→【确定】。

方法2："复制构件到其他楼层"，在【定义】页面的左上角→【层间复制】，在弹出的"层间复制"页面左上角：选择【复制构件到其他层】，在左边【当前层构件】栏下部选择需要复制的构件→选择楼层数，可以选择多个楼层→【确定】，提示"层间复制构件完成"→【确定】。进入目标楼层在【构件列表】页面可看到已复制成功的构件。

27. 批量删除未使用构件："定义"→（在弹出的定义页面上横行）【删除未使用构件】，弹出"删除未使用构件"页面，选择楼层→选择构件→【确定】，提示"删除未使用构件完成"。

28.《2018版》在定义构件属性页面有批量【添加前后缀】功能窗口，操作方法按照7.2节识别门窗表的第三个图片下部进行。

29. 说明，此条是新增加的，名词解释，【拾取构件】快捷键："SQ"。

在主屏幕上部【建模】【视图】【工具】三个操作界面的左上角都有【拾取构件】功能窗口，作用是当【构件列表】页面识别或者建立、产生的构件比较多时，需要再次绘制【构件列表】页面中的某个、在平面图中已识别或绘制的构件，但是这个构件在【构件列表】页面又不容易找到，就需要使用【拾取构件】功能来完成。

操作方法示例：在"常用构件类型"下部→（如）【柱】（Z）→（在主屏幕左上角）【拾取构件】→光标在平面图上呈"口"形，移动光标当遇到属于在"常用构件类型"下的当前类型【柱】时，平面图上的柱构件图元有动感，并且可以显示此柱图元的构件名称，如果是需要寻找又称【拾取】的构件→单击此构件，在【构件列表】页面的此构件名称联动发黑，成为当前构件→在平面图上移动光标到需要绘制的位置，可以快速再次绘（复）制此构件。

20.2 共性问题二（查找备份）

老版本与新版本操作方法基本相同。

1. 备份与查找：软件在保存时会自动备份，不小心出错或丢失，可查找备份文件，操作方法："我的电脑"→D盘或E盘→我的文档→Grandsoft Projects→GCL→9.0；在文件夹里可找到备份文件。

2.【另存为】可以把当前工程以另外的工程名称保存或备份。

3. 使用导出“GCL（土建计量）工程”可以把当前土建计量工程导出为其他模式或其他计算规则，即一图多算。

操作步骤：第一步，→工程→导出 GCL 工程→打开“导出 GCL 工程界面”；

第二步，选择标书模式或计算规则、定额（招标或投标）；

第三步，修改或编辑工程信息→“完成”→“保存”；

第四步，在文件名一行输入或修改工程名称→“保存”。

在《2018 版》筋量合一中查找备份：单击主屏幕左上角的筋量合一图标【T】（下拉众多菜单）→【选项】→【文件】，在弹出的“选项”页面，在【备份文件设置】栏下部→【打开备份文件夹】（有【自动备份文件】），找到需要备份的文件，复制到桌面或 D 盘→单击右键，重新命名，把后缀“. bak”删除后可以打开。

4. 柱或梁：在新建异型（截面）柱或梁→弹出多边形编辑器，如图 20-2-1 所示。

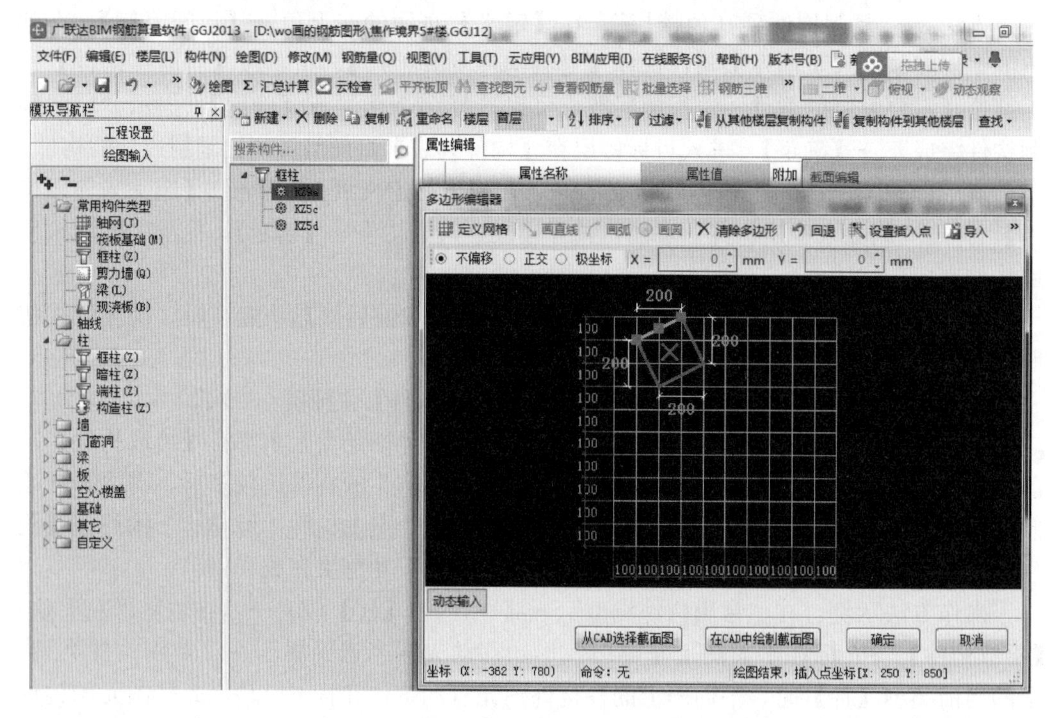

图 20-2-1　在多边形编辑器中定义网格、设置构件截面尺寸（老版本）

定义网格：在显示的“定义网格”页面，设置水平或垂直方向，网格栏可输入 100 ∗ *n*，也可用 100 ∗ 3，150，100 ∗ 5 用任意数或用逗号分隔。说明：100、150 是网格间距（单位：mm），∗ 3、∗ 5、∗ *n* 是表示相同间距网格的个数。

5. 在剪力墙构件属性页面的搭接设置，单击行尾显示⋯→⋯，进入“搭接设置”页面，单击水平、垂直钢筋的全部各行均有【▼】→单击【▼】有各种接头形式选择功能及定尺长度设置功能。各种 KZ、暗柱、GZ 属性页面均有搭接设置、定尺长度设置功能。

6. 一个工程中绘制的部分构件图元需要在其他工程中使用，操作方法：

（1）单击【建模】→【通用操作】→【图元存盘】，选择图元时，可以使用【跨图层选择】功能，选择各种构件类型的图元存盘=【块存盘】的功能，可以框选；F3：批量选择；连续单击选择等多种选择方式。

（2）在绘图区域选择需要存盘的图元→单击右键。

（3）光标左键指定插入点，弹出【图元存盘】对话框，选择当前需要存盘的文件作为目标文件，输入文件名称→【保存】。

7.《2018版》没有【块存盘】的功能，可以使用→【跨图层选择】+【图元过滤】，结合选择功能选择后，按照【图元存盘】【图元提取】【复制】【镜像】的方法操作。

8. 查找已经绘制的构件图元，在最上部【建模】界面：【通用操作】→【查找图元】，在弹出的“查找图元”对话框中选择要查找的构件类型→图元名称、图元ID→【查找】即可显示查找的结果，双击，可以定位到平面图上的构件图元。

21　综合操作方法

21.1　台阶、散水、场地平整、建筑面积

21.1.1　绘制台阶

老版本与新版本操作方法基本相同。

在“常用构件类型”下部，展开【其他】→【台阶】→【定义】，在“构件列表”下【新建】→【新建台阶】，在构件列表下产生一个“TJ（台阶）构件”→在属性列表下修改为中文台阶名称，在属性页面其他处单击，构件列表下此台阶名称与之联动改变。

在属性列表构件名下邻行输入台阶总高度 mm，选择材质、混凝土强度等级、顶标高，如有未计入的钢筋时，展开钢筋业务，单击其他钢筋→单击此行尾部，进入“编辑其他钢筋”页面，如图 21-1-1 所示。

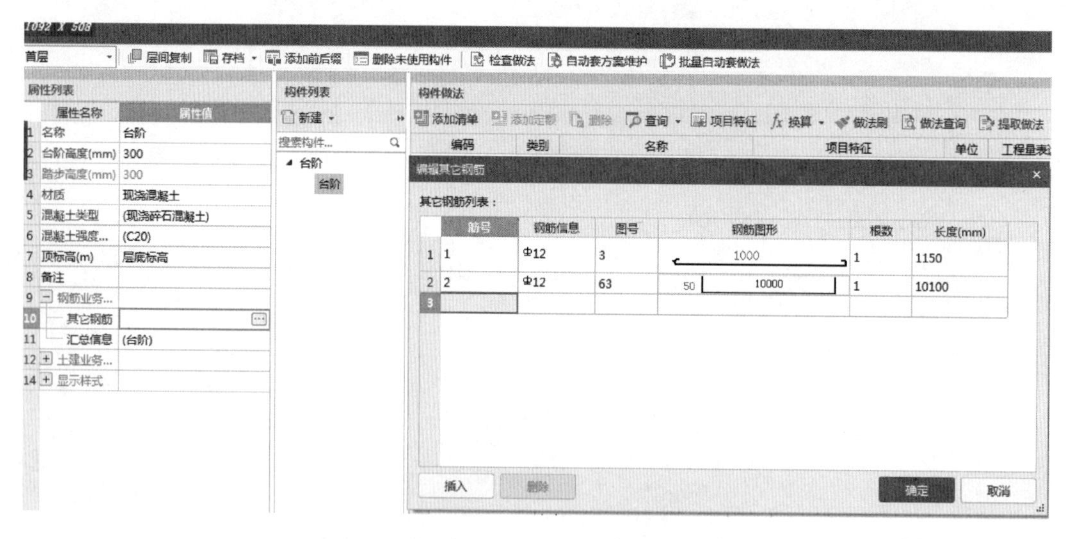

图 21-1-1　建立台阶构件，编辑台阶钢筋

输入钢筋号，在钢筋信息栏需切换到大写输入状态，输入钢筋级别，在图号栏双击，并选择此栏尾部单击，进入“选择钢筋图形”选择钢筋图形，有多种钢筋图形供选择→【确定】，返回，在钢筋图形栏双击图形符号，在显示的小白框内输入钢筋图形尺寸（单位：mm），需要人工计算输入根数，还有土建业务，在属性列表各行参数输入完毕→在最右边【构件做法】下部→【添加清单】→【添加定额】（前边已有描述，此处略）→【定义】（有【定义】页面的关、开功能），关闭定义页面，绘制台阶。

绘制台阶需先有布置台阶的平面投影尺寸范围边线作定位轴线之用，如果没有，返回“常用构件类型”下展开【轴网】→【辅助轴网】→在主屏幕上部【两点辅轴】（下拉有众多功能菜单）→【平行辅轴】→光标呈“口”形放到原有轴线上，光标由箭头状变为回字形→单击此轴线弹出“输入轴线距离”对话框，输入轴线距离，正值为向上偏移轴线，负值为向下偏移轴线，在此输入的距离＝台阶踏步个数＊踏步宽度＋台阶顶面水平宽度＋1/2 外墙厚度＝轴线间距。另外此处还需要 X 方向轴线间距＝台阶总宽度。台阶水平投影四边范围定位轴线设置完毕，返回常用主要构件类型下的台阶界面→绘制台阶。

先用主屏幕上部的【矩形】功能菜单从定位轴线方格的左上角向右下角画矩形台阶，图元为粉红色→在主屏幕上部【设置踏步边】（光标放到此功能窗口上有小视频）→单击选择台阶起步外踏步边（如选择外墙上的轴线有出错提示）→单击右键，弹出“设置踏步边”对话框，输入踏步个数→【确定】。踏步已绘制成功→【动态观察】可查看台阶的三维立体图。

21.1.2　绘制散水

《2018 版》绘制散水，前提条件是：①必须在第一层；②外墙必须封闭，并且外墙不能与内墙画混，否则布置不上散水。如内、外墙绘制混淆，内墙画在外墙上，需批量修改内墙名称标志为外墙，按 7.1 节描述的方法操作。在此只讲绘制散水，如图 21-1-2 所示。

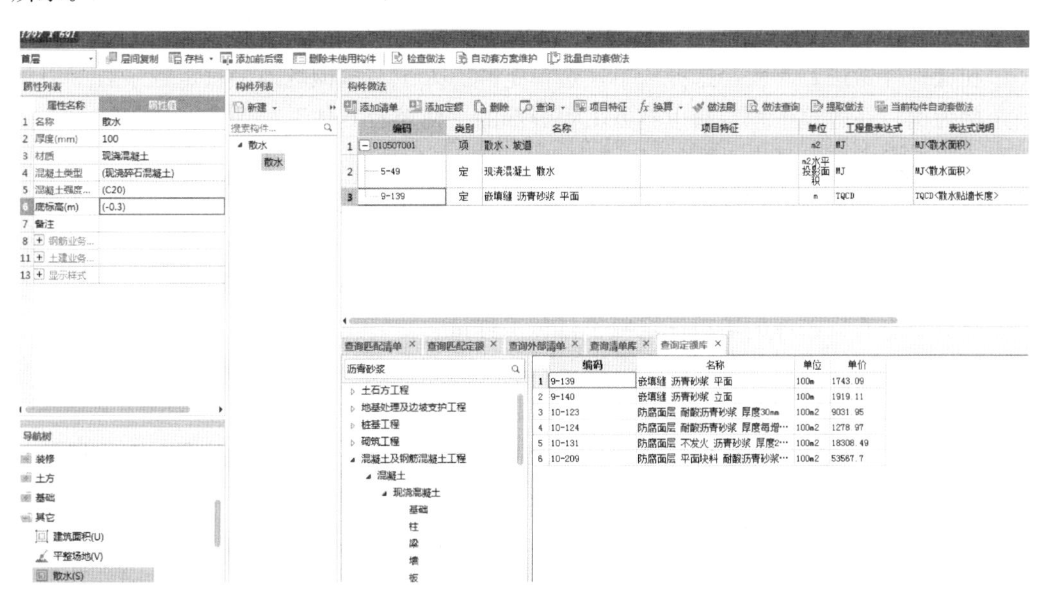

图 21-1-2　建立散水构件

在“常用构件类型”栏下部展开【其他】→【散水】→【定义】，进入“定义”页面，在“构件列表”下【新建】→【新建散水】，构件列表下产生一个“CS”（用字母表示的）构件→在属性列表下修改为中文散水构件名称，在属性页面其他处单击，构件列表下此散水名称与之联动改变。

在属性列表构件名称下输入散水厚度（单位：mm），选择材质、混凝土强度等级、底标高，还有土建业务，属性列表各行参数输入完毕→在最右边【构件做法】下部→【添加清单】→【添加定额】，在本书11.1节已有描述，清单、定额选择完毕→【定义】（有【定义】页面的关、开功能）关闭定义页面→绘制散水。

→【智能布置】→“外墙外边线”→框选全部平面图→单击右键→在弹出的“设置散水宽度”对话框中输入散水宽度（单位：mm）→【确定】提示“智能布置成功”→【动态观察】检查绘制台阶、散水的三维立体图形，检查散水与台阶的匹配情况。如散水的底标高定得低，三维立体图看到外墙与散水之间不连接，有明显间隙，散水的底标高与台阶的顶标高应一致协调（按设计值），因此值是黑色字体私有属性，需先选择并单击构件图元使之变蓝，再修改属性上的此数值，图元属性才会变化。

21.1.3 场地平整

《2018版》场地平整：在“常用构件类型栏”下展开【其他】→【场地平整】→【定义】，进入“定义”页面：在“构件列表”下【新建】→【新建场地平整】，构件列表下产生一个“场地平整”（用汉语拼音字母表示的）构件→在属性列表下修改把“场地平整”字母改为汉字名称，在属性页面其他处单击左键，构件列表下此“场地平整”字母名称与之联动改变为汉字名称。在属性列表构件名下选择人工或者机械，展开土建业务，在计算规则行有默认的计算规则，单击此行，再单击行尾进入【清单规则】【定额规则】选择页面，有按绘制的原始面积、场地外放2m面积、绘制的多边形面积×1.4几个选项，应按当地定额规则选择→【确定】。

在【构件做法】界面：选择清单，选择定额。人工、机械场地平整定额子目（以河南定额为例）在建筑工程定额土石方工程分部的“回填及其他”分项下，定额子目，工程量代码选择完毕→【定义】，关闭“定义”页面→主屏幕上部【智能布置】→“外墙外边线”→平整场地的构件图元仅仅在建筑的外墙内布置上→单击已绘制的平整场地构件图元，图元变蓝→单击右键（下拉菜单）→偏移→外移光标放大图元，输入（2000）偏移尺寸→按Enter键，图元外扩大2m面积＝此楼建筑面积＋向外扩大2m的面积，汇总计算后查看有选择的清单、定额子目、工程量。

21.1.4 建筑面积

《2018版》建筑面积：在“常用构件类型”栏下展开【其他】→【建筑面积】→【定义】，进入“定义”页面：在“构件列表”下【新建】→【新建建筑面积】，构件列表下产生一个“建筑面积”（用字母表示）构件名称→在属性列表下修改“建筑面积”字母为汉字名称，在属性页面其他处单击左键，构件列表下此“建筑面积”构件字母名称与之联动改变为汉字名称，如图21-1-3所示。

在【构件列表】右侧的【构件做法】中选择清单、选择定额。在此计算出的建筑面积可用于以建筑面积为基数，计算综合脚手架等→【定义】，关闭“定义”页面。

在主屏幕上部【点】式布置（另有【直线】【矩形】布置功能）→光标选择并单击任意1个房间→主屏幕上全部建筑外墙以内已绘上【建筑面积】构件图元。如果需要局部绘制，可用【直线】功能在建筑平面图上描绘任意图形的封闭折线，或者用【矩形】

图 21-1-3　用建筑面积计算综合脚手架工程量

功能键画矩形房间。汇总计算后查看有选择的清单、定额子目。在构件图元工程量页面显示有建筑面积，建筑面积、周长都有利用价值。

面式阳台装修见第 10 章阳台相关内容。

21.2　删除识别不成功、有错误的构件图元并重新识别

老版本与新版本操作方法基本相同：

1. 先删除主屏幕中识别不成功或识别错误并且已产生的构件图元→批量选择（F3 是批量选择快捷键）→在显示的“批量选择构件图元”页面，勾选需删除的构件图元名称（说明：删除构件图元后成为未使用构件）→【确定】，如图 21-2-1 所示。

也可以在导航栏图形输入的某个主要构件界面：框选主屏幕平面图上的此类局部或全部构件图元，图元变蓝→单击右键→【删除】，所选择的构件图元已删除。

也可以在主屏幕顶横行→【构件】（下拉菜单）→【批量删除构件图元】→在批量删除构件图元页面选择楼层，选择构件类型→【确定】，平面图上的构件图元已删除，此时在构件列表下部的构件成为没使用构件。

2. 下一步批量删除没使用构件：删除在【构件列表】新建菜单下已建立的构件名称→【构件】（下拉菜单）→【批量删除未使用构件】→选楼层→选择删除的构件→【确定】。也可不执行删除已识别（也就是已建立的构件，构件属性）再识别已生成构件、属性的状态，按照后续步骤，直接在平面图中继续识别，生成平面图上的构件图元。

《2018 版》批量删除未使用构件：【定义】→在“定义”页面顶横行→【删除未使用构件】，在弹出的“删除未使用构件”页面选择楼层、选择构件→【确定】，提示“删除未使用构件完成”（也可以在【构件列表】页面直接删除未使用构件）。

在【CAD 识别】的识别构件下部→【还原 CAD 图元】，主屏幕中电子版图恢复→框选主屏幕平面图上已经恢复的电子版图→单击右键→在【图纸管理】页面：找到此图纸名称，双击其尾部空格=刷新，主屏幕的电子版恢复原有状态，即可重新识别。

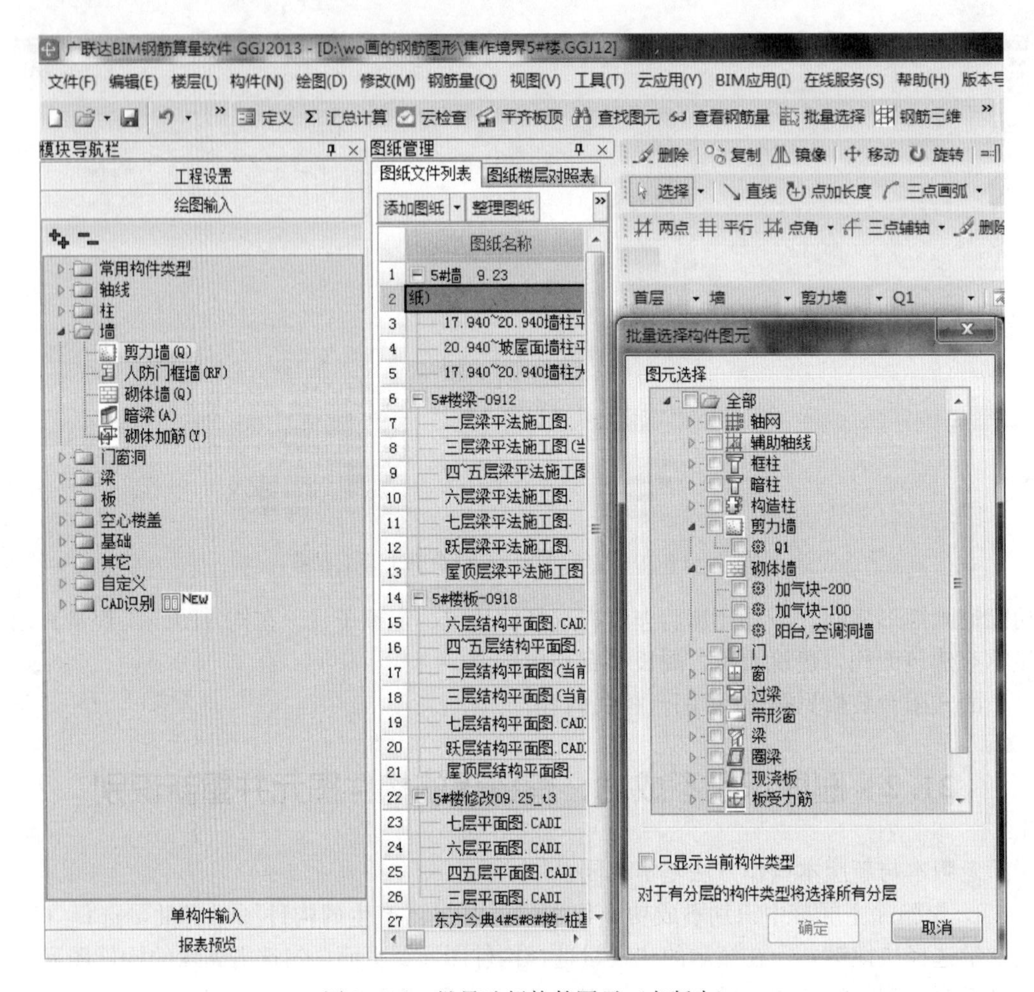

图 21-2-1　批量选择构件图元（老版本）

《2018 版》还可以在【图层管理】页面（图 21-2-2）。选择【CAD 原始图层】主屏幕中的电子版图恢复，还可以再选择【已提取的 CAD 图层】＝老版本的【还原 CAD 图元】，可按原来的识别程序直接识别，区别在于识别某一图层时，此部分图层变蓝→单击右键，此图层没有消失而是恢复，但是识别有效。

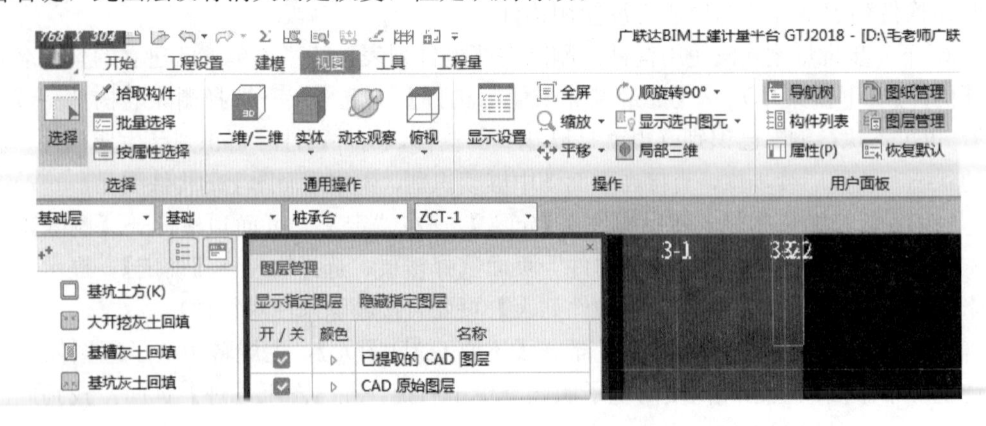

图 21-2-2　勾选恢复 CAD 原始图层

21.3 《2016 定额》最新预算软件安装[①]

电脑桌面显示：我的电脑多为 32 位系统，只能安装运行后显示 32 位的；计算机多为 64 位系统，应安装运行后显示 64 位的。

画面向上光面向下插入光盘（方法 1）：→可读盘时显示“广联达整体解决方案”安装初始页面：显示有广联达计价、钢筋、土建各安装模块有红、蓝二色，光标放到各安装模块光标变“手”形。

建议 1～5 项各模块最好安装到 D 盘，以后 C 盘系统升级、更新不受影响。驱动、加密锁程序会自动、不可选择地安装到 C 盘。

1. 光标放在蓝色计价 GBQ4.0（不分 32 位、64 位）并单击→稍等、运行→默认为全选安装项目→“下一步”→“我同意”→“下一步”→“下一步”→“完成”（默认自动安装到 C 盘）可选择安装到 D 盘。安装完成后系统自动恢复到广联达整体解决方案安装初始页面。并且在电脑桌面上已显示计价软件图标，下同。

2. 单击（安装）土建计量（不分 32 位与 64 位）：

→稍等→【立即安装】→【下一步】→正在安装（因安装的内容多、较慢，需要等待）→【完成】，可根据需要选择安装到 D 盘。

3. 单击（安装）钢筋计量：

→【立即安装】→“下一步”→“安装数据”→显示飘移安装画面→可选择显示官网→“完成”→自动回到安装选择初始页面。

（另有其他共同操作方法的安装方法：双击 GGJ2013（钢筋）文件夹→双击电脑图标→“立即安装”→“我同意”→“下一步”）

4. 单击安装算量：GQI

按电脑系统选择安装 32 或 64 位→“立即安装”→提示“正在安装广联达加密锁驱动”→安装算量→正在解开画面→短时出现黑色屏幕，有字幕并可自动恢复→“完成”。如不提示安装完成，是安装不成功，可在各项安装完成后，最后安装此程序。

5. 在安装初始页面单击最上行的云计价 5.0（根据你的电脑系统 32 位或 64 位，选择双击 32 或 64 位）→（稍等不要着急）运行→“立即安装”→显示其中有“广联达云计价 GCCP5.0”→全部选择安装信息→“下一步”→运行正在安装→安装完成。

6. 单击安装加密锁驱动 532→“立即安装”→提示“确定覆盖吗”→【确定】→检测到加密锁安装或卸载程序正在运行，当前程序将退出…→“是”→提示“加密锁驱动升级”→“立即安装”→提示“将安装版本 V3.8、532、3263，覆盖安装过程中驱动服务会中断……，确定覆盖吗”→【确定】→提示“检测到……”内容基本同上述，→“是”→正在卸载→提示“已安装 %”→安装完成。

7.（必须）自动恢复到广联达整体解决方案安装初始页面，此页面下部有浏览光盘→单击浏览光盘→在显示的安装顺序提示页面有各模块的文件夹，◇三维立体广联达 Autorun 文件，🔑加密锁驱动 532 图形，小电脑（双击小电脑图形）→安装→安装成

① 包括《2018 版》筋量合一。

功，请重启电脑→关闭各安装画面，重启电脑。

安上加密锁，软件可打开。

还可补充安装【安装算量】【精装修】，软件显示有《2016 定额》库功能。

《2018 版》筋量合一软件安装（方法 2）：

在电脑桌面显示：【我的电脑】多为 32 位系统，只能安装各模块运行后显示 32 位的；【计算机】多为 64 位系统，应安装各模块运行后显示 64 位的。

画面向上光面向下插入光盘，如电脑不能读盘，不能显示广联达整体解决方案安装初始页面：双击【我的电脑】或者【计算机】→在同时显示有 C、D、E、F、H 等盘名称时，光标放到蓝色“广联达（四棱体）（H）图标”上，如图 21-3-1 所示。

图 21-3-1　DVD/CD（H）广联达软件安装图标

单击右键（下拉菜单）→“打开”→进入如图 21-3-2 所示页面。

H:\
百度一下　淘宝　京东　传奇
计算机 ▸ DVD/CD-RW 驱动器 (H:) 河南广联达 ▸
文件(F)　编辑(E)　查看(V)　工具(T)　帮助(H)
组织 ▾　刻录到光盘

收藏夹：下载、桌面、最近访问的位置、2345Downloads
WPS网盘
库：视频、图片、文档、音乐
计算机：本地磁盘 (C:)、软件 (D:)、文档 (E:)、娱乐 (F:)、DVD/CD-RW 驱动器

光盘中当前包含的文件 (15)

名称	修改日期	类型	大小
1_广联达计价GBQ4.0	2018/5/9 17:09	文件夹	
2_广联达BIM土建计量平台GTJ2018	2018/5/9 17:09	文件夹	
3_广联达BIM安装计量GQI2018-32位	2018/5/9 17:09	文件夹	
4_广联达BIM安装计量GQI2018-64位	2018/5/9 17:09	文件夹	
软件安装步骤	2018/5/9 17:09	文件夹	
云计价5.0 32位系统	2018/5/9 17:05	文件夹	
云计价5.0 64位系统	2018/5/9 17:05	文件夹	
Autorun	2018/5/10 13:36	应用程序	908 KB
Autorun	2011/5/19 9:49	安装信息	1 KB
Autorun	2018/5/10 13:39	配置设置	2 KB
Autorun	2012/10/19 15:54	PIC 文件	207 KB
Others	2011/5/19 9:49	配置设置	1 KB
S升级驱动570（关闭杀毒软件）	2016/10/17 20:54	应用程序	3,344 KB
河南_JGB_2.0.0.1956_(170505092920)	2017/6/2 9:09	应用程序	29,193 KB
加密锁驱动570	2018/3/5 12:30	应用程序	93,944 KB

图 21-3-2　广联达工程造价软件各模块安装菜单画面

光盘中当前包含的文件有：1 广联达计价 GBQ4.0；2 广联达 BIM 土建计量平台 GTJ2018；3 广联达 BIM 安装计量 GQT 2018-32 位；4 广联达 BIM 安装计量 GQT 2018-64

位；云计价 5.032 位系统；云计价 5.064 位系统等。按各文件夹前的数字 1、2、3、4 为安装顺序，并且电脑桌面显示有“我的电脑”多为 32 位系统只能安装 32 位。

1. 双击广联达计价 GBQ4.0（不分 32 位与 64 位）→双击【小电脑】图标，如图 21-3-3所示。

Copyright
Files
Install
Install
Install

图 21-3-3 小电脑图标图示

进入“建设工程造价管理整体解决方案初始安装”页面→【全选】→“下一步”→“我同意”→“下一步”→“下一步”（可删除、变更、选择安装盘，最好不要安装到 C 盘，以后电脑系统升级不受影响）→可全部选择安装内容→【下一步】→安装运行→【完成】。广联达 GBQ4.0 图标已显示在电脑桌面→（在电脑桌面左上角）【←】后退，返回文件前标有 1、2、3、4 阿拉伯顺序数字的安装文件初始页面。

2. 双击文件夹“2 广联达 BIM 土建计量平台 GTJ2018”（不分 32 位、64 位）→双击【小电脑】图标→程序默认为【全选】安装内容，默认为【已阅读并同意】→（在此可以在安装路径行：删除【C】字改为安装到【D】盘，以后在系统升级时不受影响）【立即安装】→运行、正在准备安装、解压→提示“安装成功”。“广联达 BIM 土建计量”图标已经显示在电脑桌面上。如提示：GTJ2018 筋量合一软件不支持在本系统安装和使用，本软件仅限在 Windows 7 系统下安装使用。解决方法：需要电脑系统升级为 Windows 7 系统。

3. 单击左上角【←】返回文件夹有 1、2、3、4 的安装初始页面、双击文件夹 3 安装算量（我的计算机应安装 64 位）→双击【小电脑】图标→运行→全选安装内容→立即安装→正在解压、安装→安装成功，【→】返回有 1、2、3、4 文件夹初始安装页面。

4. 双击云计价 5.0 分 32 或 64 位→双击【小电脑】图标（正在初始化安装，请稍候）→全选安装内容（在此可以修改安装盘）→【立即安装】→（安装运行）→【安装完成】→【确定】。在电脑桌面可以显示有“广联达云计价”图标。

5. 双击安装【加密锁驱动】→【立即安装】，如果提示“已安装的版本太低，请先卸载后再安装”（说明以前已安装有同类软件未卸载）→关闭安装画面，在电脑左下角→【开始】→【强力卸载软件】→在“搜索”行，输入“广联达加密锁驱动”，在下邻行显示【广联达加密锁驱动程序】→【卸载】，卸载完成后再双击安装【加密锁驱动】→【立即安装】，已经可以安装，安装完成，重启电脑……

6. 返回在文件夹有 1、2、3、4 安装初始页面，双击安装【S 升级驱动 570】→“安装”→安装成功。

7. 返回有 1、2、3、4 文件夹页面，双击带锁图形的加密锁驱动 570（稍等）→“安装”→“是”→“立即安装”（如果提示已安装相同版本，可按照上述方法卸载同类软件后再安装即可）。

提示：需先安装加密锁驱动，后安装加密锁升级驱动。两个驱动安装以后，还可以增加安装其他模块。如果有的模块出现问题不能使用时，只需要卸载有问题的模块，再安装这个模块即可。

激活：软件安装后→打开软件，当提示没有检测到加密锁时才使用。

在电脑桌面双击（有锁图形的）“广联达新驱动”→弹出“广联达新驱动”页面，在停止服务状态→【激活】→提示激活成功。软件可打开。

其他方法激活加密锁驱动：双击电脑桌面有锁图形的【广联达新驱动】，弹出广联达新驱动【单机锁号】页面：有本机锁号显示→单击【>】→【知道了】→单击【停止服务】变为【启动服务】，已可以打开软件。

在最下一行【我的授权】→【重新检测】→单击【停止服务】→服务已启动→【查看已购】→显示已购广联达造价软件各模块→【我的授权】→【加密锁设置】，显示服务器地址、号码、加密锁号码→【测试设置】→提示“测试当前设置失败，请检查加密锁是否插好，或广联达授权服务是否启动，然后再试”→【确定】。插上加密锁，启动服务……安装成功。

21.4　加 QQ 好友→邀请对方远程协助

插上网线→双击电脑桌面上的【腾讯 QQ】→输入 QQ 号、密码→【登录】，弹出有本人 QQ 号、昵称的页面，如图 21-4-1 所示。

图 21-4-1　加 QQ 好友可以远程安装软件

（在此单击页面上部的“信封”图标，可以进入收、发电子邮件操作），在此页面左下角→单击【+】（表示加对方QQ好友的意思），在弹出的“查找”页面上部→【找人】，（有提示：请输入QQ号、昵称）只需要输入QQ的号码数字，不要输入后边的字母→按Enter键→【+好友】→【查找】，在下部显示“找到一个人”，下部还显示已输入的QQ号、昵称→【+好友】，弹出“己方昵称，添加好友”页面，有提示“我是：”输入己方的QQ号、昵称→【下一步】，在备注栏输入对方的QQ号、昵称，在分组栏单击尾部的▼→【新建分组】→【我的好友】→【下一步】→【完成】，在上部有己方、也是本人昵称的QQ初始页面（图21-4-1）：下拉右边的滚动条，可以找到已经加上好友昵称的图标并单击，在弹出的左边有对方（漫画）头像，右下方有对方好友昵称的下邻行→【发消息】，在弹出的左上角有“电话听筒”图标的页面：最下行单击显示动态光标，输入对话文字→【发送】（另有【选择表情】【语音】【截图】更多功能）。在此页面上部有【语音通话】【视频通话】【远程演示】▼、【传送文件】▼、【远程桌面】▼、“【发起多人聊天】+”等功能→单击【远程桌面】▼（有：【请求控制对方电脑】【邀请对方远程协助】）→【邀请对方远程协助】，在此页面右边显示的“远程协助”栏下有两台电脑箭头横向移动画面，如图21-4-2所示。

图21-4-2 利用远程控制技术安装造价软件

已经进入邀请对方远程协助操作界面：操作完成→【取消】，结束远程协助操作。还可以【请求控制对方电脑】的操作。

21.5 在天正制图软件批量转换图纸格式为t3

老版本才需要此操作：记住需要转换电子版图纸文件格式的图纸文件所存盘名。

双击打开进入天正建筑 T2.0 制图软件（天正制图软件版本不同，操作方法可能会有个别差异）→（在左侧竖列主菜单下部）→【文件布图】，如图 21-5-1 所示。→【批量导出】，在弹出的“请选择待转换的文件”页面，单击【我的电脑】或【计算机】，使其显示在上部“查找范围”行→找到待转换图纸文件所存盘并双击使此盘名显示在上部“查找范围”行，在下部主栏内所显示的就是上部显示盘的全部文件→单击主栏内需要转换的图纸文件名称，使其显示在下部【文件名】行，如果没显示在下部【文件名】行，说明此文件有下级文件，用同样方法双击此文件使其显示在上部“查找范围”行→单击主栏内欲转换格式的文件名，使其显示在下部【文件名】行，在此如果有多个平级文件，Ctrl＋左键可多选，使其全部显示在下部【文件名】行→（在文件名下邻行）【天正版本】单击其行尾部【▼】，选择【天正 3 文件（＊.dwg)】等于是 t3 格式→【打开】→在弹出的“浏览文件”页面：程序已默认并且已展开需转换图纸文件所存盘（如果事先没有先建立一个空白文件夹）→单击（在浏览页面下部）【新建文件】，在此新建的空白文件已自动显示在原来需要转换工程图纸文件名的下邻行，在已展开的某盘的下部新建了一个【新建文件】，(此文件在此可能无法起名、改名）→“确认”（因转换的文件较大→运行，需等待)。

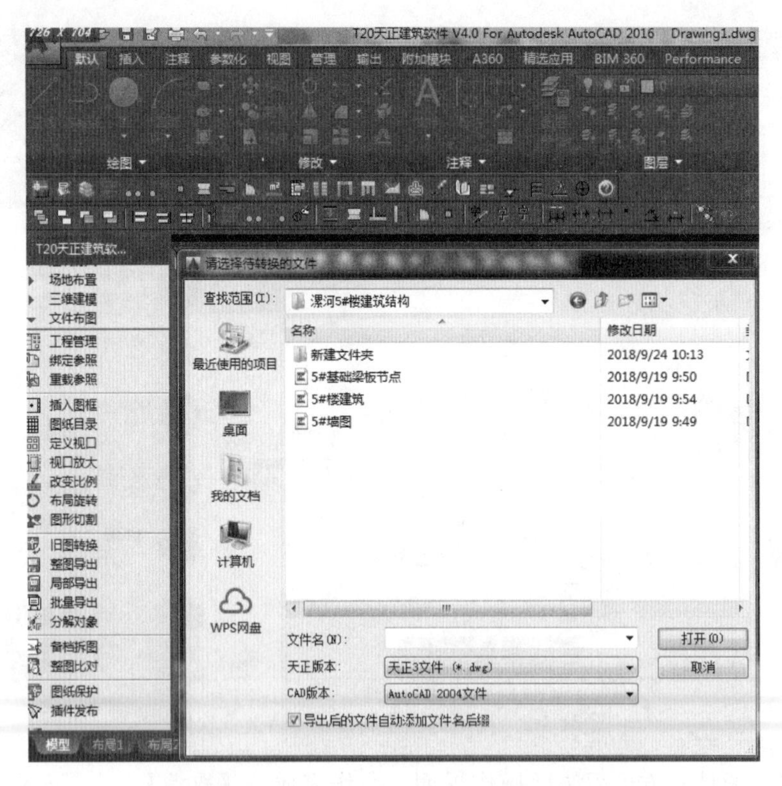

图 21-5-1　批量转换电子版图纸格式为 t3

等光标恢复到十字时，关闭天正制图软件→打开本次操作需要转换 t3 格式的原始图纸文件所存盘→双击原始图纸文件→在此原始图纸文件的下级各平级文件的上部，显示已建的【新建文件】→双击此【新建文件】，其下部已显示【批量导出】的，已转换了图纸格式的全部图纸文件，并且各自图纸文件行尾部显示有 t3 字符，电子版图纸格式转换成功，各图纸文件可打开，下一步可按第 1.2 节所述把已转换图纸格式的电子版图纸导入广联达预算软件。

21.6 报表设置预览

《2018 版》报表统计常见问题：

1. 找不到按构件类型→按楼层工程量汇总表。

在报表预览界面→单击【钢筋报表量】或【土建报表量】→【设置分类条件】右侧上部有（定额）【做法汇总分析】，有各种报表供选择，下部【构件汇总分析】，有【绘图输入工程量汇总表】【绘图输入构件工程量计算书】【表格输入】等多个表格供选择查阅，不需要的可以取消，有【设置分类条件】【选择工程量】导出、打印等功能。如图 21-6-1所示。

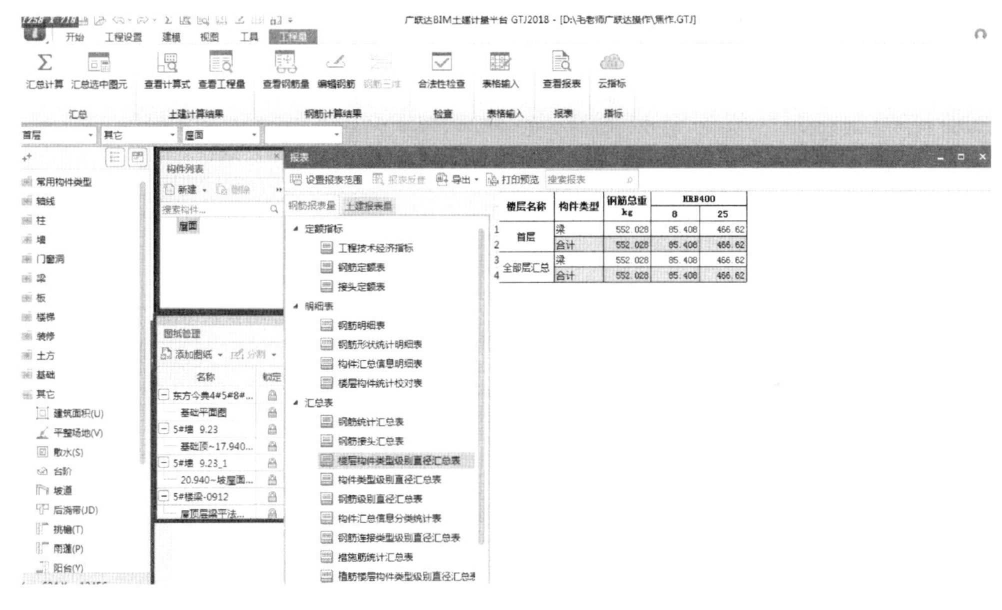

图 21-6-1 报表预览

2. 没有设置批量导出功能。

3. 在显示的【报表】页面选择【设置报表范围】，勾选钢筋类型栏的【直筋】【箍筋】【措施筋】→【确定】可按要求显示报表。查看工程量方法→【汇总计算】→【查看报表】，找到需要查的工程量，如果怀疑某项工程量有问题→可以使用左上角的【报表反查】功能，在【构件汇总分析】→【绘图输入工程量汇总表】页面查找、核对工程量。

4. 在云指标也称工程信息页面不显示指标，也称不显示单方经济指标信息，原因是没输入建筑面积。

结果查量：【工程量】→【查看报表】分别选【钢筋报表量】【土建报表量】，通过设置“报表范围”，选择需要输出的工程量；

过程查量：钢筋有【钢筋三维】结合【编辑钢筋】菜单；土建有：【查看工程量计

算式】和【查看三维扣减图】功能，直观地查看工程量计算过程。

21.7 【做法刷】与【批量自动套做法】

老版本与新版本操作方法基本相同。

在【定义】页面：【做法刷】（是把当前构件已选择的清单、定额做法复制追加到全工程所有相同构件上）（进入【做法刷】前需选择欲选择的清单、定额，单击行序号全行发黑为有效，可多选择，因清单与其下部所选的多个定额子目是组合绑定的，单击已显示清单左上角空格，清单及下部所属定额子目全部发黑为有效）→进入“做法刷”页面，在选择所刷构件前该页面应是空白没有清单、定额子目。

→【做法刷】→【覆盖】或【追加】，如图 21-7-1 所示。

图 21-7-1 “做法刷”页面

如在【做法刷】页面带进不需要的清单、定额→【过滤】▼→单击▼→“未套用做法构件”，不应带进、不应显示的清单、定额子目已消失，并且当前已选择的清单、定额的源构件名称在构件列表下已消失，不会重复选择。在此构件列表下选择楼层→选择构件，源构件已选择的清单、定额已显示在【做法刷】页面。此页面外左边是源构件的属性列表，页面内下部是动态选择构件的属性页面，按选择动态显示，用以两个属性页面的参数相互对照区分，防止选错。在此可把全工程各层所有相同做法构件全部复制刷进来→【确定】，提示“做法刷操作成功”→【确定】。此时再依次单击左边构件列表下没有套定额的构件，其右边已有源构件的清单、定额动态显示，作为检查核对。多选、错选的可删除。

在【定义】页面上部有【批量自动套做法】功能，必须先操作【自动套方案维护】→在弹出的“自动套方案维护”页面分清单模式、定额模式；需要在各主要构件先建立方案→【添加清单】或【添加定额】→选择工程量代码，先建立一个简易的工程模型→【批量自动套做法】操作。

【批量自动套做法】与【做法刷】的区别：做法刷是选择已套过定额的构件，把此做法复制到其他同类构件。

“批量自动套定额”做法：【自动套方案维护】→弹出“自动套方案维护”页面，如图 21-7-2 所示。可选择页面左上角【清单模式做法库】和【定额模式做法库】两个界面，如选【清单模式做法库】，可显示广联达公司已预先做好的各主要构件的、已选套与之匹配的清单、定额的主要构件，用户在此也可新建、添加或修改，如选择展开某主要构件，在此构件的匹配条件和后边的构件做法栏为空白，说明此构件无与之匹配的做法（清单、定额），需用户自己建立，添加做法模板。

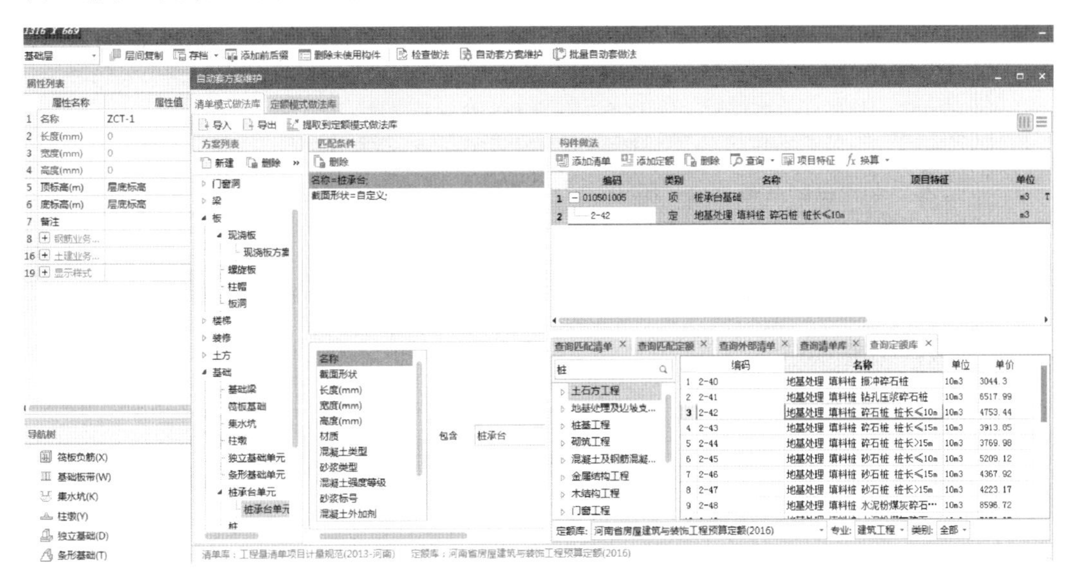

图 21-7-2　批量自动套做法

如此主要构件右侧有相匹配条件的构件做法（清单、定额）内容，用户也需检查是否与实际工况匹配，可修改完善，完善毕可继续再选择并查看下个主要构件，查看是否与拟套用工况一致、匹配，不需的构件可删除，达到与拟复制（追加）的工程一致时→【批量自动套做法】→选拟追加的目标工程→选拟追加复制的已生成构件图元的楼层→选目标构件→（在此页面左下角）选【覆盖】→已自动套做法（意思是把拟选目标楼层或目标构件已有做法删除、更新为新的做法）→【确定】→运行，【批量自动套做法】操作成功。

21.8　把《土建计量》或者《2018 筋量合一》计量结果导入计价软件

把老版本土建计量软件或者《2018 版》筋量合一软件计算出的定额结果导入到广联达云计价平台 GCCP5.0 计价软件或者 GBQ4.0 广联达计价软件：

双击打开广联达云计价平台 GCCP5.0→【离线使用】→【进入软件】，在广联达云计价平台 GCCP5.0 页面左上角→【新建】→选新建招标、投标项目→新建单位工程→输入工程名称→选清单，选清单专业，选定额库，如河南省房屋建筑与装饰工程预算定额 2016→单击价格文件行尾→如在河南地区→选择数据包，页面选信息价如郑州地区等→选某年某月→【确定】→在计税方式行选【增值税一般计税方法】或【简易计税方法】→【确定】→分部分项→查询或插入方式选择添加清单或者定额→【插入】定额，也可直接输入定额子目。

下一步：把 2018 版筋量合一或土建计量软件计算出的定额结果文件导入广联达云计价平台 GCCP5.0 计价软件（导入 GBQ4.0 计价软件操作方法与此基本相同）。

（顶横行）在计价软件的左上角→【导入】（下拉菜单有导入 Excel 文件、导入单位工程、导入算量软件三个功能），如图 21-8-1 所示。

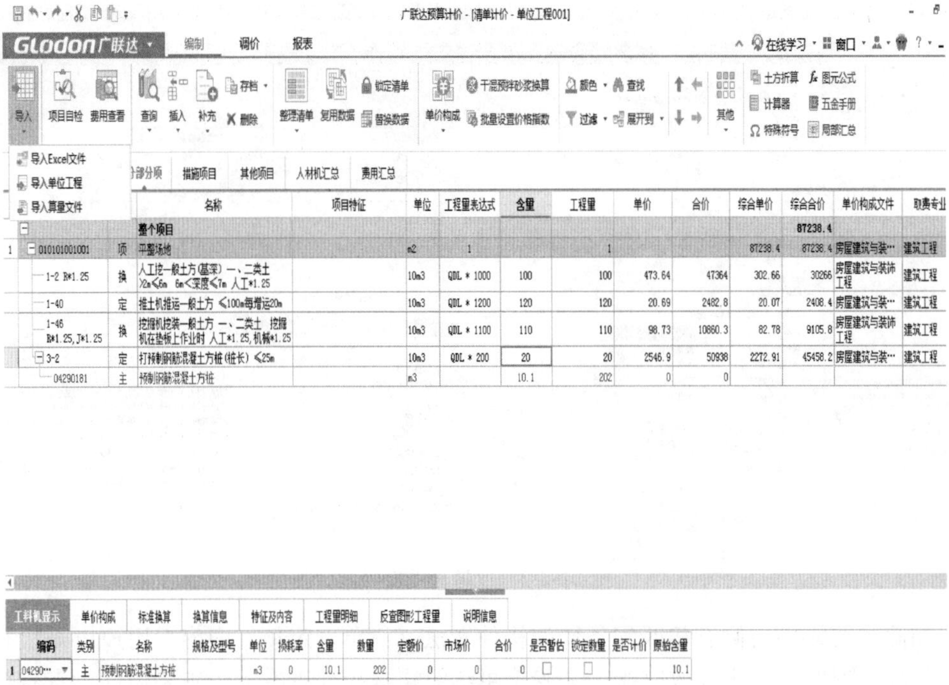

图 21-8-1　土建计量结果导入造价软件图示

【导入算量文件】，在弹出的“打开文件”页面：找到欲导入的单位工程计算结果文件所存盘（土建计量软件或筋量合一软件计算结果文件一般存储在 D 盘），如单击 D 盘，在此页面右侧主栏显示的全部为 D 盘文件，找到欲导入的工程文件名称行首带有土建计量模块标志或大写 T 字（此为《2018 版》筋量合一模块的标志）的工程文件并单击，使此文件名显示在下部“文件名”行→“打开”→可选择“清空导入”或“不清空”→“导入”（运行）提示“导入成功”→【确定】。

22　计价软件的操作方法

广联达云计价平台：GCCP5.0计价软件操作

1. 进入计价软件创建工程

双击打开“广联达云计价GCCP5.0”，在弹出的“GLodon广联达云计价GCCP5.0”页面：如果是网络锁，在【账号】栏输入广联达账号/手机号/邮箱号→输入密码→【登录】；如果是单机锁，【离线使用】→进入软件（离线使用不能使用【协作模式】的功能），显示以前做过的已有工程的文件名称，带有【清】字标志的是在创建工程时采用“清单计价”模式建立的工程文件；带有【定】字标志的是在创建工程时采用“定额计价”模式建立的工程文件；如果继续做未完工程→双击已有工程的文件名称，或者单击已有工程文件名称行的【操作】▼→【打开】，可以继续做已有工程。

如果是新建工程，在广联达云计价平台GCCP5.0页面左上角→“＋【新建】”（下拉有四个菜单：【新建概算项目】【新建招投标项目】【新建结算项目】【新建审核项目】，只能选择一种功能）→【新建招投标项目】（如果弹出提示“关于广联达科技股份有限公司《2016定额》计价软件符合性测评通过的通知”→【接受】），弹出“新建工程”页面，如图22-1-1所示。

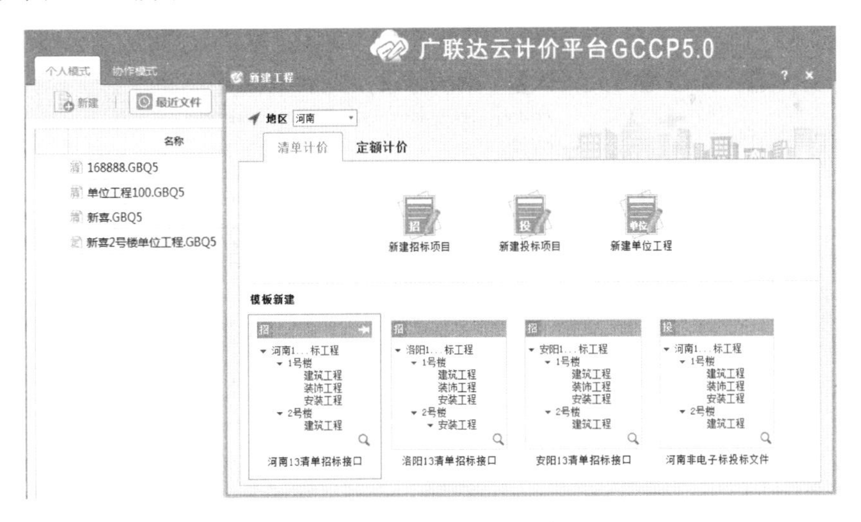

图22-1-1　进入计价软件创建工程

在弹出的“新建工程”页面，可以根据需要选择【清单计价】或者【定额计价】模式→选择【新建招标项目】或者【新建投标项目】，也可以直接选择【新建单位工程】→在弹出的“新建单位工程”页面→输入工程名称→选择清单专业、选择定额专业、选择定额库（如河南地区是房屋建筑与装饰工程预算定额 2016）→单击价格文件行尾部，在弹出的“广材助手，某某地区数据包”页面选择信息价，选择地区→选择某年某月→【确定】[更详见本章（26）、（27）、（28）节] →在计税方式行选增值税一般计税方法或简易计税方法（非增值税计税方式）→【确定】→已进入【GLodon 广联达】▼（计价软件界面）→【分部分项】，进入【分部分项】界面，可以输入清单或者定额子目、工程量。或者按照本章 7. 使用【查询】功能选择清单、定额子目。

2. 使用【导入单位工程】功能，把土建计量软件或者《2018 版》筋量合一软件计算出的定额成果文件导入 GCCP5.0 计价软件（或者 GBQ4.0 广联达计价软件）

在左上角→【导入】（【导入 Excel 文件】：按照本书 18.1 节操作导入；【导入算量文件】：按照本节图 22-1-3 图下的描述操作）→【导入单位工程】，在弹出的“导入单位工程”页面，在左侧找到单位工程文件所保存的盘名称并单击，在右侧主栏内所显示的全部是此盘的全部文件。本例是单击【桌面】→在右侧主栏内找到文件名首部带有【清】字或者带有【定】字标志、尾部带有【GBQ5】标志的文件名并单击，此文件名称显示在此页面下部的文件名行→【打开】，弹出“设置导入规则”页面，在此页面上部根据需要选择【当前工程的市场价】或者【导入工程的市场价】；在此页面下部单击选择【清空原有数据再导入】或者【直接追加到当前工程中】→【确定】，提示“分部分项工程量清单与措施项目清单导入成功”→【确定】，导入成功。

如果是手工输入定额子目：在计价软件的上部水平导航栏→【分部分项】→【查询】[按照本章 7. 描述的方法操作] 或【插入】，选择添加清单或者定额→【插入】定额。也可直接输入定额子目编号→按 Enter 键→输入工程量（在此可以【载入价格文件】，见后述）。

3. 使用【图元公式】功能计算定额子目的工程量

首先输入一个定额子目→按 Enter 键→单击已输入定额子目的“工程量表达式”栏→fx【图元公共】，弹出【图元公式】页面，如图 22-1-2 所示。

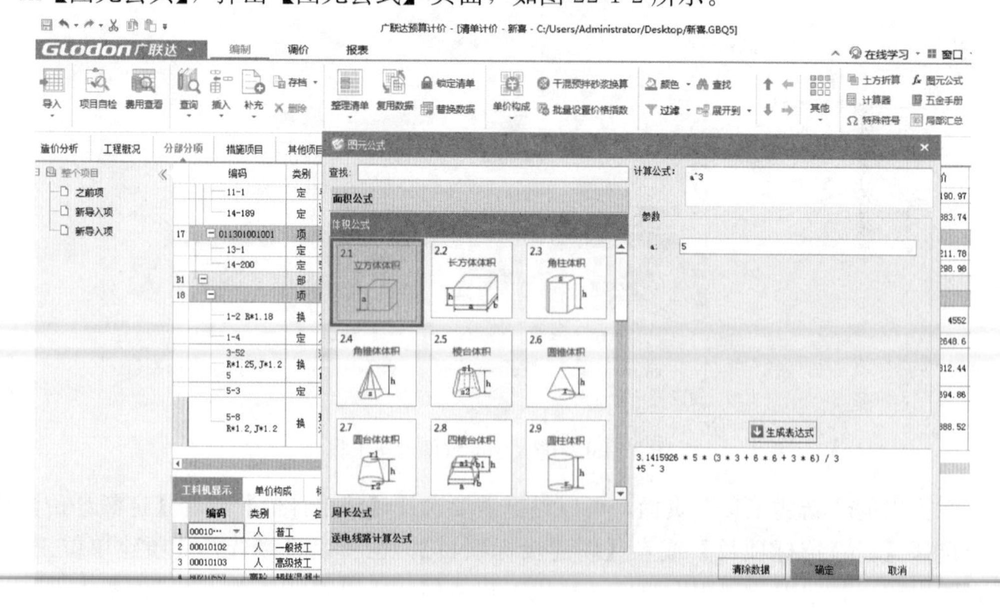

图 22-1-2　利用计价软件的【图元公式】计算工程量

需要根据已输入的定额子目的计量单位——面积、体积、长度，在弹出的“图元公式”页面→单击选择【面积】或者【体积】或者【长度】（【周长】）或者【送电线路计算公式】，如：单击选择【体积公式】→拖动右侧的滚动条，在主栏内找到并单击需要的体积计算公式图元，所选择的图形已显示在红色边框线内，同时在右侧顶行显示此图元的体积计算公式→在下部【参数】栏各行，按照红色边框线内显示的图形符号输入各行参数→【生成表达式】，在此页面下部已生成此图元的计算式→【确定】，计算式、计算值已显示在所选择定额子目的工程量表达式栏→再次单击右上角的【图元公式】，可以返回已消失的【图元公式】页面，原来操作的图元、计算公式还在，可用于复核。

4. 使用【导入算量文件】功能把 2018 版筋量合一或土建计量软件计算出的定额结果文件导入广联达云计价平台 GCCP5.0 计价软件（导入 GBQ4.0 计价软件操作方法与此基本相同）。

在计价软件的左上角→【导入】（下拉菜单有【导入 Excel 文件】【导入单位工程】【导入算量文件】三个功能），如图 22-1-3 所示。

图 22-1-3 把土建计量或筋量合一的计算结果导入计价软件

【导入算量文件】，在弹出的“打开文件”页面找到需要导入的工程计算结果文件所存盘（土建计量软件或筋量合一软件计算结果文件一般存储在 D 盘），如单击 D 盘，在此页面右侧主栏显示的全部为 D 盘文件，找到需要导入的工程文件名称行首带有土建计量软件标志或大写 T（T 为《2018 版》筋量合一软件的标志）的工程文件并单击，使此文件名显示在下部【文件名】行→【打开】→可选择【清空导入】或【不清空】→

【导入】(运行)，提示“导入成功”→【确定】。

如果是在算量软件导入的工程，还可以利用左上角的【量价一体化】▼→（在下部【工料机显示】行尾部）【反查图形工程量】功能，互相对照查看工程量，操作方法：在【分部分项】界面单击一个定额子目的行首，选中此定额子目的全行→在主栏目下部【工料机显示】行的尾部（【工程量明细】菜单右边）→单击【反查图形工程量】→输入工程量计算式，可用于核对工程量。

5.【载入价格文件】，“建立个人价格库一材料价差表”(需插入网线)

在最上部一级功能菜单【编制】→在【分部分项】界面输入清单、定额子目后→【人材机汇总】(在此有“【载价】▼”功能窗口)→【载价】▼（下拉菜单有：【批量载价】【载入价格文件】【载入历史工程市场价文件】【载入 Excel 市场价文件】)，选择→【载入价格文件】，在弹出的“选择价格文件”页面左上角勾选【加权模式】→单击【加权模式】行尾部的▼，软件提供有【市场价】、▶【定额计价仿清单法】、▶【定额库】、▶【某某地区 2008 序列定额】【广材助手】(凡是文件名前有横向小三角的，展开均有下级菜单）等多种功能，如图 22-1-4 所示。

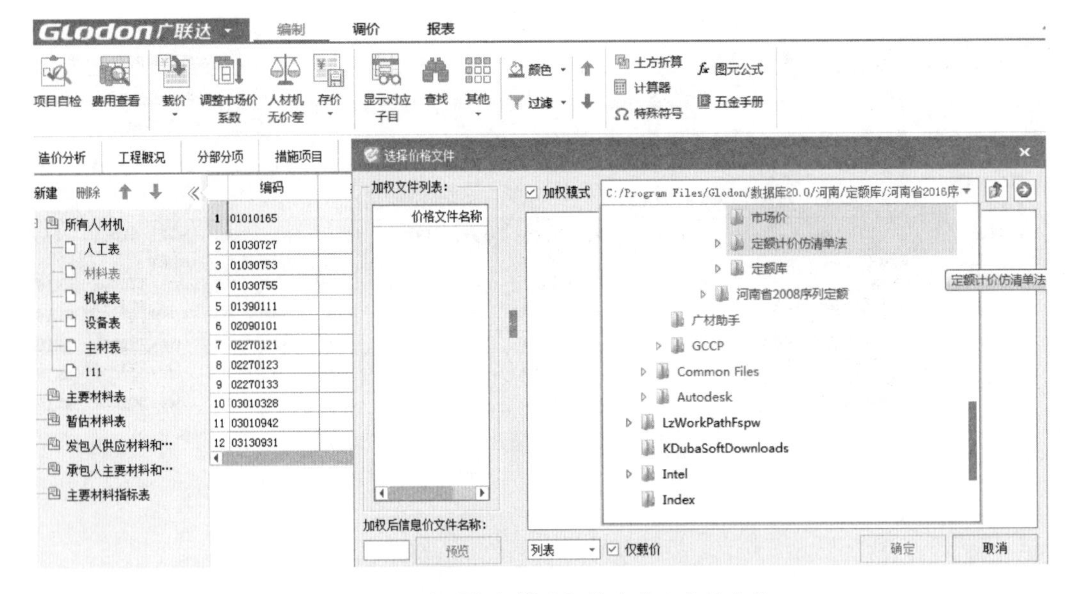

图 22-1-4　在【加权模式】状态载入价格文件

单击【广材助手】，使其显示在上部【加权模式】行，在页面下部输入【加权后信息价文件名称】→勾选【仅载价】(光标放在此处有提示“不勾选仅载价，除了载入价格，同时载入名称、规格型号、单位”)→【确定】(如果【确定】二字是黑色的不能使用，可能是没有购买此权限)。以后可以在【人材机汇总】界面左边的【主材表】下邻行显示“加权后信息价文件名称”→双击可打开。

此时在电脑主栏目的最下部显示【广材助手】页面（图 22-1-5)，有【全部类型】【信息价】【专业测定价】【市场价】【广材网】【个人价格库】【人工询价】七个功能窗口，可以根据承包、发包双方在承包合同中的约定选择，(如选择【广材网】，有【全国】→选择你所在的地区如【河南】→【信息价】→在【地区】窗口单击▼→选择地区，可以根据你购买软件所在地区、权限选择【全国】或者各个省市地区）→【信息价】，在地区窗口可以自动显示“郑州”→在【期数】窗口单击▼，选择时间段，在选择时间段页面的上部→【<】，年份向前→【>】，年份向后→选择季、月数。

在右边主栏上部默认选择【显示本期价格】，在【广材助手】页面下部左边的“所有材料类别”栏下，选择一种材料，在右边就是所选择材料类别下的全部材料，并且在各行材料的行首显示（材料价格的来源又称“出处”）【信】，并且显示材料的名称、规格型号、单位、【不含税市场价（裸价）】【含税市场价】【历史价】【报价时间】→单击某行材料行尾部的【历史价】，可以分别显示此种材料的【除税价】【含税价】的价格浮动趋势示意图（如果是首次选择上【广材网】下载价格文件，需要→【登录】，在弹出的【账号登录】页面输入用户名，输入手机号码→输入密码，如果记不清密码→在验证账号的账号栏输入手机号码→【继续】，显示找回方式→输入系统发到你手机上的验证码→【提交】，重置密码，再次输入重置的密码，→确认→登录完成→【返回主页】)。回到一级菜单【编制】→【人材机汇总】，下部显示有“广材助手”页面→【点击下载】，如图 22-1-5 所示。

图 22-1-5 载入价格文件

如果找不到【点击下载】菜单，光标放到此页面右下角空白处→单击右键，可显示【载价（或双击快速载价）】菜单。

还可以在【广材助手】页面右边上部→【信息价】→选择【结算调差】：

在左边“所有材料类别”栏下选择一种需要用于结算调差的主要材料类别（另有：黑色、有色金属；水泥及制品；砖瓦及砂石；沥青、防水保温隔热材料；门窗；机电管线等多种主要材料类型），在右边主栏显示的就是此类主要材料所属的全部材料，在各行材料行首部有【信】字（表示价格来源是【信息价】）、有材料名称、规格型号、单位、【不含税市场价（裸价）】【含税市场价】（区别是多了个【计算价差】，此时如果在“广材助手”页面右上角的【搜索】栏默认显示【人工】二字，须删除），在此【增值税】应该选择【不含税市场价】），可以根据需要选择须计算价差的材料→单击【计算价差】（单击选择此行的【计算价差】字体变为黑色），在弹出的“广材助手，计算价差”页面（如果覆盖，影响观察可拖动移开）：

第一步：【价差设置】，此时在【投标价】栏默认显示的是在上部【人材机汇总】页面已经选择材料的【市场价】（此【投标价】如果为了提高己方的竞争力，可作适度修改），因为批量载价载入的是“不含税价”，在此也就不需要再输入税率了，税率栏应该显示为零。增值税（一般计税法）材料和机械的价格都是按照“不含税价格”计算的。

输入【风险范围】→输入【工程名称】。

第二步：方式1，【按照单期信息价调差】，可以向前、向后选择年份（提示：在此显示的全部是在【结算调差】页面已选择材料的不同月份的同一规格型号、材料）→输入【进场工程量】，如果需要还可以选择其他月份的材料→【计算价差】，在弹出的“广材助手，单位换算”对话框中输入换算系数，如输入“1”（不提高，不降低）→【确定】，凡是输入【进场工程量】的材料均已显示已设置的“＋－风险范围”“本期价格”“含税价差合计”→【保存】，在弹出的“广材助手，保存成功”对话框，提示：已存档至“个人价格库－材料价差表”，价差表不会影响预算书的报价→【关闭】，如果选择→【跳转到价差表】，在主屏幕下部“广材助手”页面右上部→【个人价格库】（为蓝色），在左边“所有材料类别”下部显示已经建立的【材料价差汇总表】（按单期），单击【材料价差汇总表】（按单期）栏下部已建立的价差表工程名称，此表可以打开，在右边显示的就是此价差表的全部内容。

还是在→【信息价】→【结算调差】：在左边“所有材料类别”栏下选择一种主要材料类别→在右边选择1种材料→【计算价差】，在弹出的“广材助手，计算价差”的【第一步，价差设置】栏：在【投标报价】栏显示的默认值，是在上部【人材机汇总】页面所选择材料的【市场价】，根据己方的风险负担能力和竞争力，设置【风险范围】→输入税率：是0。

方式2，在第二步的上邻行→【按照平均价调差】→【设置期数及平均规则】→【<】，向前选择年份→【>】，向后选择年份。在“设置期数及平均规则”页面，单击左上角的空格，可以全部选择设置左边各期的加权比例，也可以逐个选择设置加权比例；右边设置各期加权比例的方法相同。选择设置后下部显示已经选择的总期数、加权比例→【下一步】，弹出“广材助手，计算价差”页面。

第三步：输入工程量页面上部显示的年月、材料名称、规格型号、各期比例、本期价格；页面下部，显示设定的风险范围、投标价、需要输入工程量（有【上一步】，可以返回上一步检查）→【计算价差】，在弹出的“广材助手，单位换算”对话框：输入换算系数，1等于不提高，不缩小→【确定】→【保存】，在弹出的“广材助手，保存成功”对话框，提示，已存档至“个人价格库－材料价差表”，不会影响预算书的报价→【跳转到价差表】，在“广材助手”页面左边下部的【材料价差汇总表】（按平均价）

栏下有此“价差表”，可以打开。

返回“广材助手”页面→【信息价】→【显示平均价】，操作方法与上述方法基本相同。

选择【显示本期价格】，如果选择【结算调差】，在材料各行尾部自动显示并单击【计算价差】，弹出第一步：【价差设置】，输入【投标价】，设置或修改【风险范围】→【税率显示为零】→输入【工程名称】。在材料各行的【进场工程量】栏输入工程量→【计算价差】，各行显示【含税价差合计】的金额。

第二步：方式1，选择【按照单期信息价调差】→选择年份、月份→在各行输入【进场工程量】（没有的材料行可不输入）→【计算价差】，在弹出的“广材助手，单位换算”对话框：输入换算系数如1（含义是不升不降，可以修改）→【确定】，凡是输入【进场工程量】数字的材料行均显示【含税价差合计】的数额→【保存】，在弹出的“广材助手，保存成功”页面提示：已存档至【个人价格库－材料价差表】→选择【跳转到价差表】→【导出价差表】，在弹出的“价差表导出”页面，左边选择盘名，可在此页面【文件名】行自动显示已建立的文件名称→【保存】，并且会在“广材助手”页面左边的【收藏】栏下显示此文件名称。

第二步：方式2，单击【显示平均价】，弹出“广材助手，设置加权规则”页面：可以输入、设置各月份的加权平均价所占的比例→【确定】。如果找不到【点击下载】功能窗口→光标放到最右下角空白处→单击右键，显示【载价（或双击快速载价）】。

在【人材机汇总】界面，所有人材机或者人工、材料、机械各页面的（需要拖动下边的滚动条）后边有【供货方式】→单击某行【供货方式】栏，（默认为自行采购）的某行显示▼→▼，有甲方供货、乙方供货、有甲方指定厂家品牌仍为乙方供货，如果选择【甲供材料】→在甲方供货数量页面会显示甲供材料的数量，程序会自动扣除这部分材料的价格数额，有显示部分甲供材料数量的功能。

6.【批量换算】【插入】【替换】人、材、机

在【分部分项】界面：框选或者Ctrl＋左键可根据需要多次选择数个清单或定额子目，使其成为当前操作项，此时在主屏幕下部的就是所选择清单或者定额子目的【工料机显示】等全部内容参数→把光标放到主栏目的清单、定额子目与下部动态显示的【工料机显示】等内容的分界处，光标变为上、下双箭头→向上拖动可向上提高、扩大显示下部的【工料机显示】等内容，便于观察下部的内容。在【工料机显示】栏内选择1个需要替换的人工、材料、机械→（在主屏幕上横行）【其他】▼（下拉菜单）有：【批量换算】【工程量批量乘系数】【工程量批量输入】【提取模板子目】【合并子目】【清除空行】【修改未计价材料】多种功能→单击选择【批量换算】，在弹出的【批量换算】页面，左上角有【替换人材机】【删除人材机】【恢复】三个功能窗口→【替换人材机】，弹出“查询/替换人材机”页面，在此页面的左上角默认为【人材机】，另有【我的数据库】→选择【人材机】，在第二行默认显示的是当前“某某地区房屋建筑与装饰工程预算定额（2016）”→单击其尾部▼可以切换到安装工程或者市政工程专业预算定额。在下邻的【搜索】行输入需要查询的人、材、机的关键字→单击左键确认，相邻右边主栏显示的全部是与之有关的人、材、机，可供查询、寻找。在【查询/替换人材机】页面以内的左侧展开需要替换人、材、机所属类别→在右侧主栏选择需要替换的人工、材

料、机械→（右上角）如果选择【插入】，在原有人、材、机下部增加一种人、材、机；如果选择【替换】，在弹出的“单位替换系数”对话框中输入换算系数→【确定】，在返回的【批量换算】页面下部的【设置工料机系数】栏下，可以根据需要分别输入或者修改【人工】【材料】【机械】【设备】【主材】【单价】的换算系数→【高级】，在弹出的“工料机系数换算选项”页面勾选“不参与系数调整的选项”，有【甲供材料】【甲定材料】【暂估价材料】，三项可以根据需要全部选择或者部分选择→【确定】，在“批量换算”页面→【确定】。如果选择的是【插入】，在【工料机显示】栏原有的人、材、机下邻行增加一行材料；如果选择的是【替换】，原有的人、材、机已经删除更换为新的人、材、机。在主屏幕底部的【工料机显示】页面：红色是换算后提高的材料含量，蓝色是调整后降低的【市场价】数额。

7. 使用【查询】功能选择清单、定额子目

单击最上部的一级功能菜单【编制】→在【分部分项】界面（主屏幕左上角第 4 个功能窗口）→【查询】▼（下拉菜单有【查询清单】【查询定额】【查询人材机】【查询我的数据】）→【查询定额】，弹出“查询”页面，如图 22-1-6 所示。

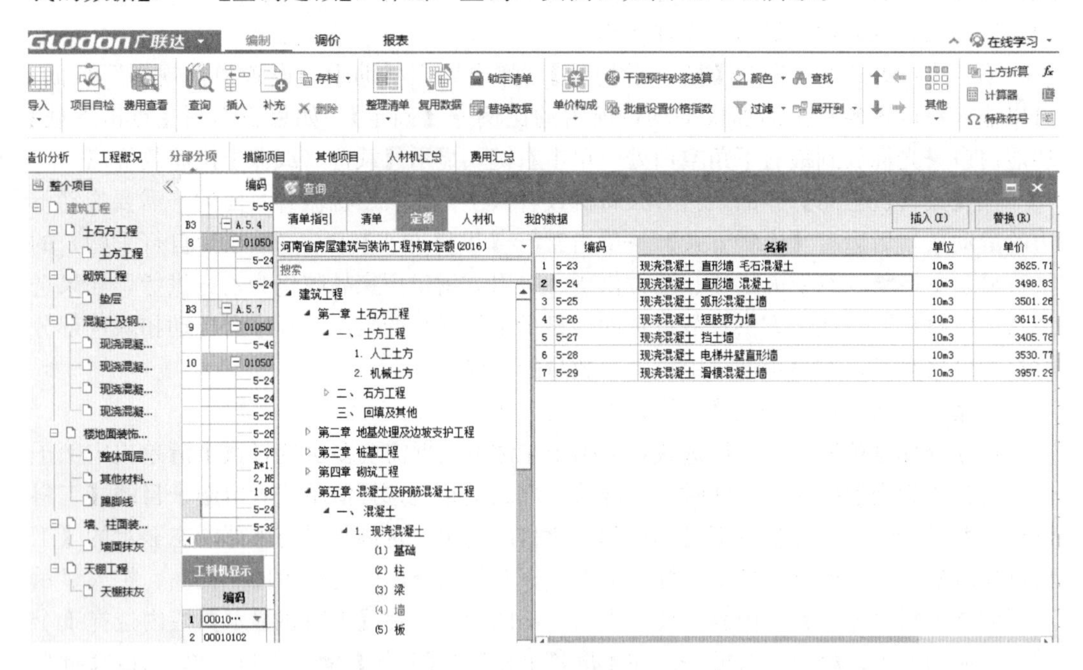

图 22-1-6　利用【查询】功能选择清单、定额子目

在【查询】页面默认的是【定额】（可以选择【清单】），在左侧上部可以切换“房建”“安装”“市政”定额专业，根据需要在下部按章节展开须选择的清单、定额子目所在的分部分项，在右侧主栏内显示的就是此分部分项的全部清单、定额子目→在右侧主栏内双击所选择的清单或者定额子目，在弹出的（如有时）此定额子目的换算页面勾选需要换算的项目，还可以分别双击下部的砂浆、混凝土等行尾部，显示▼→▼，根据需要选择修改、换算砂浆和混凝土强度等级，还可以根据需要分别单击选择、修改“工料机类别”栏下部的调整系数→【使用技巧】，可以查看标准换算操作技巧→【确定】，返回【查询】页面，继续选择下一个清单、定额子目……关闭“查询”页面，选择的清

单、定额子目已显示在【分部分项】的主栏内→在所选择的定额子目的工程量表达式栏输入工程量→按 Enter 键。

8. 使用【整理】功能让清单、定额子目排序

在最上部单击一级功能菜单【编制】→【分部分项】（上部第二横行）→【整理】▼（注意：在创建工程时选择的【清单计价】或【定额计价】模式不同，下列菜单略有不同）下拉菜单有【分部整理】【清单排序】【子目排序】【整理工程内容】数个功能→【分部整理】，弹出“分部整理”页面，需要参考此页面下部说明，在需要整理的项目前单击勾选→【确定】，主栏目内的清单、定额子目已按照设定的要求整理完毕，加上了各分部的标题名称，并按照分部的章节先后次序自动排序。

选择【清单排序】，弹出“清单排序”页面，需要参考页面下部的说明→只能选择一种排序方式，可以选择任意起始流水号码→【确定】。

选择【整理工程内容】，在弹出的“整理工程内容”页面，单击选择【显示所有工程内容】，对于未组价的工程内容自动添加一条空子目行。如果选择【只显示组价工程内容】，删除所有空白、没有定额子目的清单行。此页面下部的二项可根据需要全部选择或不选择。

9. 补充编制定额子目

在【分部分项】界面单击某 1 个定额子目的行首部，确定插入位置，光标放到上部横行【补充】▼（功能窗口），显示。自定义补充规范中没有的清单、定额或者人工、材料、机械→单击【补充】▼下拉菜单，补充：清单、（定额）【子目】【人材机】三个功能，选择→单击【子目】，弹出“补充子目”页面，如图 22-1-7 所示。

图 22-1-7　补充编制定额子目

按照各栏名称输入、补充的定额子目编号尾部应该带大写“B”：表示“补充”二字→单击【专业章节】空格后边的【…】，在弹出的“指定专业章节”页面：单击分部分项的名称→【确定】，所选择的章节名称已经显示在【专业章节】栏内→输入定额子目名称，单击【单位】栏→选择计量单位，分别输入各栏的人工费、材料费、机械费、管理费、利润等金额，每输入一项，移动光标→单击左键，程序自动在此页面下部显示输入的费用代码，在代码行的名称栏输入工程操作内容并且自动计算显示定额子目的【单价】→在【子目工程量表达式】栏输入工程量数字→【确定】。补充的定额子目已经显示在【分部分项】界面的插入位置，并且可以根据输入的单价、工程量自动计算、显示定额子目的合计金额。

10. 设置工程量计量单位精度（小数点后的位数）

进入计价软件后，在【分部分项】界面：首先选择需要设置工程量计量精度的清单、定额子目，可单击最左上角空格全部选择→（在左上角）“GLodon 广联达▼”→▼（众多下拉菜单）→【选项】，在弹出的“选项”页面的左侧→“预算书设置”的下部，程序可根据在创建工程时所选择的【清单计价】或者【定额计价】模式，显示与之对应的【清单工程量精度】或【子目工程量精度】。如果选择【清单工程量精度】，只能在对应【清单工程量精度】操作项选择，在此页面右侧有各种计量单位如：台、m、m^2、m^3、工日、t、kg、km、组、辆、部、台班等→分别双击各行尾部显示▼→▼，可以根据需要选择如整数、小数 1 位、小数 2 位→【确定】。如果选择的是【清单工程量精度】，只能在所选择的清单行的工程量栏有效。

11. 自动“提取模板定额子目”

在最上部单击一级功能菜单【编制】，在【分部分项】界面自动提取模板子目前需要检查与之对应的混凝土定额子目是否存在，没有工程量的情况，需要补上工程量。→（在主屏幕上横行）【其他】▼（下拉众多菜单）→【提取模板项目】，弹出的“提取模板项目”页面如图 22-1-8 所示。

图 22-1-8　自动提取与混凝土定额子目对应的模板定额子目

在弹出的“提取模板项目”页面的左上角，【提取位置】栏：程序默认为“模板子目分别放在措施页面对应清单项下”▼有“模板子目分别放在对应混凝土子目下”应该按照各地规定→▼，选择“模板子目分别放在对应混凝土子目下”（便于与已有的混凝土子目对照检查）→在下部主栏目的左侧显示的是当前【分部分项】界面的全部【混凝土项目】的定额子目；右侧显示的是与之对应的模板定额子目（有的混凝土定额子目后边分有二行，多出的一行，也就是多出一个定额子目的位置，是竖向混凝土构件高度超过3.6m的模板层高增加费定额子目）→分别单击右侧模板子目的“模板类别”栏，显示▼→▼，选择模板类别后，定额子目编号按照所选择的模板类别联动改变，此时各行模板定额子目的“工程量”数量显示为零→双击模板子目的【系数】栏，需要按照相关行业规定输入每立方米混凝土的模板折算系数（此系数大于1，多为1.3左右）→按Enter键，此模板定额子目的“工程量”栏已显示自动计算出的工程量。

如果与某个混凝土定额子目右侧对应多出一个模板定额子目时，在右侧与之对应的模板定额子目编号是空白，无定额子目编号，需要单击空白定额子目编号行的“模板类别”栏，显示▼→▼，选择【组合钢模板，木支撑】或者【复合模板，木支撑】→按Enter键，已显示所选择的模板定额子目编号→在此行的【系数】栏双击输入工程量系数（按照有关地区规定及经验值，多数在1.3左右）→按Enter键，已经显示此模板定额子目的工程量，操作全部完成→【确定】。在【分部分项】界面的每个混凝土定额子目下边均增加了对应的模板定额子目，有工程量→【确定】。提取的模板定额子目已分别显示在【分部分项】界面的混凝土定额子目下邻行。

还可以把已经自动提取的模板定额子目全部移送到【措施项目】界面：还是在上横行【其他】▼→▼→【提取模板项目】，弹出“提取模板项目”页面，如图22-1-8所示→单击左上角【提取位置】行尾部的▼，选择“模板子目分别放在措施页面对应清单项下”→【确定】，弹出提示“未找到对应清单，是否需要自动生成”，【是】：软件自动生成清单，【否】：生成的模板子目放在对应的混凝土子目下→“是”。在【分部分项】界面主栏内A.5分部混凝土定额子目下部对应的模板定额子目已全部移除消失→【措施项目】，在【措施项目】页面下部已经显示：自动提取的全部模板定额子目，并且有工程量。此项操作需要复核，如果在【分部分项】界面有个别混凝土子目下还有模板子目，手工删除，在【措施项目】界面手工输入应有位置即可。结论：措施项目的定额子目设置在【分部分项】界面对应的混凝土定额子目下，与设置在【措施项目】界面，对与在【费用汇总】界面的含税工程造价合计数额无影响，计算值相同。

12. 自动提取商品混凝土等众多自动汇总的工程量，查找工程量代码、中文名称对照表

在【分部分项】界面，把（包括桩的）全部清单、定额子目输入完毕，输入的有关混凝土定额子目应该有工程量、商品混凝土强度等级→任意单击某个定额子目的行首，此定额子目全行已被蓝色线条围合框住→（顶横行）【插入】▼（下拉菜单）→【插入子目】，在蓝色线条围合的定额子目下邻行产生一行空白行→双击此空白行的“工程量表达式”栏，显示【…】，单击【…】，在弹出的“编辑工程量表达式”页面的下部有众多工程量代码、名称对照列表→双击【SPTSL：商品混凝土数量】，此工程量代码已自动显示在页面上部（在此还可以→【追加】→单击需要追加的工程量代码，后选择的工

程量代码已经与前边选择的工程量代码用加号组合成计算式，→删除两个代码之间的加号，在此可以编辑简单的加、减、乘、除四则计算式）→【确定】，所选择的工程量代码已经显示在定额子目的空白行的“工程量表达式”栏，并且可以显示自动计算出的工程量→在此空白行输入定额子目编号，以河南地区为例，2016 定额应该是 5-82 现场搅拌混凝土调整费；更早 2008 定额可以选择 4-195 商品混凝土运输；4-196 商品混凝土运输，运距每增加……4-197 现场搅拌混凝土调整费。在此只讲操作方法，究竟选择什么定额子目，需要按照各地规定。

13. 【替换】【插入】【删除】人工、材料、机械台班

在【分部分项】界面单击某个清单行首部的序号，此清单包括其下部所属数个定额子目已经被蓝色线条围合选住；

或者单击某个定额子目的行首，此定额子目的全行已经被蓝色线条围合选住。

在主栏目下部→【工料机显示】→单击（【工料机显示】行尾部的）【说明信息】，可以显示在上部主栏内所选择清单的【清单注释】和【清单计算规则】；如果在上部选择的是定额子目，则在【说明信息】下部显示的是所选择定额子目的主要工作内容和附注信息。

在上部某定额子目为当前操作项时→【工料机显示】页面→【标准换算】→在进入的【标准换算】页面勾选换算项目，并且可以分别在下部各行双击，显示▼→▼，选择砂浆或者混凝土的种类（普通混凝土或商品混凝土）、强度等级。

如果在上部主栏内单击行首部，选择了一个定额子目，【Ctrl＋左键】可以跨清单多次选择定额子目。

还是在主栏左下角的【工料机显示】页面→分别双击【人工】或者【材料】或者【机械】某行的【名称】栏显示…→…，弹出“查询”界面，如图 22-1-9 所示。

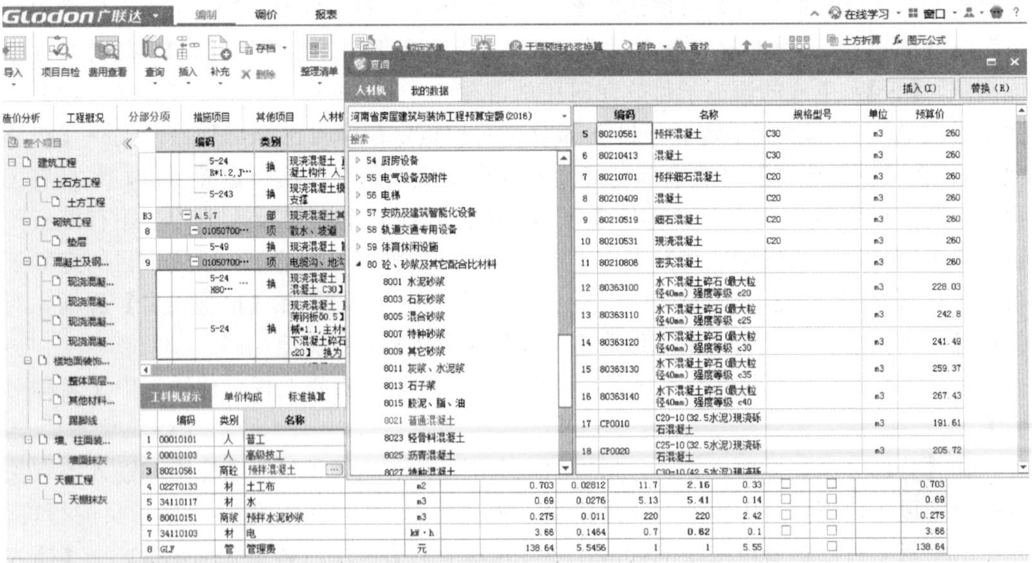

图 22-1-9　替换、插入（增加）或者删除人工、材料、机械台班

在弹出的“查询”界面的【人材机】页面：左上角顶行默认显示“某地区房屋建筑与装饰工程预算定额”▼→单击尾部的▼→可选择“通用安装工程预算定额”或者“市

政工程预算定额”。

左侧显示的是主项目类别，右侧显示的是可以替换的同类材料，根据需要分别单击需替换或者增加的人工、材料、机械台班的行首部序号，所选择全行已经用蓝色线条围合为选中（Ctrl＋左键，可以根据需要多次选择）→【替换】，在下部【工料机显示】页面当前操作的人工或材料、或机械已经替换更新；如果选择【插入】，则是增加了一项人工、材料、机械。

在【工料机显示】页面选择一种人工或者材料或者机械，在【分部分项】上部→“×”，可以删除当前选择的人工、材料、机械。

14.【工程量批量乘系数】（扩大或缩小）：适用于业务谈判的升降价、打折操作

在【分部分项】界面：全部清单、定额子目输入完毕，首先根据需要选择要批量乘系数的清单或者定额子目，如果选择全部，可以单击最上边的清单或定额子目左上角的空格，全部清单、定额子目由蓝色线条围合为选上；也可【Ctrl＋左键】多次单击某个清单或者定额子目的行首部，多次选择的清单或者定额子目分别由蓝色线条围合为选上。

上部横行右边→【其他】▼（下拉菜单有：【批量换算】【工程量批量乘系数】【工程量批量输入】等10种功能）→【工程量批量乘系数】，如图22-1-10所示。

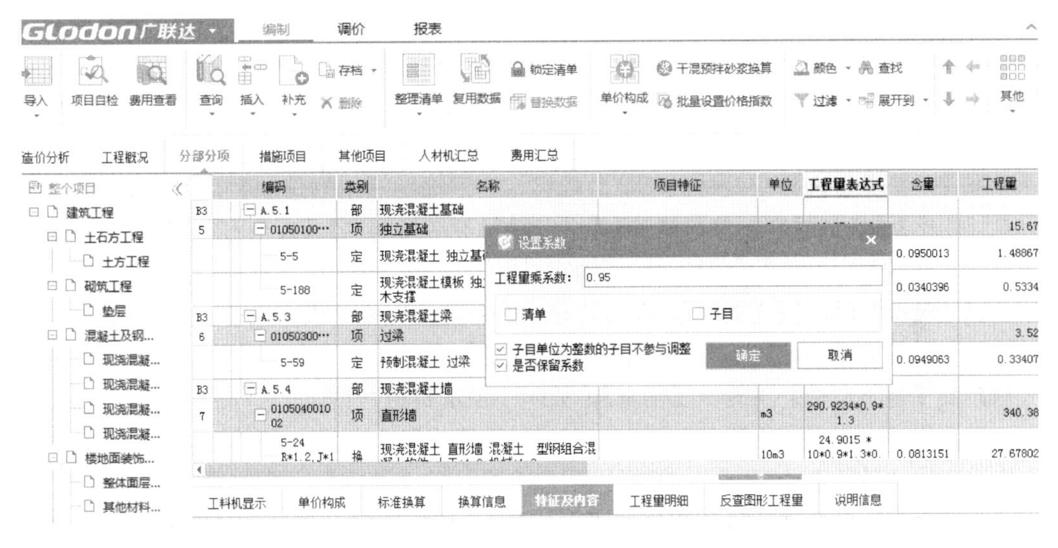

图 22-1-10　工程量批量乘系数

在弹出的“设置系数”对话框中：可以根据需要勾选【清单】、“定额”子目，勾选【子目单位为整数的子目不参与调整】【是否保留系数】（如果选择不保留系数，在后续页面对应的各行不显示设置的系数）→在【工程量乘系数】栏内：根据需要输入大于1或者小于1的系数→【确定】。在【分部分项】界面，所选择的各定额子目的“工程量表达式”栏的工程量后边已显示设置的系数。

【工程量批量输入】的操作方法同上述。

15.按照“指定的目标造价”调整工程造价

单击主屏幕最上部的一级菜单【调价】→【人材机汇总】（也可以在【费用汇总界面操作），进入【人材机汇总】界面：→（左上角的）【指定造价调整】，弹出“指定造价调整”页面，如图22-1-11所示。

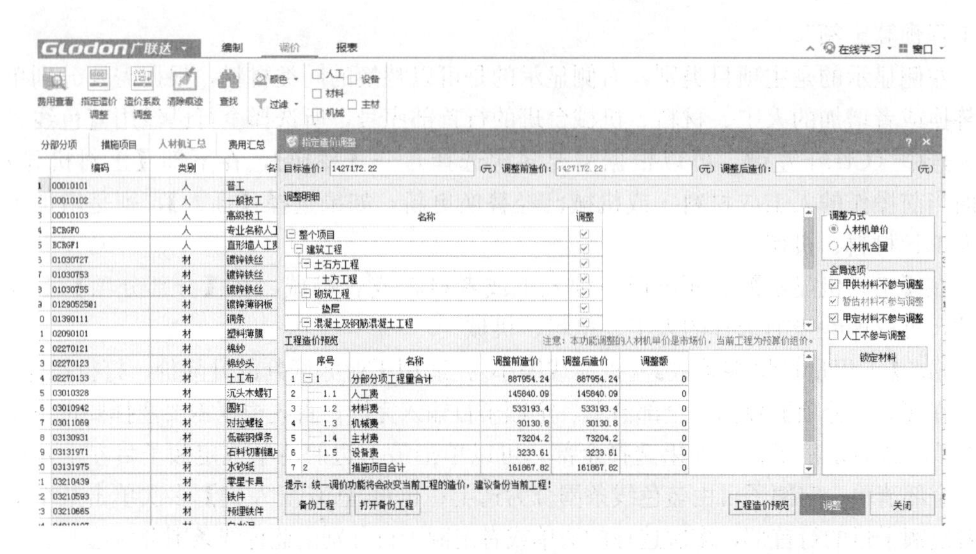

图 22-1-11　在【人材机汇总】界面按指定的目标价调整工程造价

在弹出的“指定造价调整”页面的上横行中间显示的是【调整前造价】(也就是当前在【费用汇总】界面的【含税工程造价合计】);在【目标造价】栏默认为调整前的造价;【调整后造价】栏空白,执行调价后与需要达到的目标造价可能会有少量误差。

需要先在“指定造价调整”页面右上角选择【调整方式】,可以选择调整【人材机单价】或者选择【人材机含量】,只能选择一种。

方式一:单击选择【人材机单价】调整,在下部的【全局选项】栏有:【甲供材料不参与调整】【暂估材料不参与调整】【甲定材料不参与调整】【人工不参与调整】,根据需要可以→【锁定材料】,在显示的“锁定材料”页面:分别在此页面左边单击【人工】【材料】【机械】【设备】【主材】,在右边显示的各自人、材、机、设备、主材栏内单击、勾选各行尾部的【锁定】不参与调整价格、数量的品种,对于在某个单项页面有【全部选择】或【全不选择】功能→【确定】,关闭“锁定材料”页面。

在返回的“指定造价调整”页面:在【目标造价】栏内输入需要调整的目标价(又称作最终的“目的造价”)后,在右下角→【工程造价预览】页面显示【调整前造价】【调整后造价】(有变动的显示红色)、【调整额】→【调整】,提示:统一调价功能将改变当前工程的造价,强烈建议备份当前工程;如果预览中调整后的价格与原有价格不是期望的倍数关系,可能因为某些子目下存在锁定的人材机→可以选择【备份后调整】,在弹出的“备份工程”对话框设置路径,输入工程名称→【确定】。或者【直接调整】。进入【人材机汇总】界面:各行后边分别显示【调前市场价】【调后市场价】(有红色、绿色),调整【系数】【市场价合计】【供货方式】(已经设定的甲方、乙方供货)→(在上部横行)【清除痕迹】,弹出“确认”对话框:隐藏调价信息前,是否备份工程?选择“是”,备份工程后执行隐藏调价信息,选择“否”,不备份工程,直接执行隐藏调价信息,选择“取消”,将不执行隐藏调价信息。可以根据需要选择,使用【清除痕迹】功能后,各行对应的系数消失。

按照“指定的目标造价调整”方式二:【人材机含量】调整,单击左上角的【指定造价调整】,弹出“指定造价调整”页面,如图 22-1-11 所示,在右侧上部的【调整方式】栏下单击选择【人材机含量】调整，在此栏下的“全局选项”：可以选择【甲供材料不参与调整】【暂估材料不参与调整】【甲定材料不参与调整】【人工不参与调整】；计量【单位为整数的不参与调整】；是否【保留系数】→【锁定材料】，在显示的“锁定材料”页面：分别在此页面左边单击【人工】【材料】【机械】【设备】【主材】，在右边显示的各自人、材、机、设备、主材栏内勾选各行尾部的【锁定】不参与调整价格、数量的品种，对于在某个单项页面有【全部选择】或【全不选择】功能（可提高操作效率）→【确定】，关闭“锁定材料”页面。可以根据需要选择其中1项或者多项→【工程造价预览】，说明：本功能调整的是人材机市场价，当前工程显示的是预算价。

在弹出的“指定造价调整”页面上横行中间显示【调整前造价】（也就是当前在【费用汇总】界面的【含税工程造价合计】金额）；在【目标造价】栏默认显示的是调整前的造价；【调整后造价】栏空白，执行调价后与需要达到的目标造价可能会有少量误差→【调整】，弹出提示“统一调价功能将改变当前工程的造价，强烈建议备份当前工程”；如果预览中调整后的价格与原有价格不是期望的倍数关系，可能因为某些子目下存在锁定的人、材、机→可以选择【备份后调整】或者【直接调整】。进入【人材机汇总】界面：各行后边分别显示【调后市场价】（价格上升的是红色、价格下降的是绿色），调整【系数】【市场价合计】【供货方式】（已经设定的甲方、乙方供货）→（在上部横行）【清除痕迹】，弹出“确认”对话框：隐藏调价信息前，是否备份工程？选择“是”，备份工程后执行隐藏调价信息，选择“否”，不备份工程，直接执行隐藏调价信息，选择“取消”，将不执行隐藏调价信息。可以根据需要选择。使用【清除痕迹】功能，也会显示调整前后的情况对比。在主屏幕上部单击一级菜单【编制】，进入编制界面→【费用汇总】，在【费用汇总】页面，与正常的费用汇总信息相同，看不到调整前后的市场价，调整系数信息，含税工程总造价是调整后的目标造价。

16. 按照【造价系数调整】工程造价

单击最上部的一级功能菜单窗口【调价】→（左上角的）【造价系数调整】，弹出“造价系数调整”页面，如图 22-1-12 所示。

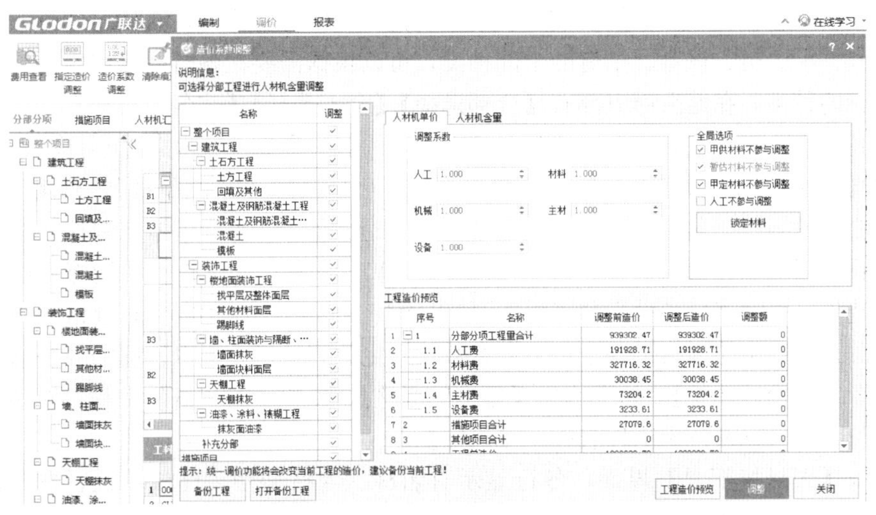

图 22-1-12 按照造价系数调整工程造价

在弹出的“造价系数调整”页面：按照此页面左上角的“说明信息”，在左侧下部单击【整个工程】前的【+】展开为【-】，在右边主栏分别有整个工程的【人材机单价】和【人材机含量】两个页面，需要按照当地定额站公布的信息指导价，查询方法见17.1～17.4，软件提供有【人工】【材料】【机械】【主材】【设备】的调整系数栏。可以分别单击各自行尾部的小三角→向上或者向下选择调整系数，也可以直接输入调整系数，系数大于1是提高、扩大；系数小于1是缩小。

在此页面最右边的“全局选项”栏下部可以勾选不参与调整的项目→【锁定材料】，弹出【锁定材料】页面，如图22-1-13所示。

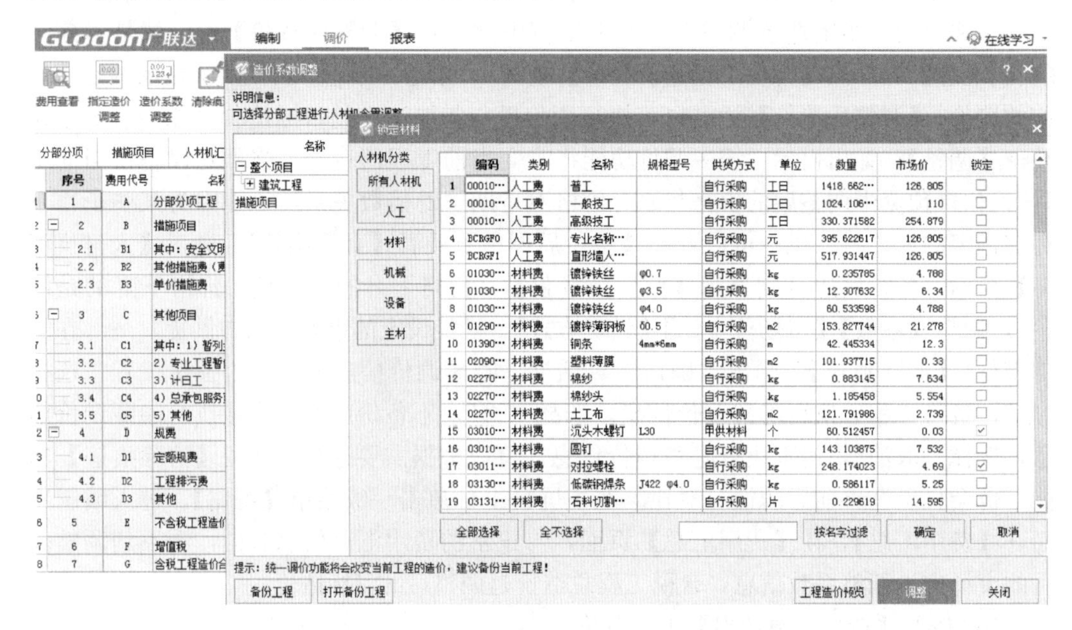

图22-1-13　按照【造价系数调整】功能“锁定”不参与调价的品种

在弹出【锁定材料】页面的左侧，可以分别单击选择【所有人材机】或者单击选择【人工】或者【材料】或者【机械】或者【设备】或者【主材】，在右侧主栏分别显示所选择的人、材、机、设备、主材的全部种类，可以根据需要在各行的【锁定】栏勾选不参与调整的种类，在此页面下部有【全部选择】【全不选择】【按名字过滤】功能，可以大大提高操作效率→【确定】（调价计算运行），下一步在页面上部分别输入【人工】【材料】【机械】【主材】【设备】的“调整系数”后→【工程造价预览】，在【工程造价预览】栏下的各行显示【调整前造价】【调整后造价】，红色的字体是调整后提高的造价，并且可以显示各行的调整数额→【调整】，弹出提示“统一调价功能将会改变当前工程的造价，强烈建议备份当前工程”。如果预览中调整后的价格与原价格并不是期望的倍数关系，则可能因为某些子目下存在数量锁定的人材机，可以根据需要→【直接调整】或者【备份后调整】。如果选择【备份后调整】，在弹出的“备份工程”对话框需要记住备份路径→输入备份工程名称→【确定】。

进入【人材机汇总】界面，各行显示有名称、规格型号、计量单位、数量、预算价、调前市场价、系数、调后市场价（红色是调整后提高的价格）、市场价合计、价差合计等信息。计算方法：调前市场价＊系数＝调后市场价。

在上部一级菜单的【调价】界面→【费用汇总】，进入【费用汇总】页面，各行显示有【调前金额】【调后金额】【差额】→（左上角的）【清除痕迹】，在弹出的“确认”页面提示：“隐藏调价信息前，是否备份工程?”选择“是”，备份工程后执行隐藏调价信息；选择“否”，不备份工程，直接执行隐藏调价信息；选择“取消”，将不执行隐藏调价信息。可以根据需要选择。

最后结论：

在【调价】界面：即便是使用【清除痕迹】功能，也会显示调整前后的情况对比。在主屏幕上部单击一级菜单【编制】，进入编制界面→【费用汇总】，在【费用汇总】页面，与正常的费用汇总信息相同，看不到调整前后的市场价对比情况，看不到调整系数信息，【含税工程总造价】是调整后的【目标造价】。

17. 各专业预算【定额章节说明】【价格指数】调差、【相关文件及勘误】查询

进入计价软件后，在“GLodon 广联达”计价文件的右上角→【?】▼，下拉菜单有【帮助】【新版特性】，以河南地区为例（其他全国各地软件的操作方法基本相同），有【河南定额章节说明】【河南省相关文件及勘误】→【河南定额章节说明】，在弹出的“河南定额章节说明 . chm”页面：（左上角）【目录】下拉菜单有【河南省房屋建筑与装饰工程预算定额】【河南省通用安装工程预算定额】【河南省市政工程预算定额】→展开【河南省房屋建筑与装饰工程预算定额】行首部的＋为一→【口】（最大化此页面），可以根据需要单击下部的【总说明】【费用组成说明及工程造价计价程序表】【专业说明】【各章节说明】，在右边主栏内显示的就是所选择各章节的全部说明内容，如图 22-1-14 所示。

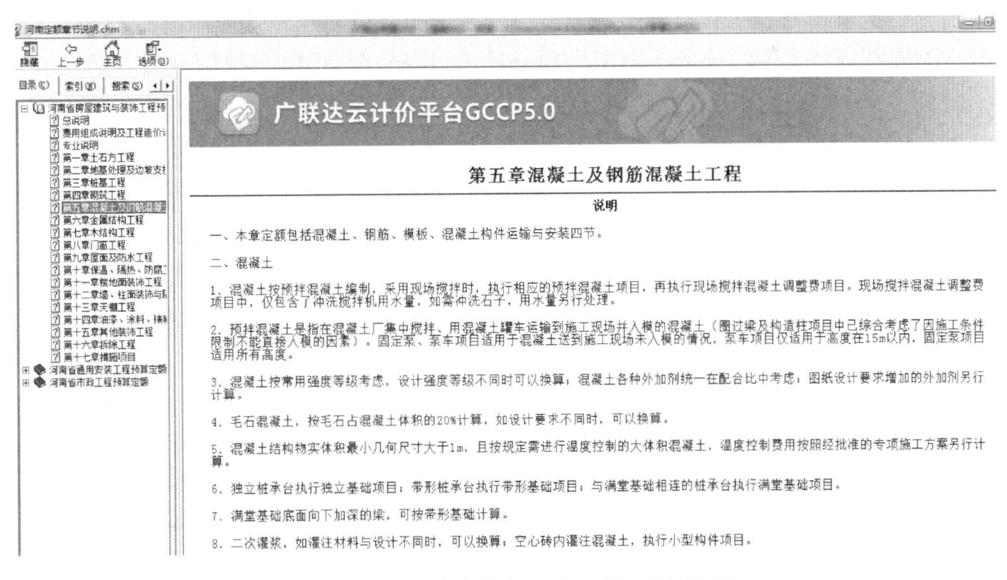

图 22-1-14 查询各分部分项说明、计算规则

供查阅→把【河南省房屋建筑与装饰工程预算定额】首部的【一】单击收起为【+】，可以按照上述方法查阅【河南省通用安装或者市政工程预算定额】的各章节说明。全国其他地区的用户，根据自己地区软件所安装的定额电子版，可以按照上述方法操作查阅。

还是在“GLodon广联达”计价文件的右上角→【?】▼，下拉菜单有【帮助】【新版特性】，以河南地区为例有【河南定额章节说明】【河南省相关文件及勘误】等→单击【河南省相关文件及勘误】，进入【河南省相关文件及勘误】页面，（扩展左边文件名称分页面，或者向右下拉左下角的“滚动条”）可以查阅左边的文件名称，有多个文件供查阅，以河南地区为例（如果时期不同，内容也会不同）：

（1）宣贯材料：勘误。

（2）（很重要）关于发布《河南省房屋建筑与装饰工程预算定额》《河南省通用安装工程预算定额》《河南省市政工程预算定额》动态调整规则的通知：有人工费、材料费、机械费、管理费指数调差和调差的计算公式、计算方法。在【其他】一节：有基期价格指数表，普工、一般技工、高级技工基本期工日单价表。

（3）豫建设标〔2018〕8号文——河南省住房和城乡建设厅关于发布现浇、后置混凝土保温幕墙补充定额的通知。

（4）豫建设标〔2018〕22号文——河南省住房和城乡建设厅关于调整建设工程计价依据，增值税税率的通知。

（5）河南省建筑工程标准定额站发布2016定额各时期人工价格指数的通知：展开“+”为“-”：有数个相关文件。

（6）河南省建筑工程标准定额站发布的《河南省房屋建筑与装饰工程预算定额》《河南省通用安装工程预算定额》《河南省市政工程预算定额》综合解释。

18. 营改增【批量载价】

以河南定额为例，其他地区可以参照此方法操作。

清单、定额子目、工程量输入完毕→【人材机汇总】，在左侧“所有人材机”栏目下部（如果在此找不到“所有人材机”栏→单击最左边竖行【人材机汇总】可显示“所有人材机”）→单击【人工表】（变蓝色），此时在右侧各工种工日数量已经自动计算显示，如16定额普通人工工日定额【预算价】是87.1元，定额【预算价】不能修改；在右侧相邻的【市场价】：87.1，并且双击此【市场价】“87.1”，按照政策规定例如“输入【×1.3】的调整系数”→按Enter键，程序可以自动计算并显示调整后的市场价，红色字体是调高，蓝色字体是调低的数额，并且在后边的【价格来源】栏自动显示为“自行询价”，其后边的【价格】【价差合计】已经自动计算显示。以下各行人工工日按照上述方法操作调整后，此类信息可以自动计入关联页面。

继续在【人材机汇总】界面操作：【主要材料表】，在主栏右侧显示已输入清单、定额子目的全部主要材料，单击某行行首的序号，全行已用蓝色线条围合为选住，便于在后续操作中观察不选错行、误操作。在此材料表下部向右拖动“滚动条”→双击【规格型号】栏，可以修改规格型号→单击【供货方式】栏，显示▼→▼，可以选择【自行采购】或者【甲供材料】或者【甲定乙供】，如果选择【甲供材料】，在后边自动显示此项材料数量，程序会在材料款中自动扣除此项材料款→勾选【市场价锁定】，此项材料价格将在后续操作中无法修改→双击【产地】栏，显示…→…，可以在弹出的“编辑产地”对话框中编辑、输入产地地址→【确定】→双击【厂家】栏，可以输入厂家、品牌；勾选【暂估价】，可以在【暂估价】页面显示；可以设置质量等级，编辑备注。还可以显示价差、价差合计（提示：只有在采用【定额计价】模式时，在上部一级功能菜单【编制】→【人材机汇总】界面的左上角才能显示【载价】菜单)。

以上各行的各项设置完毕，在左上角→【载价】▼下拉菜单有【批量载价】【载入价格文件】【载入历史工程市场价文件】【载入 Excel 市场价文件】(其操作方法大同小异)→选择【批量载价】，弹出“广材助手，批量载价”页面：有【信息价】【市场价】【专业测定价】三个选项可供选择，需要按照承包、发包双方在合同中的约定只选择一项，如果合同没有约定，一般是首先选择政府【信息价】(指导价)，【信息价】没有的选择【市场价】，【信息价】【市场价】都没有的再选择【专业测定价】，也可三项都选。如选择【信息价】→在【信息价】栏下选择【地区】→选择时间段→下一步→单击【信息价】(不含税)下部的▼，弹出“广材助手，选择价格”页面：有各种材料的“不含税：属于已扣除税(裸价)材料价”；“含税：A 价”市场价供选择→【下一步】，设置数据包使用顺序：如在“优先使用”【信息价】栏尾部单击√→可改变使用顺序、优先使用【市场价】，在“第二使用”栏：单击√→选择为【信息价】……→【下一步】，显示调整后、调整前的材料总价款数额对比情况，如图 22-1-15 所示。→【完成】。材料表中红色的是调整后提高的市场价，绿色是调整后降低的市场价，增值税是按照不含税市场材料价参与汇总的，税率是零。说明：批量载价并不是全部按照政策规定修改、调整了材料的市场价，需要人工逐项复核，如果有应该修改、调整而实际没有修改、调整的，需要人工补充修改、调整。

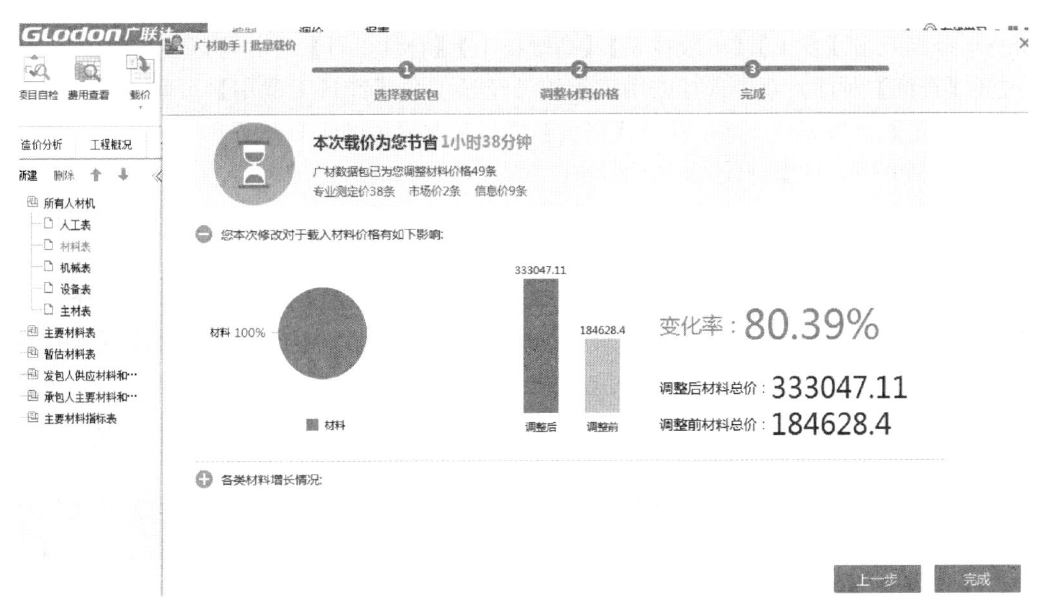

图 22-1-15　批量载价：价格调整前后经济效果对比

19. 在【其他项目】界面的操作

在【分部分项】的右边(向右隔一个功能窗口)→【其他项目】，进入【其他项目】界面→单击左侧的【计日工费用】，在此页面右侧展开“计日工费用”栏，在右边展开的【计日工费用】页面：单击右键(下拉菜单有【插入标题】【插入费用】【删除】【查询】等多个功能)→【插入标题】，可以输入【计日工费用】的简要文字说明，单击右键→【查询】，弹出【查询】页面，如图 22-1-16 所示。

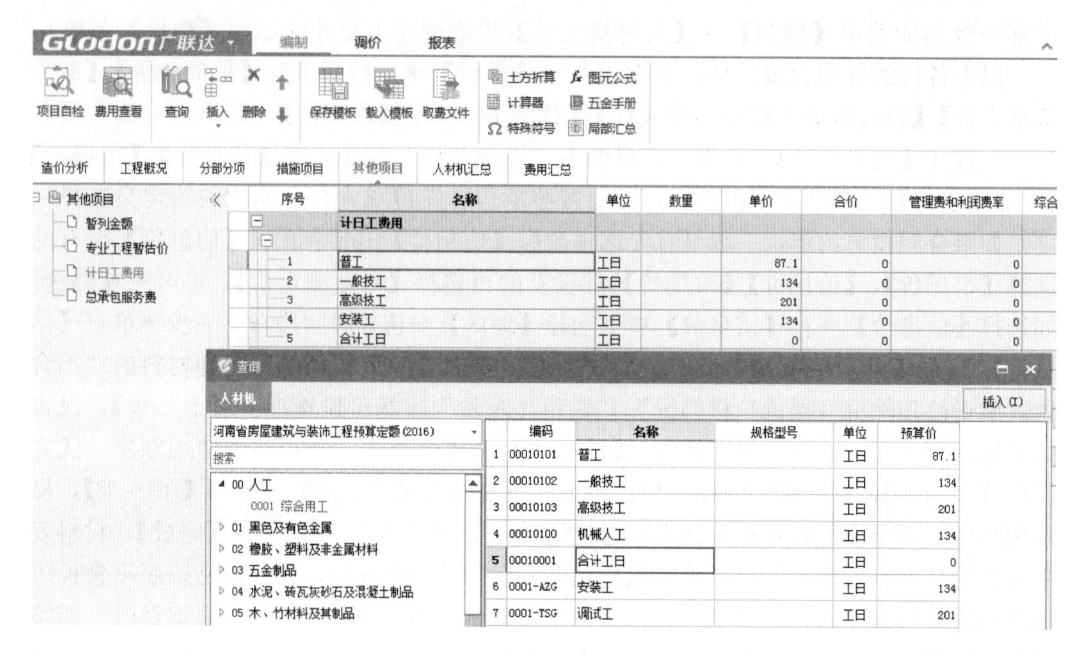

图 22-1-16　在【其他项目】界面计算临时用工

在左上角展开【人工】→【综合用工】，有多个用工种类、各个工种的预算工日单价→可分别双击【普工】【一般技工】【高级技工】【合计工日】等，可以多次双击选择，（关闭【查询】页面）双击选择的用工类型已经显示在【计日工费用】页面→输入各工种的【数量】→按 Enter 键，双击【单价】栏，在此显示的工日预算单价可以按照预先商定的价格修改、调整→按 Enter 键，在“管理费和利润”栏输入管理费或者利润的百分比，如百分之二十，只能输入 20→按 Enter 键，自动显示 20%，程序可以自动计算、显示包含管理费或者利润的【综合单价】、综合合计金额。

还是在展开的【其他项目】界面：在左上角单击【序号】栏→单击右键（下拉菜单）→【插入标题】，输入标题名称如“临时使用材料”，在“临时使用材料”标题的下邻行单击右键→【查询】，在弹出的人材机【查询】页面的左边，展开【材料】或者【机械】，在此页面的右边显示其材料或者机械的全部规格、型号→双击选择需要的材料、机械……操作方法同上。

在【其他项目】界面的【暂列金额】【专业工程暂估价】【总承包服务费】均可以按照上述方法操作。→【费用汇总】，在进入的【费用汇总】界面展开序号 6，下部可显示在【其他项目】设置的各项费用。

20. 在【人材机汇总】界面自动设置【主要材料表】

全部清单、定额子目输入完毕，在【其他项目】界面的补充材料也设置完毕→【人材机汇总】，进入【人材机汇总】界面：在左侧下部→单击【主要材料表】，右侧主栏显示本工程的全部材料、设备。在主屏幕上横行→【自动设置主要材料表】，弹出“自动设置主要材料表”对话框，如图 22-1-17 所示。

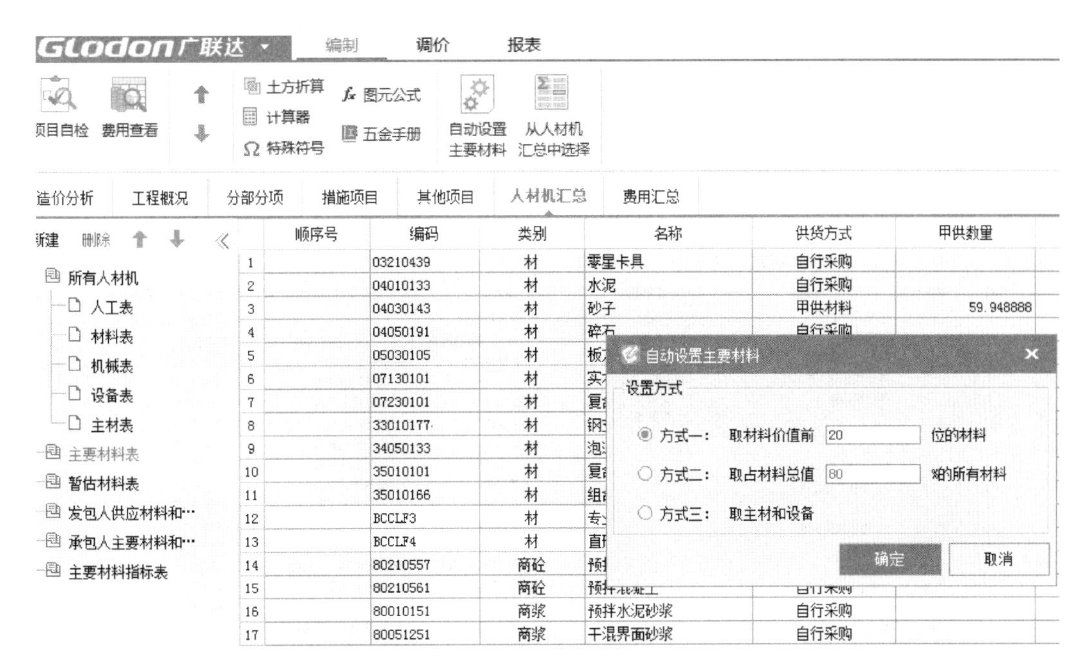

图 22-1-17　自动设置主要材料表

需要按照对话框中的提示，选择设置方式：

方式一：取材料价值前【多少】位的材料，如在此输入 20，表示按照占主要材料价值从前向后排序的前 20 位，设置结果是在主要材料表中显示 20 行材料，有材料表中的顺序号可以查看；

方式二：取占材料总价值×%的所有材料；

方式三：取主材和设备。

以上三种方式只能选择其中的一种，一般多选择方式三→单击选择一种方式→在对话框中输入要求的条件数据→【确定】。如果当前操作的主要材料表没有变化（死机），从左侧当前操作的【主要材料表】退出，再次单击进入【主要材料表】，右侧的材料表已经按照选择的设置方式完成材料排序，并且有显示（甲方、乙方）供货方式、数量、预算价、市场价、价差、价差合计等功能。

21. 在【费用汇总】界面的操作

单击【费用汇总】，进入【费用汇总】界面：

按照老规定营业税计算：应纳税数额＝税前工程造价×综合税率

按照增值税计算：应纳税数额＝销项（除税）税数额－进攻税数额

关于增值税率问题：在“费用汇总”界面，按照国家最新政策规定，增值税税率先后从 11%降至 10%，最近又降低至 9%。修改增值税率的方法，单击税率如“10”（必须单击此税率栏的栏首部，不能单击税率栏中间显示的▼，会操作不成）→输入 9→按 Enter 键，修改成功。

（以下是一些功能介绍，不一定都要用）。在序号 1，单击【分部分项】工程行的【计算基数】栏，显示▼→▼，在弹出的“费用代码”页面（图 22-1-18），分别单击左侧的【分部分项】或者【措施项目】或者【人材机】或者【其他项目】等，在此页面的右侧可分别显示所选择项目的：项目合计及各项费用组成，有费用代码、费用名称、费用金额相对照，显示有各种价差，方便查阅。

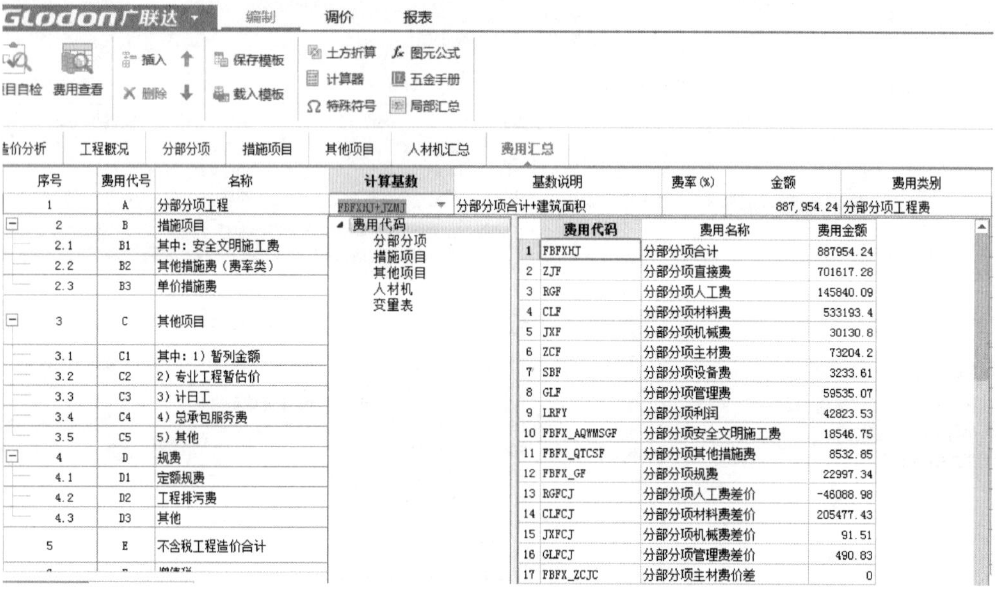

图 22-1-18 【计算基数】下部的费用代码、费用名称、费用金额

在【费用汇总】界面，对于【计算基数】栏的【费用代码】的组合、【费用金额】的修改、计算：

在【费用汇总】界面：单击任何一行的【计算基数】栏（序号 3：安全文明；序号 12：规费；序号 13：定额规费的【计算基数】栏除外），显示▼→▼，弹出的“费用代码”页面如图 22-1-18 所示→分别单击此页面左边的【分部分项】【措施项目】【人材机】【其他项目】，可以在右边主栏内分别显示左边各项目的全部【费用代码】【费用名称】【费用金额】“甲供”材料数量，各种价差数额→双击此页面右侧所选择的数据，如果此数据是正值→所选的【费用代码】用加号显示在原有【费用代码】的后面，组成计算式；如果双击选择的是【一】：负值，选择的【费用代码】用减号与原有【费用代码】组合成计算式，显示在【计算基数】栏内，此行后边的【费用金额】程序已自动计算显示。如果在【计算基数】栏选择、组合的【费用代码】，计算出的【费用金额】有错误→双击在此组合的【费用代码】，再单击，组合的【费用代码】尾部显示【?】形光标→删除添加的【费用代码】和＋号→按 Enter 键，原始【费用金额】数额可以恢复。

（1）在【费用汇总】界面：各自的【费率】栏，单击显示▼，不要单击▼，再点此栏显示【?】光标，根据需要输入小于 1 或者大于 1 的系数→按 Enter 键，其后边【金额】栏的数额会自动计算并显示＝原来显示的数额 * 系数；删除在此输入的系数，恢复为原数额。

（2）在【费用汇总】界面各自的【费率】栏：单击显示▼→▼，在弹出的“定额库”页面上部：默认显示的是在初始进入计价软件新建工程时选择的《某地区房屋建筑与装饰工程预算定额 2016》▼→▼，有本地区更多如……通用安装，市政，仿古建筑等定额，在此可选择。说明：一般不需要在此选择、切换定额专业，很少用到此功能。

返回并单击原来选择的【费率】栏，收回此页面。

（3）在【费用汇总】界面：分别单击展开序号 2、展开序号 6、展开序号 12 前边的“+”为“−”，可以使各行首位的序号连续显示，查看【费用汇总】界面的信息内容更全面、详细。

（4）分别单击各行的备注栏，显示…→…，可以在弹出的“编辑”页面编辑备注文字说明→【确定】，编辑的文字说明已经显示在各行的备注栏内。

22. 有不清楚的问题咨询【广小二】

需要插入网线，在进入计价软件 GCCP5.0 导航栏的【分部分项】【措施项目】【其他项目】【人材机汇总】【费用汇总】等任何界面的主屏幕右上角（有“?”号左邻功能菜单窗口），光标放到此功能窗口上显示【客服】并且单击【客服】（首次）登录时，在弹出的“广小二”页面输入账号（手机号码）、密码→【登录】，在弹出的“广小二，广联达客服”页面，【我猜您想问】栏下的最下行，提示“请用一句描述您的问题”，输入提出的问题→【发送】，即可以显示您需要的答案（但是不是每个问题都有您需要的答案，个别问题可能题库里没有，还需要自己解决）。

23. 把计价成果文件导出或发邮件无加密锁查阅，打开计价软件：

（1）在 GBQ4.0 的操作方法：【文件】→下拉菜单→【工程文件管理】→在显示的广联达计价软件文件管理页面：选清单计价或定额计价两个界面均可→找到拟导出的文件名→光标放在此文件名上单击，→单击右键→下拉有多个功能可选择，如 QQ 发送到手机或邮箱，发送我的文档或者桌面→选发送到桌面或某盘→在某盘已可找到此文件→单击左键并单击右键→使用 G｜工作台无锁预览→可无加密锁查看此造价文件的各项文件但不能修改。

（2）在 GCCP5.0 计价软件的操作方法：单击左上角首行的【GLodon 广联达】▼（下拉众多功能菜单）→【另存为】，在弹出的“另存为”页面的左侧→【云文件】，（在右边主栏内有【企业空间】和【我的空间】）→【我的空间】，在此页面下部的【文件名】行已经显示需要保存的文件名称→选择需要保存的盘名称→【保存】，关闭计价软件。打开工程文件已经保存的盘名称，可以找到此文件，文件名的首部带有“清”或“定”字标志。

24. 在【费用汇总】界面价差的计算方法

（1）在采用【定额计价】模式时，在【人材机汇总】界面，对于左侧“所有人材机”栏下的【人工表】【材料表】【机械表】等价差的调整、计算以后：

进入【费用汇总】界面，序号 10　材料费差价＝CLFCJ（分部分项材料费差价）＋ZCF（分部分项主材费）＋FBFX _ ZCJC（分部分项主材费价差）＋SBF（分部分项设备费）＋FBFX _ SBJC（分部分项设备费价差），程序可以自动计算，不需要操作。在序号 10“材料费价差”行的【计算基数】栏显示各自的“费用代码”与组成的计算式，后边的【基数说明】栏有费用组成的中文说明，可以相互对照理解→单击【计算基数】此栏显示▼→▼，在弹出的“费用代码”页面可以查看全部的【费用代码】【费用名称】【费用金额】，作者对于上述数据已经复核，很准确。

（2）采用【清单计价】模式的价差调整方法：进入【费用汇总】界面。

分部分项工程在【计算基数】栏显示：FBFXHJ（分部分项合计）＋RCJJC（人材

机价差）＝分部分项工程合计金额

措施项目在【计算基数】栏显示：CSXMHJ（措施项目合计）＋DJCS _ RGFCJ（单价措施人工费差价）＝措施项目合计金额。

25.【项目自检】，生成报告书

在最上部一级功能菜单→【编制】，在导航栏的【造价分析】【工程概况】【分部分项】【措施项目】【其他项目】【人材机汇总】【费用汇总】的任何界面，均可看到【项目自检】功能窗口。

在主屏幕左上角→【项目自检】，在弹出的“项目自检”页面选择【设置检查项】（此窗口变成蓝色为有效），程序会按照在创建工程时选择的【清单计价】或【定额计价】模式，自动显示【清单计价自检选项】或者【定额计价自检选项】→【选择检查方案】→【全选】，其下部的众多检查项目已经全部勾选，不需要的、没有意义的检查项目可以忽略→【执行检查】（运行），在【项目自检】页面已经显示检查结果→【筛选检查结果】，弹出“符合性检查结果过滤选项”页面，如图 22-1-19 所示。

图 22-1-19 项目工程自检

在弹出的“符合性检查结果过滤选项”页面，已经显示检查出的有问题需要纠正、处理的错项，在弹出的“符合性检查结果过滤选项”页面左下角→【全选】，不需要检查的在【是否选择】栏取消勾选→【确定】。

在【项目自检】页面的【筛选检查结果】栏下部，展开错项提示行首部的＋为－，首个错项如“清单项目编码为空或编码重复”→双击此错项，程序可以自动切换到此错项所在的如【分部分项】【措施项目】【其他项目】【人材机汇总】【费用汇总】的界面，并且可在【项目自检】页面以外的左边有自动定位功能，用黑色线条围合框住，如果【项目自检】页面覆盖，光标放到【项目自检】页面上部的蓝色带，拖动移开。原因是在【分部分项】界面此【整个项目】下邻行缺少“项目名称”→双击【项目自检】页面外自动定位选上，并且有提示的处理方法之处，显示…→…，在弹出的“编辑（项目）名称”页面输入项目名称→【确定】，纠错完成。

在【项目自检】页面的【筛选检查结果】栏下部，又如把某个错项如“清单项目编码为空或编码重复”行首的＋展开为－，例如发现下边有数个行是清单、夜间施工增加费，并且金额相同，明显属于重复→双击此错项，程序可以自动切换到此错项所在界面并定位，用线条框住→单击右键（下拉有众多菜单→【删除】，弹出“确认”页面：“确定要删除当前选中行吗?”→“是”）[也可以（在主栏上部横行）【删除】▼，弹出“确认”页面：“确定要删除当前选中行吗?”→“是”]。再次双击【项目自检】页面的此错项→提示“所选记录不存在，可能已被删除”→【确定】，可防止错误删除。如果【项目自检】页面内有重复，在页面外自动定位锁定的只余有一个同类项目，没有重复，不能再删除，错误删除的不能恢复。如果提示：“清单项目特征为空”，不需要处理。

对“清单项目编码为空或编码重复”的快速处理方法：把其行首的＋展开为－，例如发现下边有数个行是清单、夜间施工增加费，并且金额相同，明显属于重复→双击此错项，程序可以自动切换到此错项所在的界面并定位、用线条框住，可以在此行的备注栏→单击【统一调整清单编码】，进行快速修正。

例如，某错项自动提示的纠错处理方法为：请输入清单简称，记住此提示→双击提示的处理方法，在【项目自检】页面外自动定位显示的处理方法行→双击“自动提示的纠错方法”，显示…→…，在弹出的“编辑名称”页面输入清单名称→【确定】，纠错完成。

又如错项提示“未组价清单”，把此行首部的＋展开为－→双击下邻行的未组价清单，在【项目自检】页面外程序自动定位锁定此错项清单，原因是此清单下没有定额子目，属于无效清单（确属无用的用上述方法删除，如是有用的清单）→（在主栏目上部横行）【插入】▼→【插入子目】，在此清单下插入一个下级空白行，直接输入应有的定额子目、工程量即可，也可以按照本书22的“7. 使用【查询】功能选择清单、定额子目，输入工程量”。

又如，错项提示“子目工程量为零”→双击错项提示，在【项目自检】页面外自动定位显示的定额子目【工程量】栏输入工程量数字→按Enter键。如果此清单或定额子目是多余的→（在主栏目上部）【删除】，删除此清单或者定额子目后，再双击【项目自检】页面此错项，提示“所选择记录不存在，可能已被删除”→【确定】。可以防止错误删除。

按照上述方法，缺少什么补充、纠正什么，错项处理完毕（在【项目自检】页面上部）→【检查结果】，此栏下部显示为空白，说明【项目自检】纠错处理完毕。

预算书设置：（主屏幕最上部的一级功能菜单窗口）【报表】，在主屏幕左侧显示本工程的全部各种报表→单击报表名称在右边显示报表的内容，可以观察预览报表。

在【报表】的下邻行→【更多报表】，在主屏幕的左侧显示【更多报表】界面下的更多报表→展开招标或者投标总文件名称前边的▼，程序分别提供有以招标方、投标方名义编制的各种工程造价文件报表→（右上角的）红色×，关闭报表预览页面，还是在【报表】界面，在主屏幕左侧选择一个报表文件名，右边显示此报表的内容→（在左上角首个功能窗口）【应用当前报表设置】（如果显示此窗口文字是灰色不能用，说明当前选择、显示的报表格式是固定格式，不需要特别处理），在弹出的“应用报表设置到其他报表”页面可以设置纵、横报表、纸张大小、报表标题、面眉、页脚、字体、等格式→【打印】……

26.【广联达G+工作台GWS】下载安装（需要插上网线）

单击电脑桌面左下角的【开始】→显示【所有程序】（不要单击）→向上移动光标单击【软件管家】（如果找不到【软件管家】），单击【强力卸载软件】，在弹出的【软件管家】有“一键卸载”字样的页面，在左上角找到并单击【软件管家】→在搜索行，提示“搜索要安装的软件”，输入【广联达（大写）：G+，此时在下邻行已显示有【广联达G+工作台】【广联达电子招投标工具】【广联达清标系统GVB4.0】，如果有的软件模块已经安装，还可以在其尾部显示【已安装】的字样。

在弹出的“广联达G+工作台”页面的右下角【工具市场】栏下有【服务授权】【CAD快速看图】【广材助手】【型钢五金大全】【服务新干线】【答疑解惑】【广小二】【土方计算】【新刷油保温】→【更多】有更多功能窗口。

单击【广联达G+工作台】行尾部的【安装】，提示：G+已升级到5.0，如图22-1-20所示。

图22-1-20　【广联达G+工作台GWS】下载安装

单击【立即安装】（安装运行，可能需要几分钟）→【完成】，提示“广联达G+想要开机启动”→【允许】。

在电脑桌面上已经显示【广联达G+工作台GWS】图标。

在【软件管家】页面上部的“搜索”提示“搜索要安装的软件”并单击→输入要安装的软件名称，还可以安装更多的软件。

下一步还可以→单击【广联达电子招投标工具】→【安装】，在弹出的“Glodog……布丁压缩”页面双击“GLodons0f”→双击【投标工具】，弹出【安装】对话框：“将安装某某地区编制投标工具，想要继续吗?”→【是】，在弹出的“安装向导”页面：→【下一步】，n个【下一步】→【安装】（安装运行，可能需要几分钟）→【完成】，在电脑桌面上已经显示“广联达某某地区电子投标编制工具”软件图标。【广联达清标系统GVB4.0】软件也按照上述方法安装。

27.【广材助手】下载、安装

方法1：单击电脑桌面左下角的【开始】→显示【所有程序】（不要单击）→向上移动光标单击【软件管家】（如果找不到【软件管家】），单击【强力卸载软件】，在弹出的【软件管家】页面上部【搜索】行有提示“搜索要安装的软件”并单击→输入要安装的软件名称，在下部主栏会显示要安装的软件。

方法2：双击电脑桌面上的【广联达G+工作台GWS】图标→【软件管家】，在弹出的【广联达软件管家】页面上部的【搜索】行输入【广材助手】→单击已经输入的【广材助手】前边的【小镜子】搜索图标，显示【广材助手】（最新版）→【一键安装】，弹出“广联达G+工作台”对话框，在注册账号栏输入手机号→输入密码，如果记不清密码，在此行可以输入手机号或者邮箱号→【获取密码】，系统会发送验证码到本人手机上，……密码修改、确认成功后→进入基本资料栏，登录账号是手机号、昵称、出生年月日、QQ号不要输入QQ和@及后边的字母，工作单位可以不输入→【保存成功】。

又返回到【广联达软件管家】页面，单击页面下部显示的【广材助手】（最新版）→【一键安装】（要求电脑必须是Windows 7系统）。【广材助手】安装成功。如果在电脑桌面找不到【广材助手】图标，可以在电脑桌面左下角→【开始】→【所有程序】，可以找到【广材助手】字样，拖到电脑桌面上，可以显示【广材助手】图标。

28. 使用【广材助手】功能下载【信息价】【市场价】（需要插入网线）

方式1：双击电脑桌面上的【广材助手】图标，在显示的“【广材助手】▼”页面的上部有【信息价】【专业测定价】【市场价】【广材网】【个人价格库】（可以显示已经建立的【个人价格库】）【人工询价】→【信息价】，在第三行→选择【地区】→选择时间段【期数】，如图22-1-21所示。

图22-1-21 利用【广材助手】功能下载信息价

→【＞】向后选择年份；→【＜】向前选择年份→选择年份的季度、月份→【点击下载】。在显示的地区：某某期数【年　月】▼页面的左侧的【所有材料类别】栏下选择材料类别（还有【工程费用台班】）并单击其中 1 项，在右侧主栏内显示所选择材料类别的全部材料，可以根据需要分别单击选择【显示本期价格】或者选择【结算调差】或者选择【显示平均价】，三项只能选择一项。

在此页面右边上部首行，单击第二个功能窗口【数据包管理】，在弹出的“广材助手，数据包管理”页面→【已更新数据包】→【导出数据包】，在弹出的“导出数据包”页面下部【文件名】行：自动显示已经建立的“数据包备份，年　月　日”可以修改→【保存】（运行），提示：导出数据包成功→【确定】。

查找已经备份的数据包：双击【我的电脑】或者【计算机】，在显示的【我的电脑】或者【计算机】页面左边→【最近访问的位置】→可以找到【广材助手】并双击→下拉滚动条，可以找到“数据包备份，年　月　日”文件。

选择【显示本期价格】，在各行的材料或者机械台班的行首部显示【出处】（又称价格来源），名称、规格型号、计量单位、不含税市场价（裸价）、含税市场价、报价时间→单击【历史价】可以显示、选择历史价；应该按照当地定额站发布的信息指导价、有关文件规定执行。增值税应该选择不含税市场价（裸价）。

单击【结算调差】：在显示的各材料行尾部增加了【材料调差】栏，例如单击某行的【计算价差】，在弹出的“广材助手计算价差”页面：【第一步】，价差设置，可以自动显示此种材料的各时间、期数同类材料的当期价格→输入【进场工程量】，把当期也称作【本期价格】数字输入到此页面左上角【投标价】栏内→在【风险范围＋－】栏输入“n”%，按照规定输入【税率】，输入【工程名称】，在右下角→【计算价差】→【保存】。

保存后的提取应用：在【人材机汇总】界面下部【广材助手】→【信息价】，在信息价表格的上方选择【显示平均价】→设置需要进行加权平均的季节、月份→【确定】→选择需要的平均价即可。

方式 2：【按照市场价调差】，显示【第二步】，在【设置期数及平均规则】栏下，选择年份→单击左上角首个期数前边的小方格，可全部选择下边的各个期数；也可以有选择地选择 n 个期数→输入各行所占比例→【下一步】，进入【第三步】，输入【工程量】数字，在上部各期，也是各行尾部补齐【本期价格】→【计算价差】，程序可以在已经输入的【工程量】前边的【信息价平均价】栏自动显示计算出的平均价→【保存】，保存后的提取应用与上述方法基本相同。

23　手算技巧用于对量

现在有许多青年人预算软件用得很熟练，对于一些传统的手算方法使用得不多，如发包方、承包方在工程造价结算相互核对工程量的过程中，发现某个构件存在量差或需要把某个构件的电算工程量与传统手算工程量进行核对检查，手算方法也是不能缺少的，本节仅就部分传统的较为复杂、常用的手算方法提供给读者，可供使用：

1. 土方工程

（1）四边放坡工程的土方量计算，如图 23-1 所示。

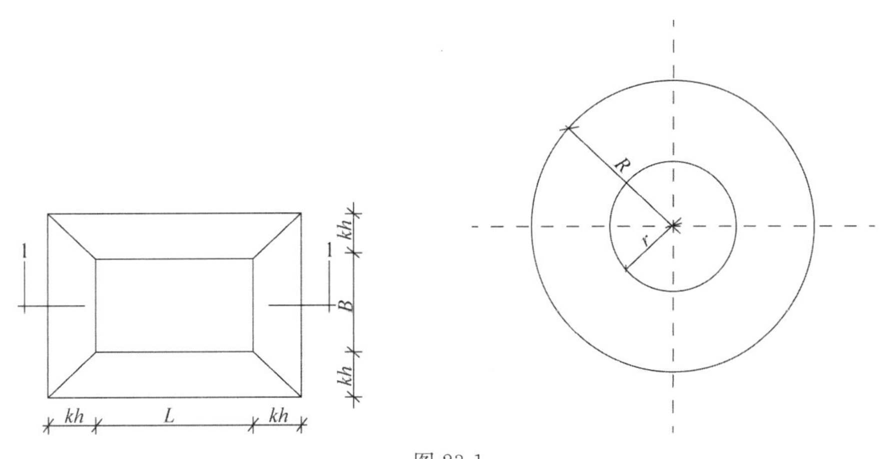

图 23-1

四边放坡土方体积＝$(L+k\times h)(B+k\times h)h+\frac{1}{3}k^2h^3$

式中　L、B——包括两边工作面宽度在内的基坑底两个方向的长度、宽度（m）；

h——基坑深度（m）；

k——放坡系数，$k=h\div$放坡宽度，当开挖深度存在不同土质的数个土层，各层土的放坡坡度系数不同时，可按土的加权平均综合放坡坡度系数。

加权平均坡度系数＝$(k_1\times h_1+k_2\times h_2+k_3\times h_3+\cdots k_n\times h_n)/\sum h$

放坡深度起点及各种土质的放坡系数需按各地预算定额土石方分部的规定。

（以下是新加的）地沟或者基槽土方量的手工计算方法，一般采用截面法，也就是按照地沟或者基槽的截面面积×长度＝地沟或者基槽的土方量，对于各段不同截面面积，只有某一种或两种构造尺寸不同的基槽可采用加权平均值，先计算出加权平均综合深度值，再计算出地沟基槽的土方量：

加权平均值综合深度＝$(h_1\times L_1+h_2\times L_2+h_3\times L_3+\cdots+h_n\times L_n)/L$

式中　h_1、h_2、h_3、h_n——按照不同深度分段的地沟基槽深度（m）；

L——地沟基槽总长度（m）。

地沟基槽的宽度×加权平均综合深度×总长度＝地沟基槽的土方量（m^3）。

（2）长方形两对边放坡如图 23-2 所示。

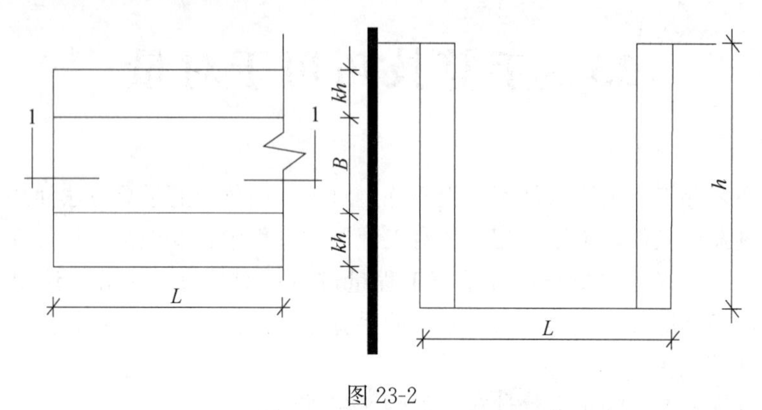

图 23-2

两对边放坡两对边不放坡（支挡土板）的土方体积＝$L\times(B+k\times h)\times h$

（3）圆形放坡基坑如图 23-3 所示。

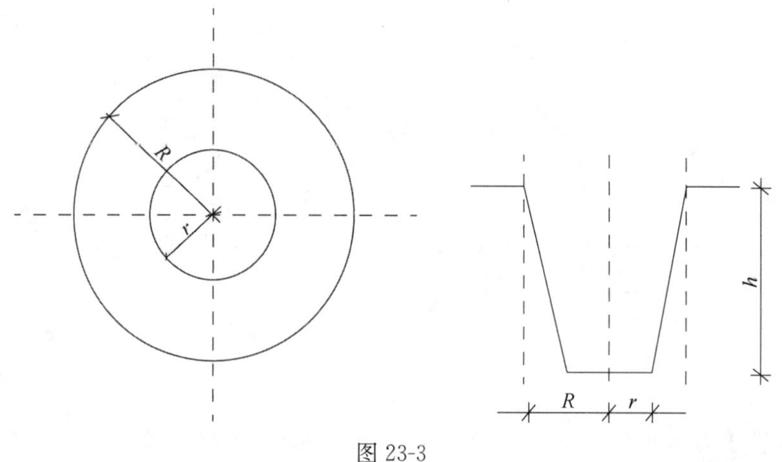

图 23-3

圆形放坡土方基坑土方体积＝$\frac{1}{3}d\pi\times h\ (r^2+R^2+r\times R)$

2. 桩基工程

在圆柱形钢筋混凝土灌注桩、圆形柱、螺旋楼梯中经常有螺旋箍筋展开长度的计算：

螺旋箍筋长度＝螺旋箍筋圈数×$\sqrt{\text{螺距}^2+(\pi\times\text{螺圈外径})^2}$＋构件上下共两个环筋长度＋两个弯钩长度

式中：螺旋箍筋圈（也称道数）数＝同一箍筋间距的箍筋设计长度÷螺距（精确至 2 位小数，尾数只入不舍）

螺旋筋外径＝圆形构件直径－两个保护层厚

螺距指螺旋筋间距

3. 变长度钢筋总长度的计算

（1）三角形面积上分布钢筋总长度的计算，如图 23-4 所示。

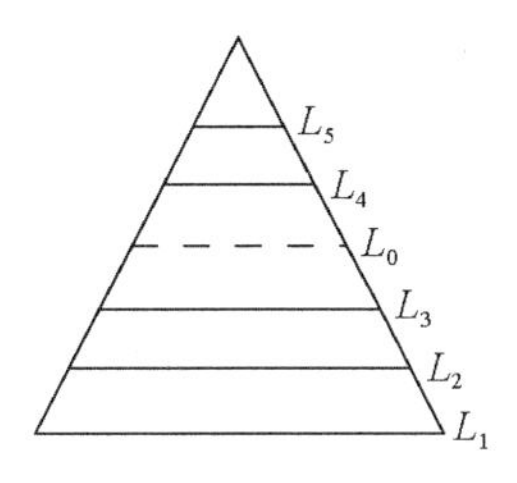

图 23-4

L_0 表示三角形中 $L_1 \sim L_5 \div n = L_0$ 三角形中位线的长度

$L_1 = L_2$ 的长度$+L_5$ 的长度$=L_3+L_4=2L_0=2L_0 \div 2=L_0$

三角形面积上钢筋总长度=（n：钢筋总根数+1）L_0

(2) 梯形面积上等间距布置钢筋总长度计算，如图 23-5 所示。

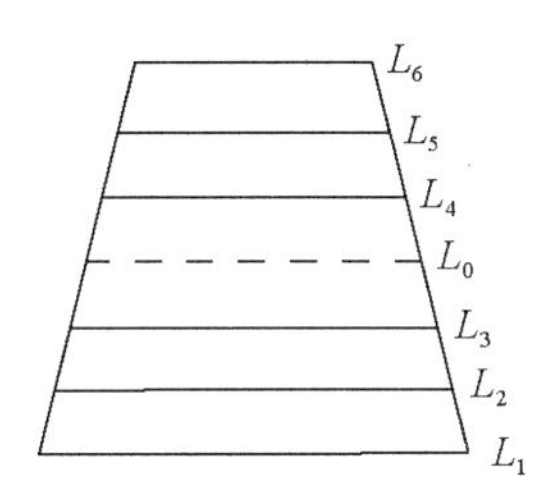

图 23-5

L_0 表示梯形的中线长度

$L_1+L_6=L_2+L_5=L_3+L_4=2L_0$

梯形面积中变长度钢筋的总长度$=L_0$（梯形的中位线长度）$\times n$（钢筋总根数）

以上需考虑保护层的扣除和弯钩长度，如有搭接应计入搭接长度。

4. 圆形面积上等间距环筋（图 23-6）

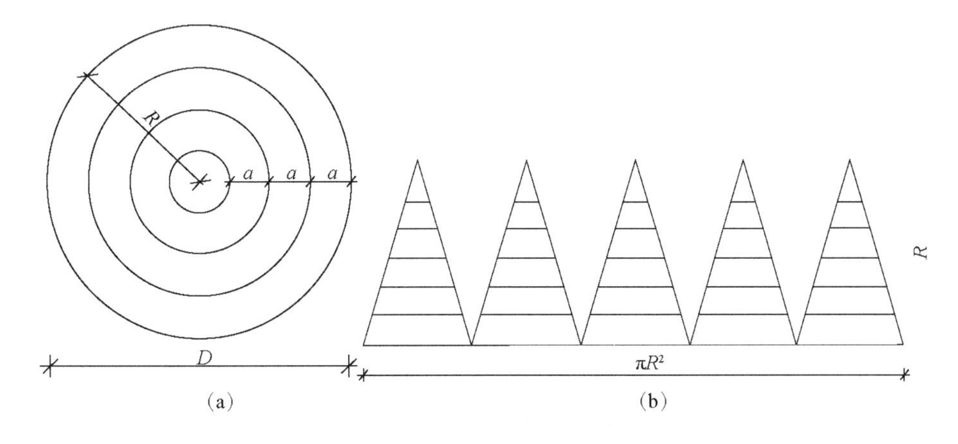

图 23-6

$2\pi R=$上图三角形面积之和

上面图 23-6（a)、图 23-6（b）的面积均$=\pi R^2$，把其进行等式变换，$\pi R^2=2\pi R\cdot R\cdot\frac{1}{2}$为图 23-6（b）中各三角形面积之和，得出结论为：

圆形面积可展开为底边长＝圆周长，高等于圆半径 R 的若干个三角形面积（或近似于）其二图中等距离线段长度也相等，与上述梯形中位线同理，圆形面积上，环形钢筋总长度$=L_0$（中位线长度）$\times n$（钢筋根数）

$$L_0=（外圆周长+内圆周长）\times\frac{1}{2}=（2\pi R+2a：间距\times\pi）\times\frac{1}{2}=（R+a）\pi$$

$$圆形面积上环形钢筋总长度=（R+a）\pi\times n$$

式中 R——外圆环形钢筋半径；

n——钢筋根数。

5. 椭圆形面积计算（图 23-7）

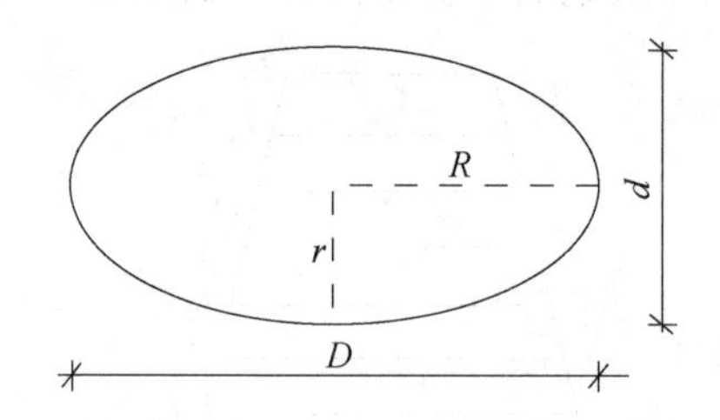

图 23-7

$$椭圆形面积面积=\pi Rr=（\pi/4）Dd$$

式中 D——椭圆的长轴线长度；

d——椭圆的短轴线长度；

R——长轴线半轴线长度；

r——短轴线半轴线长度。

6. 正多边形面积计算（图 23-8）

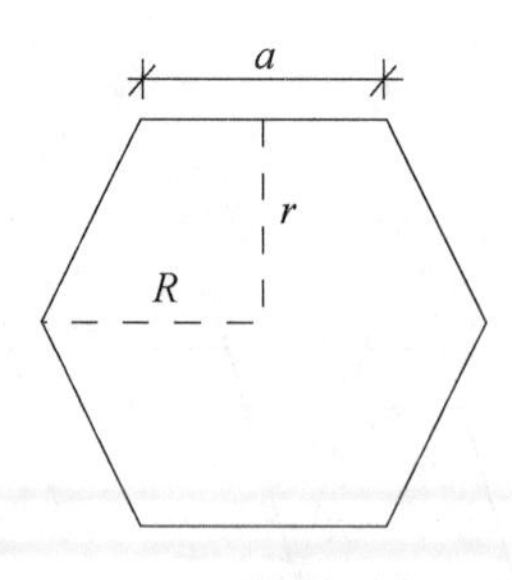

图 23-8

$$正多边形面积=（n/2）a\times r$$

式中 n——边数；

a——边长；

r 边心距；

R——外接圆半径。

7. 不等边四边形面积计算（图 23-9）

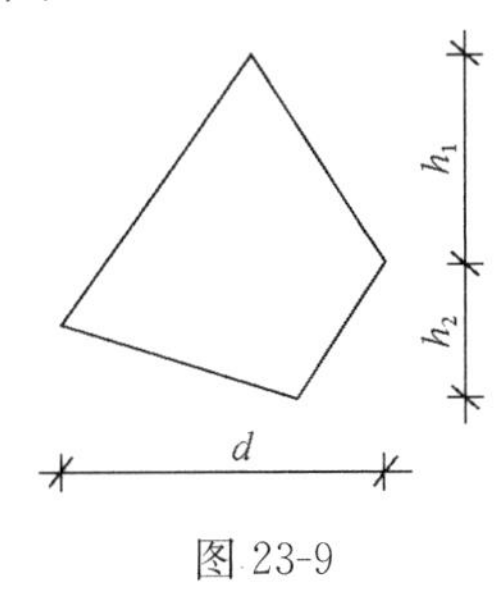

图 23-9

$$\text{不等边四边形的面积} = \frac{1}{2}(h_1 + h_2)d$$

式中　d——对角线长度；

h_1、h_2——不等边四边形的图示两个高度。

8. 平行四边形面积计算（图 23-10）

$$\text{平行四边形面积} = ah$$

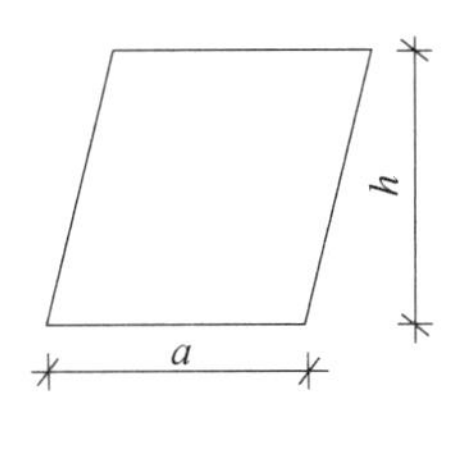

图 23-10

9. 不平行四边形面积计算（图 23-11）

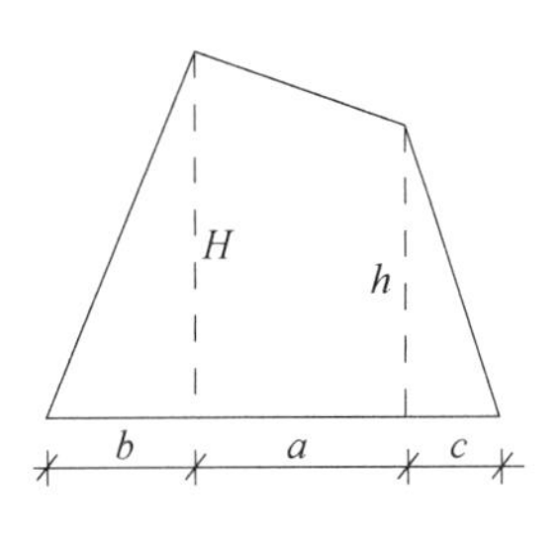

图 23-11

$$\text{不平行四边形的面积} = [(H+h) \times a + b \times H + c \times h]/2$$

10. 扇形面积计算（图 23-12）

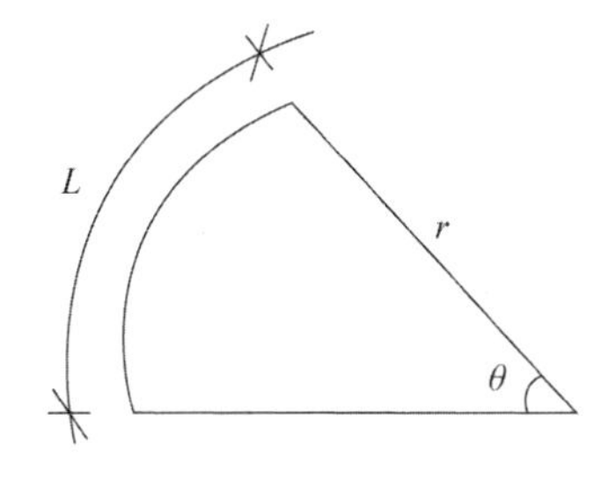

图 23-12

$$L=r\times\theta\ (\pi/180^\circ)\ =0.01745r\theta=\ (2\text{扇形面积})\ /r=\ (2\pi r)\ /3.64$$

$$\text{扇形面积}=\ (1/2)\ L\times r=\ (\pi\times r^2\times\theta^\circ)\ /360^\circ=0.008727r^2\theta^\circ$$

式中 L——弧长；

r——半径；

θ——圆心角（°）。

11. 弓形（又称弧形）

弓形（又称弧形）的设计有两种，一种是按抛物线设计，另一种是按圆弧设计。

（1）对于按抛物线设计的弓形面积＝0.6667×L×F，见图 23-13。

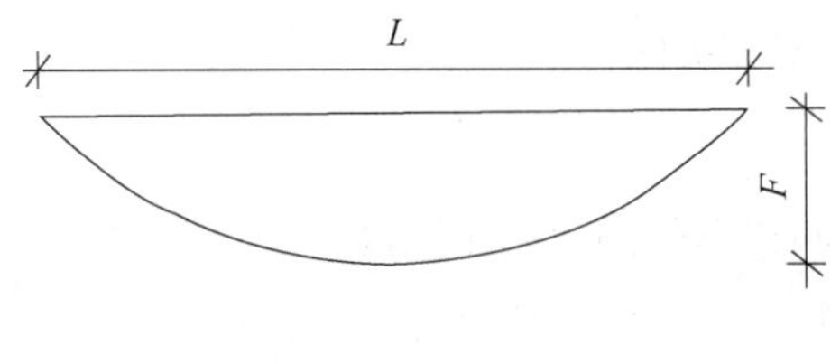

图 23-13

弓形面积的弧线长＝$L^2+1.3333F^2$，用于钢筋长度计算。

（2）对于按圆弧设计的：

$$\text{弧形面积}=k\times L\times F$$

$$k=\text{弧形面积}\div L\div F$$

式中 k——弧形面积系数

$$F=\text{弧形面积}\div L\div k$$

$$\text{弧线长}=\sqrt{L^2+F^2}$$

$$\text{弧线的半径}\quad R=\frac{L^2+4\cdot F}{8F}$$

弧线的圆心角＝弧长×F÷（L^2+4F^2）÷0.0021816＝弧长÷（L^2+4F^2）×F÷0.0021816

12. 圈梁的钢筋长度计算

（1）外墙圈梁纵筋长度＝$\sum$外墙中心线长度×纵筋根数＋l_d（锚固长度）×外墙QL内侧钢筋根数×转角数

（2）内墙圈梁纵筋长度＝（$\sum$内墙QL净长度＋l_d（规范规定的锚固长度）×2×内墙圈梁钢筋根数）×内墙圈梁钢筋根数

13. 平屋面保温层工程量的计算

保温层工程量＝图示面积×平均厚度

关键是平均厚度的计算。

当保温层兼找坡层：

（1）设计保温层（也称找坡层）最薄处为0时，

双找坡屋面保温层平均厚＝屋面坡度×（$L/2$）÷2

单找坡屋面保温层平均厚度＝屋面坡度×L÷2

找坡的坡度＝保温层最厚的厚度÷L

双找坡最薄处为零，如图 23-14 所示。

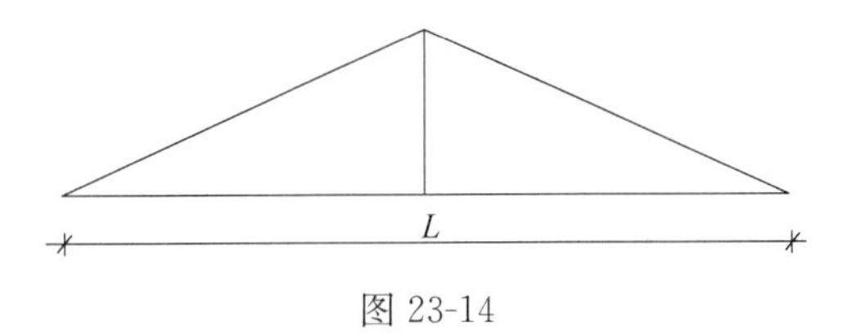

图 23-14

单找坡最薄处为零，如图 23-15 所示。

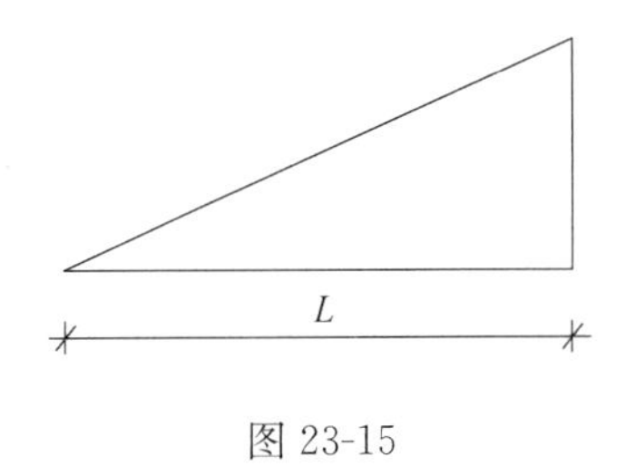

图 23-15

（2）保温层最薄处为 h 时：

双找坡屋面保温层最薄处为 h，如图 23-16 所示。

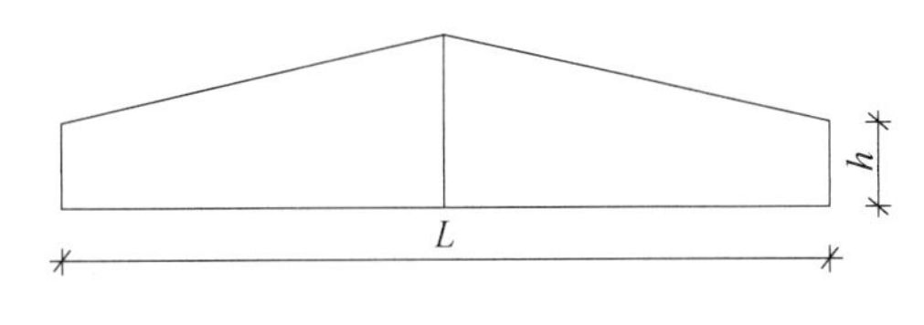

图 23-16

$$双找坡屋面保温层平均厚度=找坡坡度\times(L/2)\div 2+h$$

单找坡屋面保温层最薄处为 h，如图 23-17 所示。

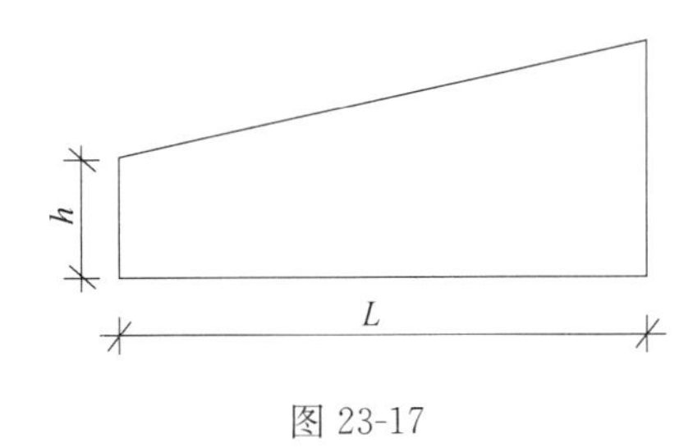

图 23-17

$$单找坡屋面保温层平均厚度=找坡坡度\times L\div 2+h$$

14. 坡屋面每 $100m^2$ 用瓦块数的计算

（1）瓦的规格和搭接长度见表 23-1。

表 23-1　民用建筑分类

瓦名称	规格（mm）		搭接长度（mm）		单块瓦利用率（%）
	长	宽	长向	宽向	
水泥瓦	385	235	85	33	66.98
黏土瓦	380	240	80	33	68.09
水泥、黏土脊瓦	455	195	55		87.91

$$每100m^2瓦用量：块=\frac{100}{(瓦长度-搭接长)\times(瓦宽度-搭接宽)\times(1+损耗率)}\times(1+损耗率)$$

（损耗率按各地定额规定，河南为2.5%）

（2）脊瓦用量：每100m² 屋面摊入脊长度11m，水泥脊瓦、黏土脊瓦长455mm，宽195mm，长度方向搭接长度均为55mm

$$每100m^2屋面摊入脊瓦用量=\frac{1}{0.455-0.055}\times11\times（1+2.5\%损耗率）$$